信息安全技术

(HCIA-Security)

刘洪亮 杨志茹 | 主编

向磊 刘洋 周思难 郭俊 | 副主编

人民邮电出版社

北京

图书在版编目（CIP）数据

信息安全技术 = HCIA-Security / 刘洪亮，杨志茹
主编. -- 北京 : 人民邮电出版社，2019.4（2023.12重印）
教育部-华为产学合作协同育人项目规划教材
ISBN 978-7-115-50380-0

Ⅰ. ①信… Ⅱ. ①刘… ②杨… Ⅲ. ①信息安全—安全技术—教材 Ⅳ. ①TP309

中国版本图书馆CIP数据核字(2019)第038806号

内 容 提 要

本书是面向华为安全认证体系的教材。书中以华为 HCIA-Security 认证考试内容为对象，详细讲述了当前信息安全技术相关的各方面知识，内容包括信息安全基础概念、信息安全规范简介、网络基本概念、常见网络设备、常见信息安全威胁、威胁防范与信息安全发展趋势、操作系统简介、常见服务器种类与威胁、主机防火墙和杀毒软件、防火墙介绍、网络地址转换（NAT）技术、防火墙双机热备技术、防火墙用户管理、入侵防御简介、加密与解密原理、PKI 证书体系、加密技术应用、安全运营与分析基础、数据监控与分析、电子取证、网络安全应急响应、案例研讨等，涵盖了目前 HCIA-Security 认证考试体系的相关内容与技术。

本书可作为高等学校本、专科信息安全相关专业的教材，也可作为企事业单位网络信息安全管理人员入职与培训的参考书，还可以作为 HCIA-Security 考证培训用书。

◆ 主　　编　刘洪亮　杨志茹
副 主 编　向　磊　刘　洋　周思难　郭　俊
责任编辑　范博涛
责任印制　马振武

◆ 人民邮电出版社出版发行　　北京市丰台区成寿寺路 11 号
邮编　100164　　电子邮件　315@ptpress.com.cn
网址　http://www.ptpress.com.cn
三河市君旺印务有限公司印刷

◆ 开本：787×1092　1/16
印张：18.25　　　　2019 年 4 月第 1 版
字数：539 千字　　　　2023 年12月河北第18次印刷

定价：59.80 元

读者服务热线：(010)81055256　印装质量热线：(010)81055316
反盗版热线：(010)81055315
广告经营许可证：京东市监广登字 20170147 号

前言 FOREWORD

进入 21 世纪，随着信息技术的不断发展，信息安全问题也日显突出。如何确保信息系统的安全已成为全社会关注的问题。国际上对信息安全的研究起步较早，投入力度大，已取得了许多成果，并得以推广应用。目前国内已有一批专门从事信息安全基础研究、技术开发、技术服务的研究机构与高科技企业，形成了我国信息安全产业的雏形，但由于国内专门从事信息安全工作的技术人才严重短缺，阻碍了我国信息安全事业的发展。

信息安全工程师专门解决这类问题，为客户保证信息和网络的基本安全，可以说是网络和信息安全的“医生”。党的二十大提出：健全网络综合治理体系，推动形成良好网络生态，加强个人信息保护。信息安全工作需要整合计算机网络安全、操作系统安全、数据安全、密码学、安全运营等方面的知识和技能，其涉及的知识面广，实践性强。随着技术的发展，信息安全正在发展成为一个不可或缺的行业。有助于完善国家安全力量布局，构建全域联动、立体高效的国家安全防护体系。

本书的编写融入党的二十大精神，全面贯彻新时代中国特色社会主义思想，弘扬伟大建党精神，坚持自信自立，坚持守正创新。使教材富有时代性、鲜活性、规律性，为全面推进中华民族伟大复兴贡献力量。落实立德树人根本任务，自觉践行社会主义核心价值观，培养学生形成正确的世界观、人生观、价值观。通过华为——中华有为、国产麒麟操作系统、强大的中国芯强调了全力战胜前进道路上各种困难和挑战，依靠顽强斗争打开事业发展新天地；通过全球信息通信网络规模 NO.1、雪人计划、5G 改变了什么等案例介绍了加快实施一批具有战略性全局性前瞻性的国家重大科技项目，增强自主创新能力；通过中国的超级计算机、北斗导航，未来世界的眼睛的案例，告诉了大家一些关键核心技术实现突破。

华为认证是华为技术有限公司（简称“华为”）凭借多年在信息通信技术领域的人才培养经验，基于 ICT 产业链的人才职业发展生命周期，以层次化的职业技术认证为指引，推出的覆盖 IP、IT、CT 及 ICT 融合技术领域的认证体系；它是 ICT 全技术领域的认证体系。

教材的编写融入了丰富的教学和实际工作经验，内容安排合理，组织有序。书中各章均为一个完整模块，由课程导入、相关内容、本章小结、技能拓展、课后习题等层次组成，让读者循序渐进地学习，并通过多个实际案例的精讲，激发读者的学习兴趣，帮助读者更快、更全面地掌握 HCIA-Security 认证的核心知识，并解决实际工作问题。

本书由杨志茹、刘洪亮主编，向磊、周思难、令狐昌伟、陈坚为副主编，杨志茹编写第 1～3 章，令狐昌伟编写第 4～6 章，向磊编写第 7～9 章，周思难编写第 10～14 章，刘洪亮编写第 15～18 章、陈坚编写第 19～21 章。

本书在编写的过程中得到了华为技术有限公司 ICT 学院、武汉誉天互联科技有限责任公司阮维的大力支持，在此一并表示感谢。

由于编者水平有限，书中难免有不足之处，敬请广大读者批评指正，以便在今后的修订中不断改进。编者联系邮箱 liuhlzz@21cn.com。

编者

2022 年 11 月

目录 CONTENTS

第6章

第7章

第8章

第9章

第10章

第11章

第12章

第13章

第14章

第15章

第16章

第 1 章
信息安全基础概念

拓展阅读

知识目标

① 了解信息安全的发展历史。
② 了解信息安全的定义和特点。
③ 了解信息安全管理的重要性。

能力目标

① 学会区分不同的安全风险。
② 掌握每一种安全风险的特点。

课程导入

小华是华安公司的一名技术职员，随着互联网发展和 IT（Information Technology，信息技术）的普及，网络和 IT 已经日渐深入到工作和日常生活当中，信息网络化和社会信息化突破了应用信息在时间和空间上的障碍，使信息的价值不断提高，因此这也为小华日常工作提供了很多便利。但是与此同时，网页篡改、计算机病毒、系统非法入侵、数据泄露、网站欺骗、服务瘫痪、漏洞非法利用等信息安全事件时有发生。

相关内容

1.1 信息与信息安全

1.1.1 信息

信息是通过施加于数据上的某些约定而赋予这些数据的特定含义，由图 1-1 可知，信息包括书本信件、国家机密、电子邮件、雷达信号、交易数据、考试题目等。

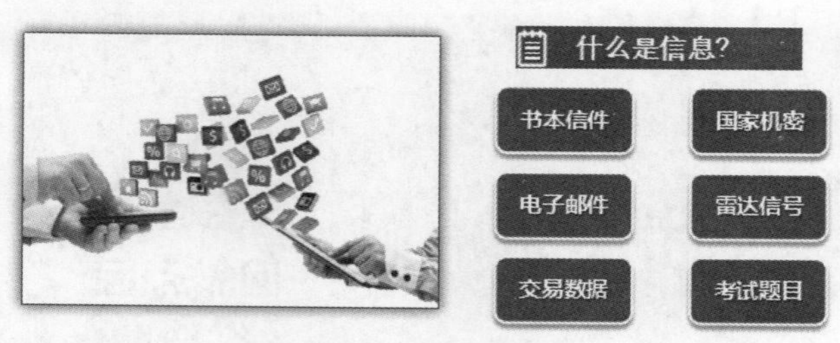

图 1-1　信息含义

1.1.2　信息安全

信息安全是指通过采用计算机软硬件技术、网络技术、密钥技术等安全技术和各种组织管理措施，来保护信息在其生命周期内的产生、传输、交换、处理和存储的各个环节中，信息的机密性、完整性和可用性不被破坏。图 1-2 所示为信息安全的危害。

图 1-2　信息安全的危害

1.2　信息安全发展历程

1.2.1　信息安全发展的历史

信息安全发展历程如图 1-3 所示。

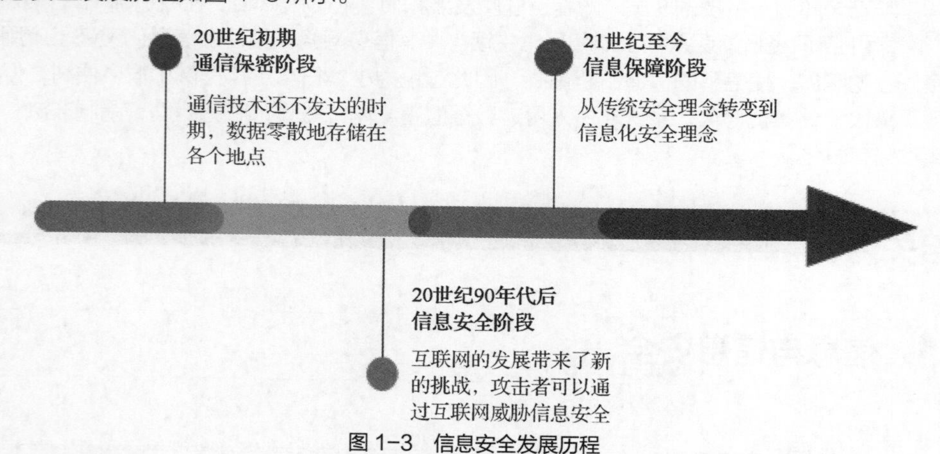

图 1-3　信息安全发展历程

1. 通信保密阶段

在通信保密阶段中通信技术还不发达，数据只是零散地存储在不同的地点，信息系统的安全仅限于保证信息的物理安全，以及通过密码（主要是序列密码）解决通信安全的保密问题。把信息安置在相对安全的地点，不容许非授权用户接近，就基本可以保证数据的安全性了。

2. 信息安全阶段

从 20 世纪 90 年代开始，由于互联网技术的飞速发展，无论是企业内部还是外部信息都得到了极大的开放，而由此产生的信息安全问题也跨越了时间和空间，信息安全的焦点已经从传统的保密性、完整性和可用性三个原则衍生为诸如可控性、不可否认性等其他的原则和目标。具体如图 1-4 所示。

图 1-4　信息安全问题焦点转变

3. 信息保障阶段

从图 1-5 可知，进入面向业务的安全保障阶段后，可从多角度来考虑信息的安全问题。

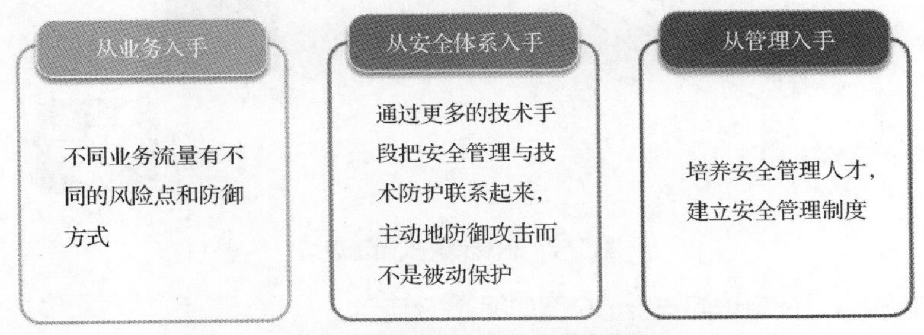

图 1-5　多角度考虑信息安全问题

1.2.2　信息安全涉及的风险

信息安全涉及的风险如图 1-6 所示。

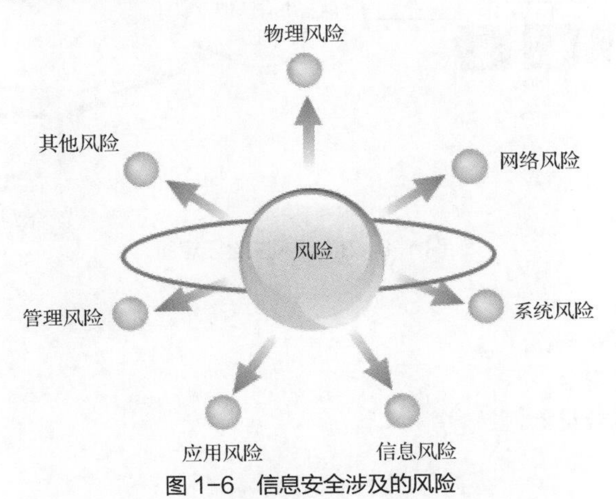

图 1-6　信息安全涉及的风险

1. 物理风险

① 设备被盗、被毁。

② 链路老化，人为破坏，被动物咬断等。

③ 网络设备自身故障。

④ 停电导致网络设备无法工作。

⑤ 机房电磁辐射。

2. 信息风险

① 信息存储安全。信息存储安全包括数据中心安全和组织安全，它需要满足各种数据库和应用的不同层次的安全需求原则。

② 信息传输安全。信息传输安全示意图如图 1-7 所示。

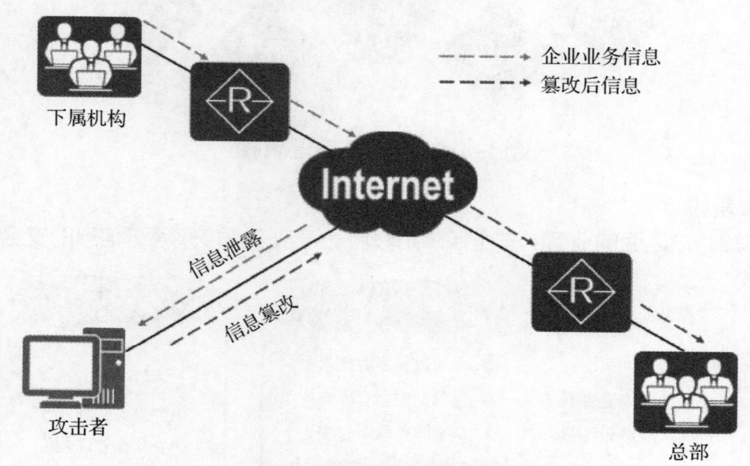

图 1-7 信息传输安全示意图

③ 信息访问安全。信息访问安全示意图如图 1-8 所示。

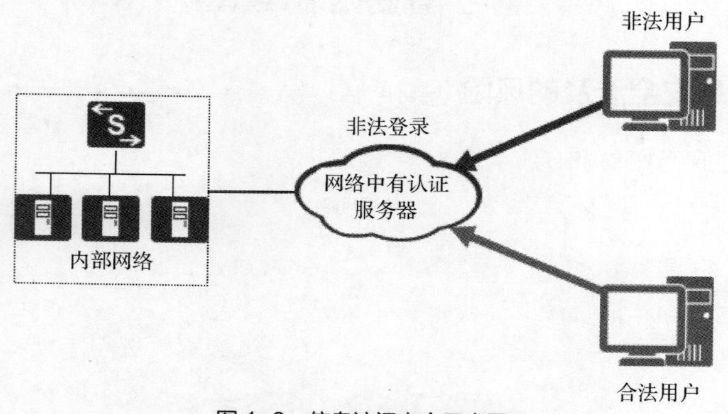

图 1-8 信息访问安全示意图

3. 系统风险

① 数据库系统配置安全。

② 系统存储数据的安全。

③ 系统中运行的服务安全。

4. 应用风险

① 网络病毒。

② 操作系统安全。

③ 电子邮件应用安全。

④ Web 服务安全。

⑤ FTP 服务安全。

⑥ DNS 服务安全。

⑦ 业务应用软件安全。

5. 网络风险

网络风险示意图如图 1-9 所示。

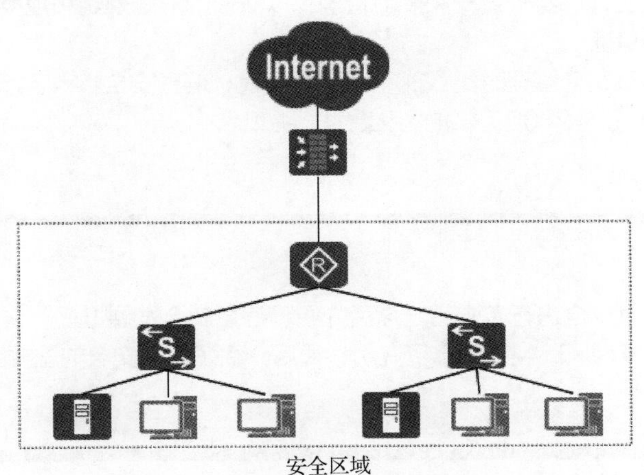

图 1-9 网络风险示意图

6. 管理风险

信息系统是否存在管理风险，可以从以下几个方面讨论。

① 国家政策：国家是否制定了健全的信息安全法规；国家是否成立了专门的机构来管理信息安全。

② 企业制度：企业是否制定了安全管理规则、责权分明的机房管理制度；企业是否建立了自己的安全管理机构。

③ 管理体系：是否明确了有效的安全策略、高素质的安全管理人员；是否有行之有效的监督检查体系，保证规章制度被顺利执行。

1.3 信息安全管理的重要性及发展现状

信息化越发展，信息安全越重要，信息网络成为经济繁荣、社会稳定和国家发展的基础。信息化深刻影响着全球经济的整合、国家战略的调整和安全观念的转变，信息安全已经从单纯的技术性问题变成事关国家安全的全球性问题。

1.3.1 信息安全管理的重要性

安全技术知识是信息安全控制的手段，要让安全技术发挥应有的作用，必然要有适当管理程序的支持。据统计，企业信息受到损失的 70%是由于内部员工的疏忽或有意泄露造成的，具体如图 1-10 所示。

图 1-10 造成信息泄露的主要因素

1.3.2 信息安全管理的发展现状

各个国家都已经制定了自己的信息安全发展战略和发展计划，确保信息安全正确的发展方向。主要有以下两方面。

（1）加强信息安全立法，实现统一和规范管理：以法律的形式规定和规范信息安全工作，是有效实施安全措施的最有利保证。

（2）步入标准化与系统化管理时代：20 世纪 90 年代，信息安全步入了标准化与系统化的管理时代，其中以 ISO/IEC 制定的 27000 标准体系最为人所知。

本章小结

本章先对信息与信息安全进行了介绍，然后介绍了信息安全发展过程，之后介绍了信息安全涉及的风险类别，并针对每一种风险类别做出了说明，最后介绍了信息安全的重要性及发展现状。

技能拓展

✧ 信息安全案例 1——WannaCry

2017 年，不法分子利用 Windows 系统黑客工具 EternalBlue（永恒之蓝）传播一种勒索病毒软件 WannaCry，超过 10 万台计算机遭到了勒索病毒攻击、感染，造成损失达 80 亿美元，如图 1-11 所示。

图 1-11　计算机遭勒索病毒攻击

✧ 信息安全案例 2——海莲花

2012 年 4 月起，某境外组织对政府、科研院所、海事机构、海运建设、航运企业等相关重要领域展开了有计划、有针对性的长期渗透和攻击，代号为 OceanLotus（海莲花）。意图获取机密资料，截获受害计算机与外界传递的情报，甚至操纵终端自动发送相关情报。图 1-12 所示为计算机遭受攻击的原因分析。

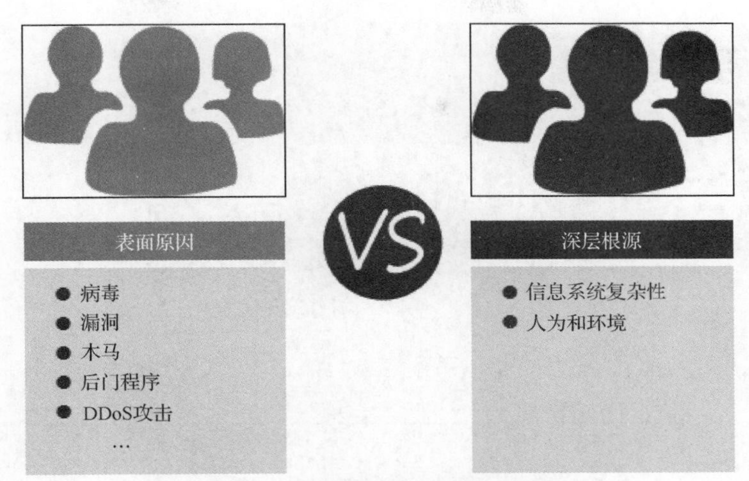

图 1-12　计算机遭受攻击的原因分析

课后习题

1. 信息安全事件频发的原因是存在漏洞、病毒、后门程序等安全攻击手段（　　）。
   A. 正确　　　　　　B. 错误
2. 信息安全的基本属性为（　　）。
   A. 保密性　　　　　　　　　　　　B. 完整性
   C. 可用性、可控性、可靠性　　　　D. 以上都是
3. 简述信息安全发展的历程。
4. 信息安全涉及的风险有哪些？
5. 信息安全风险中的信息风险包括哪些？

第 2 章 信息安全规范简介

02

知识目标

① 了解信息安全的标准与规范。
② 了解信息安全管理体系。
③ 了解信息安全等级化保护体系。

能力目标

① 掌握常见信息安全标准。
② 掌握信息安全标准的意义。
③ 掌握常见信息安全标准的主要内容。

课程导入

小安是华安公司的一名底层员工，平常对互联网的了解较少，接触也不多，总认为网络世界不太可靠，信息容易泄露，加上网络上信息泄露的事件层出不穷，更加使小安望而却步。但是，最近小安因为业务的发展，尝到了互联网的甜头，自己便有了对互联网进一步了解的愿望。因此，小安想知道什么是信息安全标准？信息安全的管理体系及规划是什么？而公司的技术员工小华将对其做一个详细的介绍。

相关内容

2.1 信息安全标准与组织

2.1.1 信息安全标准

信息安全标准是规范性文件之一，其定义是为了在一定的范围内获得最佳秩序，经协商一致制定并由公认机构批准，共同使用的和重复使用的一种规范性文件。

2.1.2 信息安全标准组织

在国际上，与信息安全标准化有关的组织主要有以下 4 个：

（1）International Organization for Standardization（ISO，国际标准化组织）

（2）International Electrotechnical Commission（IEC，国际电工委员会）

（3）International Telecommunication Union（ITU，国际电信联盟）

（4）The Internet Engineering Task Force（IETF，Internet 工程任务组）

国内的安全标准组织主要有：

（1）全国信息技术安全标准化技术委员会（CITS）

（2）中国通信标准化协会（CCSA）下辖的网络与信息安全技术工作委员会

常见信息安全标准与规范如图 2-1 所示。

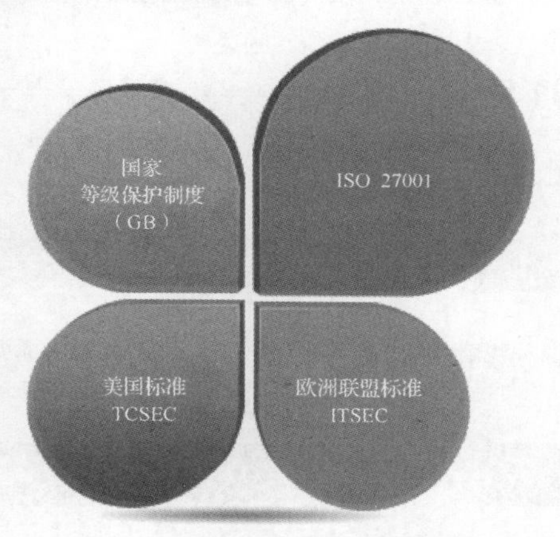

图 2-1 常见信息安全标准与规范

2.2 信息安全管理体系

信息安全管理体系（Information Security Management System，ISMS）的概念最初来源于英国标准学会制定的 BS 7799 标准，并伴随着其作为国际标准的发布和普及而被广泛地接受，具体如图 2-2 所示。

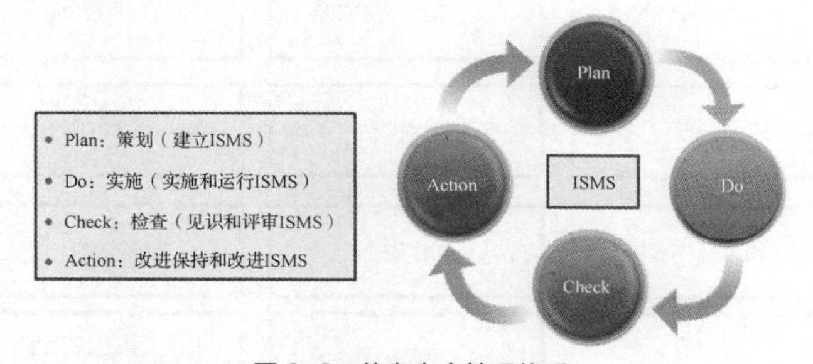

图 2-2 信息安全管理体系

2.2.1 ISO 27000 信息安全管理体系

ISO 27000 信息安全管理体系如图 2-3 所示。

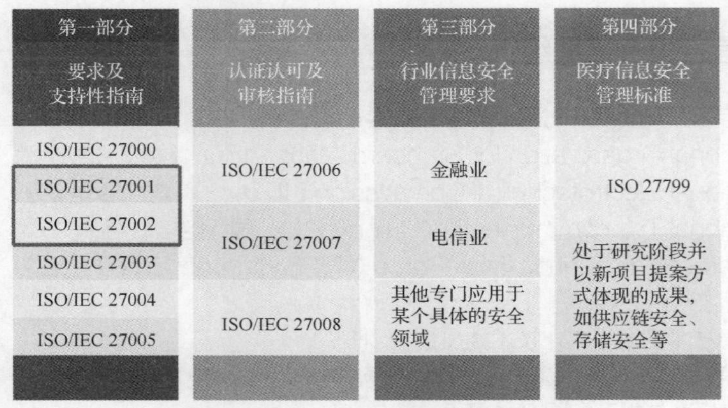

图 2-3　ISO 27000 信息安全管理体系

2.2.2　ISO 27001 演变历程

ISO 27001 演变历程如图 2-4 所示。

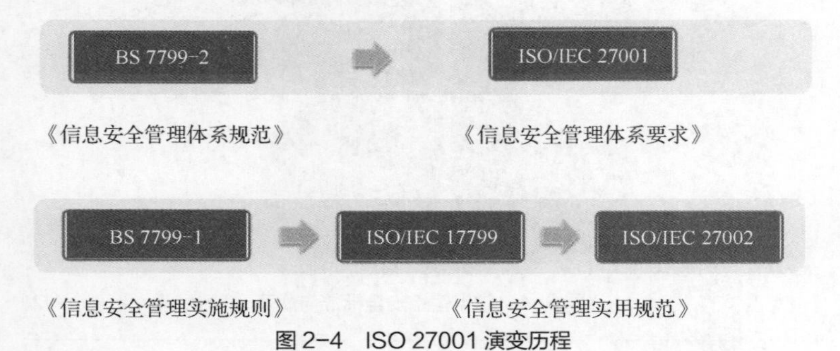

图 2-4　ISO 27001 演变历程

2.2.3　ISO 27002 控制项

ISO 27002 控制项如图 2-5 所示。

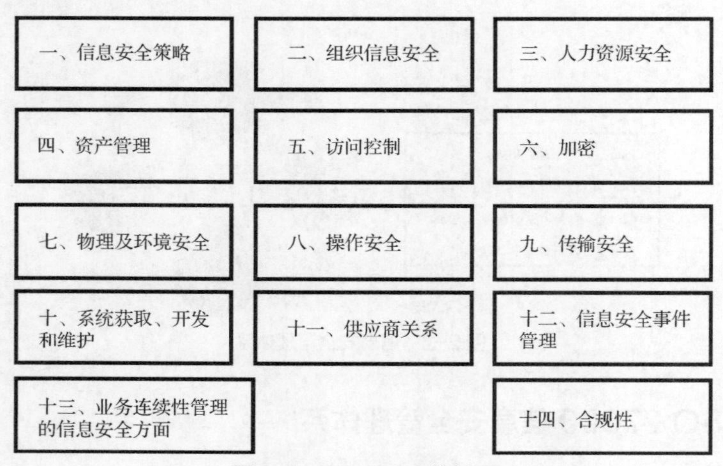

图 2-5　ISO 27002 控制项

2.3 信息安全等级化保护体系

2.3.1 等级保护定义

信息安全等级保护是对信息和信息载体按照重要性等级分级别进行保护的一种工作。具体如图 2-6 所示。

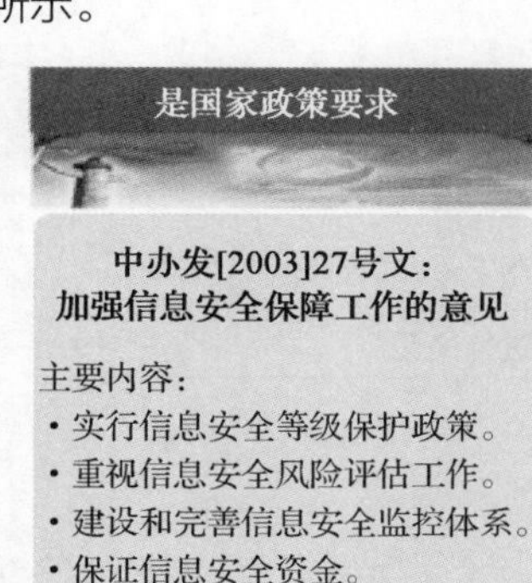

图 2-6　信息安全等级保护定义

2.3.2 等级保护的意义

1. 提高保障水平、优化资源分配

提高整体保障水平：能有效地提高信息安全保障工作的整体水平，有效解决信息系统面临的威胁和存在的主要问题。

优化安全资源分配：将有限的财力、物力、人力投入到重点地方，发挥最大的安全经济效益。

2. 合法、合规

2017 年 6 月 1 日，《中华人民共和国网络安全法》正式实施。第二十一条提出“国家实行网络安全等级保护制度”。

第二十一条 国家实行网络安全等级保护制度。网络运营者应当按照网络安全等级保护制度的要求，履行下列安全保护义务，保障网络免受干扰、破坏或者未经授权的访问，防止网络数据泄露或者被窃取、篡改。具体内容如下。

（一）制定内部安全管理制度和操作规程，确定网络安全负责人，落实网络安全保护责任；

（二）采取防范计算机病毒和网络攻击、网络侵入等危害网络安全行为的技术措施；

（三）采取监测、记录网络运行状态、网络安全事件的技术措施，并按照规定留存相关的网络日志不少于六个月；

（四）采取数据分类、重要数据备份和加密等措施；

（五）法律、行政法规规定的其他义务。

2.3.3 等级保护发展历程

等级保护经历了近 20 年的发展，大概经历了 3 个阶段（这 3 个阶段没有严格的时间界限），具体如图 2-7 所示。

2007年至今
推广阶段
开始定级、整改、测评、检查，各行业单位开始全面定级/整改建设
2004～2006年
发展阶段
制定了大量等级保护相关的标准、规范，并在部分单位进行试点
1994～2003年
起步阶段
国家呼吁加强信息安全建设，提出要对信息系统进行划分等级来保护

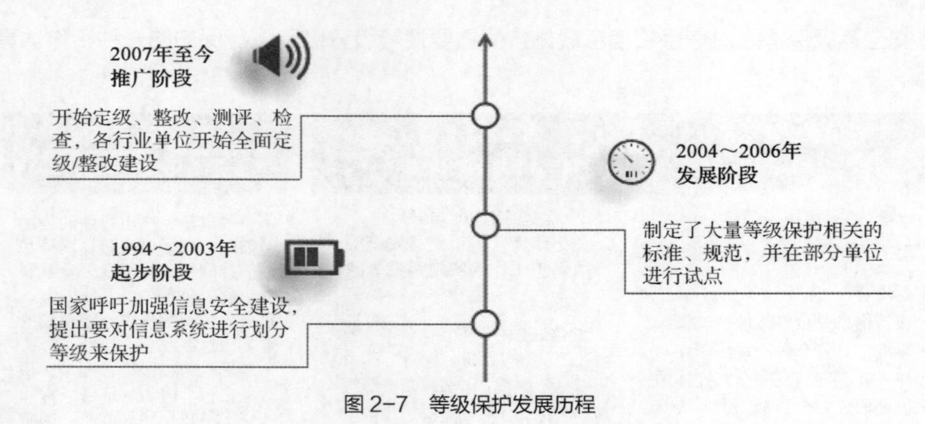

图 2-7　等级保护发展历程

2.3.4 等级保护关键技术要求

等级保护关键技术要求如图 2-8 所示。

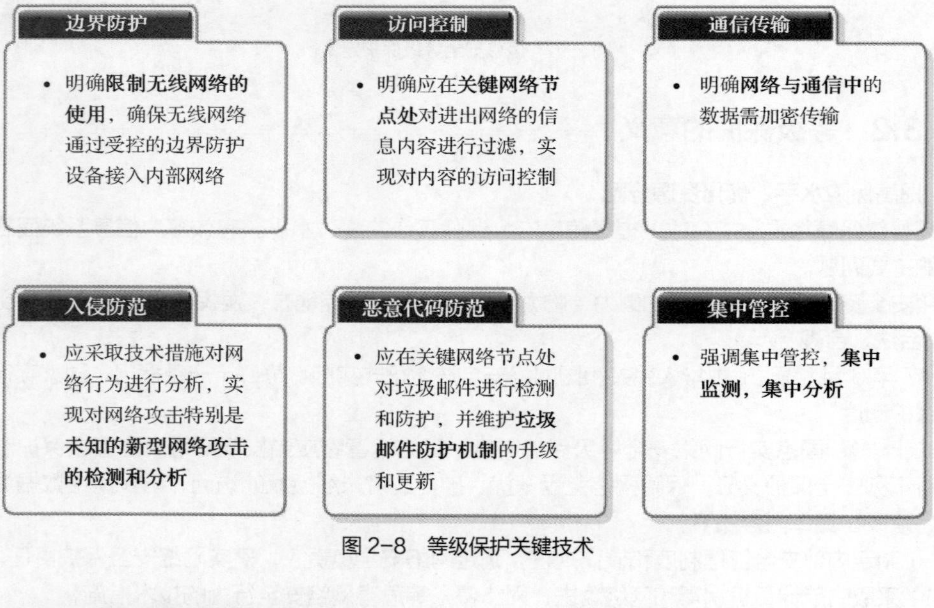

边界防护
明确限制无线网络的使用，确保无线网络通过受控的边界防护设备接入内部网络
访问控制
明确应在关键网络节点处对进出网络的信息内容进行过滤，实现对内容的访问控制
通信传输
明确网络与通信中的数据需加密传输
入侵防范
应采取技术措施对网络行为进行分析，实现对网络攻击特别是未知的新型网络攻击的检测和分析
恶意代码防范
应在关键网络节点处对垃圾邮件进行检测和防护，并维护垃圾邮件防护机制的升级和更新
集中管控
强调集中管控，集中监测，集中分析

图 2-8　等级保护关键技术

2.3.5 等级保护系统定级

等级保护系统主要根据系统被破坏后，对公民、社会、国家造成的损害程度定级，具体如图 2-9 所示。

保护等级	公民、法人的合法权益	社会秩序和公共利益	国家安全
第一级	损害	否	否
第二级	严重损害	损害	否
第三级	/	严重损害	损害
第四级	/	严重损害	严重损害
第五级	/	/	严重损害

图 2-9　等级保护系统级别

2.3.6　等级保护流程

等级保护流程如图 2-10 所示。

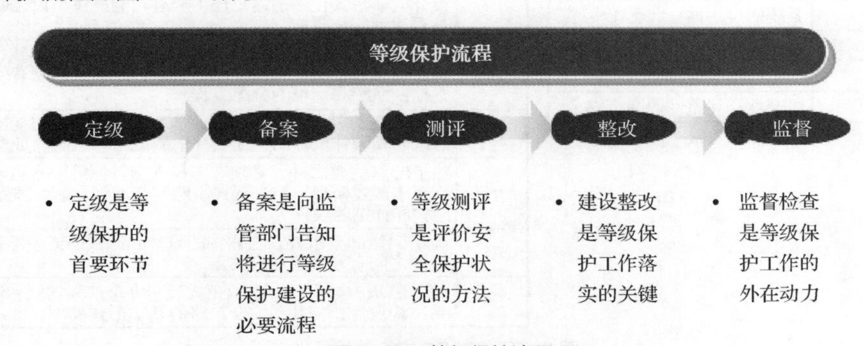

图 2-10　等级保护流程

本章小结

本章首先介绍了常见信息安全标准与规范，然后介绍了信息安全管理体系，之后对信息安全等级化保护体系进行了详细描述，包括等级保护定义、等级保护意义等。

技能拓展

✧　其他标准简介

1. 美国——TCSEC

TCSEC（Trusted Computer System Evaluation Criteria）是计算机系统安全评估的第一个正式标准，如图 2-11 所示。1970 年由美国国防科学委员会提出，1985 年 12 月由美国国防部公布。

2. 欧洲——ITSEC

ITSEC（Information Technology Security Evaluation Criteria）是欧洲的安全评价标准，如图 2-12 所示，是英国、法国、德国和荷兰制定的 IT 安全评估准则，较美国制定的 TCSEC 准则在功能的灵活性和有关的评估技术方面均有很大的进步，应用领域为军队、政府和商业。

A：验证保护级	A1	系统管理员必须从开发者那里接收到一个安全策略的正式模型；所有的安装操作都必须由系统管理员进行；系统管理员进行的每一步安装操作都必须有正式文档
B：强制保护级	B1 B2 B3	B类系统具有强制性保护功能。强制性保护意味着如果用户没有与安全等级相连，系统就不会让用户存取对象
C：自主保护级	C1 C2	该类安全等级能够提供审计的保护，并为用户的行动和责任提供审计能力
D：无保护级	D1	只为文件和用户提供安全保护。D1系统最普通的形式是本地操作系统，或者是一个完全没有保护的网络

图 2-11　TCSEC 安全等级标准

功能	
级别	描述
F1～F5	TCSEC D～A
F6	数据和程序的完整性
F7	系统的可用性
F8	数据通信的完整性
F9	数据通信的保密性
F10	机密性和完整性的网络安全

评估	
级别	描述
E0	不充分的安全保证
E1	必须有一个安全目标和一个对产品或系统的体系结构设计的非形式化的描述，还需要有功能测试，以表明是否达到安全目标
E2	除了E1级的要求外，还必须对详细的设计有非形式化描述。另外，功能测试的证据必须被评估，必须有配置控制系统和认可的分配过程
E3	除了E2级的要求外，不仅要评估与安全机制相对应的源代码和硬件设计图，还要评估测试这些机制的证据
E4	除了E3级的要求外，必须有支持安全目标的安全策略的基本形式模型。用半形式说明安全加强功能、体系结构和详细的设计
E5	除了E4级的要求外，在详细的设计和源代码或硬件设计图之间有紧密的对应关系
E6	除了E5级的要求外，必须正式说明安全加强功能和体系结构设计，使其与安全策略的基本形式模型一致

图 2-12　ITSEC 安全等级标准

3. 塞班斯法案

Sarbanes-Oxley Act，简称 SOX 法案。该法案全称为《2002 年上市公司会计改革和投资者保护法案》（Public Company Accounting Reform and Investor Protection Act of 2002）。SOX 法案中所涉及的如合同财务流程管理、企业运作过程的跟踪监控同样可用于信息系统检查的需求。

课后习题

1. 国际知名的制定信息安全标准的组织有（　　）。
   A. SO　　B. IEC　　C. ITU　　D. IETF
2. 信息安全管理体系遵循的是________流程。
3. 等级保护定义是什么？
4. 等级保护关键技术要求是什么？
5. 等级保护流程是什么？

第 3 章
网络基本概念

知识目标

① 了解 OSI 模型。

② 了解 TCP/IP 协议原理。

能力目标

① 掌握 TCP/IP 协议的工作原理。

② 掌握常见协议的工作原理。

课程导入

小安是华安公司刚入职的职员，对网络的基本通信原理、网络的组成和常见的网络协议等方面都不是很了解，为了让自己能够快速上手，小安找到公司骨干人员小华，希望他能传授经验给自己。小华要求小安在了解网络协议的基础上，能够理解网络安全威胁，从而部署安全防御策略。

相关内容

3.1 OSI 模型

3.1.1 OSI 模型的提出

OSI（Open System Interconnect，开放式系统互联）模型是国际标准化组织（ISO）提出的一个试图使各种计算机在世界范围内互联为网络的标准框架。OSI 模型的设计目的是成为一个开放网络互联模型，来克服使用众多网络模型所带来的互联困难和低效性，因此 OSI 模型很快成为计算机网络通信的基础模型。

3.1.2 OSI 模型设计

OSI 模型在设计时遵循了以下原则。

（1）各个层之间有清晰的边界，便于理解。

（2）每个层实现特定的功能，且相互不影响。

（3）每个层是服务者又是被服务者，既为上一层服务，又被下一层服务。

（4）层次的划分有利于国际标准协议的制定。

（5）层次的数目应该足够多，以避免各个层功能重复。

3.1.3 OSI 模型分层

OSI 模型将网络通信需要的各种进程划分为 7 个相对独立的功能层次，从下到上依次为物理层、数据链路层、网络层、传输层、会话层、表示层及应用层，其层次功能如图 3-1 所示。OSI 七层模型中，给每一个对等层数据起一个统一的名字为协议数据单元（Protocol Data Unit，PDU）。相应地，应用层数据称为应用层协议数据单元（Application Protocol Data Unit，APDU），表示层数据称为表示层协议数据单元（Presentation Protocol Data Unit，PPDU），会话层数据称为会话层协议数据单元（Session Protocol Data Unit，SPDU）。通常，我们把传输层数据称为段（Segment），网络层数据称为数据包（Packet），数据链路层称为帧（Frame），物理层数据称为比特流（Bit）。

图 3-1　OSI 模型

3.1.4 OSI 模型的优点

OSI 模型的优点如下。

（1）简化了相关的网络操作。

（2）提供即插即用的兼容性和不同厂商之间的标准接口。

（3）使各个厂商能够设计出互操作的网络设备，加快数据通信网络发展。

（4）防止一个区域网络的变化影响另一个区域的网络，因此，每一个区域的网络都能单独快速升级。

（5）把复杂的网络问题分解为小的简单问题，易于学习和操作。

3.2 TCP/IP 协议基础

3.2.1 TCP/IP 和 OSI 的对应关系

TCP/IP（Transfer Control Protocol/Internet Protocol，传输控制协议/网际协议）模型具有开

放性和易用性等特点，以致在实践中得到了广泛应用。由于 Interent 在全世界的飞速发展，使得 TCP/IP 协议栈成为事实上的标准协议，并形成了 TCP/IP 模型。

TCP/IP 模型与 OSI 模型的不同点在于 TCP/IP 把表示层和会话层都归入应用层，所以 TCP/IP 模型从下至上分为 4 层：数据链路层、网络层、传输层和应用层。在有些文献中也划分成 5 层，即把物理层单独列出。TCP/IP 和 OSI 的对应关系如图 3-2 所示。

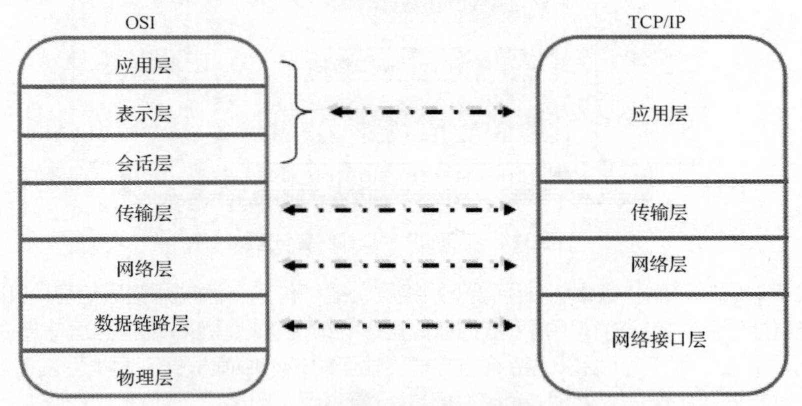

图 3-2　TCP/IP 和 OSI 的对应关系

3.2.2　TCP/IP 协议栈各层作用

TCP/IP 协议栈每一层都有对应的相关协议，且均为达成某一网络应用而产生，对于某些协议在分层上还不能严格对其定义，如 ICMP、IGMP、ARP、RARP 等协议，我们把它们放在与网络层 IP 同一层，但在某些场合我们可能会把 ICMP、IGMP 放在 IP 的上层，而把 ARP、RARP 放在 IP 的下层。TCP/IP 协议栈各层作用如图 3-3 所示。

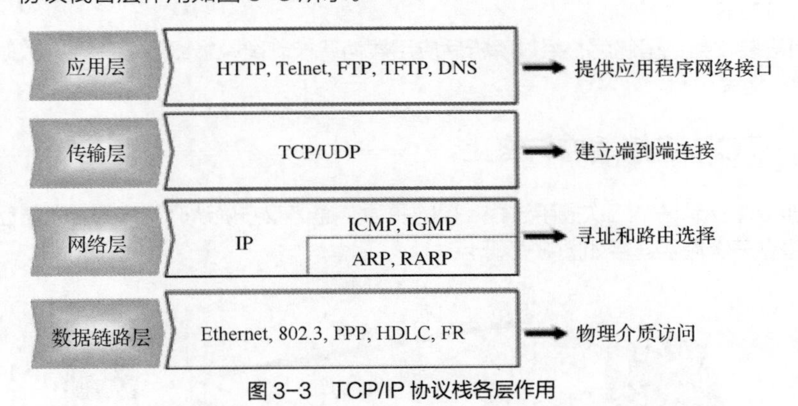

图 3-3　TCP/IP 协议栈各层作用

3.2.3　TCP/IP 协议栈封装与解封

TCP/IP 协议栈封装与解封示意图如图 3-4 所示。

如图 3-4 所示，发送方将用户数据提交给应用程序把数据送达目的地，整个数据封装流程如下。

（1）用户数据首先传送至应用层，添加应用层信息。

（2）完成应用层处理后，数据将往下层（传输层）继续传送，添加传输层信息（如 TCP 或 UDP，应用层协议已规定是 TCP 还是 UDP）。

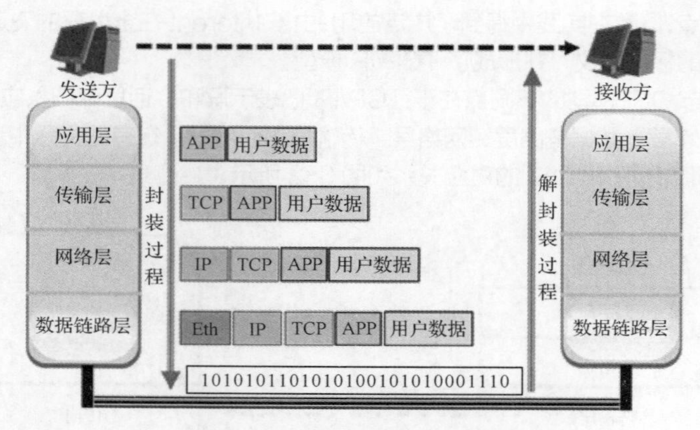

图 3-4　TCP/IP 协议栈封装与解封

（3）完成传输层处理后，数据将往下层（网络层）继续传送，添加网络层信息（如 IP）;

完成网络层处理后，数据将往下层（数据链路层）继续传送，添加数据链路层信息（如 Ethernet、802.3、PPP、HDLC 等），而后以比特流的方式传输至对端，中间根据不同类型设备处理方式不同，交换机一般只对数据链路层信息处理，而路由器进行更高层（网络层）处理，只有到达最终目的地才能恢复原用户数据。

用户数据到达目的地后，将完成如下解封装流程。

（1）数据包先传送至数据链路层，经过解析后数据链路层信息被剥离，并根据解析信息知道网络层信息，如 IP。

（2）网络层接收数据包后，经过解析后网络层信息被剥离，并根据解析信息知道上层处理协议，如 TCP。

（3）传输层（TCP）接收数据包后，经过解析后传输层的信息被剥离，并根据解析信息知道上层处理协议，如 HTTP。

（4）应用层接收到数据包后，经过解析后应用层信息被剥离，最终展示的用户数据与发送方主机发送的数据完全相同。

3.2.4　TCP 连接建立与终止

TCP 的连接建立是一个三次握手过程，目的是为了通信双方确认开始序号，以便后续通信的有序进行。TCP 建立三次握手连接如图 3-5 所示。

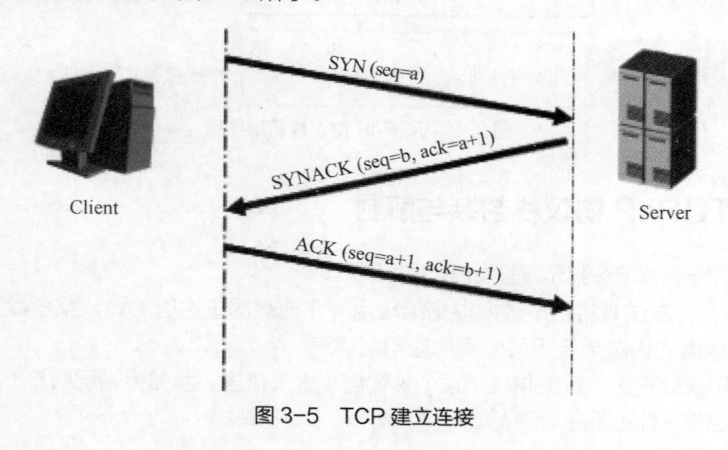

图 3-5　TCP 建立连接

主要步骤如下。

（1）连接开始时，连接建立方（Client）发送 SYN 包，并包含了自己的初始序号 a。

（2）连接接收方（Server）收到 SYN 包后会回复一个 SYN 包，其中包含了对上一个 a 包的回应信息 ACK，回应的序号为下一个希望收到包的序号，即 a+1，还包含了自己的初始序号 b。

（3）连接建立方（Client）收到回应的 SYN 包以后，回复一个 ACK 包做响应，其中包含了下一个希望收到包的序号，即 b +1。

如图 3-6 所示，TCP 终止连接的四次握手过程如下。

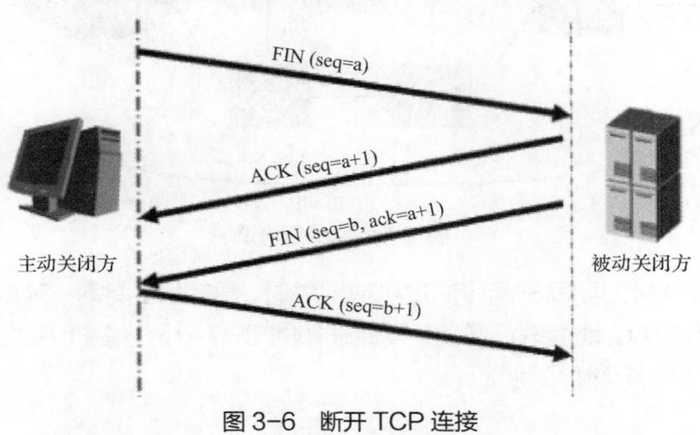

图 3-6　断开 TCP 连接

（1）首先进行关闭的一方（即发送第一个 FIN）将执行主动关闭，而另一方（收到这个 FIN）执行被动关闭。

（2）当服务器收到这个 FIN 时发回一个 ACK，确认序号为收到的序号加 1。和 SYN 一样，一个 FIN 将占用一个序号，同时 TCP 服务器还向应用程序（即丢弃服务器）传送一个文件结束符。

（3）接着这个服务器程序关闭它的连接，导致它的 TCP 端发送一个 FIN。客户端必须发回一个确认，并将确认序号设置为收到序号加 1。

3.2.5　套接字与各层协议

一个套接字由相关五元组构成：源 IP 地址、目的 IP 地址、协议、源端口、目的端口。通过五元组，应用服务器可响应任何并发服务请求，且能保证每一链接在本系统内是唯一的。其套接字组成元素如图 3-7 所示。

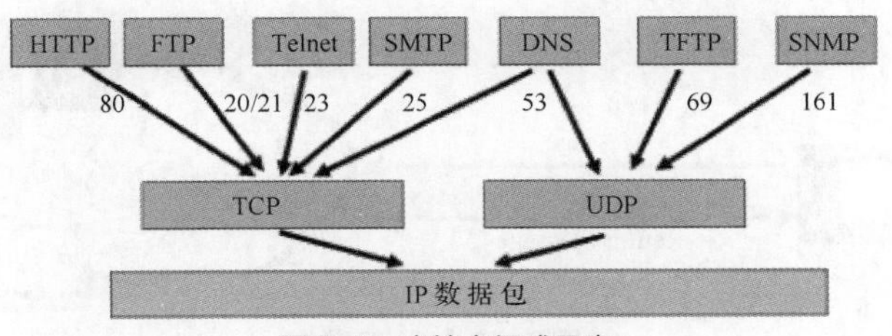

图 3-7　套接字组成元素

3.3　常见 TCP/IP 协议介绍

3.3.1　常见网络层协议

图 3-8 所示为网络层协议结构图，其中 ARP、ICMP OSPF、SNMP 和 NetStream 功能如下。

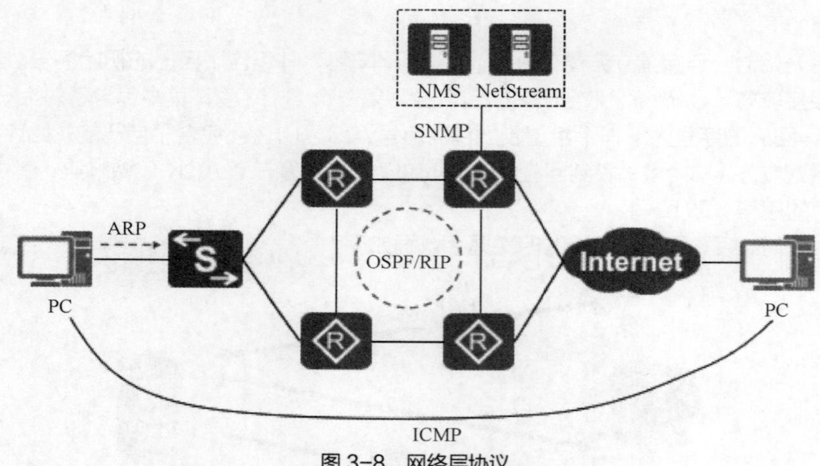

图 3-8　网络层协议

（1）ARP：用于报文转发到同一网段的主机或网关时，已知目的地址，获取目的地址对应的 MAC 地址，同一网段内使用 MAC 地址进行通信。其原理如图 3-9 所示，主机 A 发送一个数据包给主机 C 之前，首先要获取主机 C 的 MAC 地址。

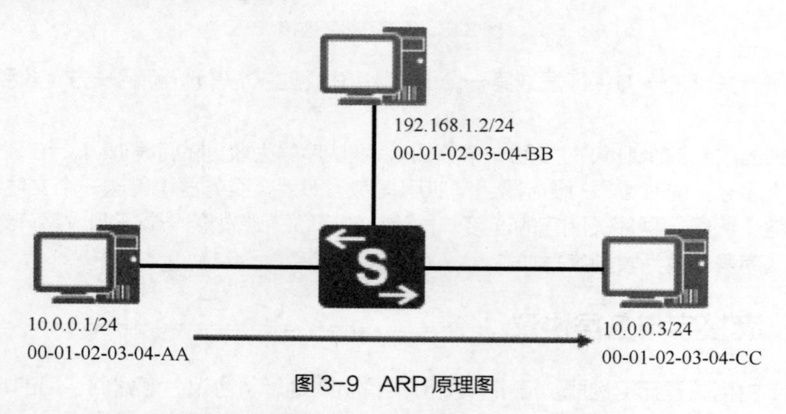

图 3-9　ARP 原理图

（2）ICMP：一般用于测试网络的连通性，典型应用为 Ping 和 Tracert。ICMP 用来传递差错、控制、查询等信息，具体如图 3-10 所示。

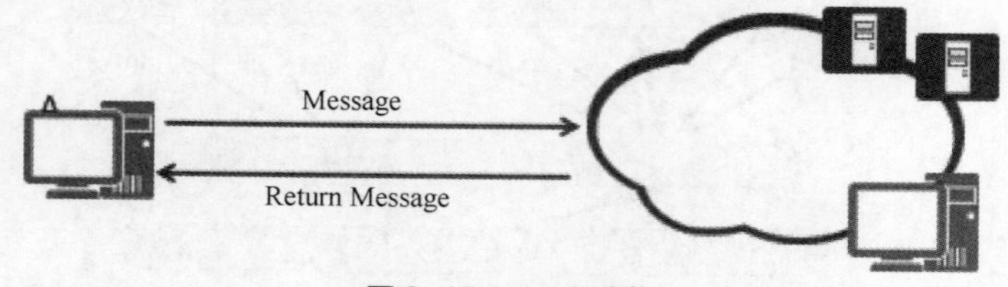

图 3-10　ICMP 功能

（3）OSPF：具有无环路、收敛快、扩展性好、支持认证等特点，具体如图 3-11 所示。

（4）SNMP：用来在网络管理系统（NMS）和被管理设备之间传输管理信息，具体如图 3-12 所示。

（5）NetStream：NetStream 是华为技术有限公司的专利技术，是一种网络流信息的统计与发布技术。NDE 把获得的统计信息定期向 NSC 发送，由 NSC 进行进一步的处理，然后交给后续的 NDA 进行数据分析，分析的结果为网络计费与规划提供依据。具体如图 3-13 所示。

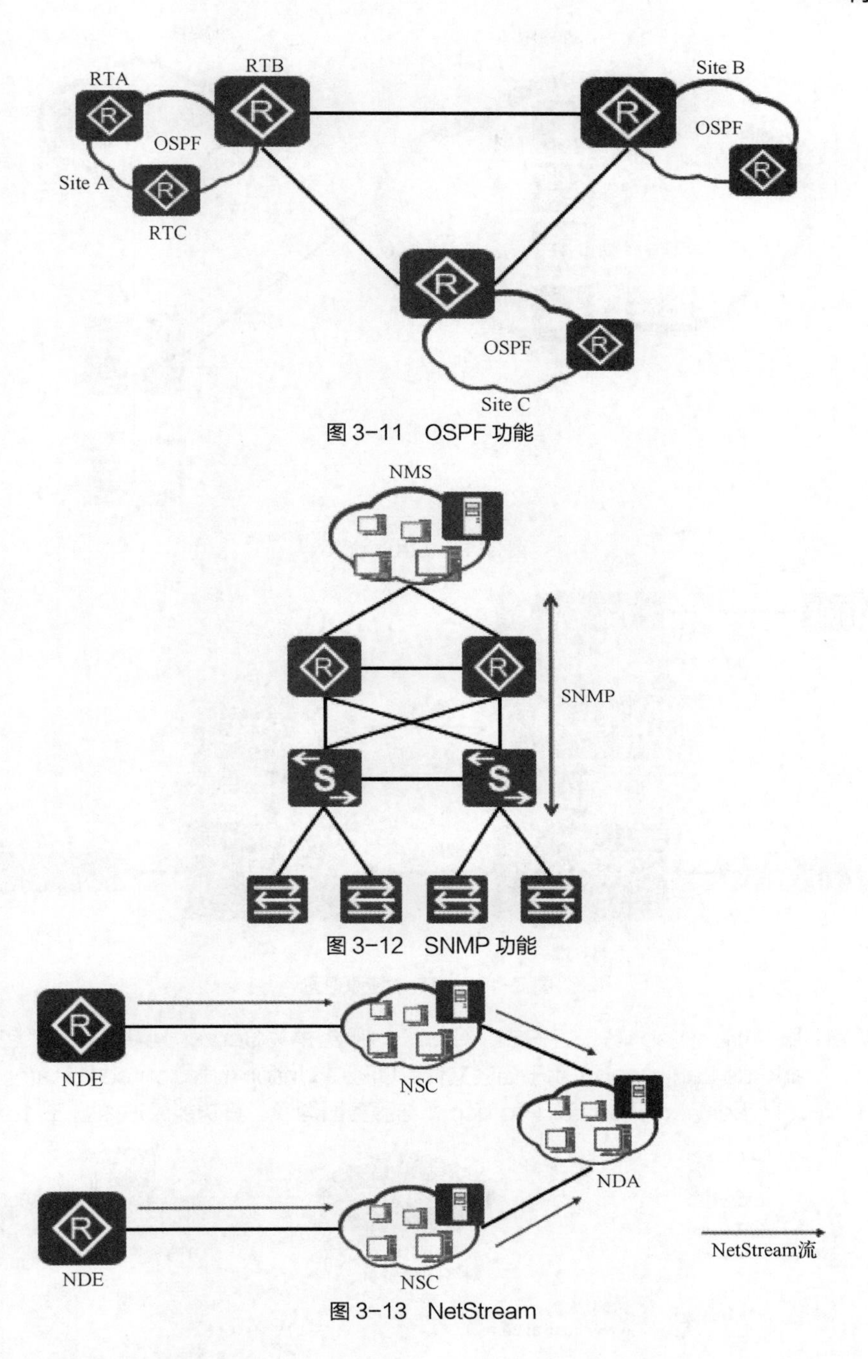

图 3-11　OSPF 功能

图 3-12　SNMP 功能

图 3-13　NetStream

3.3.2　常见应用层协议

图 3-14 所示为应用层协议结构图，详细介绍如下。

（1）FTP 服务器：FTP 提供了一种在服务器和客户机之间上传和下载文件的有效方式。使用 FTP 传输数据时，需要在服务器和客户机之间建立控制连接和数据连接。FTP 功能原理如图 3-15 所示。

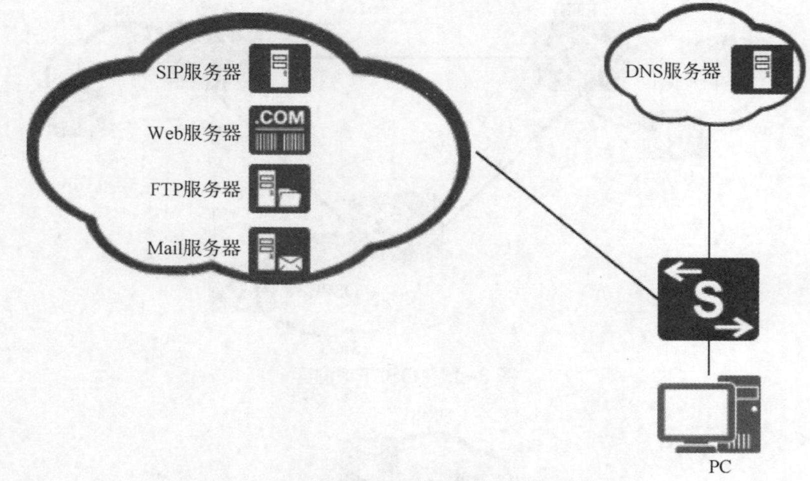

图 3-14 应用层协议

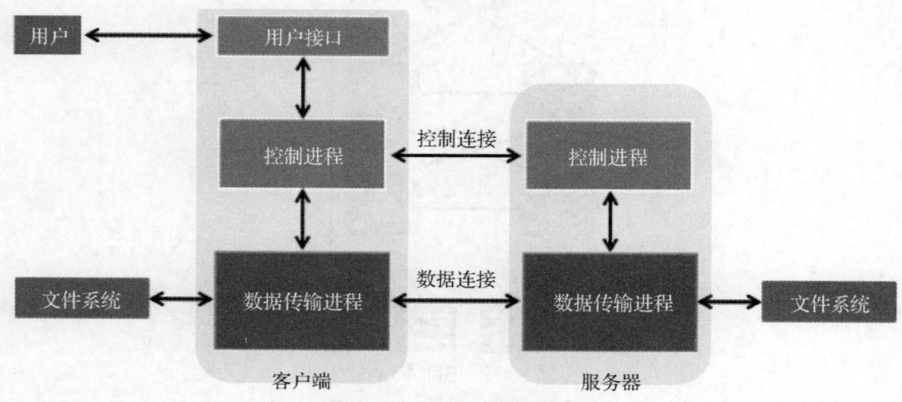

图 3-15 FTP 功能原理图

（2）Web 服务器：Web 基于客户端（Client）/服务器（Server）架构实现，包含 HTML（HyperText Mark-up Language）用于描述文件、URL（Uniform Resource Locator）指定文件的所在、HTTP（HyperText Transfer Protocol）与服务器沟通。其功能原理如图 3-16 所示。

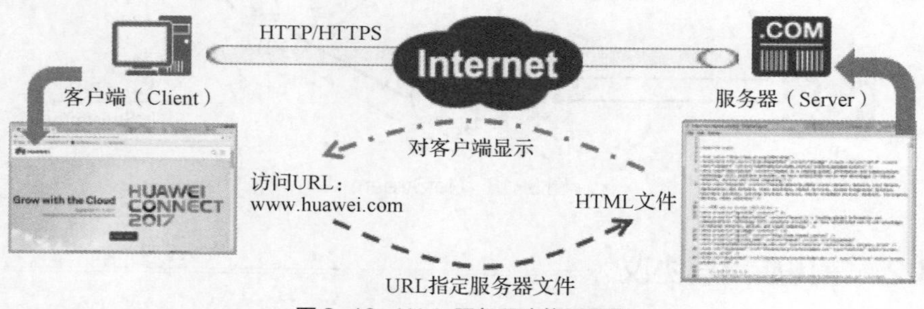

图 3-16 Web 服务器功能原理图

（3）SMTP/POP3/IMAP-Mail 服务器：SMTP 定义了计算机如何将邮件发送到 SMTP Server，以及 SMTP Server 之间如何中转邮件。POP3（Post Office Protocol 3，邮局协议版本 3）和 IMAP（Internet Mail Access Protocol，交互式邮件存取协议）规定计算机如何通过客户端软件管理、下载邮件服务器上的电子邮件。基于该种方式，网络管理员需要在邮件服务器上部署 SMTP 服务、POP3

服务（或 IMAP 服务）；终端用户需要在 PC 上安装邮件客户端软件（如 MicroSoft OutLook、FoxMail 等邮件管理软件）。具体如图 3-17 所示。

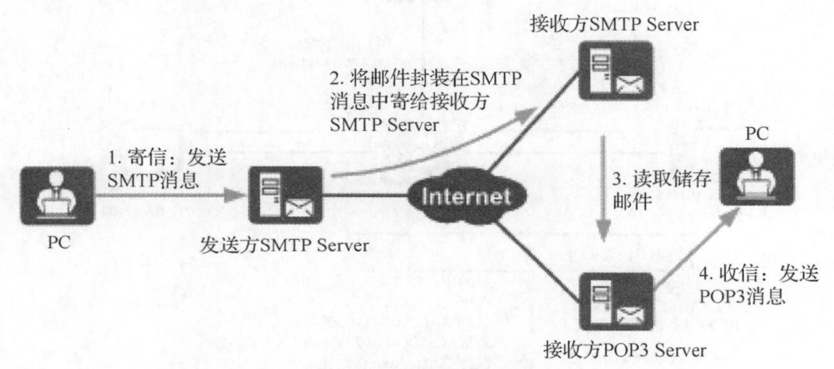

图 3-17　Mail 服务器

（4）DNS 服务器：域名解析要由专门的域名解析系统（Domain Name System，DNS）来完成。在 DNS 系统中，涉及以下几种类型的服务器：根服务器、顶级域名服务器、递归服务器、缓存服务器。具体如图 3-18 所示。

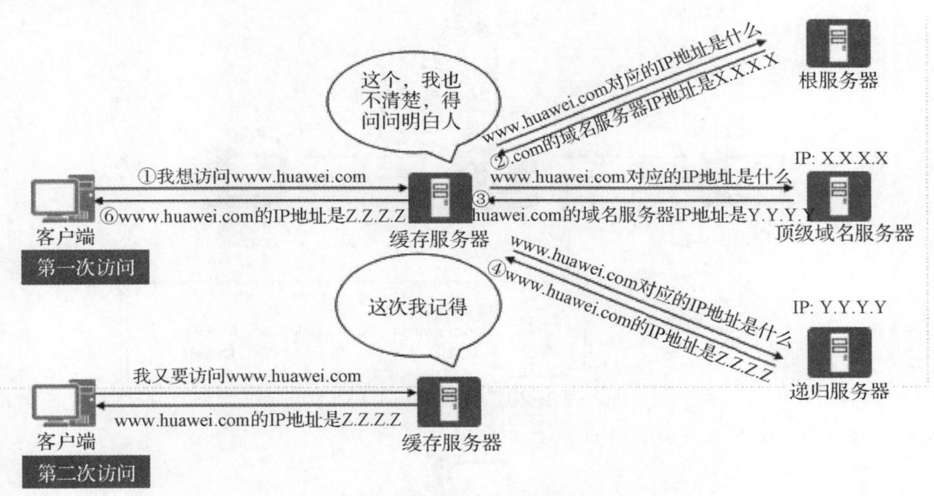

图 3-18　DNS 服务器

本章小结

本章首先介绍了计算机网络 OSI 模型的概念以及 OSI 模型中不同层次的功能；然后介绍了 TCP/IP 协议模型中不同层次的功能，并比较了 TCP/IP 和 OSI 的对应关系。

技能拓展

✧ ARP 数据交换

首先 ARP 请求，如图 3-19 所示。

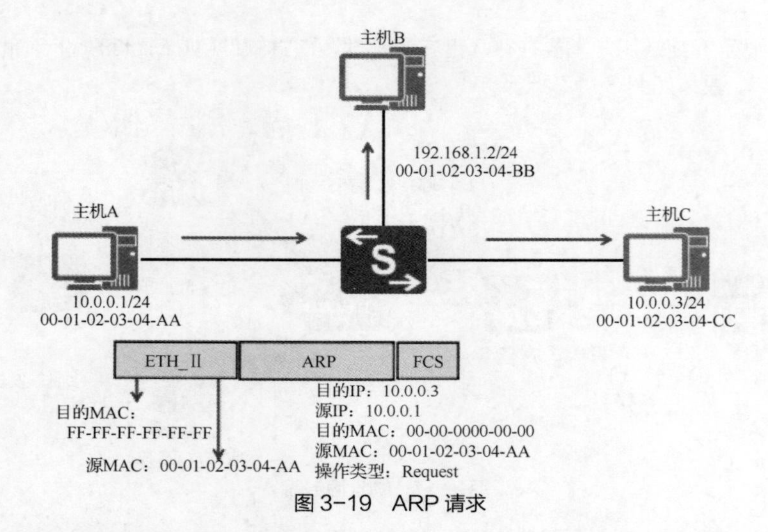

图 3-19　ARP 请求

图 3-20 和图 3-21 所示为 ARP 响应。

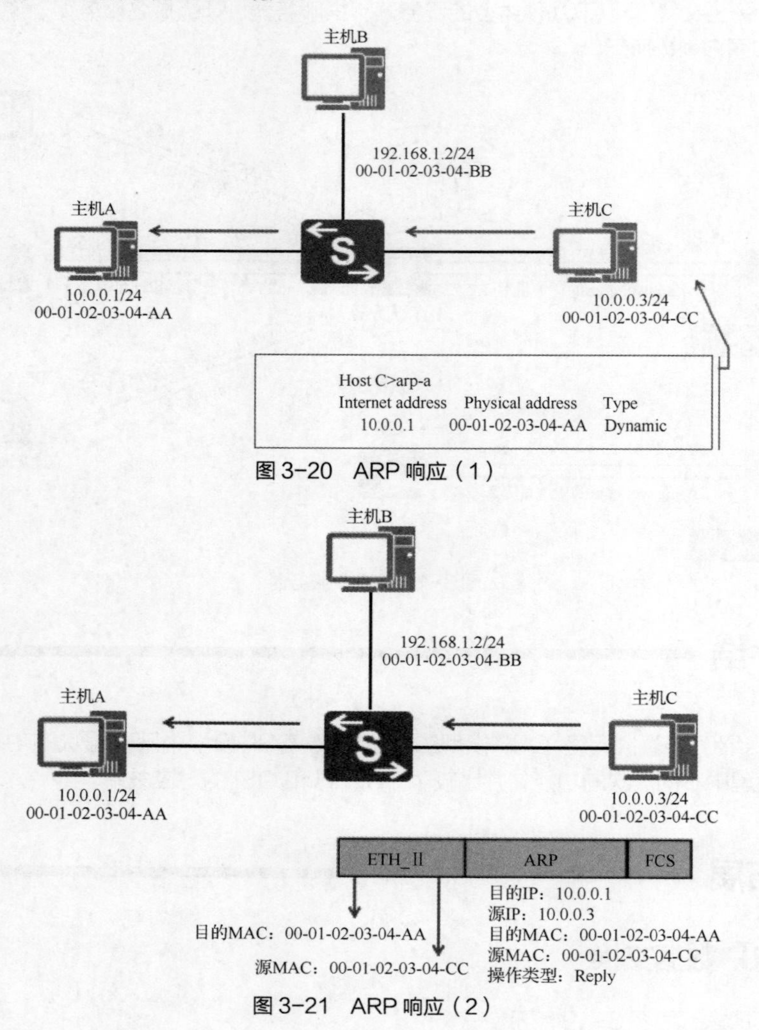

图 3-20　ARP 响应（1）

图 3-21　ARP 响应（2）

✧ ICMP 应用

1. Ping

图 3-22 和图 3-23 所示为 ICMP 应用——Ping。

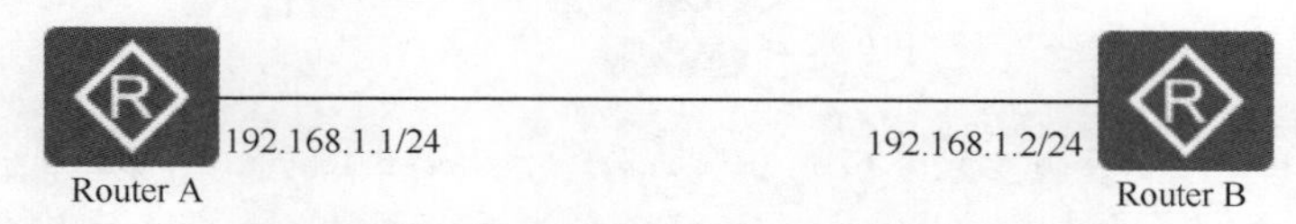


```
<Router A>ping ?
STRING<1-255> IP address or hostname of a remote system
-a            Select source IP address, the default is the IP address of the
              output interface
-c            Specify the number of echo requests to be sent, the default is
              5
-d            Specify the SO_DEBUG option on the socket being used
-f            Set Don't Fragment flag in packet (IPv4-only)
-h            Specify TTL value for echo requests to be sent, the default is
              255
-i            Select the interface sending packets
……
```

图 3-22 ICMP 应用——Ping（1）

```
[Router A]ping 192.168.1.2
  PING 192.168.1.2 : 56  data bytes, press CTRL_C to break
    Reply from 192.168.1.2 : bytes=56 Sequence=1 ttl=255 time=340 ms
    Reply from 192.168.1.2 : bytes=56 Sequence=2 ttl=255 time=10 ms
    Reply from 192.168.1.2 : bytes=56 Sequence=3 ttl=255 time=30 ms
    Reply from 192.168.1.2 : bytes=56 Sequence=4 ttl=255 time=30 ms
    Reply from 192.168.1.2 : bytes=56 Sequence=5 ttl=255 time=30 ms

  --- 192.168.1.2 ping statistics ---
    5 packet(s) transmitted
    5 packet(s) received
    0.00% packet loss
    round-trip min/avg/max = 10/88/340 ms
```

图 3-23 ICMP 应用——Ping（2）

2. Tracert

图 3-24 和图 3-25 所示为 ICMP 应用——Tracert。

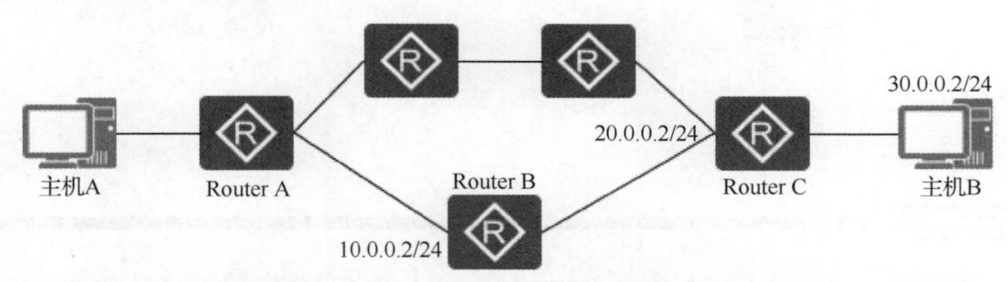


```
<Router A>tracert ?
STRING<1-255>   IP address or hostname of a remote system
-a              Set source IP address, the default is the IP address of the
                output interface
-f              First time to live, the default is 1
-m              Max time to live, the default is 30
-name           Display the host name of the router on each hop
-p              Destination UDP port number, the default is 33434
-q              Number of probe packet, the default is 3
-s              Specify the length of the packets to be sent. The default
                length is 12 bytes
……
```

图 3-24 ICMP 应用——Tracert（1）

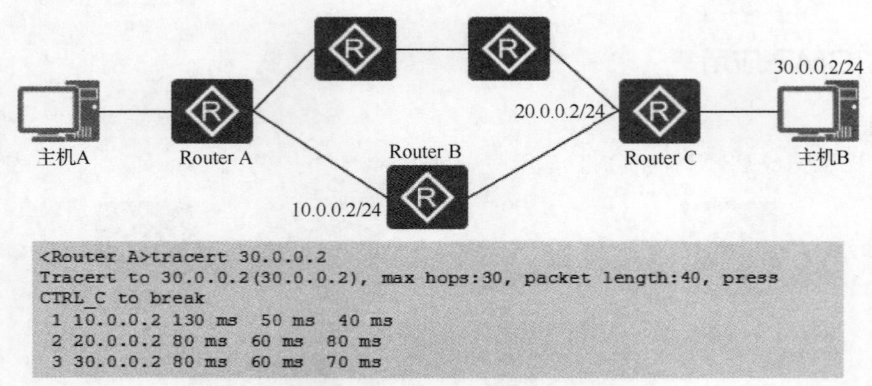


```
<Router A>tracert 30.0.0.2
Tracert to 30.0.0.2(30.0.0.2), max hops:30, packet length:40, press
CTRL_C to break
 1 10.0.0.2 130 ms  50 ms  40 ms
 2 20.0.0.2 80 ms  60 ms  80 ms
 3 30.0.0.2 80 ms  60 ms  70 ms
```

图 3-25　ICMP 应用——Tracert（2）

✧ FTP

FTP 连接的建立分为主动模式和被动模式，两者的区别在于数据连接是由服务器发起还是由客户端发起。默认情况下采用主动模式，用户可以通过命令切换。图 3-26 和图 3-27 所示为 FTP 传输模式。

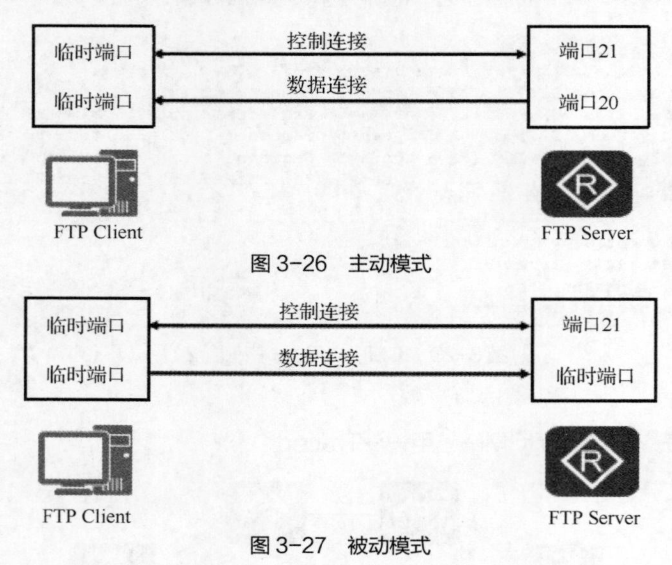

图 3-26　主动模式

图 3-27　被动模式

课后习题

1. 以下（　　）不属于 TCP/IP 协议簇。
   A. 数据链路层　　B. 传输层　　C. 会话层　　D. 应用层
2. 以下（　　）报文是 TCP 三次握手的首包。
   A. SYN+ACK　　B. SYN　　C. ACK　　D. FIN
3. OSI 七层模型分别有哪些？
4. OSI 模型的优点是什么？
5. 常见的网络层协议有哪些？

第4章
常见网络设备

04

拓展阅读

知识目标

① 了解一些较为常见的网络基础设备。

② 了解一些基本设备初始命令。

能力目标

① 掌握较为常见网络设备的功能。

② 掌握登录网络设备并对网络设备进行基础配置。

③ 掌握对设备进行文件管理。

课程导入

小安最近对网络设备产生了浓厚的兴趣，但是由于自身掌握的知识有限，对其了解很片面，不够具体。为了更加全面地了解网络设备，小安通过咨询专业人员小华，从而对网络设备有了更深层次的认识。小华对小安介绍到，网络设备是网络的基础构成，在规划和组建网络时，往往需要部署网络设备，并且需要在网络设备上进行相关配置来连通网络，或达到满足网络安全需求的目的，给了小安很大的帮助。

相关内容

4.1 网络基础设备

网络基础设备主要由交换机、路由器、防火墙等构成，是网络通信的重要组成部分，我们需要对这些设备进行相关配置，才能实现正常通信。

4.1.1 交换机

交换机工作在数据链路层，转发数据帧，如图 4-1 所示。

1．交换机的转发行为

交换机的转发行为如图 4-2 所示。

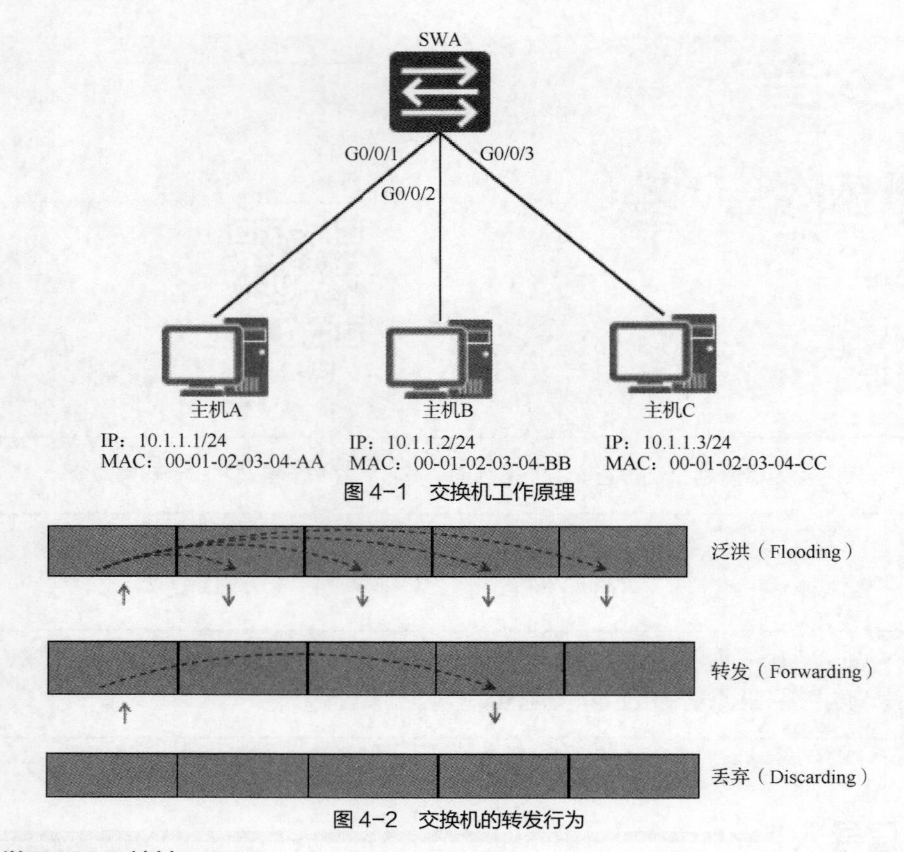

图 4-1　交换机工作原理

图 4-2　交换机的转发行为

2. 学习 MAC 地址

交换机将收到的数据帧的源 MAC 地址和对应接口记录到 MAC 地址表中，如图 4-3 所示。

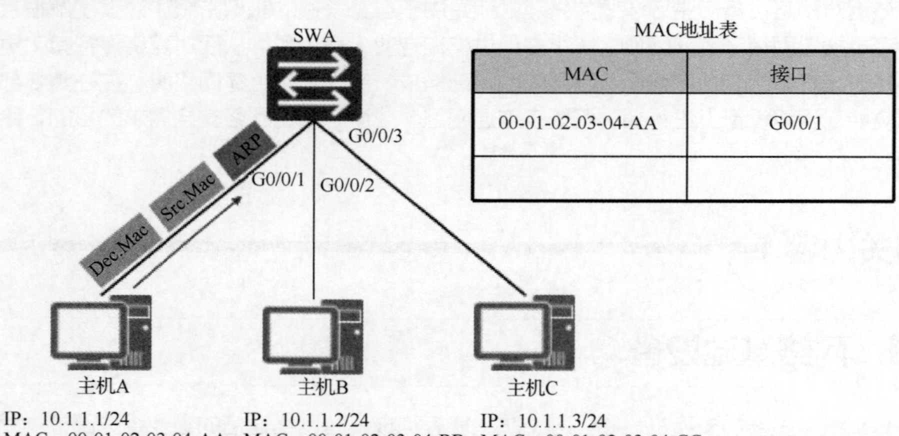

图 4-3　学习 MAC 地址

3. 转发数据帧

当数据帧的目的 MAC 地址不在 MAC 表中，或者目的 MAC 地址为广播地址时，交换机会泛洪该帧，如图 4-4 所示。

4. 目标主机回复

交换机根据 MAC 地址表将目标主机的回复信息单播转发给源主机，如图 4-5 所示。

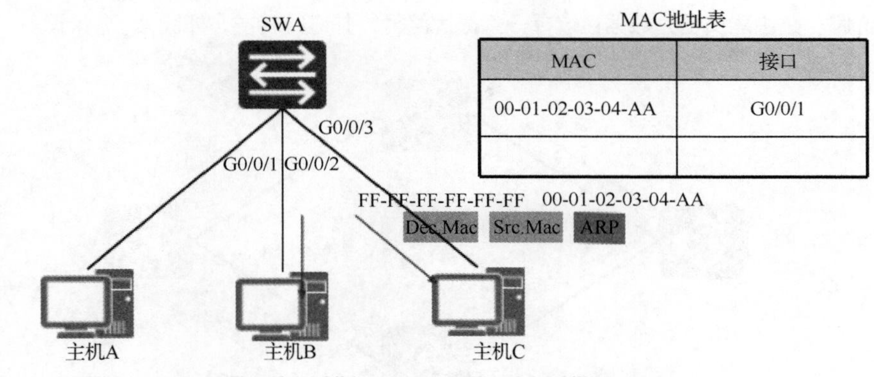

MAC地址表

MAC	接口
00-01-02-03-04-AA	G0/0/1

图 4-4　转发数据帧

MAC地址表

MAC	接口
00-01-02-03-04-AA	G0/0/1
00-01-02-03-04-CC	G0/0/3

SWA
G0/0/1
G0/0/2
G0/0/3
00-01-02-03-04-AA
00-01-02-03-04-CC
Dec.Mac
Src.Mac
ARP
主机A
主机B
主机C
IP：10.1.1.1/24
MAC：00-01-02-03-04-AA
IP：10.1.1.2/24
MAC：00-01-02-03-04-BB
IP：10.1.1.3/24
MAC：00-01-02-03-04-CC

图 4-5　目标主机回复

4.1.2　路由器

路由器是连接因特网中各局域网、广域网的设备，能够在不同的网络之间转发数据包，如图 4-6 所示。

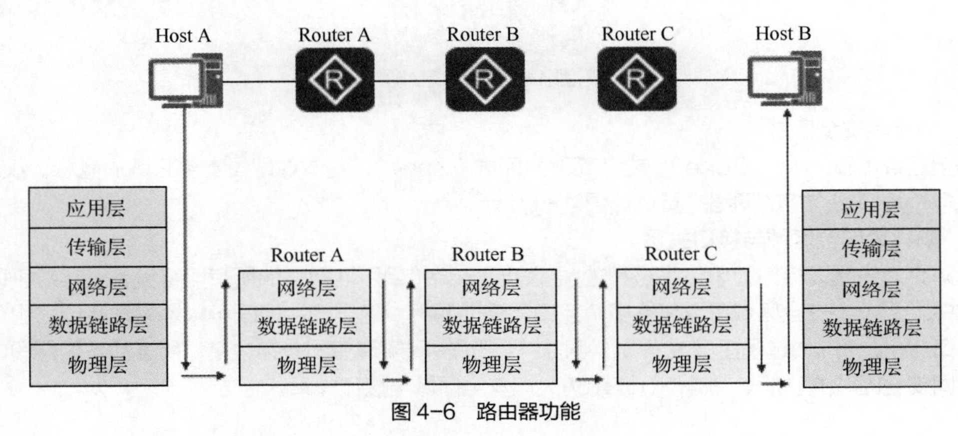

图 4-6　路由器功能

路由选路：路由器负责为数据包选择一条最优路径，并进行转发，如图 4-7 所示。

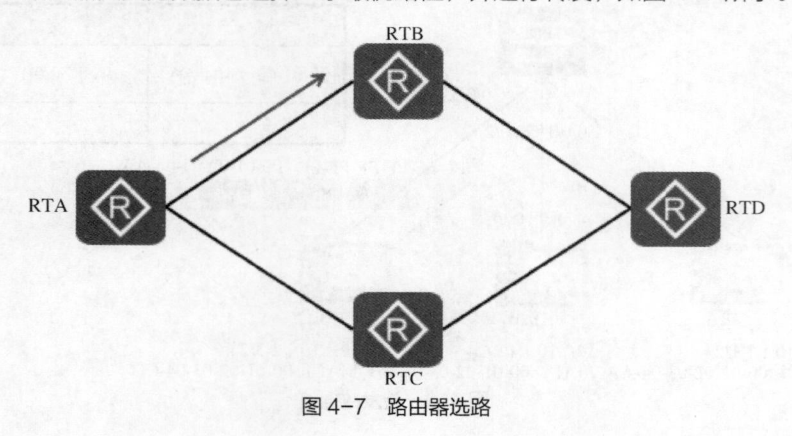

图 4-7　路由器选路

4.1.3　防火墙

防火墙是一种位于内部网络与外部网络之间的网络安全系统，主要用于保护一个网络区域免受来自另一个网络区域的网络攻击和网络入侵行为，具体如图 4-8 所示。

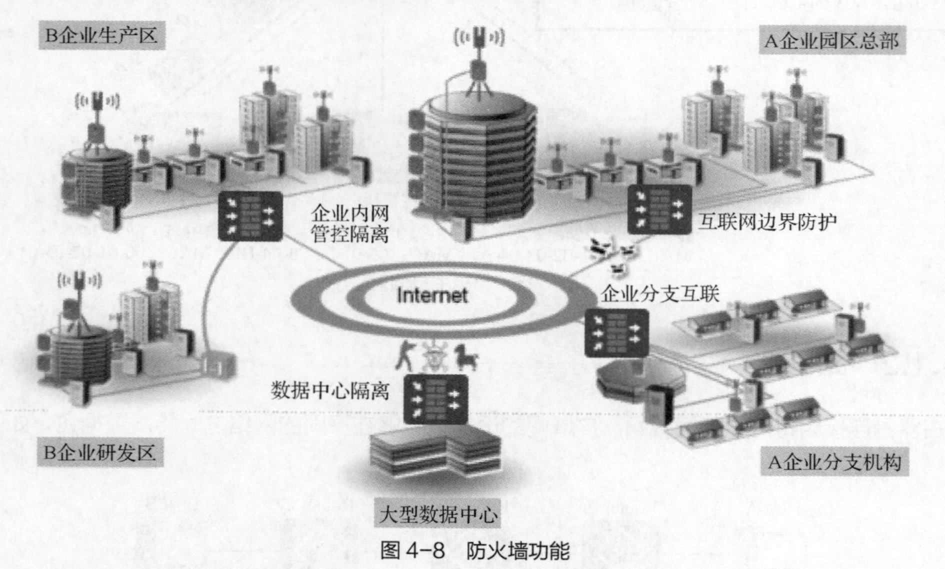

图 4-8　防火墙功能

1. 防火墙安全区域

安全区域（Security Zone），或者简称为区域（Zone），是本地逻辑安全区域的概念。Zone 是一个或多个接口所连接的网络，具体如图 4-9 所示。

2. 防火墙安全区域与接口关系

在防火墙中是以接口为单位来进行分类，即同一个接口所连网络的所有网络设备一定位于同一安全区域中，而一个安全区域可以包含多个接口所连的网络。这里的接口既可以是物理接口，也可以是逻辑接口。所以可以通过子接口或者 VLAN IF 等逻辑接口实现将同一物理接口所连的不同网段的用户划入不同安全区域的功能。图 4-10 表示防火墙安全区域与接口关系。

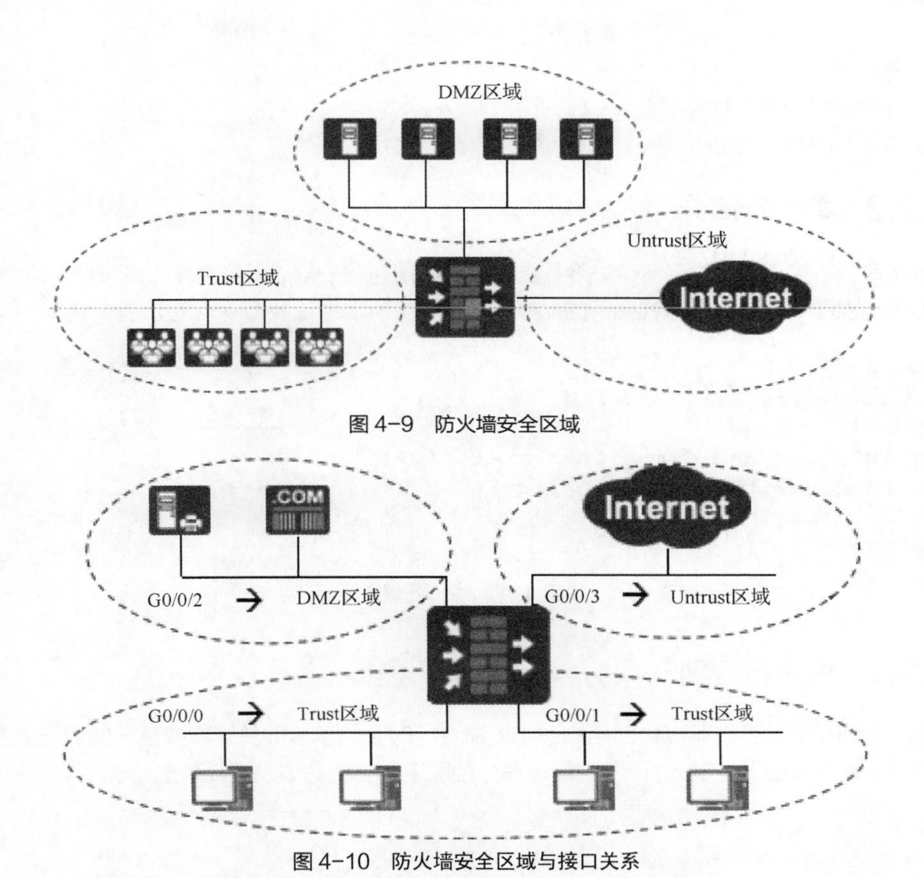

图 4-9　防火墙安全区域

图 4-10　防火墙安全区域与接口关系

3. 防火墙与交换机、路由器对比

路由器与交换机的本质是转发，防火墙的本质是控制，三者之间的对比如图 4-11 所示。

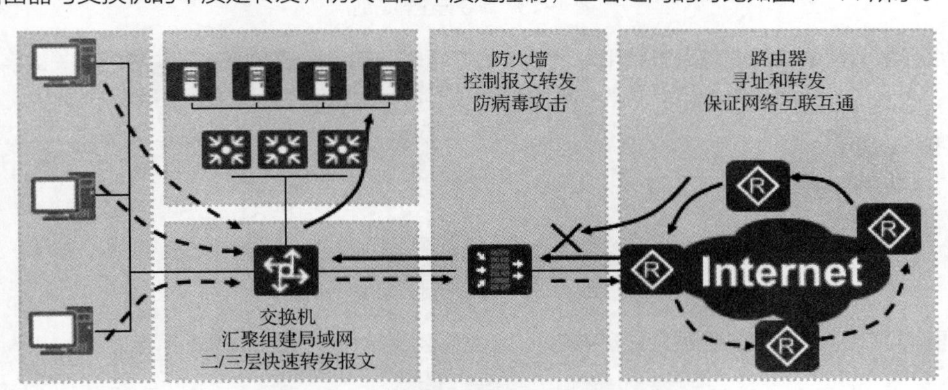

图 4-11　防火墙与交换机、路由器对比图

4.2 设备初始介绍

4.2.1 VRP 简介

VRP（Versatile Routing Platform，通用路由平台），它的主要功能如下：

（1）网络操作系统。
（2）支撑多种设备的软件平台。
（3）提供 TCP/IP 路由服务。

4.2.2 命令行简介

系统将命令行接口划分为若干个命令视图，系统的所有命令都注册在某个（或某些）命令视图下，只有在相应的视图下才能执行该视图下的命令。图 4-12 所示为主要命令行简介。

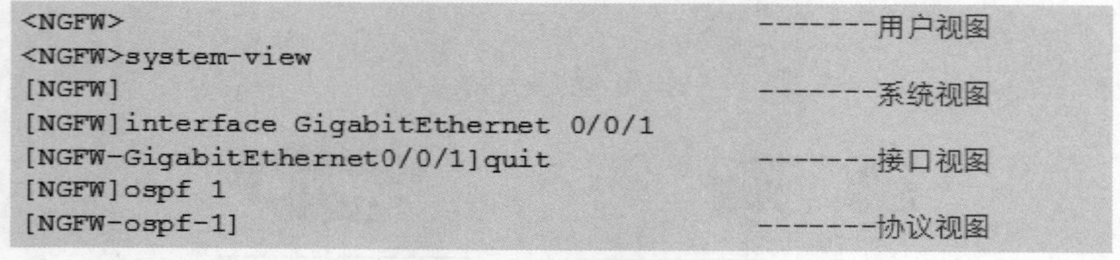

```
<NGFW>                                                  --------用户视图
<NGFW>system-view
[NGFW]                                                  --------系统视图
[NGFW]interface GigabitEthernet 0/0/1
[NGFW-GigabitEthernet0/0/1]quit                         --------接口视图
[NGFW]ospf 1
[NGFW-ospf-1]                                           --------协议视图
```

图 4-12 命令行简介

4.2.3 命令行帮助

命令行全部帮助，系统可以协助用户在输入命令行时，给予全部关键字或参数的提示。图 4-13 所示为在任一命令视图下，键入“?”获取该命令视图下所有的命令及其简单描述。

```
<NGFW>?
User view commands:
  anti-ddos                    Defend against DDoS attacks
  arp                          Specify ARP configuration information
```

图 4-13 命令行全部帮助

命令行部分帮助，系统可以协助用户在输入命令行时，给予以该字符串开头的所有关键字或参数的提示。图 4-14 所示为键入一字符串，其后紧接“?”，列出以该字符串开头的所有关键字。

```
<NGFW>d?
  debugging                                         delete
  dir                                               display
  download
```

图 4-14 命令行部分帮助

如果与不完整的关键字匹配的关键字唯一，Tab 键可以补全，如图 4-15 所示。

```
[NGFW]info-
[NGFW]info-center
```

图 4-15 Tab 键补全

4.2.4 配置接口

选择“网络 > 接口”，选择对应接口编辑。配置接口 IP 地址，切换接口模式，如图 4-16 所示。

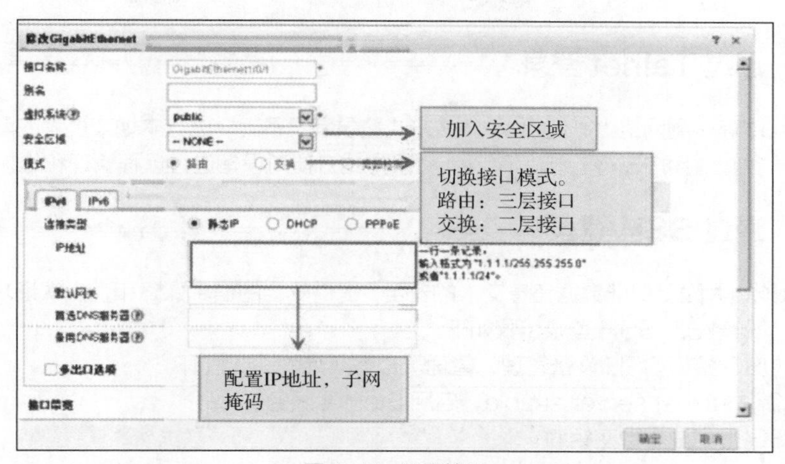

图 4-16　配置接口

4.2.5　配置路由

选择“网络 > 路由 > 静态路由”，单击“新建”，如图 4-17 所示。

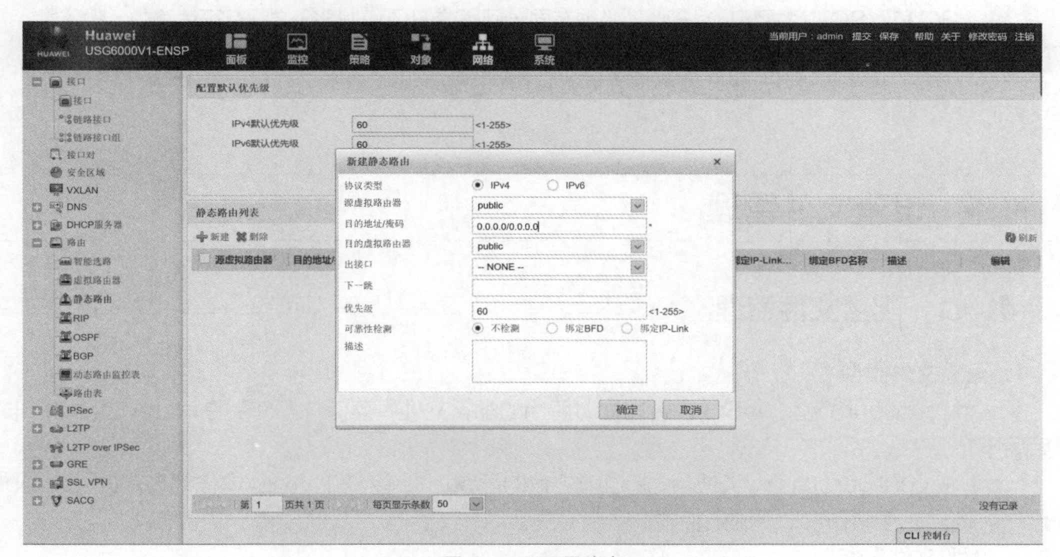

图 4-17　配置路由

4.3　设备登录管理

4.3.1　通过 Console 口登录

使用 PC 终端通过连接设备的 Console 口来登录设备，进行第一次上电和配置。当用户无法进行远程访问设备时，可通过 Console 进行本地登录；当设备系统无法启动时，可通 Console 口进行诊断或进入 BootRom 进行系统升级。如果使用 PC 进行配置，需要在 PC 上运行终端仿真程序（如 Windows 3.1 的 Termina，Windows 98/Windows 2000/Windows XP 的超级终端），建立新的连接。

4.3.2 通过 Telnet 登录

通过 PC 终端连接到网络上，使用 Telnet 方式登录到设备上，进行本地或远程的配置，目标设备根据配置的登录参数对用户进行验证。Telnet 登录方式方便对设备进行远程管理和维护。

4.3.3 通过 SSH 登录

SSH 登录能更大限度保证数据信息交换的安全，提供安全的信息保障和强大认证功能，保护设备系统不受 IP 欺骗等攻击。SSH 登录步骤如下：

（1）配置 USG 接口 SSH 设备管理，管理员根据实际的需要打开。

（2）执行命令 stelnet server enable，启用 Stelnet 服务。

（3）在 USG 上生成本地密钥对。

4.3.4 通过 Web 登录

在客户端通过 Web 浏览器访问设备，进行控制和管理。适用于配置终端 PC 通过 Web 方式登录。

注意

PC 和 USG 以太网口的 IP 地址必须在同一网段或 PC 和 USG 之间有可达路由。设备默认开启 HTTP/HTTPS 服务，此时如果使用 HTTP 方式登录将自动重定向为 HTTPS 方式登录。出于安全性考虑，建议不要关闭 HTTPS 服务。

4.4 设备文件管理

4.4.1 配置文件管理

1. 配置文件类型

saved-configuration：USG 设备启动时所用的配置文件，存储在 USG 的 Flash 或者 CF 卡，重启后不会丢失。

current-configuration：USG 设备当前生效的配置，命令行和 Web 操作都是修改 current-configuration。存储在 USG 的内存中，重启丢失。

2. 配置文件操作

（1）保存配置文件。

（2）擦除配置文件（恢复出厂配置）。

（3）配置下次启动时的系统软件和配置文件。

（4）重启设备。

4.4.2 版本升级

一键升级系统软件：系统软件必须以“.bin”作为扩展名，不支持中文，具体步骤如下。

（1）选择“系统 > 系统更新”。

（2）单击“一键式版本升级”，显示一键系统软件升级向导界面。

（3）可选：依次单击“导出”，将设备上的告警信息、日志信息和配置信息导出到终端。建议将配置信息保存到终端。

（4）单击“浏览”，选择待上传的系统软件。

（5）根据当前网络是否允许设备升级后立即重启，选中“设置为下次启动系统软件，并重启系统”或“设置为下次启动系统软件，不重启系统”前的单选框。启设备后，才能使用升级后的系统软件。

4.4.3 License 配置

License 是设备供应商对产品特性的使用范围、期限等进行授权的一种合约形式，License 可以动态控制产品的某些特性是否可用。

本章小结

本章开始介绍了网络基础设备，包括常见网络设备的功能；然后介绍了网络设备登录方式，包括 Console、Telnet、SSH 和 Web 4 种；最后介绍了安全设备基础配置。

技能拓展

✧ 园区网络安全部署场景

网络安全部署模式如图 4-18 所示。

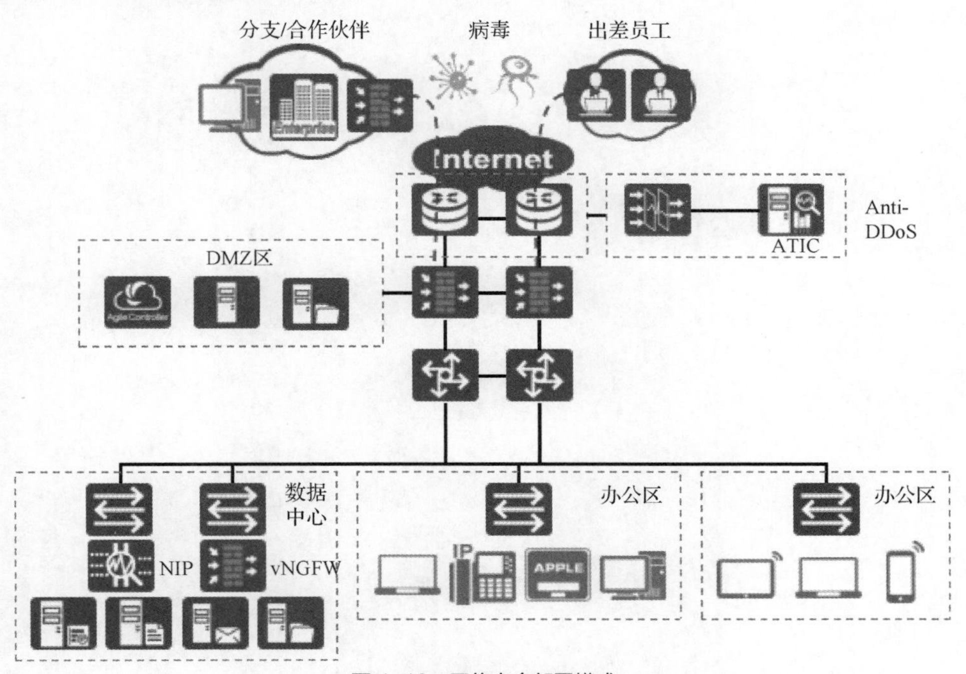

图 4-18　网络安全部署模式

✧ 防火墙的发展历史

防火墙的发展历史如图 4-19 所示。

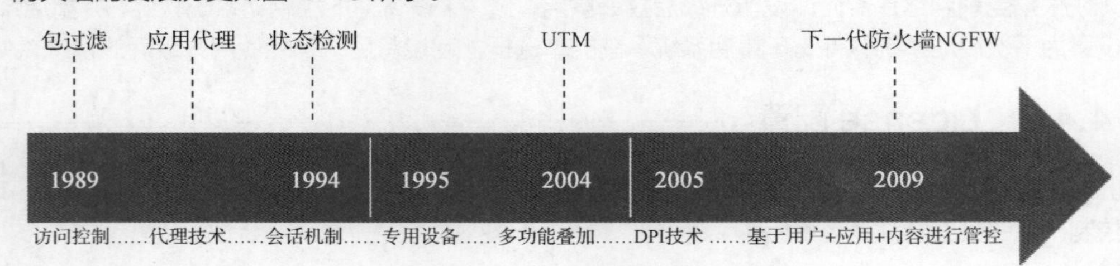

图 4-19　防火墙的发展历史

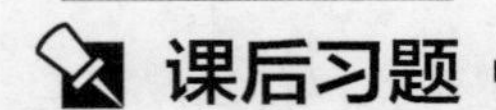

课后习题

1. 采用默认 Web 方式登录时，默认登录的地址为（　　）。
   A. 192.168.0.1/24　B. 192.168.1.1/24　C. 172.16.0.1/16　D. 172.16.1.1/16
2. 如果与不完整的关键字匹配的关键字唯一，________键可以补全。
3. 路由器的功能有哪些？
4. 防火墙的作用有哪些？
5. 设备登录管理分别有哪几种方式？

第 5 章
常见信息安全威胁

拓展阅读

知识目标

① 了解信息安全威胁现状。
② 了解网络安全威胁。
③ 了解应用安全威胁。

能力目标

① 描述信息安全威胁分类。
② 描述常见信息安全威胁手段。

课程导入

小安是某教育局的职员，该教育局承担着国家教育方针、政策的执行工作，研究并制定地方性教育方针、政策，规划、组织、实施教学设施的建设，以及指导实施全区教育信息化建设等任务，在该区的教育信息化建设中起着极为重要的枢纽作用。

各级学校作为教育局的下属单位，承担着人才培养的任务。在网络化、信息化的浪潮中，学校陆续接上了互联网。然而在网络使用过程中，服务器经常受到各种攻击，严重威胁着校园网的安全。加上网络信息的良莠不齐，学生对于网络内容难辨真假，很容易误入歧途。因此，学校网络安全管理和上网行为管理成了新的挑战。

相关内容

5.1 信息安全威胁现状

5.1.1 信息安全攻击事件的演变

（1）攻击方式变化小

攻击的方式仍然是我们所能看到的病毒、漏洞、钓鱼等，看起来似乎形式并无太大变化。

（2）攻击的手段由单一变得复杂

一次重大攻击往往需要精密部署，长期潜伏，以及多种攻击手段相结合以达到最终目的。

（3）攻击目的多样化

攻击的目标从个人计算机到经济、政治、军事、能源等领域，甚至影响着世界格局。

5.1.2 安全威胁分类

（1）网络安全威胁

DDoS 攻击；网络入侵等。

（2）应用安全威胁

操作系统漏洞；病毒、木马、蠕虫；钓鱼网站；数据泄露等。

（3）数据传输与终端安全威胁

通信流量挟持；中间人攻击；未授权身份人员登录系统；无线网络安全薄弱等。

5.2 网络安全威胁

5.2.1 扫描

扫描是一种潜在的攻击行为，本身并不具有直接的破坏行为，通常是攻击者发动真正攻击前的网络探测行为。扫描可分为地址扫描和端口扫描，如图 5-1 所示。

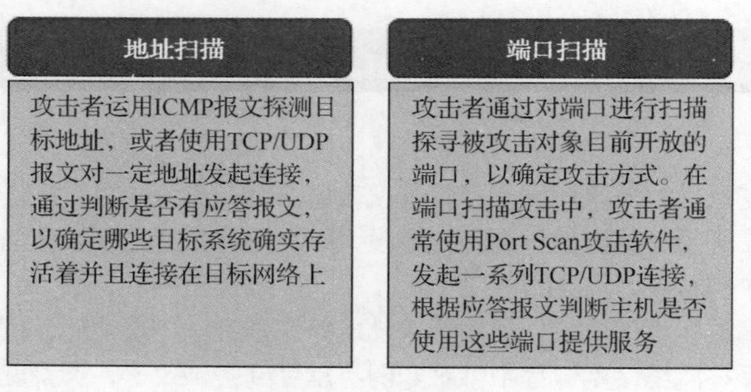

图 5-1 扫描类别

5.2.2 欺骗攻击——获取控制权限

攻击者可以通过密码暴力破解方式来获取控制权限，也可以通过各种欺骗攻击来获取访问和控制权限，如 IP 欺骗攻击。图 5-2 所示为欺骗攻击示意图。

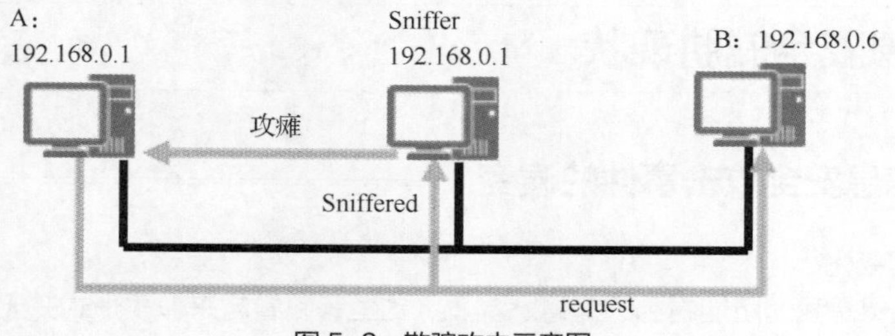

图 5-2 欺骗攻击示意图

IP 欺骗攻击：攻击者通过向目标主机发送源 IP 地址伪造的报文，欺骗目标主机，从而获取更高的访问和控制权限。

5.2.3 DDoS 攻击

DDoS 攻击主要是耗尽网络带宽和耗尽服务器资源，如图 5-3 所示。

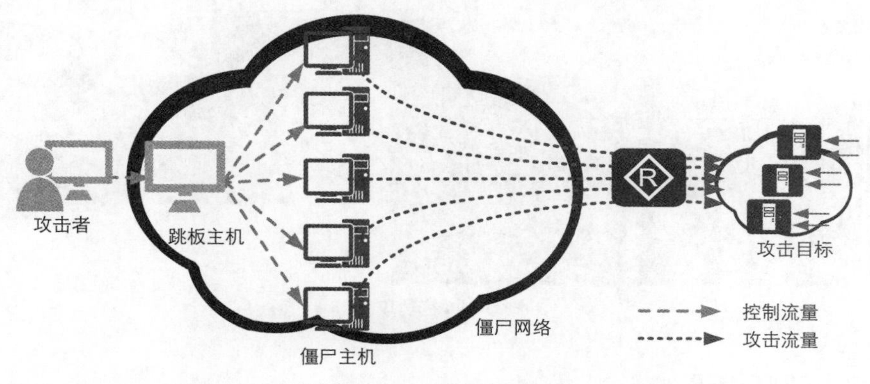

图 5-3 DDoS 攻击

5.2.4 网络类攻击的防御手段

1. 防火墙

通过在大中型企业、数据中心等网络的内网出口处部署防火墙，可以防范各种常见的 DDoS 攻击，而且还可以对传统单包攻击进行有效地防范。

2. Anti-DDoS 设备

Anti-DDoS 解决方案，面向运营商、企业、数据中心、门户网站、在线游戏、在线视频、DNS 域名服务等提供专业 DDoS 攻击防护。

5.3 应用安全威胁

5.3.1 漏洞带来的威胁

漏洞是在硬件、软件、协议的具体实现或系统安全策略上存在的缺陷，从而可以使攻击者能够在未授权的情况下访问或破坏系统。

由于不及时对系统漏洞进行修复，将会带来以下威胁：

（1）注入攻击。

（2）跨站脚本攻击。

（3）恶意代码传播。

（4）数据泄露。

5.3.2 钓鱼攻击

“钓鱼”是一种网络欺诈行为，指不法分子利用各种手段，仿冒真实网站的 URL 地址以及页面内容，或利用真实网站服务器程序上的漏洞在站点的某些网页中插入危险的 HTML 代码，以此来骗取用户银行或信用卡账号、密码等私人资料，图 5-4 所示表示钓鱼攻击页面图。

图 5-4 钓鱼攻击

5.3.3 恶意代码

恶意代码是指故意编制或设置的、对网络或系统会产生威胁或潜在威胁的计算机代码。最常见的恶意代码有病毒、木马、蠕虫、后门等，具体如图 5-5 所示。

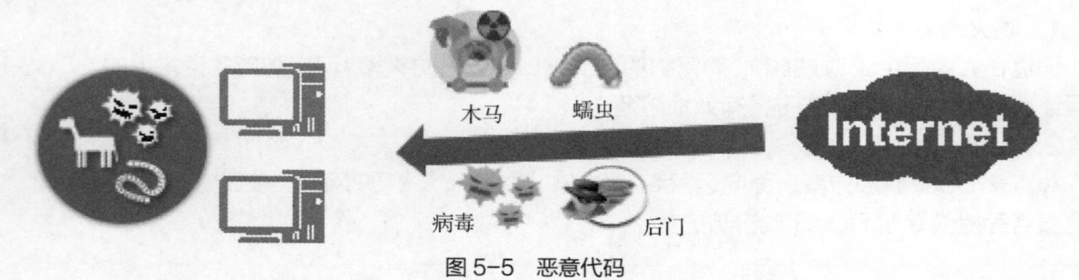

图 5-5 恶意代码

5.3.4 应用类攻击的防御手段

（1）定期修复漏洞：漏洞扫描，安装补丁。
（2）提高安全意识：对可疑网站、链接保持警觉。
（3）专业设备防护：防火墙、WAF、杀毒软件。

5.4 数据传输与终端安全威胁

5.4.1 用户通信遭受监听

美国国家安全局（NSA）在云端监听 Google（包括 Gmail）和 Yahoo 用户的加密通信。NSA 利用 Google 前端服务器做加解密的特点，绕过该设备，直接监听后端明文数据。用户通信监听如图 5-6 所示。

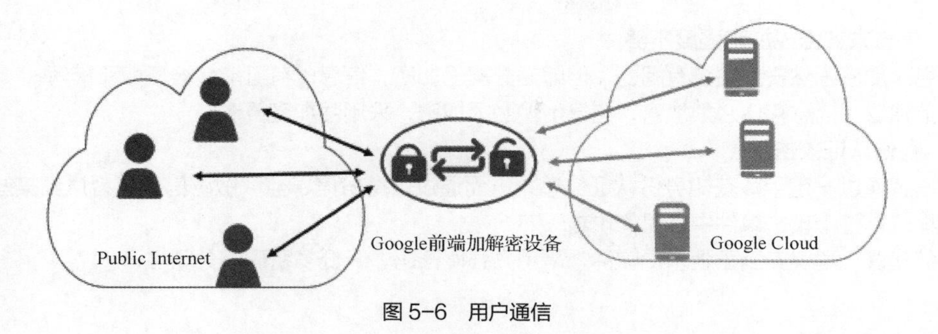

图 5-6　用户通信

5.4.2　Tumblr 用户信息惨遭泄露

轻博客网站 Tumblr 上超过半数的账号密码被黑客盗取。黑客首先通过一定的方式侵入了 Tumblr 的服务器，获取了 Tumblr 用户信息。Tumblr 曾发声因数据库信息加密，对用户不会造成影响。然而事实证明用户信息采用了较弱的算法，黑客获取到该加密的用户信息后，在较短时间内便破解了大量的用户信息。

5.4.3　通信过程中的威胁

通信过程中的威胁如图 5-7 所示。

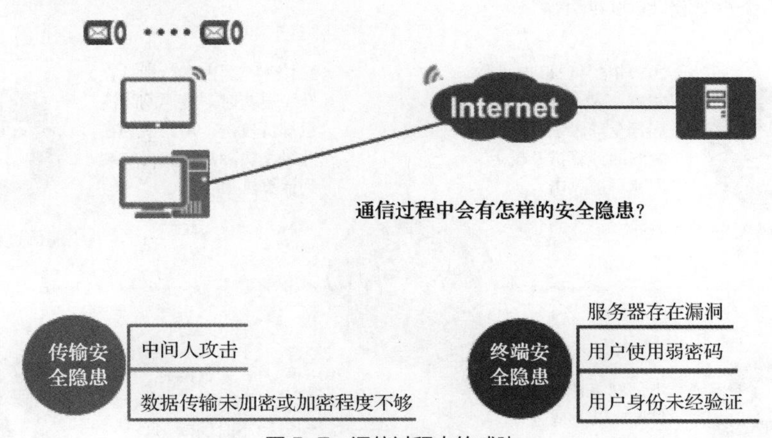

图 5-7　通信过程中的威胁

1. 中间人攻击

中间人攻击（Man-in-the-Middle Attack，MITM 攻击是一种“间接”的入侵攻击，这种攻击模式是通过各种技术手段将受入侵者控制的一台计算机虚拟放置在网络连接中的两台通信计算机之间，这台计算机就称为“中间人”，如图 5-8 所示。

图 5-8　中间人攻击

2. 信息未加密或加密强度不够

信息未加密固然安全性会有问题，但即便数据已加密，信息也有可能会被盗取和破解。

防范建议：信息存储必须加密，信息传输必须加密，采用强加密算法。

3. 身份认证攻击

攻击者通过一定手段获知身份认证信息，进而通过该身份信息盗取敏感信息或者达到某些非法目的的过程，是整个攻击事件中常见的攻击环节。

防范建议：建议安装正版杀毒软件，采用高强度密码，降低多密码间关联性。

本章小结

本章先介绍了信息安全威胁现状，然后分别介绍了网络安全威胁、应用安全威胁和数据传输与终端安全威胁。

技能拓展

✧ 安全事件层出不穷

安全事件的类别如图 5-9 所示。

图 5-9 安全事件的类别

✧ 网络战争的开端——“震网”病毒

2011 年 2 月，伊朗突然宣布暂时卸载首座核电站。此前业界表示，伊朗只需一年就能拥有快速制造核武器的能力。而在遭受“震网”病毒攻击后，1/5 的离心机报废。导致此项研究至少延迟两年。但世界格局已然发生变化。图 5-10 所示为“震网”功能。

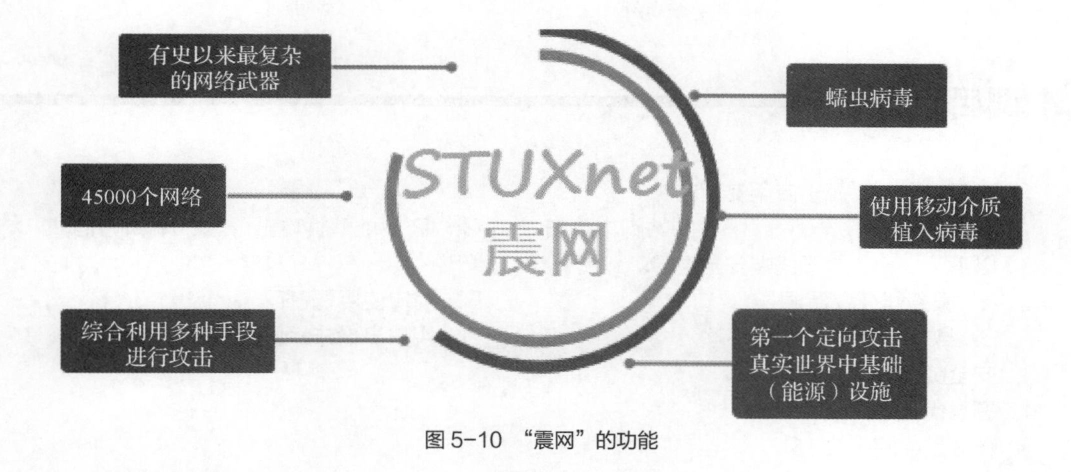

图 5-10 “震网”的功能

✧ 蠕虫病毒攻击微博网站事件

国内某微博网站曾遭遇到一次蠕虫攻击侵袭，在不到一个小时的时间，超过 3 万用户受到该蠕虫的攻击。攻击过程如图 5-11 所示。

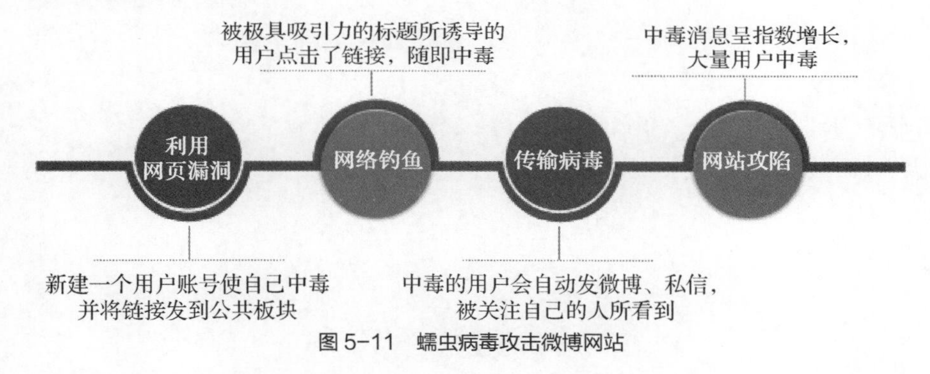

图 5-11 蠕虫病毒攻击微博网站

✧ Target 公司遭黑客入侵攻击

Target 公司是一家位于美国的折扣零售店，是美国第四大零售商，本次入侵事件黑客盗走公司 1.1 亿的客户数据。图 5-12 所示为黑客攻击流程。

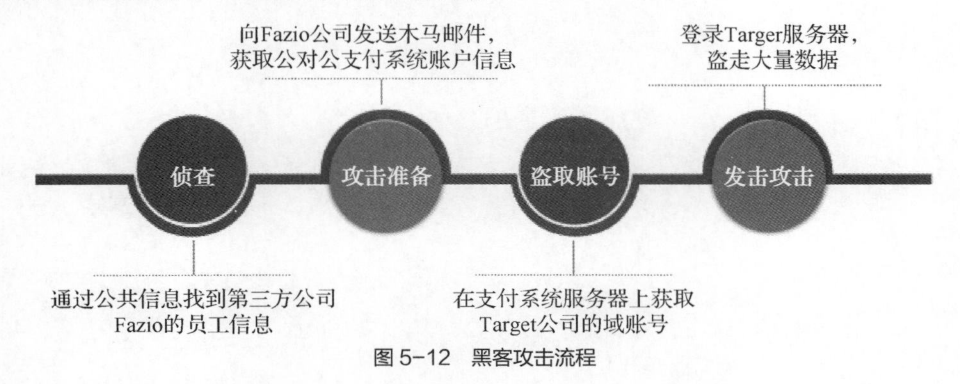

图 5-12 黑客攻击流程

课后习题

1. 以下（　　）属于应用安全威胁。
   A. 注入攻击　　B. 跨站脚本攻击　　C. IP 地址欺骗攻击　　D. 端口扫描
2. 以下（　　）属于终端安全隐患。
   A. 服务器存在漏洞　　B. 用户使用弱密码
   C. 数据传输加密程度不够　　D. 用户身份未经验证
3. 安全威胁分类有哪几种？
4. 恶意代码是什么？
5. 什么是中间人攻击？

第 6 章 威胁防范与信息安全发展趋势

拓展阅读

知识目标

① 了解安全威胁防范的基本要素。
② 了解网络安全意识在安全防护中的重要性。
③ 了解信息安全未来发展趋势。

能力目标

① 学会如何避免存在的潜在安全威胁。
② 提升在公共场合的信息安全意识。

课程导入

某市人民政府办公厅已建成基本稳定的信息系统软硬件平台，在信息安全方面也进行了部分基础性的建设，使系统有了一定的防御能力。但该市人民政府办公厅在信息系统安全方面面临的形式仍然十分严峻。病毒攻击、恶意攻击泛滥，应用软件漏洞层出不穷，木马后门传播更为普遍，特别是黑客的攻击，直接威胁着信息系统的安全，并有可能进一步窃取相关重要信息，因此必须在现有基础上进行用户管理，采取更多加固安全措施，减少安全隐患。

相关内容

6.1 安全威胁防范

6.1.1 信息安全防范关键要素

信息安全防范关键要素如图 6-1 所示。

6.1.2 信息安全防范方法

信息安全防范方法如图 6-2 所示。

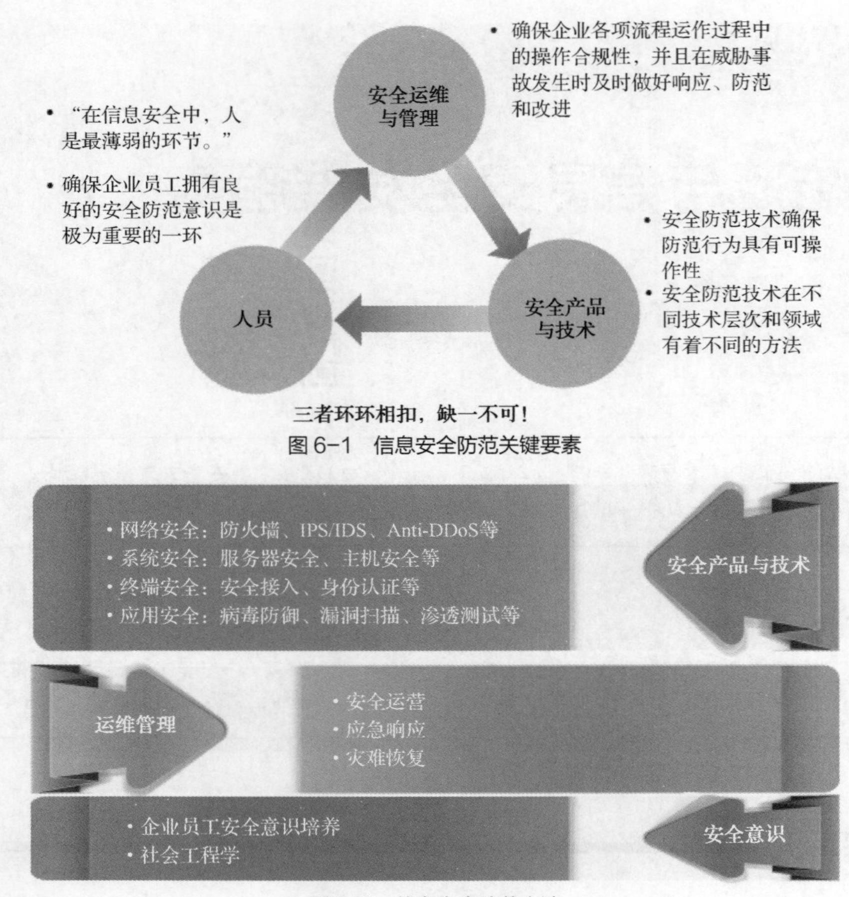

图 6-1　信息安全防范关键要素

图 6-2　信息安全防范方法

6.2 信息安全意识

6.2.1 公共 Wi-Fi 的安全意识

网民在公共场所连接 Wi-Fi 的情况如图 6-3 所示。

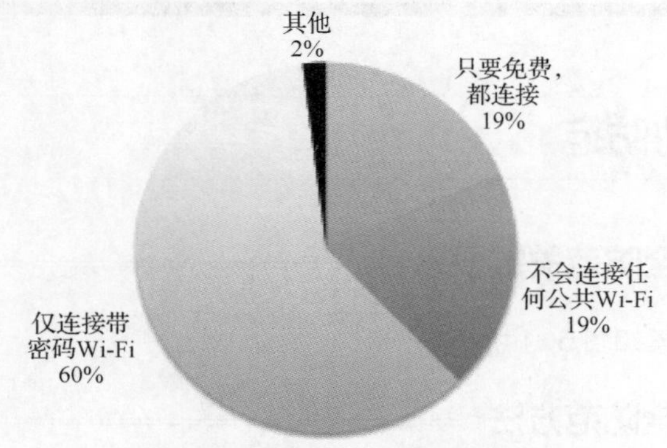

图 6-3　网民连接公共 Wi-Fi 的情况

网民通过公共 Wi-Fi 上网时主要用途如图 6-4 所示。

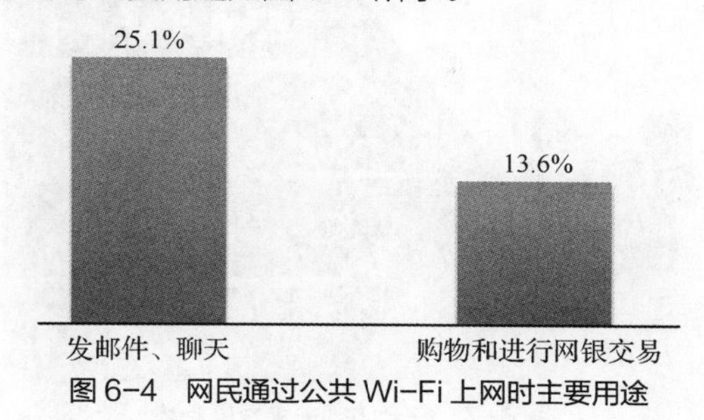

图 6-4　网民通过公共 Wi-Fi 上网时主要用途

6.2.2　公共场所的 Wi-Fi 安全隐患

80%的 Wi-Fi 能被轻易破解。每年因“蹭网”给人们带来网银被盗、账号被盗等经济损失多达 50 亿元。图 6-5 所示为网民连接公共场所 Wi-Fi 所造成的损失案例。

图 6-5　网民连接公共场所 Wi-Fi 所造成的损失案例

6.2.3　培养安全意识

在培养和建立安全意识过程中，养成敏锐的思考模式和习惯，也是防范网络欺骗的有效途径，具体如图 6-6 所示。

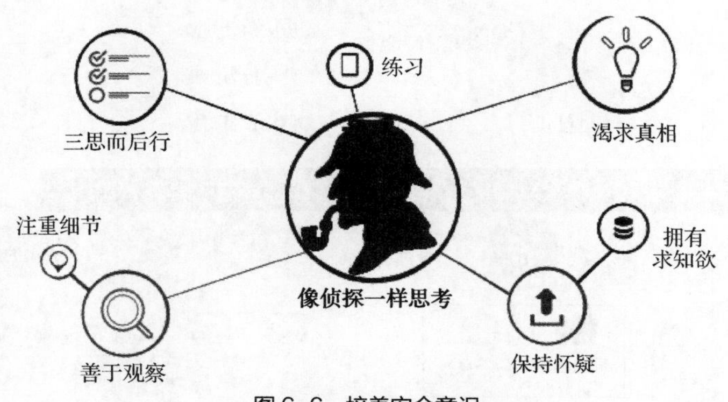

图 6-6　培养安全意识

6.3　信息安全发展趋势

安全防御未来发展趋势如图 6-7 所示。

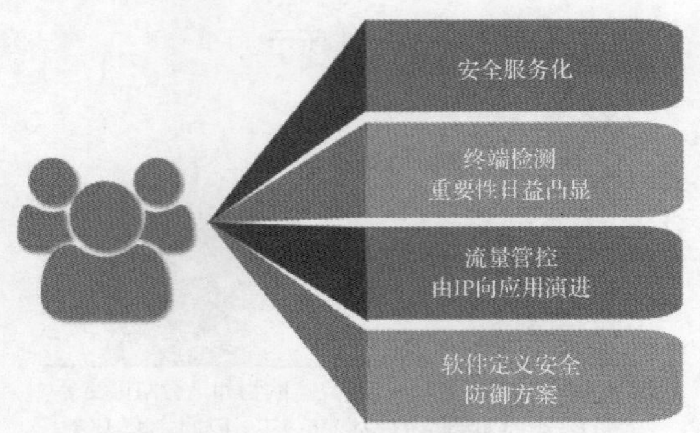

图 6-7　安全防御未来发展趋势

（1）安全服务化，如图 6-8 所示。

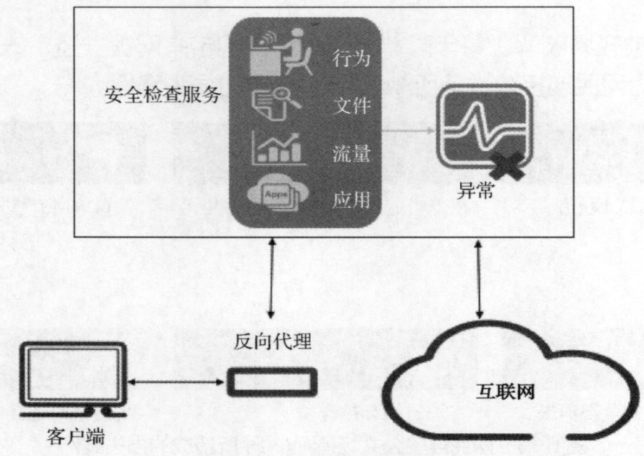

图 6-8　安全服务化

（2）终端检测重要性日益凸显，如图 6-9 所示。

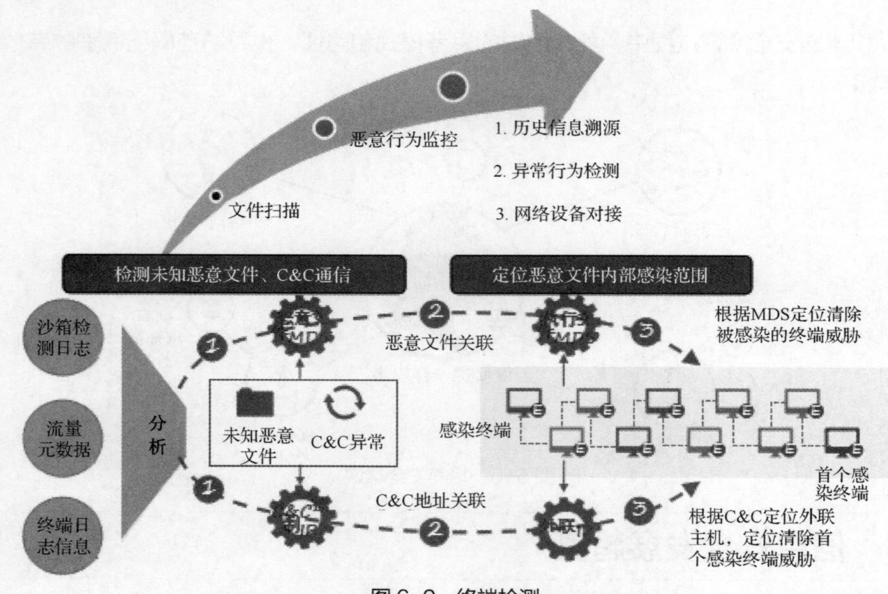

图 6-9　终端检测

（3）流量管控由 IP 向应用演进，如图 6-10 所示。

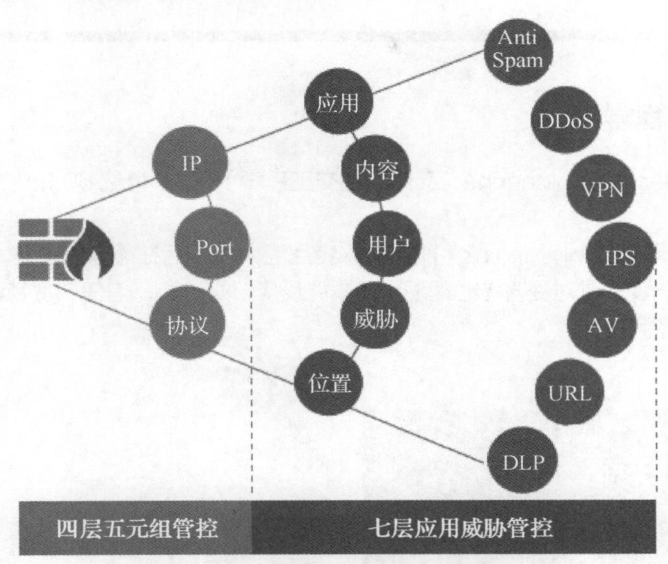

图 6-10　流量管控由 IP 向应用演进进程

（4）软件定义安全防御方案（华为 SDSec），如图 6-11 所示。

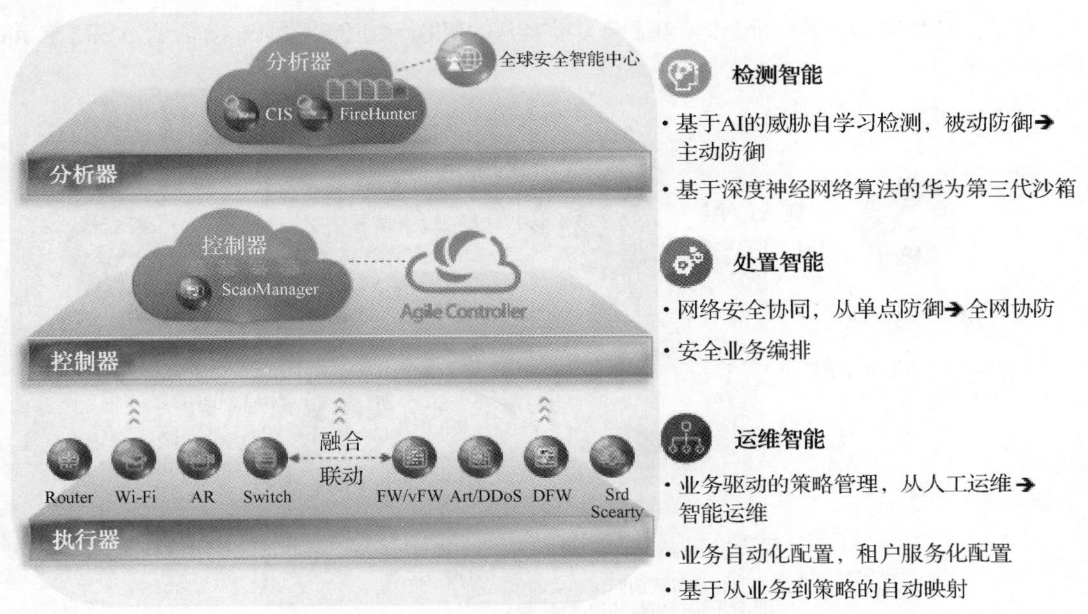

图 6-11　软件定义安全防御方案

本章小结

本章首先介绍了安全威胁防范的基本要素，然后介绍了网络安全意识在安全防护中的重要性，最后介绍了信息安全未来发展趋势。

技能拓展

✧ 社会工程学

社会工程学（Social Engineering，又译为社交工程学）在 20 世纪 60 年代左右作为正式的学科出现。

社会工程学是黑客 Kevin Mitnick（凯文・米特尼克）悔改后在《欺骗的艺术》中所提出的，如图 6-12 所示，是一种通过对受害者心理弱点、本能反应、好奇心、信任、贪婪等心理陷阱实施的诸如欺骗、伤害等危害手段。

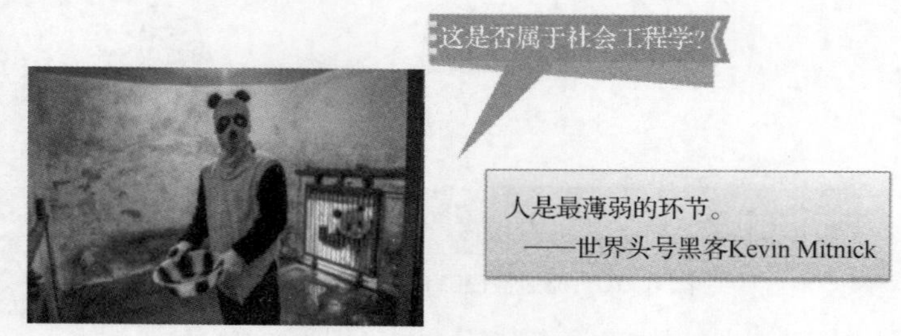

图 6-12 社会工程学利用人性的弱点

讨论：如果你捡到一张 SIM 卡（电话卡），你能从中获得什么信息？图 6-13 所示为 SIM 卡所能提供的信息。

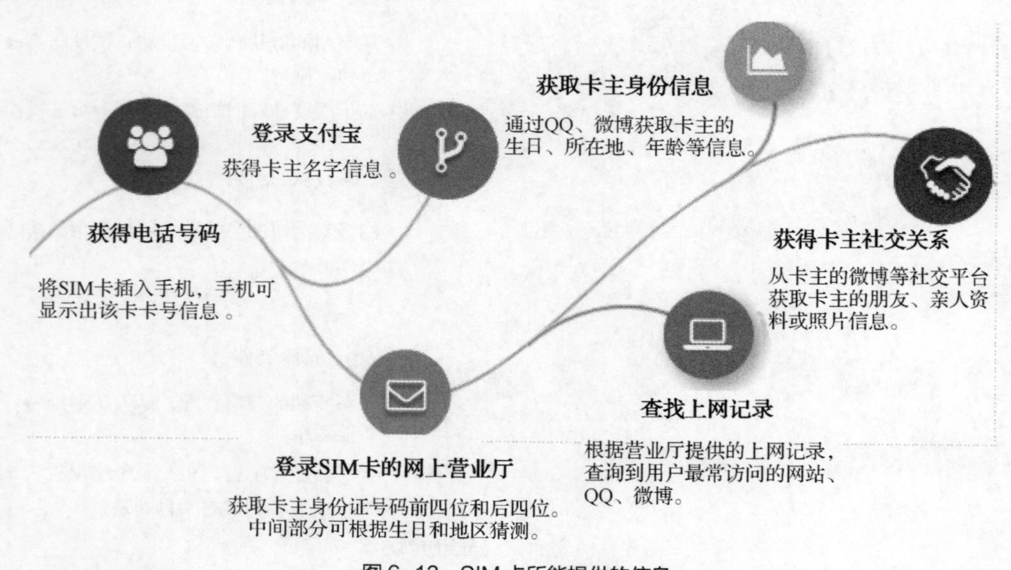

图 6-13 SIM 卡所能提供的信息

✧ Gartner 十大安全技术

图 6-14 所示表示 Gartner 的十大安全技术。

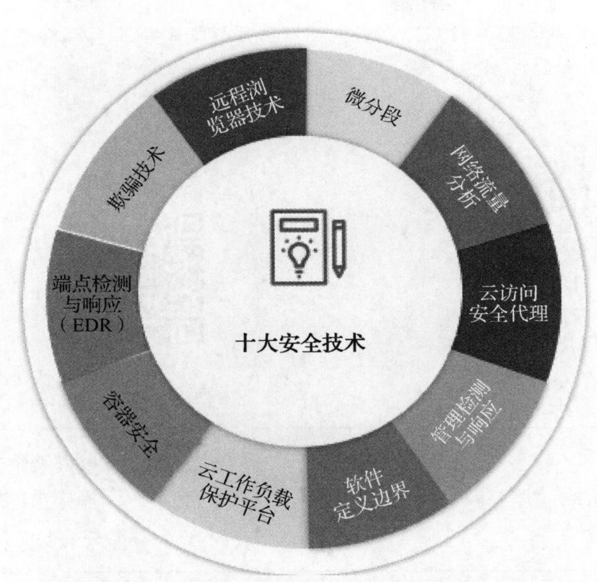

图6-14 Gartner的十大安全技术

课后习题

1. 信息安全防范关键要素有（　　）。
   A. 安全运维与管理　B. 监控　C. 安全产品与技术　D. 人员
2. 下列（　　）密码设置相对更加安全。
   A. 仅数字密码　B. 仅字母密码
   C. 数字+字母组合密码　D. 数字+字母+特殊符号组合密码
3. 信息安全防范关键要素有哪些?
4. 信息安全防范方法有哪些?
5. 安全防御未来发展趋势是什么样的?

第 7 章 操作系统简介

07

拓展阅读

知识目标

① 了解操作系统的定义。
② 了解操作系统的主要功能。
③ 了解操作系统的分类。
④ 了解不同操作系统的发展史。
⑤ 了解不同操作系统应用。

能力目标

① 掌握操作系统的主要功能。
② 掌握 Windows 系统架构。
③ 掌握 Linux 系统架构。

课程导入

在对当前的威胁防范与信息安全发展趋势有了一定的了解以后，小华觉得一定要提高自己的安全意识，加强公司的运维管理。除了这些以外，小华认为第一紧要的是操作系统安全，作为互联网概念的公司，虽然公司员工对于操作系统都有简单的了解，但小华还是认为要对各位员工加强操作系统培训。

相关内容

7.1 操作系统基础知识

7.1.1 操作系统定义

操作系统（Operating System，OS），是管理和控制计算机硬件与软件资源的计算机程序，是直接运行在“裸机”上的最基本的系统软件，任何其他软件都必须在操作系统的支持下才能运行。

操作系统是用户和计算机的接口，同时也是计算机硬件和其他软件的接口。操作系统的功能包括管理计算机系统的硬件、软件及数据资源，控制程序运行，改善人机界面，为其他应用软件提供支持，让计算机系统所有资源最大限度地发挥作用，提供各种形式的用户界面，使用户有一个良好的工作环境，为其他软件的开发提供必要的服务和相应的接口等。实际上，用户是不用接触操作系统的，操作系统管理着计算机硬件资源，同时按照应用程序的资源请求，分配资源，如划分 CPU 时间、内存空间的开辟、调用打印机等。

7.1.2 操作系统主要功能

1. 处理器管理

处理器管理的主要任务，是对处理器资源进行分配，并对其运行进行控制和管理。在多道程序环境下，处理器资源的分配和运行都是以进程为基本单位，所以对处理器的管理可归结为进程的管理。它包括以下几个方面。

（1）进程控制：对正在运行的进程进行资源控制和管理。

（2）进程同步：相互协作的进程之间有共享的数据，在这里会出现进程并发执行，如何确保这些进程并发执行，即进程同步。

（3）进程通信：进程通信就是说在进程之间传输数据。

（4）进程调度：在多道程序运行时，每个程序都需要一个处理器，操作系统动态地把处理器分配给某一个进程，以使之执行。

2. 存储器管理

存储器管理的主要任务，是为多道程序的运行提供良好的环境，方便用户使用存储器，提高存储器的利用率，以及能从逻辑上来扩充内存。为此，存储器管理应具备以下功能。

（1）内存分配：指在程序执行的过程中分配内存的方法。

（2）内存保护：内存分配前，需要保护操作系统不受用户进程的影响，同时保护正在运行的用户进程不受其他用户进程的影响。

（3）内存扩充：有限的容量无法满足大程序和多个程序的存储要求，所以操作系统的存储器管理需要能够支持内存的扩充。

3. 设备管理

设备管理的主要任务，是完成用户提出的 I/O（Input/Output，输入/输出）请求，为用户分类 I/O 设备；提高 CPU 和 I/O 设备的利用率；提高 I/O 速度；以及方便用户使用 I/O 设备。为实现上述任务，设备管理应具备以下功能。

（1）缓冲管理：为了缓和 CPU 与 I/O 设备之间速度不匹配的问题，提高 CPU 和 I/O 设备的并行性，在现代操作系统中，几乎所有的 I/O 设备在与处理机交换数据时都用了缓冲区。缓冲管理的主要职责是组织好这些缓冲区，并提供获得和释放缓冲区的手段。

（2）设备分配：每当进程向系统提出 I/O 请求时，只要是安全的，设备分配程序会按照一定的策略，把设备分配给进程。

（3）虚拟设备：通过虚拟技术将一个物理设备虚拟成多个逻辑设备，提供多个用户进程使用。

4. 文件管理

在现代计算机系统中，我们会把程序和数据以文件的形式存储在磁盘上，供用户使用。

文件管理的主要任务就是对用户文件和系统文件进行管理，以方便用户使用，并且保证文件的安全性。因此，文件管理应该具有对文件存储空间的管理、文件的读写管理、目录管理以及文件的共享与保护等功能。

5. 作业管理

作业管理的主要任务就是为用户提供一个使用系统的良好环境，使用户能够有效地组织自己的工作流程，并且使整个系统高效地运行。作业管理应具备以下几个功能。

（1）任务、界面管理。

（2）人机交互。

（3）图形界面。

（4）语言控制。

7.1.3 操作系统分类

目前的操作系统种类繁多，很难用单一标准统一分类。

根据应用领域来划分，可分为桌面操作系统（如 Windows 10 家庭版）、服务器操作系统（Windows Server 2016）、嵌入式操作系统（Symbian OS）。

根据所支持的用户数目，可分为单用户操作系统（如 MS-DOS、OS/2）、多用户操作系统（如 UNIX、Linux、Windows）。

根据源代码开放程度，可分为开源操作系统（如 Linux、FreeBSD）和闭源操作系统（如 Mac OS X、Windows）。

7.2 Windows 操作系统

7.2.1 Windows 起源

1980 年 3 月，苹果公司的创始人史蒂夫・乔布斯在一次会议上介绍了他在硅谷施乐公司参观时发现的一项技术——图形用户界面（Graphic User Interface，GUI）技术，微软公司总裁比尔・盖茨听了后，也意识到这项技术潜在的价值，于是带领微软公司开始了 GUI 软件——Windows 的开发工作。

1985 年，微软公司正式发布了第一代窗口式多任务系统——Windows 1.0，由于当时硬件水平所限，Windows 1.0 并没有获得预期的反响，也没有发挥出它的优势。但是，该操作系统的推出，却标志着个人计算机（Personal Computer，PC）开始进入了图形用户界面的时代。在图形用户界面的操作系统中，大部分操作对象都用相应的图标（Icon）来表示，这种操作界面形象直观，使计算机更贴近用户的心理特点和实际需求。

7.2.2 Windows 简介

Microsoft Windows，是微软公司研发的一套操作系统，它问世于 1985 年，起初仅仅是 Microsoft-DOS 模拟环境，其后续版本逐渐发展成为主要以个人计算机和服务器用户设计的操作系统，并最终获得了世界个人计算机操作系统的垄断地位。此操作系统可以在几种不同类型的平台上运行，如个人计算机、移动设备、服务器（Server）和嵌入式系统等，其中在个人计算机的领域应用内最为普遍。

Windows 采用了 GUI，比起从前的 DOS 需要键入指令使用的方式更为人性化。

7.2.3 Windows 系统架构

Windows 系统架构简化版实现如图 7-1 所示。

首先注意图 7-1 中那条横线将用户模式和内核模式分开成两部分了。横线之上是用户模式的进程，下面是内核模式的系统服务。

1. 4 种用户模式下的进程

Fixed 系统支持进程，如登录进程和 Session 管理器，它们都不是 Windows 服务（不是通过 SCM

即服务控制管理器启动的）。

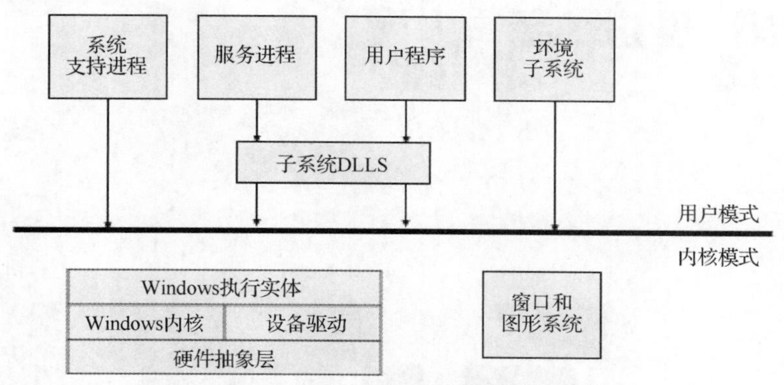

图 7-1　Windows 系统架构简化版

服务进程，如任务调度器和打印机服务，这些服务一般都需要用户登录才可以运行。很多服务应用程序，如 SQL Server 和 Exchange Server 都以服务的方式运行。

用户程序，可以是 Windows 32 位或 64 位，Windows 3.1 16 位，MS-DOS 16 位，或者 POSIX 32 位或 64 位，注意 16 位程序只能运行在 32 位系统上。

环境子系统服务器进程，实现了部分支持操作系统的环境，也可以说是展现给用户或者开发者的个性化界面。Windows NT 最初发布时带有 Windows、POSIX、OS/2 三个子系统，Windows 2000 是最后带有 POSIX 和 OS/2 的子系统，旗舰版和企业版的 Windows 也支持一个加强版的 POSIX 子系统，叫作 SUA（基于 UNIX 的应用）。

注意

服务进程和用户程序之下的“子系统 DLL”。在 Windows 下，用户程序不直接调用本地 Windows 服务，而是通过子系统 DLL 来调用。子系统 DLL 的角色是将文档化的函数翻译成非文档化的系统服务（未公开的）。

2. 内核模式的几个组件

（1）Windows 执行实体，包括基础系统服务，如内存管理器、进程和线程管理器、安全管理、I/O 管理、网络、进程间通信。

（2）Windows 内核，包括底层系统函数，如线程调度、中断、异常分发、多核同步。也提供了一些 Routine 和实现高层结构的基础对象。

（3）设备驱动，包括硬件设备驱动（翻译用户 I/O 到硬件 I/O）、软件驱动（如文件和网络驱动）。

（4）硬件抽象层，独立于内核的一层代码，将设备驱动与平台的差异性分离开。

（5）窗口和图形系统，实现 GUI 函数，处理用户接口和绘图。

7.2.4　Windows 版本

Windows 版本发展史如图 7-2 所示。

从图 7-2 中可以看出，随着计算机硬件和软件的不断升级，微软公司的 Windows 也在不断升级，从架构的 16 位、32 位再到 64 位，系统版本从最初的 Windows 1.0 到大家熟知的 Windows 95、Windows 98、Windows ME、Windows 2000、Windows 2003、Windows XP、Windows Vista、Windows 7、Windows 8、Windows 8.1、Windows 10 和 Windows Server 服务器企业级操作系统，不断持续更新，微软公司一直在致力于 Windows 操作系统的开发和完善。

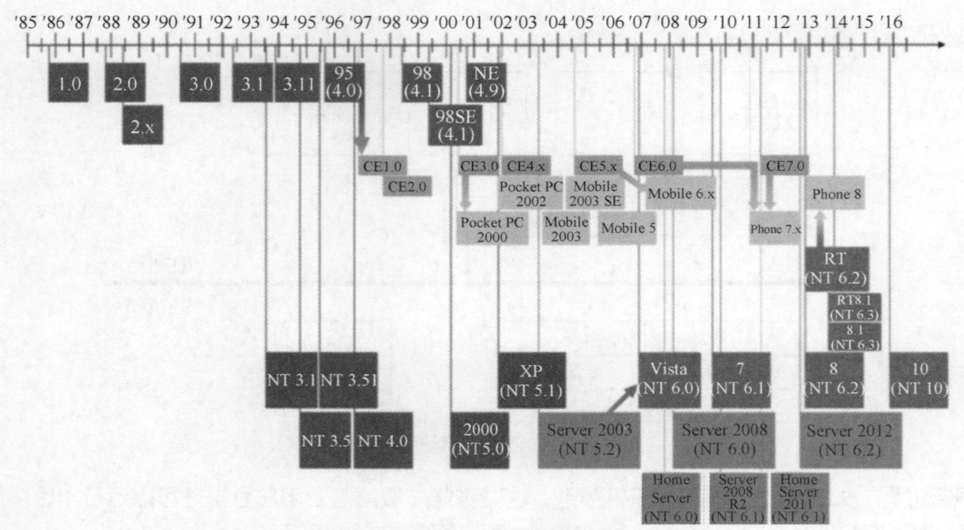

图 7-2 Windows 版本发展史

Windows 操作系统目前新的稳定性操作系统是于 2015 年 7 月 29 日发布的 Windows 10。Windows Server 目前新的稳定性操作系统是 2016 年 9 月 26 日发布的 Windows Server 2016。

7.2.5 Windows 操作系统特点

1. 直观、高效、易学、易用的面向对象的图形用户界面

从某种意义上说，Windows 用户界面和开发环境都是面向对象的。用户采用“选择对象-操作对象”这种方式进行工作。例如，要打开一个文档，首先用鼠标或键盘选择该文档，然后从右键菜单中选择“打开”命令，打开该文档。这种操作方式模拟了现实世界的行为，易于理解、学习和使用。

2. 用户界面统一、友好、漂亮

Windows 应用程序大多符合 IBM 公司提出的 CUA（Common User Acess）标准，所有的程序拥有相同的或相似的基本外观，包括窗口、菜单、工具条等。用户只要掌握其中一个，就不难学会其他软件，从而降低了用户学习的成本。

3. 丰富的设备无关的图形操作

Windows 的图形设备接口（GDI）提供了丰富的图形操作函数，可以绘制出诸如线、圆、框等的几何图形，并支持各种输出设备。设备无关意味着在针式打印机上和高分辨率的显示器上都能显示出相同效果的图形。

4. 多任务、多用户

Windows 是一个多任务的操作环境，它允许用户同时运行多个应用程序，或在一个程序中同时做几件事情。每个程序在屏幕上占据一块矩形区域，这个区域称为窗口，窗口是可以重叠的。用户可以移动这些窗口，或在不同的应用程序之间进行切换，并可以在程序之间进行手工和自动的数据交换和通信。

虽然同一时刻计算机可以运行多个应用程序，但仅有一个是处于活动状态的，其标题栏呈现高亮颜色。一个活动的程序是指当前能够接收用户键盘输入的程序。

7.2.6 Windows 的应用领域

1. 个人桌面系统

根据 NetMarketShare 在 2018 年 7 月的最新统计，在过去的一年中，Windows 桌面系统的全

球市场占有量为88.31%，中国占有量为92.81%，远超其他操作系统。

2. 企业服务器

根据NetMarketShare在2016年的统计，Windows的占有率为88%，其他操作系统为12%。

3. 银行ATM

在我国，95%以上的银行的柜员机使用微软公司的系统，是因为微软公司的系统比较成熟也比较稳定，用起来也比较熟悉和方便，国产的系统稳定性、便利性和兼容性会差一些。

4. 手机

在手机业，Windows的使用率不算太高，根据NetMarketShare在2018年7月的最新统计，Windows Mobile和Windows Phone OS的市场占有量仅为0.17%。

7.3 Linux操作系统

7.3.1 Linux发展史

在Linux操作系统面世之前，计算机操作系统市场主要由两大系统占领：UNIX系统和Windows。

UNIX是大中小型机、工作站和高档微型机的主流操作系统，拥有众多的企业用户，并已成为事实上的操作系统标准。

Windows系统则以易用性占据了微型计算机操作系统市场的绝大部分份额。

但是，这两种操作系统都是商品化软件，尤其UNIX操作系统价格昂贵，无法在普通用户中普及。于是，出现了几种免费的、具有UNIX操作系统绝大部分功能的操作系统。

荷兰计算机科学家Andrew S. Tanenbaum开发了类UNIX操作系统MINIX，主要应用于教学实验。

芬兰的大学生Linus Torvalds在MINIX基础上编写了一个操作系统核心软件，并于1991年10月公布Linux 0.0.2版。随后世界上众多的UNIX爱好者和黑客共同完善了其余部分。

目前很多商业公司可以免费得到Linux的核心源代码，并加以包装改进后形成自己的产品，即Linux发行套件。

7.3.2 Linux系统架构

如图7-3所示，Linux系统一般有4个主要部分：内核（Kernel）、Shell、文件系统和应用程序，管理文件并使用系统。

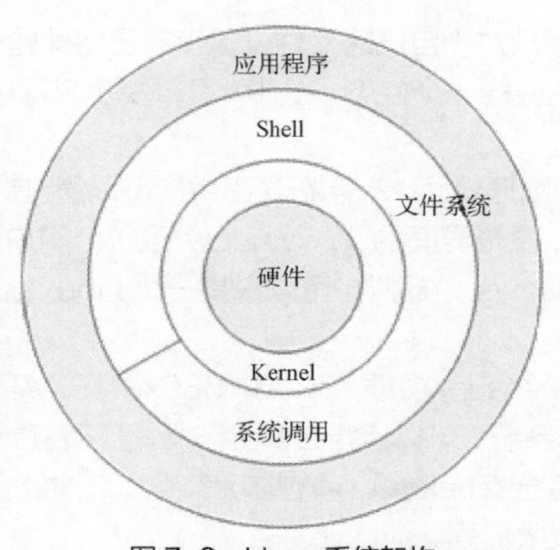

图7-3　Linux系统架构

1. Linux 内核

内核是操作系统的核心，具有很多最基本功能，它负责管理系统的进程、内存、设备驱动程序、文件和网络系统，决定着系统的性能和稳定性。

Linux 内核由如下几部分组成：内存管理、进程管理、设备驱动程序、文件系统和网络管理等。

2. Linux Shell

Shell 是系统的用户界面，提供了用户与内核进行交互操作的一种接口。它接收用户输入的命令并把它送入内核去执行，是一个命令解释器。另外，Shell 编程语言具有普通编程语言的很多特点，用这种编程语言编写的 Shell 程序与其他应用程序具有同样的效果。

3. Linux 文件系统

文件系统是文件存放在磁盘等存储设备上的组织方法。Linux 系统能支持多种目前流行的文件系统，如 EXT2、EXT3、FAT、FAT32、VFAT 和 ISO 9660。

4. Linux 应用

标准的 Linux 系统一般都有一套称为应用程序的程序集，它包括文本编辑器、编程语言、X-Window、办公套件、Internet 工具和数据库等。

7.3.3 常见 Linux 操作系统

Linux的发行版本很多，以至于谁也不可能给出一个准确的数字，但是有一点是可以肯定的，Linux 正在变得越来越流行。常见的主要有 Red Hat Linux、CentOS、SuSE、Ubuntu、Debian GNU/Linux、Mandriva、Gentoo、Slackware、Knoppix、MEPIS 和 Xandros，以及国产的红旗 Linux、深度 Linux 和中标麒麟 Linux 等，如图 7-4 所示。

图 7-4 常见的 Linux 发行版本图标

7.3.4 Linux 操作系统特点

1. 完全免费

Linux 是一款免费的操作系统，用户可以通过网络或其他途径免费获得，并可以任意修改其源代码。这是其他操作系统所做不到的。正是由于这一点，来自全世界的无数程序员参与了 Linux 的修改、编写工作，程序员可以根据自己的兴趣和灵感对其进行改变，这让 Linux 吸收了无数程序员的精华，不断壮大。

2. 多用户、多任务

Linux 支持多用户，各个用户对于自己的文件设备有自己特殊的权利，保证了各用户之间互不影响。多任务则是现在计算机最主要的一个特点，Linux 可以使多个程序同时并独立地运行。

3. 良好的界面

Linux 同时具有字符界面和图形界面，在字符界面用户可以通过键盘输入相应的指令来进行操作。它同时也提供了类似 Windows 图形界面的 X-Window 系统，用户可以使用鼠标对其进行操作。在 X-Window 环境中就和在 Windows 中相似，可以说是一个 Linux 版的 Windows。

4. 支持多种平台

Linux 可以运行在多种硬件平台上，如具有 x86、680x0、SPARC、Alpha 等处理器的平台。此外，Linux 还是一种嵌入式操作系统，可以运行在掌上电脑、机顶盒或游戏机上。2001 年 1 月份发布的 Linux 2.4 版内核已经能够完全支持 Intel 64 位芯片架构。同时 Linux 也支持多处理器技术。多个处理器同时工作，使系统性能大大提高。

7.3.5 Linux 的应用领域

由于 Linux 开放源代码，降低了对封闭源代码软件潜在安全性的忧虑，这使得 Linux 操作系统有着更广泛的应用领域。目前，Linux 的应用领域主要包括以下 3 个方面。

1. 桌面应用领域

目前，众所周知，Windows 操作系统在桌面应用中一直占据绝对的优势，但是随着 Linux 操作系统在图形用户接口方面和桌面应用软件方面的发展，Linux 在桌面应用方面也得到了显著地提高，越来越多的桌面用户转而使用 Linux。事实也证明，Linux 已经能够满足用户办公、娱乐和信息交流的基本需求。不过，Linux 在桌面应用市场上的占有率不高。

2. 高端服务器领域

由于 Linux 内核具有稳定、开放源代码等特点，另外，使用者不必支付大笔的使用费用，所以 Linux 获得了 IBM、戴尔、康柏、SUN 等世界著名厂商的支持。目前，常用的服务器操作系统有 UNIX、Linux 和 Windows。根据调查，Linux 操作系统在服务器市场上的占有率已超过 50%。由于 Linux 可以提供企业网络环境所需的各种网络服务，加上 Linux 服务器可以提供虚拟专用网络（VPN）或充当路由器（Router）与网关（Gateway），因此在不同操作系统相互竞争的情况下，企业只需要掌握 Linux 技术并配合系统整合与网络等技术，便能够享有低成本、高可靠性的网络环境。

3. 嵌入式应用领域

在通常情况下，嵌入式及信息家电的操作系统支持所有的运算功能，但是需要根据实际应用对其内核进行定制和裁剪，以便为专用的硬件提供驱动程序，并且在此基础上进行应用开发。目前，能够支持嵌入式的常见操作系统有 Palm OS、嵌入式 Linux 和 Windows CE。虽然 Linux 在嵌入式领域刚刚起步，但是 Linux 的特性正好符合 IA（基于 Intel 架构）产品的操作系统小、稳定、实时与多任务等需求，而且 Linux 开放源代码，不必支付许可证费用，许多世界知名厂商包括 IBM、索尼等纷纷在其 IA 中采用 Linux 开发视频电话和数字监控系统等。

本章小结

本章主要介绍了当前常见操作系统的相关知识，从常见操作系统的发展史、发行版本、操作系统特点、操作系统架构、操作系统应用领域等几个方面进行了讲解，不同操作系统之间具有不同特性，如表 7-1 所示。

表 7-1 Windows 和 Linux 的对比

操作系统	免费与收费	软件支持	安全性	使用习惯	可定制性
Linux	免费或少许收费	Linux 下可直接运行的软件数量较少	病毒侵害较少	新手入门较困难，需要一些学习和指导	开放的源代码
Windows	收费	Windows 下可以兼容绝大部分的软件，玩大部分的游戏	系统补丁更新频繁，病毒侵害较多	用户上手容易，入门简单	系统定制性差

技能拓展

✧ NetMarketShare

网址为 https://netmarketshare.com。

✧ Multics 计划

20 世纪 60 年代，计算机还没有很普及，只有少数人才能使用，而且当时的计算机系统都是批处理的，就是把一批任务一次性提交给计算机，然后等待结果。并且中途不能和计算机交互。往往准备作业都需要花费很长时间，并且这个时候别人也不能用，导致了计算机资源的浪费。

为了改变这种情况，在 1965 年前后，贝尔（Bell）实验室、麻省理工学院（MIT）以及通用电气（GE）联合起来准备研发一个分时多任务处理系统，简单来说就是实现多人同时使用计算机的梦想，并把计算机取名为 Multics（多路信息计算系统），但是由于项目太复杂，加上其他原因导致了项目进展缓慢，1969 年贝尔实验室觉得这个项目可能不会成功，于是就退出。

✧ UNIX 的诞生

贝尔实验室退出 Multics 计划之后，实验室的那批科学家就没有什么事做了，其中一个叫作 Ken Thompson 的人在研发 Multics 的时候，写了一个叫作太空大战（Space Travel）的游戏，Ken Thompson 和 Dennis Ritchie 为了这个游戏需要一个操作系统，他们找了一台闲置的 PDP-7 机器，在上面以 C 语言为基础写了 Multics 的改编版，于 1971 年正式发布。这个东西就是后来名扬天下的 UNIX。

课后习题

1. 操作系统的主要功能中处理器管理包括（　　）。
   A. 进程控制　B. 进程同步　C. 进程通信　D. 进程调度
2. 操作系统的主要功能中存储器管理包括（　　）。
   A. 内存分配　B. 内存保护　C. 内存扩充　D. 内存检测
3. 操作系统的主要功能中设备管理包括（　　）。
   A. 缓冲管理　B. 设备分配　C. 虚拟设备　D. 设备安装
4. 操作系统的主要功能中作业管理包括（　　）。
   A. 任务、界面管理　B. 人机交互　C. 图形界面　D. 语言控制
5. 操作系统根据应用领域来划分，可以分为（　　）。
   A. 桌面操作系统　B. 单机操作系统　C. 服务器操作系统　D. 嵌入式操作系统
6. 以下（　　）不属于 Windows 系统的特点。
   A. 用户界面统一、友好、漂亮　B. 兼容性强
   C. 多用户、多任务　D. 完全免费
7. Linux 系统的特点有（　　）。
   A. 完全免费（免费的内核源代码）　B. 多用户、多任务
   C. 良好的界面　D. 支持多种平台

第 8 章
常见服务器种类与威胁

08

拓展阅读

知识目标

① 了解服务器的分类。
② 了解常见服务器的功能。
③ 了解常见服务器的安全威胁。
④ 了解基本的漏洞和补丁概念。

能力目标

① 掌握服务器分类描述。
② 掌握服务器的功能描述。
③ 掌握常见服务器安全威胁描述。
④ 掌握基本漏洞和补丁描述。

课程导入

小华在给公司员工做操作系统培训以后，大家对于操作系统有了基本的概念，了解到了不同场合、不同环境所需要使用的操作系统的不同，并且了解到服务器和桌面系统的区别，也明白了服务器的重要性。但大家对服务器的种类和功能，以及常见的安全威胁、漏洞的处理、补丁的处理都没有明确的概念，小华决定再接再励，给大家讲讲这些概念。

相关内容

8.1 服务器概述

8.1.1 服务器定义

从广义上讲，服务器是指网络中能够对其他机器提供服务的计算机系统。

从狭义上来讲，服务器是指某些高性能计算机，通过网络提供给外部计算机一些业务服务。因此，在稳定性、安全性、性能等方面都比普通 PC 要求更高。

服务器是计算机的一种，它是在网络环境中为客户机提供服务（包括查询、存储、计算等）的高性能计算机。

服务器主要为客户机提供 Web 应用、文件下载、数据库存储、打印等服务。服务器作用非常广泛，网络游戏、网站、大部分软件都是需要存到服务器上的，还有一些企业会部署自己的服务器，平时工作上的重要资料大部分都存放在服务器的硬盘中。

所有的服务器说白了就是我们日常使用的计算机，只是在稳定性、安全性以及处理数据性能上更加强大，其实家用计算机也可以用作服务器，只需要安装服务器的系统即可，不过服务器对硬件稳定性和质量等要求较高，普通计算机一般都无法长期开机，必须知道，服务器上存放的一般是重要数据，所以普通计算机是不适合用作服务器的。

8.1.2 服务器特点

服务器具有支持多处理器、高性能、高可用性、高利用性、高可扩展性、高可管理性等特点，如图 8-1 所示。

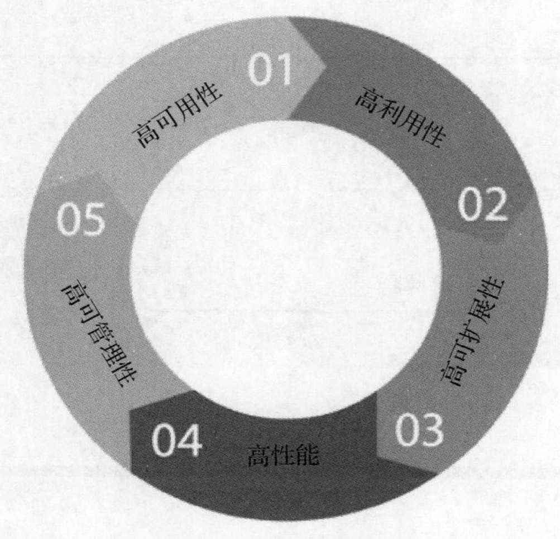

图 8-1 服务器特点

1. 高可用性

因为服务器是为整个网络的客户机提供服务的，只要网络中还有用户，服务器就不能中断。在某些特殊场景中，即使没有用户使用服务器，服务器也不可以中断，因为它必须持续不断地为用户提供服务。有些大型企业的服务器都需要提供 7x24 小时的服务，如网站服务器以及供公众用户使用的 Web 服务器等。

2. 高利用性

服务器要为多用户提供服务，因此需要较高的连接和运算性能。平常在使用 PC 的时候，有时候都会觉得慢，要是服务器的性能和我们所使用的 PC 一样，那么它能承载这么多用户同时访问吗？答案显然是不能。所以相比于 PC，服务器在性能上肯定是要远远超过我们所使用的 PC 的。为了实现高速性能，在处理能力上会采用安装对称多处理器以及插入大量的高速内存。

3. 高可扩展性

随着业务的不断发展，用户数的不断增多，服务器还需要保证具有一定的可扩展性。为了保持高扩展性，服务器上一定会具备可扩展空间和冗余件（如磁盘矩阵位、PCI-E 和内存条插槽位等）。

4. 高可管理性

为了保证提供业务的高可靠性，服务器还需要具备普通 PC 没有的技术，如双机备份、系统备份、在线诊断、故障预警等，以保证在设备不停机的情况下修复服务器故障。

8.1.3 服务器分类

服务器的种类很多，具有多种分类方式。

1. 按应用层次划分

入门级服务器：对于一个小部门的办公需求而言，服务器的主要作用就是是完成文件和打印服务，一般采用入门级服务器即可。

工作组服务器：一般情况下，如果应用不复杂，如没有大型数据库需要管理，一般采用工作组服务器即可。

部门级服务器：具有较高的可用性、可靠性、可扩展性和可管理性，适合中型企业作为 Web 站点和数据中心等使用。

企业级服务器：企业级服务器主要应用于需要处理大量数据，对处理速度和可靠性要求极高的大型企业和重要行业（如金融、交通、通信等行业）。

2. 按体系架构划分

x86 服务器：即 CISC 架构服务器，也就是我们通常说的 PC 服务器，使用 Intel 或其他能兼容 x86 指令集的处理器的服务器。

非 x86 服务器：包括大型机、小型机和 UNIX 服务器，它们使用 RISC 或 EPIC 处理器。

3. 按外形划分

机架式服务器：机架式服务器的外形看来不像计算机，而像交换机，有 1U（1U=1.75 英寸）、2U、4U 等规格。机架式服务器安装在标准的 19 英寸机柜里面。这种结构的多为功能型服务器，是现阶段销售数量最多的服务器，机箱尺寸比较小巧，在机柜中可以同时放置多台，如图 8-2 所示。

刀片服务器：刀片服务器是指在标准高度的机架式机箱内可插装多个卡式的服务器单元，是一种实现 HAHD（High Availability High Density，高可用高密度）的低成本服务器平台，为特殊应用行业和高密度计算环境专门设计。刀片服务器就像“刀片”一样，每一块“刀片”实际上就是一块系统主板，如图 8-3 所示。具有超高密度、节省能源、集中化管理、快速部署等特点。

图 8-2 机架式服务器

图 8-3 刀片式服务器

塔式服务器：塔式服务器（Tower Server）应该是见得最多也最容易理解的一种服务器结构类型，因为它的外形以及结构都跟立式 PC 差不多，当然，由于服务器的主板扩展性较强、插槽也多出一堆，所以个头比普通主板大一些，因此塔式服务器的主机机箱也比标准的 ATX 机箱要大，一般都会预留足够的内部空间以便日后进行硬盘和电源的冗余扩展，如图 8-4 所示。就使用对象或者使用级别来说，目前常见的入门级和工作组级服务器基本上都采用这一服务器结构类型，一些部门级应用也会采用，不过由于只有一台主机，即使进行升级扩张也有限度，所以在一些应用需求较高的企业中，单机服务器就无法满足要求了，需要多机协同工作，而塔式服务器个头太大，独立性太强，协同工作在空间占用和系统管理上都不方便，这也是塔式服务器的局限性。不过，总的来说，这类服务器的功能、性能基本上能满足大部分企业用户的要求，其成本通常也比较低，因此这类服务器还是拥有非常广泛的应用支持。

机柜式服务器：在一些高档企业服务器中由于内部结构复杂，内部设备较多，有的还具有许多不同的设备单元或几个服务器都放在一个机柜中，这种服务器就是机柜式服务器，如图 8-5 所示。对于证券、银行、邮电等重要企业，则应采用具有完备的故障自修复能力的系统，关键部件应采用冗余措施，对于关键业务使用的服务器也可以采用双机热备份高可用系统或者是高性能计算机，这样的系统可用性就可以得到很好的保证。

图 8-4　塔式服务器

图 8-5　机柜式服务器

8.2 服务器软件

服务器管理软件是一套处理硬件、操作系统及应用软件等不同层级软件管理及升级、系统资源管理、性能维护和监控配置的程序。

服务器软件工作在客户端-服务器（C/S）或浏览器-服务器（B/S）的方式，根据软件的不同可以划分为多种形式的服务器，常用的包括以下几种。

8.2.1 文件服务器（File Server）

在客户机与服务器模式下，文件服务器是一台对中央存储和数据文件管理负责的计算机，这样在同一网络中的其他计算机就可以访问这些文件，如图 8-6 所示。文件服务器允许用户在网络上共享信息，而不用通过软磁盘或一些其他外部存储设备来物理地移动文件。任何计算机都能被设置为文件服务器。最简单的形式是，文件服务器可以是一台普通的个人计算机，它处理文件请求并在网络中发送它们。在更复杂的网络中，文件服务器也可以是一台专门的网络附加存储（NAS）设备，它也可以作为其他计算机的远程硬盘驱动器来运行，并允许网络中的用户像在使用他们自己的硬盘一样，在服务器中存储文件。

图 8-6　文件服务器组网

8.2.2 数据库服务器（Database Server）

数据库服务器由运行在局域网中的一台/多台计算机和数据库管理系统软件共同构成，数据库服务器为客户应用程序提供数据服务。数据库服务器建立在数据库系统基础上，具有数据库系统的特性，且有其独特的一面，如图 8-7 所示，主要功能如下几方面。

（1）数据库管理功能，包括系统配置与管理、数据存取与更新管理、数据完整性管理和数据安全性管理。

（2）数据库的查询和操纵功能，该功能包括数据库检索和修改。

（3）数据库维护功能，包括数据导入/导出管理，数据库结构维护、数据恢复功能和性能监测。

（4）数据库并行运行，由于在同一时间，访问数据库的用户不止一个，所以数据库服务器必须支持并行运行机制，处理多个事件的同时发生。

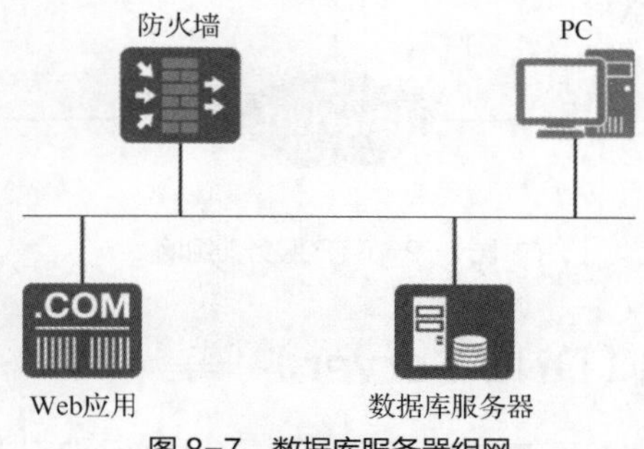

图 8-7　数据库服务器组网

8.2.3　邮件服务器（Mail Server）

邮件服务器是一种用来负责电子邮件收发管理的设备。它比网络上的免费邮箱更安全和高效，因此一直是很多企业的必备设备。一个电子邮件系统由 3 个组件构成：用户代理、邮件服务器和邮件接收协议，如图 8-8 所示。

（1）用户代理：处理发送邮件和接收邮件这个动作的应用程序。

（2）邮件服务器：用来接收来自用户代理发过来的邮件并发送到收件人用户代理处。

（3）邮件传输协议：邮件传输过程使用的协议。

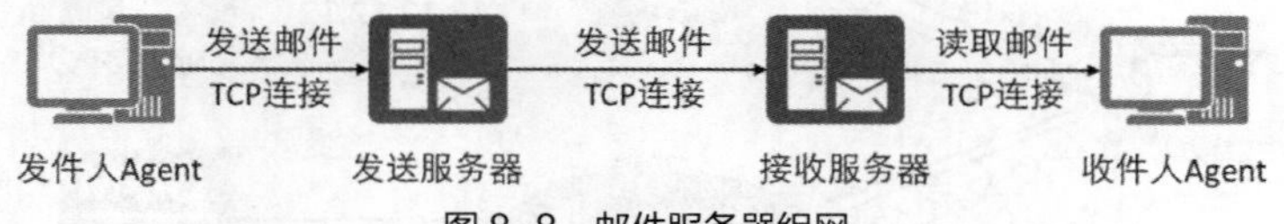

图 8-8　邮件服务器组网

8.2.4　网页服务器（Web Server）

Web Server（以下称 Web 服务器）一般指网站服务器，是指驻留于因特网上某种类型的计算机系统程序，可以向浏览器等 Web 客户端提供文档，也可以放置网站文件，让全世界浏览；可以放置数据文件，让全世界下载。目前最主流的 3 个 Web 服务器是 Apache、Nginx、IIS。

Web 服务器也称为 WWW（World Wide Web）服务器，主要功能是提供网上信息浏览服务。WWW 是 Internet 的多媒体信息查询工具，是 Internet 上近年才发展起来的服务，也是发展最快和目前用得最广泛的服务。正是因为有了 WWW 工具，才使得近年来 Internet 迅速发展，且用户数量飞速增长。

8.2.5　FTP 服务器（FTP Server）

FTP 服务器是在互联网上提供文件存储和访问服务的计算机，它们依照 FTP 协议提供服务，提供文档传输与管理、不同等级用户认证、命令记录与登录文件记录、限制用户活动的目录，如图 8-9 所示。

FTP 服务器在文本传输上具备上传和下载功能。

（1）上传：将文件从自己的计算机上发送到 FTP 服务器上。

（2）下载：将文件从 FTP 服务器上传送到自己的计算机上。

FTP 的工作方式也是采用客户机/服务器模式。客户机和服务器使用 TCP 连接。FTP 服务器主要使用两个端口 21 和 20，其中 21 端口用来发送和接收 FTP 控制信息，保持 FTP 会话在打开状态；20 端口用来发送和接收 FTP 数据。

图 8-9　FTP 服务器组网

8.2.6　域名服务器（DNS Server）

当我们在上网的时候，一般都是直接输入网址，这就是域名。可是计算机其实只能使用 IP 地址去互相识别，这么多的 IP 地址我们又很难记住它所对应的 Web 服务，所以就有了域名对应 IP 地址的方法，因为域名更容易让我们记住它对应的 Web 服务。

DNS 服务器是进行域名（domain name）和与之相对应的 IP 地址 （IP address）转换的服务器，如图 8-10 所示。DNS 服务器中保存了一张域名（domain name）和与之相对应的 IP 地址 （IP address）的表，以解析消息的域名。域名是 Internet 上某一台计算机或计算机组的名称，用于在数据传输时标识计算机的电子方位（有时也指地理位置）。域名是由一串用点分隔的名字组成的，通常包含组织名，而且始终包括 2～3 个字母的后缀，以指明组织的类型或该域所在的国家或地区。

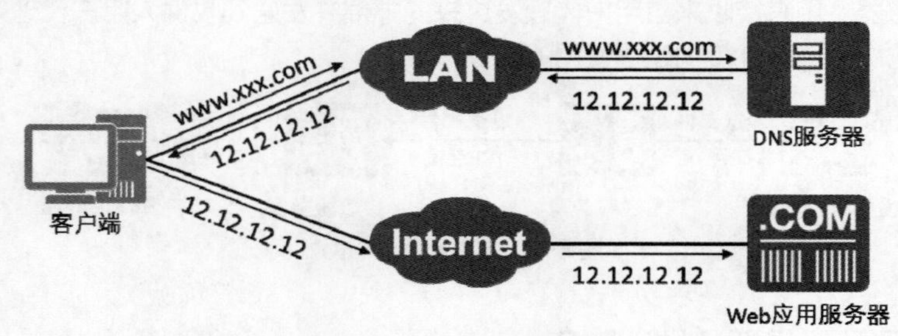

图 8-10　DNS 服务器组网

DNS 是计算机域名系统（Domain Name System 或 Domain Name Service） 的缩写，它是由域名解析器和域名服务器组成。域名服务器是指保存有该网络中所有主机的域名和对应 IP 地址，并具有将域名转换为 IP 地址功能的服务器。其中域名必须对应一个 IP 地址，一个 IP 地址可以有多个域名，而 IP 地址不一定有域名。域名系统采用类似目录树的等级结构。域名服务器通常为客户机/服务器模式中的服务器方，它主要有两种形式：主服务器和转发服务器。将域名映射为 IP 地址的过程就称为“域名解析”。

8.2.7　时间同步服务器（NTP Server）

NTP（Network Time Protocol）是用来使计算机时间同步化的一种协议，它可以使计算机对其服务器或时钟源（如石英钟、GPS 等）做同步化，它可以提供高精准度的时间校正（LAN 上与标准时间差小于 1ms，WAN 上差几十 ms），且可由加密确认的方式来防止恶毒的协议攻击。时间按 NTP 服务器的等级传播，按照离外部 UTC 源的远近把所有服务器归入不同的 Stratum（层）中。

8.2.8 代理服务器（Proxy Server）

代理服务器（Proxy Server）是一种重要的服务器安全功能，它的工作主要在开放系统互联（OSI）模型的会话层，从而起到防火墙的作用。代理服务器大多被用来连接 Internet（因特网）和 Local Area Network（局域网）。

形象地说，代理服务器是网络信息的中转站。它就好像一个大的 Cache，这样能显著提高浏览速度和效率。更重要的是代理服务器是 Internet 链路级网关所提供的一种重要的安全功能，主要的功能如下。

（1）突破自身 IP 访问限制，访问国外站点，如教育网、过去的 169 网等。

（2）网络用户可以通过代理访问国外网站。

（3）访问一些单位或团体内部资源，如某大学 FTP（前提是该代理地址在该资源的允许访问范围之内），使用教育网内地址段免费代理服务器，就可以用于对教育网开放的各类 FTP 下载上传，以及各类资料查询共享等服务。

（4）突破中国电信的 IP 封锁，中国电信用户有很多网站是被限制访问的，这种限制是人为的，不同 Serve 对地址的封锁是不同的。所以不能访问时可以换一个国外的代理服务器试试。

（5）提高访问速度，通常代理服务器都设置一个较大的硬盘缓冲区，当有外界的信息通过时，同时也将其保存到缓冲区中，当其他用户再访问相同的信息时，则直接由缓冲区中取出信息，传给用户，以提高访问速度。

（6）隐藏真实 IP，上网者也可以通过这种方法隐藏自己的 IP，免受攻击。

8.3 服务器安全威胁

8.3.1 安全威胁概述

服务器在使用过程中，存在着各种各样的安全威胁。假设服务器遭受攻击，就有可能无法正常运行。那么哪些安全威胁会影响到服务器的正常运行呢？具体如图 8-11 所示。

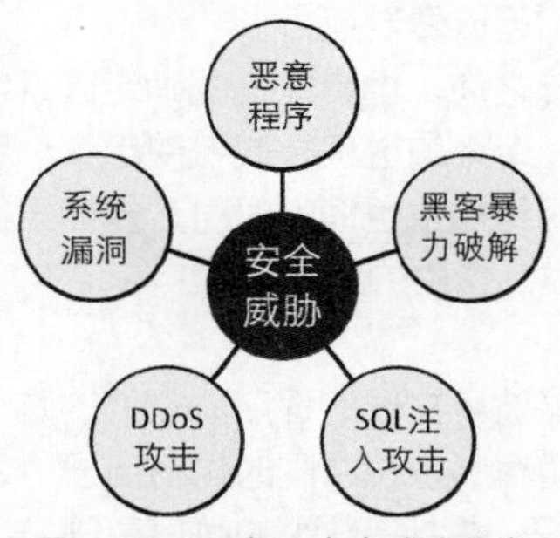

图 8-11 服务器安全威胁分类

8.3.2 恶意程序

恶意程序通常是指带有攻击意图所编写的一段程序。这些威胁可以分成两个类别：需要宿主程序的威胁和彼此独立的威胁。前者基本上是不能独立于某个实际的应用程序、实用程序或系统程序的程序片段；后者是可以被操作系统调度和运行的自包含程序。

恶意程序主要包括陷门、逻辑炸弹、特洛伊木马、蠕虫、细菌、病毒等。

1. 陷门

计算机操作的陷门是指进入程序的秘密入口，它使得知道陷门的人可以不经过通常的安全检查访问过程而获得访问。程序员为了进行调试和测试程序，已经合法地使用了很多年的陷门技术。当陷门被无所顾忌的程序员用来获得非授权访问时，陷门就变成了威胁。对陷门进行操作系统的控制是困难的，必须将安全测量集中在程序开发和软件更新的行为上才能更好地避免这类攻击。

2. 逻辑炸弹

在病毒和蠕虫之前最古老的程序威胁之一是逻辑炸弹。逻辑炸弹是嵌入在某个合法程序里面的一段代码，被设置成当满足特定条件时就会发作，也可理解为“爆炸”，它具有计算机病毒明显的潜伏性。一旦触发，逻辑炸弹的危害性可能改变或删除数据或文件，引起机器关机或完成某种特定的破坏工作。

3. 特洛伊木马

特洛伊木马是一个有用的，或表面上有用的程序或命令过程，包含了一段隐藏的、激活时进行某种不想要的或者有害的功能的代码。它的危害性是可以用来非直接地完成一些非授权用户不能直接完成的功能。特洛伊木马的另一动机是数据破坏，程序看起来是在完成有用的功能（如计算器程序），但它也可能悄悄地在删除用户文件，直至破坏数据文件，这是一种非常常见的病毒攻击。

4. 蠕虫

网络蠕虫程序是一种使用网络连接从一个系统传播到另一个系统的感染病毒程序。一旦这种程序在系统中被激活，网络蠕虫可以表现得像计算机病毒或细菌，或者可以注入特洛伊木马程序，或者进行任何次数的破坏或毁灭行动。为了演化复制功能，网络蠕虫传播主要靠网络载体实现。例如，①电子邮件机制：蠕虫将自己的复制品邮发到另一系统。②远程执行的能力：蠕虫执行自身在另一系统中的副本。③远程注册的能力：蠕虫作为一个用户注册到另一个远程系统中去，然后使用命令将自己从一个系统复制到另一系统。网络蠕虫程序靠新的复制品在远程系统中运行，除了在那个系统中执行非法功能外，其他继续以同样的方式进行恶意传播和扩散。

网络蠕虫表现出与计算机病毒同样的特征：潜伏、繁殖、触发和执行期。繁殖阶段一般完成如下的功能：

（1）通过检查主机表或类似的存储中的远程系统地址来搜索要感染的其他系统。

（2）建立与远程系统的连接。

（3）将自身复制到远程系统并引起该复制运行。

网络蠕虫将自身复制到一个系统之前，也可能试图确定该系统以前是否已经被感染了。在多道程序系统中，它也可能将自身命名成一个系统进程，或者使用某个系统管理员可能不会注意的其他名字来掩蔽自己的存在。和病毒一样，网络蠕虫也很难对付，但如果很好地设计并实现了网络安全和单机系统安全的测量，就可以最小化地限制蠕虫的威胁。

5. 细菌

计算机中的细菌是一些并不明显破坏文件的程序，它们的唯一目的就是繁殖自己。一个典型的细菌程序可能什么也不做，除了在多道程序系统中同时执行自己的两个副本，或者可能创建两个新的文件外，每一个细菌都在重复地复制自己，并以指数级的数量复制，最终耗尽了所有的系统资源（如 CPU、RAM、硬盘等），从而拒绝用户访问这些可用的系统资源。

6. 病毒

病毒是一种攻击性程序，采用把自己的副本嵌入到其他文件中的方式来感染计算机系统。当被感染文件加载进内存时，这些副本就会执行去感染其他文件，如此不断进行下去。病毒常都具有破坏性作用，有些是故意的，有些则不是。通常生物病毒是指基因代码的微小碎片：DNA 或 RNA，它可以借用活的细胞组织制造几千个无缺点的原始病毒的复制品。计算机病毒就像生物上的对应物一样，它是带着执行代码进入。感染实体，寄宿在一台宿主计算机上。典型的病毒获得计算机磁盘操作系统的临时控制，然后，每当受感染的计算机接触一个没被感染的软件时，病毒就将新的副本传到该程序中。因此，通过正常用户间的交换磁盘以及向网络上的另一用户发送程序的行为，感染就有可能从一台计算机传到另一台计算机。在网络环境中，访问其他计算机上的应用程序和系统服务的能力为病毒的传播提供了滋生的基础。

例如 CIH 病毒，它是迄今为止发现的最阴险的病毒之一。它发作时不仅破坏硬盘的引导区和分区表，而且破坏计算机系统 Flash BIOS 芯片中的系统程序，导致主板损坏。CIH 病毒是发现的首例直接破坏计算机系统硬件的病毒。

再如电子邮件病毒，超过 85%的人使用互联网是为了收发电子邮件，没有人统计其中有多少正使用直接打开附件的邮件阅读软件。“爱虫”发作时，全世界有数不清的人惶恐地发现，自己存放在计算机上的重要的文件、不重要的文件以及其他所有文件，已经被删得干干净净。

8.3.3 黑客暴力破解

暴力破解一般指穷举法，穷举法的基本思想是根据题目的部分条件确定答案的大致范围，并在此范围内对所有可能的情况逐一验证，直到全部情况验证完毕。若某个情况验证符合题目的全部条件，则为本问题的一个解；若全部情况验证后都不符合题目的全部条件，则本题无解。穷举法也称为枚举法。

黑客在破解密码时，受制于自己的能力，在用尽一切办法后，却一无所获，最后不得不使用暴力破解这个办法。

8.3.4 SQL 注入攻击

SQL 注入攻击是黑客对数据库进行攻击的常用手段之一。随着 B/S 模式应用开发的发展，使用这种模式编写应用程序的程序员也越来越多。但是由于程序员的水平及经验也参差不齐，相当大一部分程序员在编写代码的时候，没有对用户输入数据的合法性进行判断，使应用程序存在安全隐患。用户可以提交一段数据库查询代码，根据程序返回的结果，获得某些想得知的数据，这就是所谓的 SQL Injection，即 SQL 注入。

SQL 注入攻击，就是攻击者把 SQL 命令插入到 Web 表单的输入域或页面请求的查询字符串，欺骗服务器执行恶意的 SQL 命令。

在某些表单中，用户输入的内容直接用来构造（或者影响）动态 SQL 命令，或作为存储过程的输入参数，这类表单特别容易受到 SQL 注入式攻击。对于非 Web 的 CS 框架系统同样存在 SQL 注入的风险。

SQL 注入攻击属于数据库安全攻击手段之一，可以通过数据库安全防护技术实现有效防护，数据库安全防护技术包括数据库漏扫、数据库加密、数据库防火墙、数据脱敏、数据库安全审计系统。

SQL 注入攻击会导致的数据库安全风险包括刷库、拖库、撞库。

8.3.5 DDoS 攻击

DoS 是 Denial of Service 的简称，即拒绝服务，造成 DoS 的攻击行为被称为 DoS 攻击，其目的是使计算机或网络无法提供正常的服务。

大多数的 DoS 攻击需要相当大的带宽，而以个人为单位的黑客很难消耗高带宽的资源。为了克服这个缺点，DoS 攻击者开发了分布式的攻击。

木马成为黑客控制“傀儡”的工具，越来越多的计算机变成了“肉鸡”，被黑客所利用，并变成了他们的攻击工具。黑客利用简单的工具集合许多的“肉鸡”来同时对同一个目标发动大量的攻击请求，这就是 DDoS（Distributed Denial of Service，分布式拒绝服务）攻击。

DDoS 是一种基于 DoS 的特殊形式的拒绝服务攻击，主要瞄准如商业公司、搜索引擎和政府部门等比较大的站点。DDoS 攻击通过多台受控机器向某一指定机器进行攻击，来势迅猛令人难以防备，同时具有较大的破坏性。常见攻击方式有 IP Spoofing、LAND attack、ICMP floods、Application。

8.3.6 常见安全威胁防御方法

服务器的安全威胁较多，针对不同的安全威胁，需要不同的防御方法，常见的几种如表 8-1 所示。

表 8-1 常见安全威胁防御方法

安全威胁	防御方法
恶意程序	1. 不安装可疑的软件 2. 不打开陌生人的链接 3. 安装杀毒软件 4. 不访问不正规的网站
黑客暴力破解	1. 密码足够复杂 2. 修改默认端口号 3. 不允许密码登录，只能通过认证的秘钥登录
SQL 注入攻击	1. 使用正则表达式过滤传入的参数 2. 使用 PreparedStatement 代替 Statement 3. JSP 中调用该函数检查是否包含非法字符
DDoS	1. 源认证 2. 指纹学习 3. 重定向域名

8.4 漏洞和补丁

8.4.1 漏洞的定义

漏洞是指一个系统存在的弱点或缺陷，系统对特定威胁攻击或危险事件的敏感性，或进行攻击的威胁作用的可能性。漏洞可能来自应用软件或操作系统设计时的缺陷或编码时产生的错误，也可能来自业务在交互处理过程中的设计缺陷或逻辑流程上的不合理之处。这些缺陷、错误或不合理之处可能被有意或无意地利用，从而对一个组织的资产或运行造成不利影响，如信息系统被攻击或控制，重要资料被窃取，用户数据被篡改，系统被作为入侵其他主机系统的跳板。从目前发现的漏洞来看，应用软件中的漏洞远远多于操作系统中的漏洞，特别是 Web 应用系统中的漏洞更是占信息系统漏洞中的绝大多数。

1990 年，Dennis Longley 和 Michael Shain 在 *The Data and Computer Security Dictionary of Standard，Concepts，and Terms* 中对漏洞做出了如下定义：

在计算机安全中，漏洞是指自动化系统安全过程、管理控制以及内部控制中的缺陷，漏洞能够被威胁利用，从而获得对信息的非授权访问或者破坏关键数据的处理。

总体来说，漏洞是事先未知、事后发现的，漏洞本身是安全隐患，会使计算机遭受病毒和黑客攻击，漏洞如果被利用，其后果不可预知的，并且漏洞一般能够被远程利用，并且是可以被修补的。

8.4.2 漏洞的危害

漏洞的存在是网络攻击成功的必要条件之一，攻击者要成功入侵关键在于及早发现和利用目标网络系统的漏洞。

漏洞对网络系统的安全威胁有普通用户权限提升、获取本地管理员权限、获取远程管理员权限、本地拒绝服务、远程拒绝服务、服务器信息泄露、远程非授权文件访问、读取受限文件、欺骗等。

1．权限绕过和权限提升

本漏洞主要是为了获得期望的数据操作能力，如普通用户权限提升、获取管理员权限等。

2．拒绝服务攻击

本漏洞是获得对系统某些服务的控制权限，导致服务被停止。

3．数据泄露

本漏洞主要是黑客能够访问本来不可访问的数据，如读取受限文件、服务器信息泄露等。

4．执行非授权指令

本漏洞主要是让程序将输入的内容作为代码来执行，从而获得远程系统的访问权限或本地系统的更高权限，如 SQL 注入和缓冲区溢出等。

8.4.3 漏洞的分类

漏洞的种类繁多，不同的依据可以有不同的分类，主要如下。

1．根据漏洞被攻击者利用的方式划分

（1）本地攻击漏洞：本地攻击漏洞的攻击者是本地合法用户或通过其他方式获得本地权限的非法用户。

（2）远程攻击漏洞：远程攻击漏洞的攻击者通过网络，对连接在网络上的远程主机进行攻击。

2. 根据其对系统造成的潜在威胁以及被利用的可能性进行划分

（1）高级别漏洞：能够获取管理员权限的漏洞。

（2）中级别漏洞：能够获取普通用户权限、读取受限文件、拒绝服务的漏洞。

（3）低级别漏洞：能够读取非受限文件，服务器信息泄露的漏洞。

当然，漏洞的分类并不只有这些，例如，还可以按照漏洞被人掌握的情况进行分类，又可以分为已知漏洞、未知漏洞和 0day 等几种类型；按照用户群体分类，还可以分成 Windows 漏洞、Linux 漏洞、IE 漏洞、Oracle 漏洞；根据漏洞所指的目标漏洞存在的位置，可分为操作系统、网络协议栈、非服务器程序、服务器程序、硬件、通信协议、口令恢复和其他类型的漏洞。

8.4.4 漏洞存在的原因

由于系统的高度复杂性，漏洞是“不可避免”。

一般来说，系统漏洞存在的原因有以下几种：

（1）软件或协议设计时的瑕疵。

（2）软件编写存在 Bug。

（3）系统的不当配置。

（4）安全意识薄弱。

8.4.5 漏洞扫描

既然漏洞是不可避免的，有什么办法来找出漏洞呢？这时，就要使用到漏洞扫描，将系统的漏洞找出来。

漏洞扫描是一种基于网络远程检测目标网络或本地主机安全性脆弱性的技术，可以被用来进行模拟攻击实验和安全审计。

漏洞扫描是一种主动的防范措施，可以有效避免黑客攻击行为。当然，黑客也可以使用漏洞扫描技术发现漏洞并发起攻击。常见的扫描方法如下。

1. Ping 扫描

Ping 扫描就是确认目标主机的 TCP/IP 的网络是否联通，也就是扫描的 IP 地址是否有设备在使用。Ping 扫描确定目标主机地址，端口扫描确定目标主机开放的端口，然后基于端口扫描的结果，进行操作系统探测，最后根据掌握的信息进行漏洞扫描。

2. 端口扫描

端口扫描是用来探测主机开放的端口。一般是对指定 IP 地址进行某个端口值段或者端口的扫描。主要端口扫描又可以分为以下几类。

（1）全连接扫描：扫描主机通过 TCP/IP 协议的三次握手与目标主机的指定端口建立一次完整的连接。如果端口处于侦听状态，那么连接就能成功，否则，这个端口不可用。

（2）SYN 扫描：扫描器向目标主机发送 SYN 包，如果应答是 RST 包，说明端口是关闭的；如果应答报文中有 SYN 和 ACK，说明端口处于侦听状态，再发一个 RST 包给目标主机停止建立连接。

（3）隐蔽扫描：扫描器向目标主机端口发送一个 FIN 包，当 FIN 包到达一个关闭的端口，数据包会被丢弃，且返回一个 RST 包；如果是打开的端口，FIN 包只是简单的丢弃。

3. 操作系统探测

操作系统探测是用来探测目标主机的操作系统信息和提供服务的计算机程序信息。

4. 漏洞扫描

漏洞扫描用来探测目标主机系统是否存在漏洞，一般是对目标主机进行特定漏洞的扫描。根据是否主动发起扫描，又可以分为以下两类。

（1）被动扫描：本扫描是基于主机的检测，对系统中不合适的设置、脆弱的口令以及其他同安全规则相抵触的对象进行检查。

（2）主动扫描：本扫描是基于网络的检测，通过执行一些脚本文件对系统进行攻击，并记录系统的反应，从而发现其中的漏洞。

8.4.6 补丁的定义

补丁是指衣服、被褥上为遮掩破洞而钉补上的小布块。现在也指对于大型软件系统（如 Windows 操作系统）在使用过程中暴露的问题（一般由黑客或病毒设计者发现）而发布的解决问题的小程序。就像衣服烂了要打补丁一样，人编写的程序不可能十全十美，所以软件也免不了会出现 Bug，而补丁是专门为修复这些 Bug 做的，因为原来发布的软件存在缺陷，发现之后另外编制一个小程序使其完善。补丁是由软件的原来作者制作的，可以访问网站进行下载。

软件刚开发出来的时候一般都有漏洞或者不完善的地方，在软件发行之后开发者对软件进一步完善，然后发布补丁文件，来给用户安装，改进软件的性能。

操作系统和应用软件的漏洞，经常成为安全攻击的入口。解决漏洞问题最直接最有效的办法就是打补丁，但打补丁是比较被动的方式，对于企业来说，收集、测试、备份、分发等相关的打补丁流程仍然是一个颇为烦琐的过程，甚至补丁本身就有可能成为新的漏洞。解决补丁管理的混乱，首先需要建立一个覆盖整个网络的自动化补丁知识库。其次是部署一个分发系统，提高补丁分发效率。不仅是补丁管理程序，整个漏洞管理系统还需要与企业的防入侵系统、防病毒系统等其他安全系统集成，构筑一条完整的风险管理防线。目前一般的企业办公网内部客户端的补丁更新采用分散、多途径实现方式。一种方式是厂商发布补丁后，管理员将补丁放到内部网的一台文档共享机上，用户通过 IP 直接访问方式自行完成补丁的安装；另一种方式是管理员将补丁放到系统平台指定应用数据库中，通过自动复制机制转发到各级代理服务器，用户直接访问数据库进行补丁安装。

8.5 典型漏洞攻击案例

8.5.1 WannaCry 勒索攻击

2017 年 5 月 12 日，WannaCry 蠕虫通过 MS17-010 漏洞在全球范围大爆发，感染了大量的计算机，该蠕虫感染计算机后会向其中植入敲诈者病毒，导致计算机大量文件被加密。受害者计算机被黑客锁定后，病毒会提示支付价值相当于 300 美元（约合人民币 2069 元）的比特币才可解锁，如图 8-12 所示。

图 8-12　WannaCry 勒索病毒锁定图

WannaCry 利用 Windows 操作系统 445 端口存在的漏洞进行传播，并具有自我复制、主动传播的特性。被该勒索软件入侵后，用户主机系统内的照片、图片、文档、音频、视频等几乎所有类型的文件都将被加密，加密文件的后缀名被统一修改为.WNCRY，并会在桌面弹出勒索对话框，要求受害者支付价值数百美元的比特币到攻击者的比特币钱包，且赎金金额还会随着时间的推移而增加。

8.5.2 水牢漏洞

2016 年 3 月，全球大约有 2/3 的网站服务器用的开源加密工具 OpenSSL 爆出新的安全漏洞“水牢漏洞”，这一漏洞允许“黑客”攻击网站，并读取密码、信用卡账号、商业机密和金融数据等加密信息，对全球网站产生巨大的安全考验。我国有十万余家网站受到影响。

本章小结

在本章中，我们了解到了服务器的分类，常见服务器的功能以及常见服务器的安全威胁，并且对系统和软件漏洞有了一个明确的认识，对于常见的漏洞补丁的修补和常见安全威胁我们也有了一定的解决方法。

技能拓展

✧ 2017 全球网络安全 8 大事件盘点

（1）CIA 窃听黑料

2017 年 3 月，维基解密曝光了一系列新的 CIA 机密文档。这是继斯诺登泄露 NSA 数据之后又一大国家级机密信息泄露，维基解密将此次泄露项目命名为 Vault 7，这是 CIA 史上最大规模的文档泄露。

此次 CIA 泄露的机密内容大部分是黑客武器库，包括恶意程序、病毒、木马、有攻击性的 0-day exploit、恶意程序远程控制系统和相关文件。这个文档总内容相当于好几亿行的代码，拥有这份文档，就相当于拥有 CIA 全部黑客的能力。这份档案在前美国政府黑客和承包商之间以未经授权的方式传播，其中一名人员向维基解密提供了部分文档。

（2）NSA 黑客工具包泄露

2017 年 4 月，有报道称美国国家安全局（NSA）旗下的“方程式黑客组织”使用的部分网络武器被公开，其中包括可以远程攻破全球约 70% Windows 机器的漏洞利用工具。

其中，有 10 款工具最容易影响 Windows 个人用户，包括永恒之蓝、永恒王者、永恒浪漫、永恒协作、翡翠纤维、古怪地鼠、爱斯基摩卷、文雅学者、日食之翼和尊重审查。不法分子无需任何操作，只要联网就可以入侵计算机，就像冲击波、震荡波等著名蠕虫一样可以瞬间“血洗”互联网。

（3）WannaCry 蠕虫勒索软件袭击全球

2017 年 5 月 12 日，一款名为 WannaCry 的蠕虫勒索软件袭击全球网络，这被认为是迄今为止最巨大的勒索交费活动，100 多个国家的数十万用户遭到袭击，其中包括医疗、教育等公共事业单位和一些颇有声望的大公司。这款病毒对计算机内的文档、图片、程序等实施高强度的加密锁定，并向用户索取以比特币支付的赎金！

该蠕虫利用了泄漏的 NSA 武器库中的“永恒之蓝”进行传播。同时该软件被认为是一种蠕虫变种（也被称为 WannaDecryptOr、WannaCryptor 或 Wcry），像其他勒索软件的变种一样，WannaCry 也阻止用户访问计算机或文件，要求用户需付费解锁。一旦计算机感染了 WannaCry 病毒，受害者要高达 300 美元比特币的勒索金才可解锁。否则，计算机就无法使用，且文件会被一直封锁。研究人员还发现了大规模恶意电子邮件传播，以每小时 500 封邮件的速度传播杰夫勒索软件，攻击世界各地的计算机。

（4）Petya 席卷欧洲后侵袭中国

继 2017 年 5 月的 WannaCry 之后，代号为 Petya 的新一轮勒索病毒已袭击了英国、乌克兰等多个国家，我国也有用户中招。新勒索病毒 Petya 不仅对文件进行加密，而且直接将整个硬盘加密、锁死，并自动向局域网内部的其他服务器及终端进行传播。用户的计算机开机后会黑屏，会显示勒索信。

信中称，用户想要解锁，需要向黑客的账户转折合 300 美元的比特币。根据比特币交易市场的公开数据显示，病毒爆发最初一小时就有 10 笔赎金付款，其“吸金”速度完全超越了 WannaCry。储存比特币交易历史的“区块链”网站数据显示，勒索者已收到 36 笔转账，总金额近 9000 美元（约合 6 万元人民币）。

（5）央视调查发现大量家庭摄像头被入侵扫描软件轻松获取 IP 地址

2017 年 6 月，央视《每周质量报告》调查发现黑客破解智能摄像头的密码，侵入相关系统，偷看或直播智能摄像头监控内容，已经成为一条非法产业链。

在 QQ 搜索栏，输入“摄像头破解”，跳出了众多相关聊天群，聊天的内容绝大多数有关家庭摄像隐私，时不时会放出一些号称他人家庭摄像头拍下的画面。

随后在质检总局的抽检中，采样品牌涵盖市场关注度前 5 位产品的情况下，40 批次产品中有 32 批次存在安全漏洞，占比高达 80%。

（6）BadRabbit 突袭东欧

2017 年 10 月，据外媒报道，一款新型勒索病毒 BadRabbit 在东欧爆发，乌克兰、俄罗斯的企业及基础设施受灾严重。与此前席卷欧洲的 Petya 类似，BadRabbit 能在局域网内扩散，形成“一台感染、一片瘫痪”的局面。

（7）苹果至今为止最大漏洞：无密码以 Root 权限登录 macOS

2017 年 11 月，macOS High Sierra（macOS 10.13）惊现易被利用的漏洞，可令用户无需口令便获取管理员权限（以 root 用户登录）。

该安全漏洞通过苹果操作系统的身份验证对话框触发，此对话框会在用户需要进行网络和隐私设置的时候弹出，要求输入管理员用户名及口令。

如果在用户名处输入 root，口令输入框空着，单击“确定”，多点几次解锁，该对话框就会消失，用户就获得了管理员权限。而且该操作还可以直接在用户登录界面进行。

可以物理接触到该机器的人都可以利用该漏洞登录，做出额外的伤害，安装恶意软件等。问题没解决前，用户最好别让自己的 Mac 机无人看管，也不要启用远程桌面访问。

（8）360 水滴直播侵犯公众隐私

2017 年 12 月，《一位 92 年女生致周鸿祎：别再盯着我们看了》的文章刷屏，作者陈菲菲爆出 360 水滴直播平台侵犯公众隐私。她发现多个 360 智能摄像机用户将自己在网吧、健身馆等公共场所监控到的视频，放到了水滴直播平台上。如果不加以提醒，大多数人并不知道自己正在被直播。

课后习题

1. 服务器按应用层次划分可以分为（　　）。
   A. 入门级服务器　B. 工作组服务器　C. 部门级服务器　D. 企业级服务器
2. 一台在网络上提供文件传输和访问服务的计算机是（　　）。
   A. FTP 服务器　B. DNS 服务器　C. NTP 服务器　D. 数据库服务器
3. 服务器常见的安全威胁有（　　）。
   A. 恶意破解　B. 黑客暴力破解　C. SQL 注入攻击　D. DDoS 攻击
4. 漏洞的常见危害有（　　）。
   A. 权限绕过和权限提升　B. 拒绝服务攻击
   C. 数据泄露　D. 执行非授权指令
5. 以下（　　）是网络漏洞存在的原因。
   A. 软件或协议设计时的瑕疵　B. 软件编写存在 Bug
   C. 系统和网络的不当配置　D. 安全意识薄弱

第 9 章
主机防火墙和杀毒软件

09

拓展阅读

知识目标

1. 了解防火墙的定义和分类。
2. 了解防火墙的主要功能。
3. 了解杀毒软件的定义。
4. 学习区分杀毒软件和防火墙。

能力目标

1. 掌握防火墙的定义。
2. 掌握防火墙的分类。
3. 掌握防火墙的主要功能。
4. 掌握杀毒软件的定义。

课程导入

通过操作系统和服务器威胁的学习，公司的员工对于系统漏洞和威胁的防范意识系统补丁的安装认识都有了长足的进步，对于常见的威胁的防范也在有了基本的意识。但既然漏洞是不可避免的，是不是有办法能够将这些威胁都通过计算机自己来识别、决断并处理呢？这就需要主机的防火墙和杀毒软件来帮忙了，本章将介绍主机防火墙和杀毒软件。

墙，始于防，忠于守。自古至今，墙给予人以安全之意。防火墙，顾名思义，阻挡的是火，这一名词源于建筑领域，其作用是隔离火灾，阻止火势从一个区域蔓延到另一个区域。

引入到通信领域，防火墙主要用于保护一个网络免受来自另一个网络的攻击和入侵行为。

杀毒软件是一种可以对病毒、木马等一切已知的对计算机有危害的程序代码进行清除的程序工具。

相关内容

9.1 防火墙

9.1.1 防火墙定义

防火墙技术是安全技术中的一个具体体现。防火墙原本是指房屋之间修建的一道墙，用以防止火灾发生时的火势蔓延。

防火墙（Firewall），也称防护墙，是由 Check Point 创立者 Gil Shwed 于 1993 年发明并引入因特网。它是一种位于内部网络与外部网络之间的网络安全系统。一项信息安全的防护系统，依照特定的规则，允许或是限制传输的数据通过。

防火墙实际上是一种隔离技术，防火墙是在两个网络通信时执行的一种访问控制尺度，它能允许用户"同意"的人和数据进入用户的网络，同时将用户"不同意"的人和数据拒之门外，最大限度地阻止网络中的黑客来访问用户的网络。换句话说，如果不通过防火墙，公司内部的人就无法访问 Internet，Internet 上的人也无法和公司内部的人进行通信，如图 9-1 所示。

图 9-1　公司内部访问 Internet

防火墙是硬件、软件、控制策略的集合，硬件和软件是基础，控制策略是关键，控制策略在表现形式上可分为两种：一是除非明确禁止，否则允许；二是除非明确允许，否则禁止。

9.1.2　防火墙分类

防火墙从诞生开始，已经历了 4 个发展阶段：基于路由器的防火墙、用户化的防火墙工具套、建立在通用操作系统上的防火墙、具有安全操作系统的防火墙。常见的防火墙属于具有安全操作系统的防火墙，如 NETEYE、NETSCREEN、TALENTIT 等。

从结构上来分，防火墙有两种：代理主机结构和路由器+过滤器结构，后一种为内部网络过滤器（Filter）路由器（Router）Internet。

从原理上来分，防火墙则可以分成 4 种类型：特殊设计的硬件防火墙、数据包过滤型、电路层网关和应用级网关。

从形态上分，防火墙可以分为硬件防火墙和软件防火墙。

从保护对象分，防火墙可以分为单机防火墙和网络防火墙。

9.1.3　Windows 防火墙

从 Windows XP 开始，微软公司就开始将防火墙内置到系统中，当然早期的内置防火墙功能相对较弱，Windows XP 中仅提供简单和基本的功能，且只能保护入站流量，阻止任何非本机的入站连接，默认情况下，该防火墙是关闭的；SP2 系统默认情况下则为开启，使系统管理员可以通过组策略来启用防火墙软件。Windows Vista 的防火墙是建立在新的 Windows 过滤平台（WFP）上的，该防火墙添加了通过高级安全 MMC 管理单元过滤出站流量的功能。在 Windows 7 中，微软公司已经进一步调整了防火墙的功能，让防火墙更加便于用户使用，特别是移动计算机中，更是能够支持多种防火墙策略。如图 9-2 所示，在图中左侧显示出了 Windows 防火墙配置。

具体 Windows 防火墙的配置，将从下面的几个方面来进行讲解。

（1）允许应用或功能通过 Windows 防火墙：设置数据的通行规则，如图 9-3 所示。

更改设置：添加、更改或删除允许的程序和端口。

详细信息：查看允许的应用和功能的详细描述。

删除：删除在允许的应用和功能列表的里程序或功能。

允许其他应用：添加程序或功能到允许的应用和功能列表中。

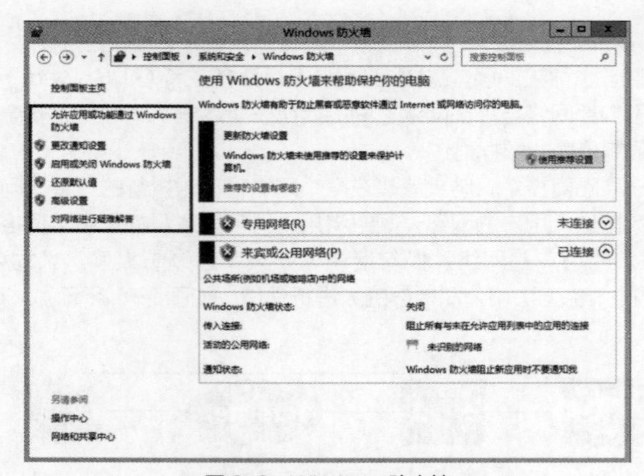

图 9-2 Windows 防火墙

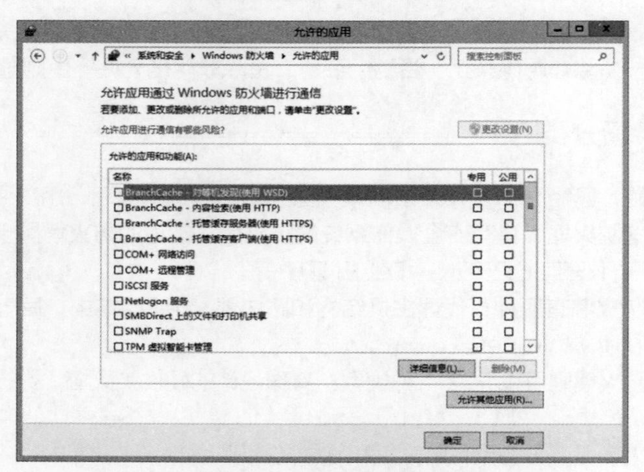

图 9-3 允许的程序或功能

在允许的应用和列表中可以选择应用到家庭/工作（专用）网络或者是公用网络当中。

（2）更改通知设置：设置通知规则，如图 9-4 所示。

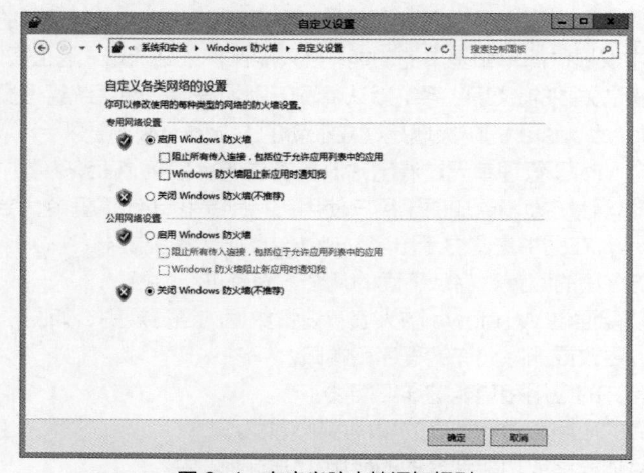

图 9-4 自定义防火墙通知规则

在防火墙开启的情况下，选择是否在防火墙阻止新应用时进行通知。

（3）启用或关闭 Windows 防火墙：防火墙开关界面，如图 9-5 所示。

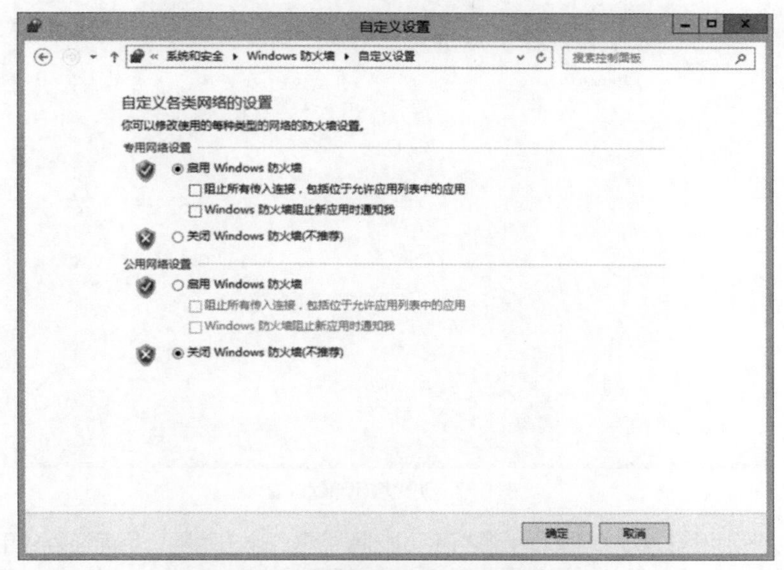

图 9-5　启用或关闭 Windows 防火墙

启用防火墙进行安全防护或者关闭防火墙允许所有程序通过 Windows 防火墙。

打开更改通知设置和打开或关闭 Windows 防火墙的界面是一样的。

（4）高级设置：自定义设置详细的出入站规则和连接安全规则，如图 9-6 所示。

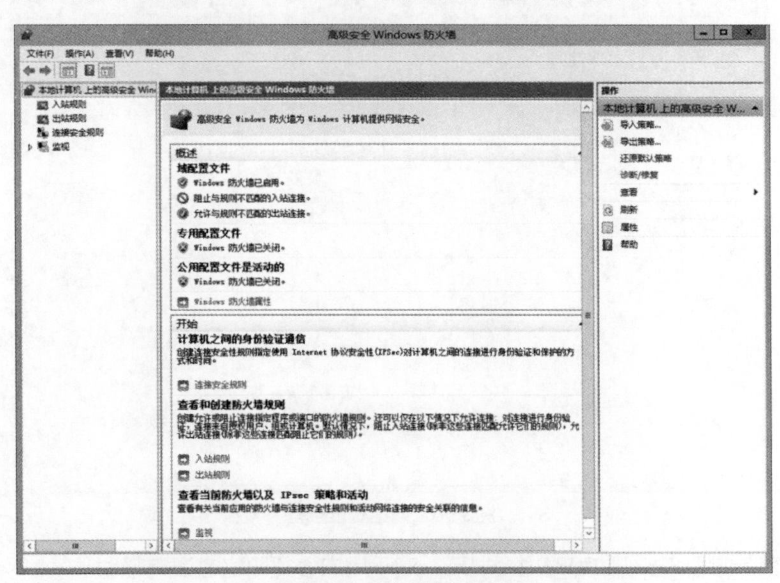

图 9-6　防火墙高级设置

假设在允许程序或功能通过 Windows 防火墙页面还无法满足用户的需求，可以进入到高级设置界面进行更加详细的规则设置。

在这个页面，用户可以自定义入站规则、出站规则以及连接安全规则，还可以对防火墙进行监控。

（5）还原默认设置：初始化 Windows 防火墙，如图 9-7 所示。

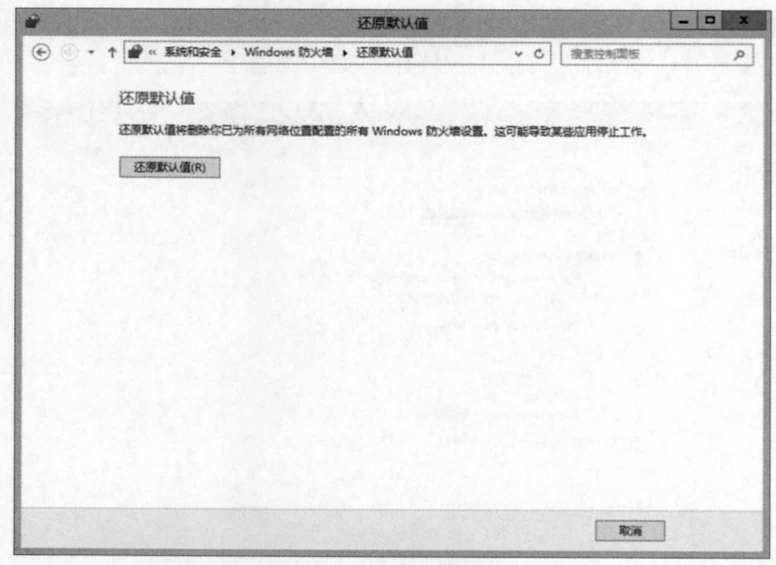

图 9-7　防火墙还原默认值

一旦防火墙规则没设置好，可能会出现不但没把网络恶意攻击阻隔，反而还导致用户无法正常访问互联网。如果一旦出现自己的误操作导致无法上网，不用担心，Windows 防火墙自带还原默认值功能，只要单击“还原默认值”按钮，防火墙就能回到初始状态。

(6) 对网络进行疑难解答：检测网络出现的问题，如图 9-8 所示。

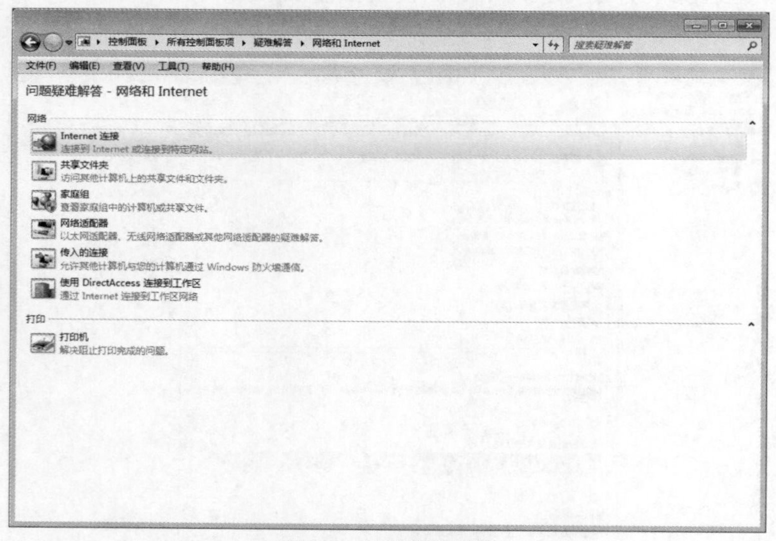

图 9-8　网络疑难解答

本模块在系统或网络出现故障时也会显示，对于用户修复网络错误有帮助。

(7) 返回防火墙主界面，单击高级设置，进行 Windows 防火墙规则设置。

① 右击“入站规则”，在弹出的快捷菜单中选择“新建规则”命令，如图 9-9 所示。

② 在规则类型页面中选择“端口”单选按钮，单击“下一步”按钮，如图 9-10 所示。

③ 选择“端口类型”，输入要开启/关闭的端口，然后单击“下一步”按钮，如图 9-11 所示。

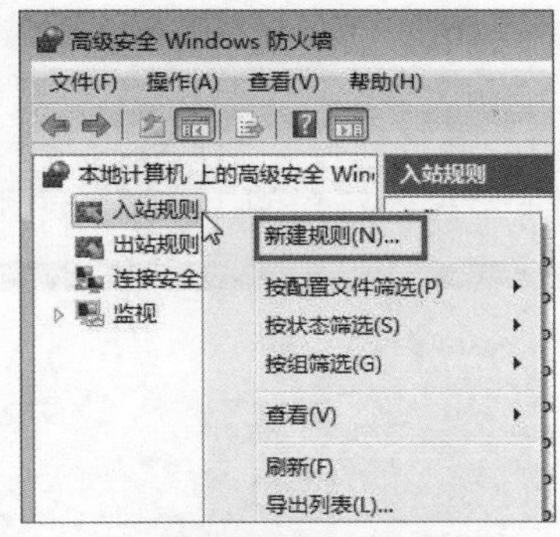

图 9-9　新建规则

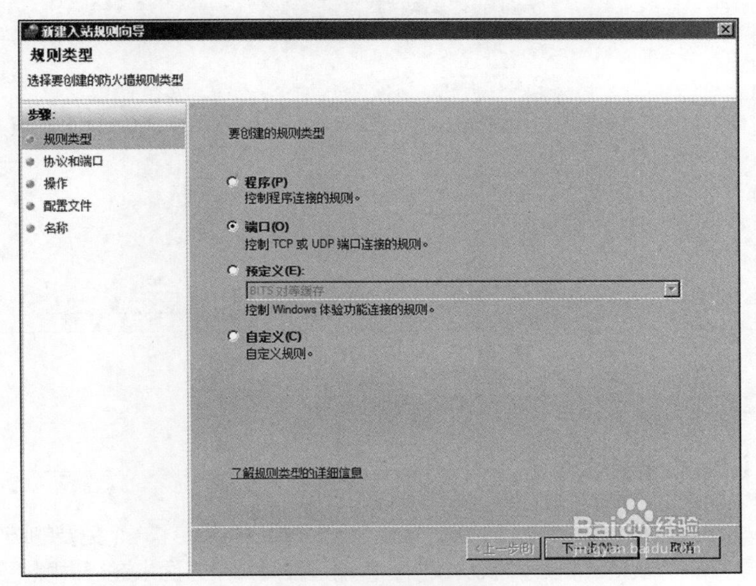

图 9-10　选择设置端口

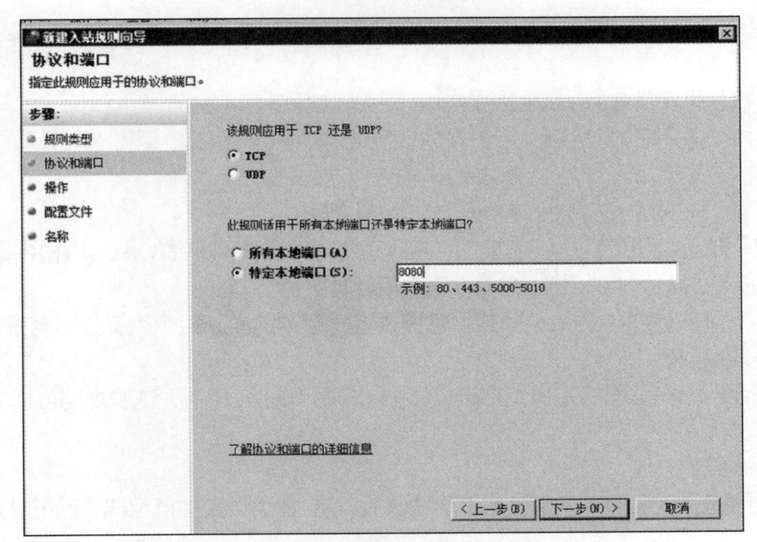

图 9-11　端口设置

④ 选择“阻止连接/允许连接”并单击“下一步”按钮，最后选择作用域和输入规则名称后单击“完成”按钮，如图 9-12 所示。

如果入站规则缺省规则是“阻止”，那么选择“允许连接”表示开启该端口。

如果入站规则缺省规则是“允许”，那么选择“阻止连接”表示关闭该端口。

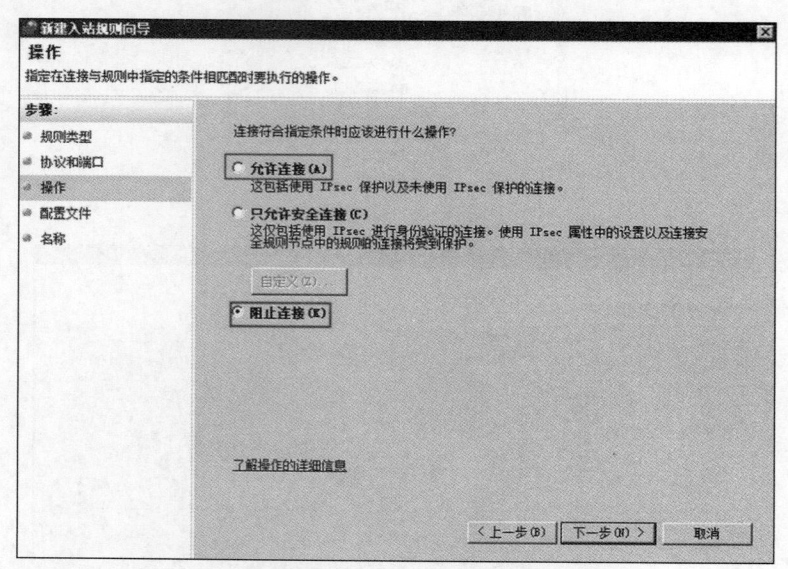

图 9-12　连接符合指定条件操作

⑤ 端口设置完成，仅允许 8080 端口数据通过。

9.1.4　Linux 防火墙

和 Windows 不同，在 Linux 中除了防火墙以外，Linux 中内置了一个免费的防火墙 Iptables。接下来将从简介、结构、规则、链、表以及数据包传输过程等几个方面来进行讲解。

1. Iptables 简介

Iptables 是一个免费的包过滤防火墙，它伴随着内核的发展而不断演变，基本经历了以下 4 个阶段：

（1）1.1 内核，采用了 Ipfirewall 来操作内核包过滤规则。

（2）2.0 内核，采用了 Ipfwadm 来操作内核包过滤规则。

（3）2.2 内核，采用了 Ipchains 来操作内核包过滤规则。

（4）2.4 内核，采用了 Iptables 来操作内核包过滤规则。

Iptables 只是防火墙和用户之间的接口，真正起到防火墙作用的是 Linux 内核中运行的 Netfilter。Linux 下的防火墙是由 Netfilter 和 Iptables 两个组件构成的。

Netfilter 是 Linux 内核中的一个框架，它提供了一系列的表，每个表又是由若干个链组成，而每个链又包含若干条规则。

Iptables 是我们用户层面的工具，它可以添加、删除和插入规则，这些规则告诉 Netfilter 组件如何去处理。

2. Iptables 结构

Iptables 的结构：Iptables > 表 > 链 > 规则。简单地讲，表由链组成，而链又由规则组成，如图 9-13 所示。

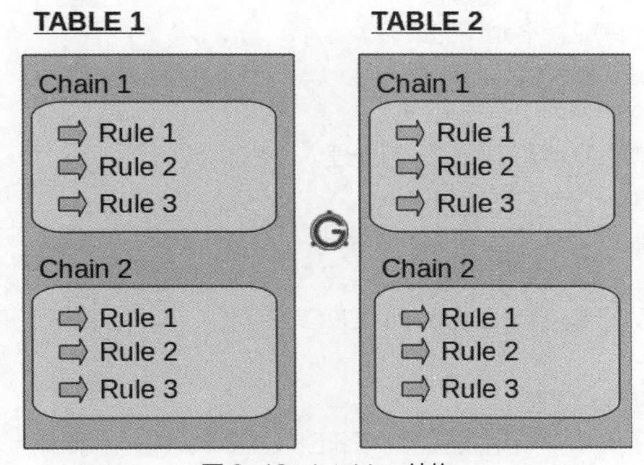

图 9-13　Iptables 结构

3. Iptables 规则

规则一般定义为“如果数据包符合这样的条件，就这样处理这个数据包”。

在 Iptables 的规则会去指定源地址、目的地址、源端口、目的端口和协议这样的五元组信息。当数据包和规则匹配时，Iptables 就会根据规则所定义的方法去处理这个数据包，如允许通过和丢弃等。

Iptables 定义规则的方式比较复杂，格式如下。

```
iptables [-t table] COMMAND chain CRETIRIA -j ACTION
```

说明如下。

-t table：4 个表，分别是 filter、nat、mangle、raw。

COMMAND：定义如何对规则进行管理。

chain：指定接下来的规则到底是在哪个链上操作的，当定义策略的时候，是可以省略的。

CRETIRIA：指定匹配标准。

-j ACTION：指定如何进行处理。

例如，不允许 172.16.0.0/16 进行访问，如下。

```
iptables -t filter -A INPUT -s 172.16.0.0/16 -p udp --dport 53 -j DROP
```

4. Iptables 链

链是数据包传播的路径，每个链包含有一条或多条规则。当一个数据包到达一个链后，Iptables 会使用这个链中的第一条规则去匹配该数据包，查看该数据包是否符合这个规则所定义的条件，如果满足，就根据该规则所定义的动作去处理该数据包，否则就继续匹配下一条规则，如果该数据包不符合链中的所有规则，则使用该链的默认策略处理，如下。

规则 1　源地址：192.168.1.1 目的地址：any 协议：HTTP

规则 2　源地址：192.168.1.2 目的地址：any 协议：DNS

规则 3　源地址：192.168.1.3 目的地址：any 协议：ICMP

规则 4　源地址：192.168.1.4 目的地址：any 协议：ARP

规则 5　源地址：192.168.1.5 目的地址：any 协议：IGMP

Iptables 包含 5 条规则链，分别是 PREROUTING（路由前）、INUT（数据包流入口）、FORWARD（转发关卡）、OUTPUT（数据包出口）、POSTROUTING（路由后）。

这是 NetFilter 规定的 5 个规则链，任何一个数据包，只要经过本机，必将经过这 5 个链中的其中一个链。

5. Iptables 表

表提供特定的功能，Iptables 包含如下 4 个表。

filter 表：数据包中允许或者不允许的策略。

nat 表：地址转换的功能。

mangle 表：修改报文数据。

raw 表：决定数据包是否被状态跟踪机制处理。

表的处理优先级：raw>mangle>nat>filter。

对于 filter 来讲一般只能做在 3 个链上：INPUT、FORWARD、OUTPUT。

对于 nat 来讲一般也只能做在 3 个链上：PREROUTING、OUTPUT、POSTROUTING。

而 mangle 则是 5 个链都可以做：PREROUTING、INPUT、FORWARD、OUTPUT、POSTROUTING。

6. Iptables 数据包传输过程

当一个数据包进入网卡时，它首先去匹配 PREROUTING 链，系统会根据数据包的目的地址判断接下来的处理过程。可能有以下 3 种情况，如图 9-14 所示。

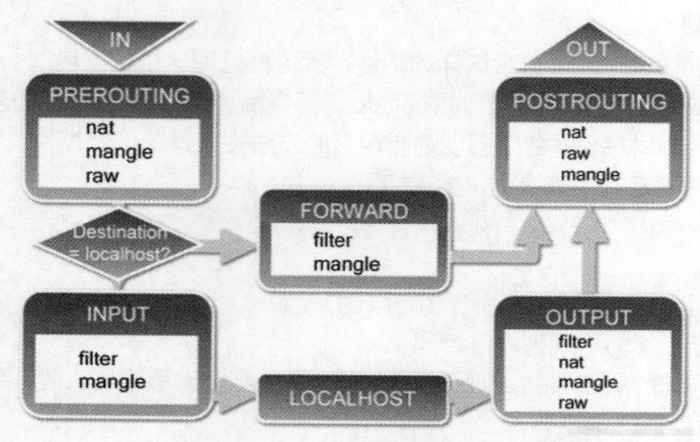

图 9-14 Iptables 数据包传输过程

如果数据包的目的地址是本机，则系统会将该数据包发往 INPUT 链，匹配 INPUT 链中的规则，如果通过规则检查，则将该数据包发送给相应的本地进程处理；如果没有通过检查，则丢弃该数据包。

如果数据包的目的地址不是本机，这个包将会被转发，系统把数据包发往 FORWARD 链，匹配 FORWARD 链中的规则，如果通过规则检查，则将该数据包发送给相应的本地进程处理；如果没有通过检查，则丢弃该数据包。

如果数据包书本地产生的，则系统把数据包发往 OUTPUT 链，匹配 OUTPUT 链中的规则，如果通过规则检查，则将该数据包发送给相应的本地进程处理；如果没有通过检查，则丢弃该数据包。

9.2 杀毒软件

进入 21 世纪以来，随着技术的发展，计算机病毒对人们的数据安全威胁越来越大，与之相对应的杀毒工具和技术也得到了长足的发展，杀毒软件能够很好地对计算机上的数据进行保护。

9.2.1 杀毒软件定义

杀毒软件（Anti-virus Software），也叫反病毒软件或者防毒软件，是用来消除计算机病毒、恶意软件和特洛伊木马等计算机威胁的一类软件。

杀毒软件通常集成监控识别、病毒扫描和清除、自动升级病毒库、主动防御等功能，有的杀毒软件还带有数据恢复等功能，是计算机防御系统（包含杀毒软件、防火墙、特洛伊木马和其他恶意软件的查杀程序和入侵预防系统等）的重要组成部分。

杀毒软件是一种可以对病毒、木马等一切已知的对计算机有危害的程序代码进行清除的程序工具。"杀毒软件"由国内的老一辈反病毒软件厂商起的名字，后来由于和世界反病毒业接轨统称为"反病毒软件""安全防护软件"或"安全软件"。集成防火墙的"互联网安全套装""全功能安全套装"等用于消除计算机病毒、特洛伊木马和恶意软件的一类软件，都属于杀毒软件范畴。

9.2.2 杀毒软件基本功能

（1）防范病毒：预防病毒入侵计算机。

（2）查找病毒：扫描计算机运行的程序或文件是否存在病毒，并能够对比病毒库准确报出病毒的名称。

（3）清除病毒：根据不同类型的病毒对感染对象的修改，并按其感染特性进行恢复。

9.2.3 杀毒软件组成

杀毒软件一般由扫描器、病毒库和虚拟机组成，并且由主程序将它们结为一体。

（1）扫描器是杀毒软件的主体，主要用于扫描病毒，一个杀毒软件的杀毒效果直接取决于扫描器编译技术和算法的先进程度。所以，多数杀毒软件都不止有一个扫描器。

（2）病毒库是用来存储病毒特征码的，特征码主要分为文件特征码和内存特征码。文件特征码一般要存在于一些未被执行的文件里。内存特征码一般存在于已经运行的应用程序。

（3）虚拟机可以使病毒在一个由杀毒软件搭建的虚拟环境中执行。

9.2.4 杀毒软件的关键技术

杀毒软件的技术有很多，但关键技术可以分为以下几种。

1. 脱壳技术

脱壳技术是杀毒软件中常用的技术，可以对压缩文件、加花文件、加壳文件、分装类文件进行分析的技术。

脱壳能力不强的杀毒软件，对付"加壳"后病毒就需要添加两条不同的特征记录。如果黑客换一种加壳工具加壳，则对于这些杀毒软件来说又是一种新的病毒，必须添加新的特征记录才能够查杀。如果杀毒软件的脱壳能力较强，则可以先将病毒文件脱壳，再进行查杀，这样只需要一条记录就可以对这些病毒通杀，不仅减小杀毒软件对系统资源的占用，同时大大提升了其查杀病毒的能力，如图 9-15 所示。

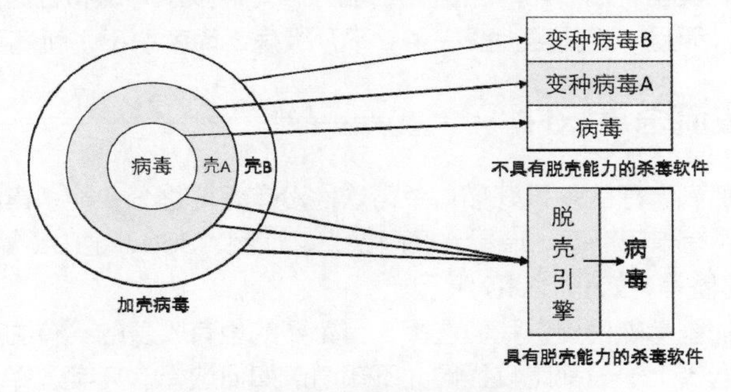

图 9-15　杀毒软件脱壳

2. 自我保护技术

自我保护技术基本在各个杀毒软件均含有，可以防止病毒结束杀毒软件进程或篡改杀毒软件文件。

进程的自我保护有两种：单进程自我保护、多进程自我保护。

3. 修复技术

杀毒软件在查杀病毒的时候一般是把被感染的文件直接删除，这样就可能出现误删一些系统文件，最后导致系统崩溃，无法启动。而杀毒软件的修复技术可以对损坏的文件进行修复。

对被病毒损坏的文件进行修复的技术，如病毒破坏了系统文件，杀毒软件可以修复或下载对应文件进行修复。没有这种技术的杀毒软件往往删除被感染的系统文件后计算机崩溃，无法启动。

4. 实时升级技术

最早由金山毒霸提出，每一次连接互联网，反病毒软件都自动连接升级服务器查询升级信息，如需要则进行升级。但是目前有更先进的云查杀技术，实时访问云数据中心进行判断，用户无需频繁升级病毒库即可防御最新病毒。用户不应因为厂商大肆宣传的每天实时更新病毒库而选择其产品。

病毒和杀毒软件就像是矛和盾一样，只不过矛的发展更为迅速，因此杀毒软件的病毒库一般是滞后于计算机病毒的。那么病毒库的实时更新就显得尤为重要了。

5. 主动防御技术

主动防御技术是通过动态仿真反病毒专家系统对各种程序动作的自动监视，自动分析程序动作之间的逻辑关系，综合应用病毒识别规则知识，实现自动判定病毒，达到主动防御的目的。

杀毒软件还可以通过仿真反病毒系统对程序的动作和一些文件进行监控，实现自动判断病毒，进行主动防御。

6. 启发技术

常规所使用的杀毒方法是出现新病毒后由杀毒软件公司的反病毒专家从病毒样本中提取病毒特征，通过定期升级的形式下发到各用户计算机里达到查杀效果，但是这种方法费时费力。于是有了启发技术，在原有的特征值识别技术基础上，根据反病毒样本分析专家总结的分析可疑程序样本经验（移植入反病毒程序），在没有符合特征值比对时，根据反编译后程序代码所调用的 Win32 API 函数情况（特征组合、出现频率等）判断程序的具体目的是否为病毒、恶意软件，符合判断条件即报警提示用户发现可疑程序，达到防御未知病毒、恶意软件的目的。解决了单一通过特征值比对存在的缺陷。

7. 虚拟机技术

采用人工智能（AI）算法，具备“自学习、自进化”能力，无需频繁升级特征库，就能免疫大部分的加壳和变种病毒，不但查杀能力领先，而且从根本上攻克了前两代杀毒引擎“不升级病毒库就杀不了新病毒”的技术难题，在海量病毒样本数据中归纳出一套智能算法，自己来发现和学习病毒变化规律。它无需频繁更新特征库，无需分析病毒静态特征，无需分析病毒行为。

8. 智能技术

采用人工智能算法，具备“自学习、自进化”能力，无需频繁升级特征库，就能免疫大部分的变种病毒，查杀效果优良，而且一定程度上解决了“不升级病毒库就杀不了新病毒”的技术难题。

9.2.5 国内主流杀毒软件

不管白猫黑猫，能抓到老鼠的就是好猫！杀毒软件没有好坏之分，能杀毒的就是好的。当前国内外的杀毒软件众多，主要有卡巴斯基、瑞星、赛门铁克、江民、360、金山毒霸、McAfee（麦咖啡）、诺顿、NOD32、超级巡警等，如图 9-16 所示。

现在市场上有很多的杀毒软件提供我们选择，有免费的也有收费的，有国产的也有国外的，面对如此多的杀毒软件，在选择上一般都比较犹豫，不知道该如何选择。其实选择杀毒软件可以从杀毒效果、占用资源、杀毒速度、操作界面等几个方面去考虑，当然，企业用户和个人用户在选择时又略有不同，要具体情况具体对待。

图 9-16　国内主流杀毒软件

9.2.6　杀毒软件使用常识

对于杀毒软件的使用，很多人都有一个误区，就是认为只要装了杀毒软件就可以保证自己的计算机不会受到病毒的感染，但这种想法其实是错误的，我们有必要知道一些杀毒软件使用的常识，具体如下。

（1）要知道杀毒软件不可能查杀所有病毒。

（2）杀毒软件能查到的病毒，不一定能杀掉。

（3）一台计算机每个操作系统下不必同时安装两套或两套以上的杀毒软件（除非有兼容或绿色版，其实很多杀毒软件兼容性很好，国产杀毒软件几乎不用担心兼容性问题），另外建议查看不兼容的程序列表。

另外，杀毒软件对被感染的文件杀毒有多种方式，常见的方式有以下几种。

（1）清除：清除被蠕虫感染的文件，清除后文件恢复正常。相当于如果人生病，清除是给这个人治病，删除是人生病后直接杀死。

（2）删除：删除病毒文件。这类文件不是被感染的文件，本身就含毒，无法清除，可以删除。

（3）禁止访问：禁止访问病毒文件。在发现病毒后用户如选择不处理则杀毒软件可能将病毒禁止访问。用户打开时会弹出错误对话框，内容是“该文件不是有效的 Win32 文件”。

（4）隔离：病毒删除后转移到隔离区。用户可以从隔离区找回删除的文件。隔离区的文件不能运行。

（5）不处理：不处理该病毒。如果用户暂时不知道是不是病毒可以暂时先不处理。

大部分杀毒软件是滞后于计算机病毒的。所以，除了及时更新升级软件版本和定期扫描的同时，还要注意充实自己的计算机安全以及网络安全知识，做到不随意打开陌生的文件或者不安全的网页，不浏览不健康的站点，注意更新自己的隐私密码，配套使用安全助手与个人防火墙等。这样才能更好地维护好自己的计算机以及网络安全！

本章小结

本章学习了防火墙的基础知识，学会了 Windows 防火墙的使用和配置，学会了 Linux 防火墙的配置，对于一些常见 IP、端口的控制，有了一个较为深刻的理解；接下来还学习了杀毒软件的一些知识，对于杀毒软件的功能、组成、关键技术知识进行了系统学习，对于杀毒软件的选择也有了充分了解，为以后的生活和工作提供了有效的帮助。

技能拓展

✧ 通过防火墙可限定 IP 访问

（1）打开“控制面板>系统和安全>Windows 防火墙”，左侧选择“高级设置”，如图 9-2 所示。

（2）单击“入站规则>新建规则”，如图 9-6 所示。

（3）选择“自定义规则”，单击“下一步”按钮，这个可以选择“所有程序”和“此程序路径”，选择“所有程序”表示该规则试用与所有程序，如果想对单个程序生效就选择“此程序路径”，本示例是选择“所有程序”，单击“下一步”按钮，如图 9-17 所示。

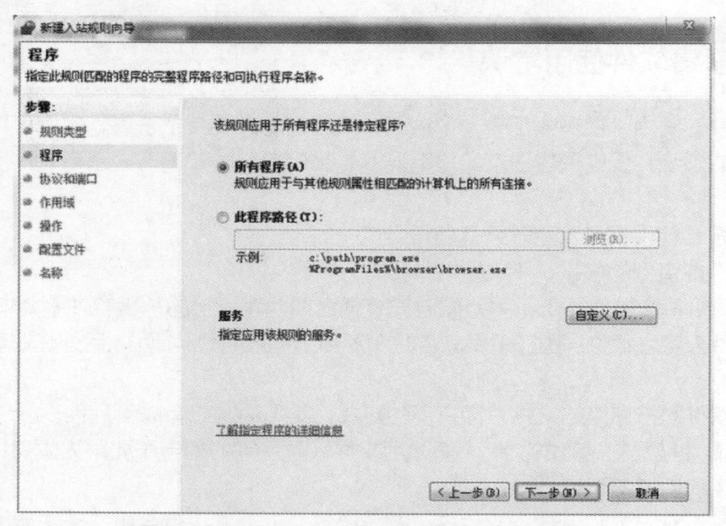

图 9-17　Windows 防火墙自定义规则所有程序

（4）默认单击“下一步”按钮，如图 9-18 所示。

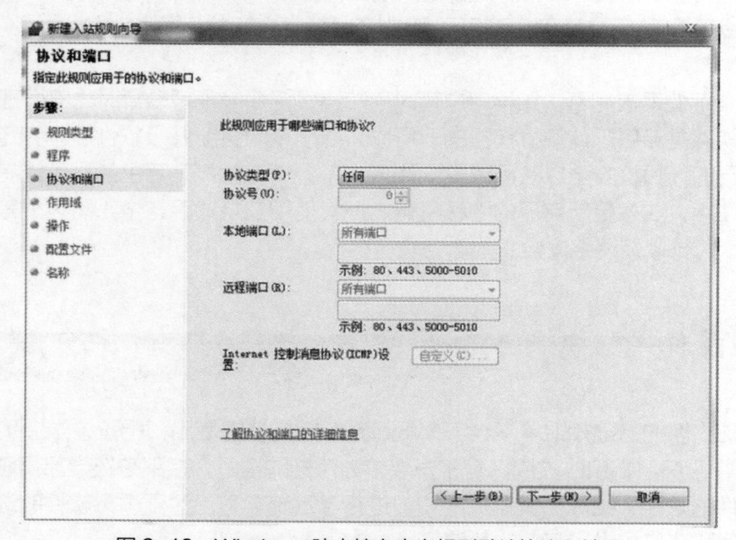

图 9-18　Windows 防火墙自定义规则默认协议和端口

（5）在“此规则应用于哪些远程 IP 地址？”里选择“下列 IP 地址”，单击“添加”按钮，根据自己的实际需求把需要过滤的 IP 填进去，然后单击“确定”按钮，再单击“下一步”按钮，如图 9-19 所示。

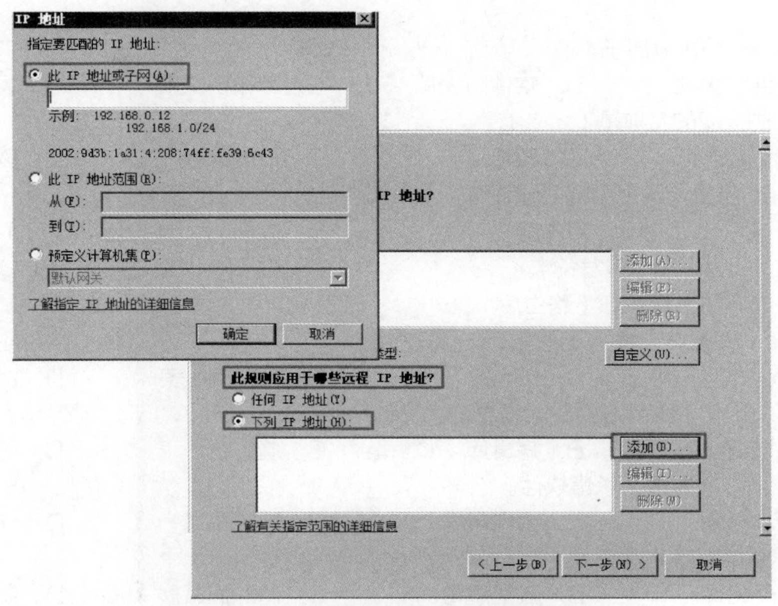

图 9-19　Windows 防火墙自定义规则特定 IP

（6）选择“阻止连接/允许连接”并单击“下一步”按钮，最后选择作用域和输入规则名称后单击“完成”按钮，如图 9-20 所示。

阻止连接：说明定义的 IP 无法访问服务器任何的应用。

允许连接：说明定义的 IP 可以访问服务器任何的应用。

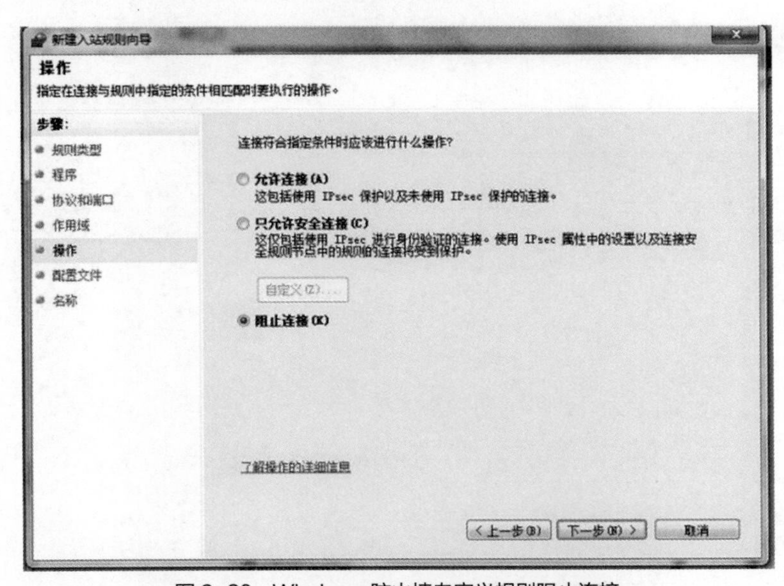

图 9-20　Windows 防火墙自定义规则阻止连接

课后习题

1. Windows 防火墙属于（　　）。
   A. 硬件防火墙　B. 软件防火墙　C. 单机防火墙　D. 网络防火墙
2. Linux 防火墙的名称是（　　）。
   A. Firewall　B. Selinux　C. Iptables　D. WFC
3. Iptables 包含 5 条规则链，分别是（　　）。
   A. PREROUTING（路由前）　B. INPUT（数据包流入口）
   C. FORWARD（转发关卡）　D. OUTPUT（数据包出口）
   E. POSTROUTING（路由后）
4. Iptables 包含 4 个表，分别是（　　）。
   A. filter 表　B. nat 表　C. mangle 表　D. raw 表
5. 以下（　　）是杀毒软件的组成部分。
   A. 扫描器　B. 病毒库　C. 虚拟机　D. 防火墙
6. 以下（　　）是国产杀毒软件。
   A. 360 杀毒　B. 金山毒霸　C. 熊猫杀毒　D. 江民
7. 杀毒软件的基本功能有（　　）。
   A. 防范病毒　B. 查找病毒　C. 清除病毒　D. 制造病毒
8. 杀毒软件的关键技术有（　　）。
   A. 脱壳技术　B. 自我保护技术　C. 修复技术　D. 实时升级技术
   E. 主动防御技术

第 10 章
防火墙介绍

10

拓展阅读

知识目标

① 了解防火墙基本概念。
② 了解防火墙转发原理。
③ 了解防火墙安全策略。
④ 掌握防火墙安全策略和配置。

能力目标

① 掌握防火墙转发原理。
② 学会防火墙安全策略配置。

课程导入

小安是一家信息科技公司的技术员，由于公司的网站多次遭到黑客入侵，他建议公司部署一台防火墙来保护公司内部网络的信息安全。防火墙部署好以后，小安通过对防火墙安全策略的配置，很好地解决了公司信息安全方面的各种问题。

相关内容

10.1 防火墙概述

10.1.1 防火墙特征

防火墙技术是安全技术中的一个具体体现。防火墙原本是指房屋之间修建的一道墙，用以防止火灾发生时的火势蔓延。这里讨论的是硬件防火墙，它是将各种安全技术融合在一起，采用专用的硬件结构，选用高速的 CPU、嵌入式的操作系统，支持各种高速接口（LAN 接口），用来保护私有网络（计算机）的安全，这样的设备称为硬件防火墙。硬件防火墙可以独立于操作系统（HP-UNIX、SUN OS、AIX、NT 等）、计算机设备（IBM 6000、普通 PC 等）运行。它用来集中解决网络安全问题，可以适合各种场合，同时能够提供高效率的“过滤”。同时它可以提供包括访问控制、身份验证、数据加密、

VPN 技术、地址转换等安全特性，用户可以根据自己网络环境的需要配置复杂的安全策略，阻止一些非法的访问，保护自己的网络安全。

现代的防火墙体系不应该只是一个“入口的屏障”，如图 10-1 所示防火墙应该是几个网络的接入控制点，所有进出被防火墙保护的网络的数据流都应该首先经过防火墙，形成一个信息进出的关口，因此防火墙不但可以保护内部网络在 Internet 中的安全，同时可以保护若干主机在一个内部网络中的安全。在每一个被防火墙分割的网络内部中，所有的计算机之间是被认为“可信任的”，它们之间的通信不受防火墙的干涉。而在各个被防火墙分割的网络之间，必须按照防火墙规定的“策略”进行访问。

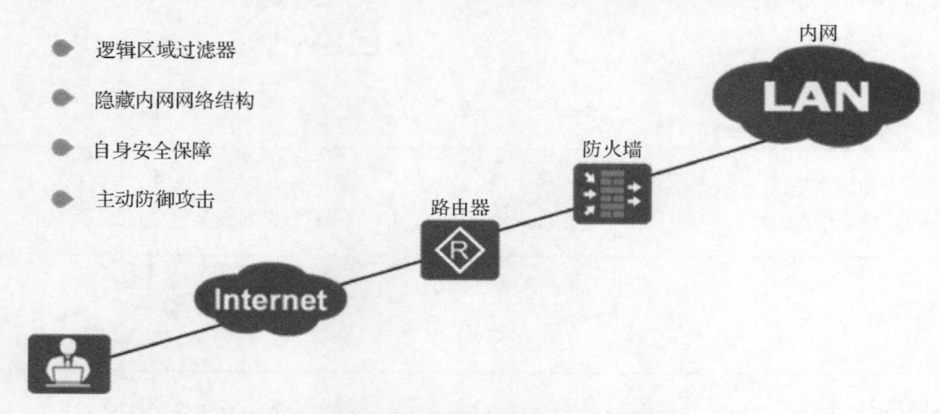

图 10-1 防火墙的特性以及其在网络中的位置

10.1.2 防火墙分类

防火墙发展至今已经历经三代，分类方法也各色各样，例如，按照形态划分可以分为硬件防火墙及软件防火墙；按照保护对象划分可以分为单机防火墙及网络防火墙等。但总的来说，最主流的划分方法是按照访问控制方式进行分类，可以分为以下 3 种。

1. 包过滤防火墙

包过滤是指在网络层对每一个数据包进行检查，根据配置的安全策略转发或丢弃数据包。如图 10-2 所示，包过滤防火墙的基本原理是：通过配置访问控制列表（Access Control List，ACL）实施数据包的过滤。主要基于数据包中的源/目的 IP 地址、源/目的端口号、IP 标识和报文传递的方向等信息。

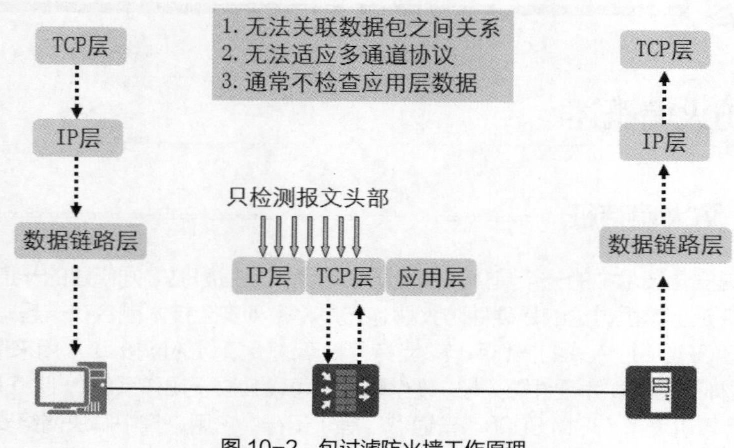

图 10-2 包过滤防火墙工作原理

（1）包过滤防火墙的优点

设计简单，非常易于实现，而且价格便宜。

（2）包过滤防火墙的缺点

① 随着 ACL 复杂度和长度的增加，其过滤性能呈指数下降趋势。

② 静态的 ACL 规则难以适应动态的安全要求。

③ 包过滤不检查会话状态也不分析数据，这很容易让黑客蒙混过关。例如，攻击者可以使用假冒地址进行欺骗，通过把自己主机 IP 地址设成一个合法主机 IP 地址，就能很轻易地通过报文过滤器。

另外，在多通道协议（如 FTP）中，FTP 在控制通道协商的基础上，生成动态的数据通道端口，而后的数据交互主要在数据通道上进行。

2. 代理防火墙

代理服务作用于网络的应用层，其实质是把内部网络和外部网络用户之间直接进行的业务由代理接管。如图 10-3 所示，代理检查来自用户的请求，用户通过安全策略检查后，该防火墙将代表外部用户与真正的服务器建立连接，转发外部用户请求，并将真正服务器返回的响应回送给外部用户。

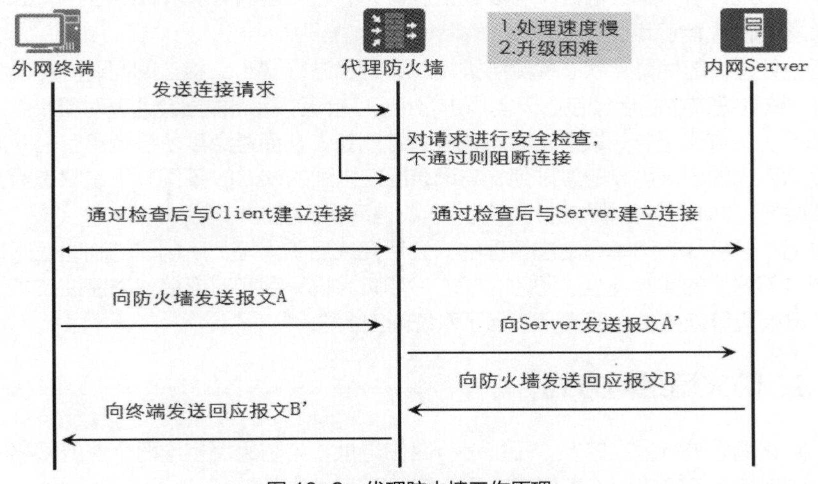

图 10-3　代理防火墙工作原理

（1）代理防火墙的优点

能够完全控制网络信息的交换，控制会话过程，具有较高的安全性。

（2）代理防火墙的缺点

① 软件实现限制了处理速度，易于遭受拒绝服务攻击。

② 需要针对每一种协议开发应用层代理，开发周期长，而且升级很困难。

3. 状态检测防火墙

状态检测是包过滤技术的扩展。如图 10-4 所示，基于连接状态的包过滤在进行数据包的检查时，不仅将每个数据包看成独立单元，还要考虑前后报文的历史关联性。我们知道，所有基于可靠连接的数据流（即基于 TCP 的数据流）的建立都需要经过“客户端同步请求”“服务器应答”以及“客户端再应答”3 个过程（即“三次握手”过程），这说明每个数据包都不是独立存在的，而是前后有着密切的状态联系的。基于这种状态联系，从而发展出状态检测技术。

（1）基本原理简述

状态检测防火墙使用各种会话表来追踪激活的 TCP（Transmission Control Protocol）会话和 UDP（User Datagram Protocol）伪会话，由访问控制列表决定建立哪些会话，数据包只有与会话相关联时才会被转发。其中 UDP 伪会话是在处理 UDP 协议包时为该 UDP 数据流建立虚拟连接

（UDP 是面对无连接的协议），以对 UDP 连接过程进行状态监控的会话。

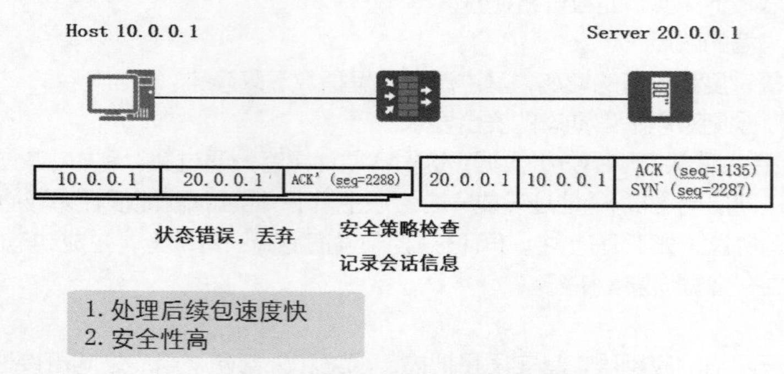

图 10-4　状态检测防火墙工作原理

状态检测防火墙在网络层截获数据包，然后从各应用层提取出安全策略所需要的状态信息，并保存到会话表中，通过分析这些会话表和与该数据包有关的后续连接请求来做出恰当决定。

（2）状态检测防火墙优点

后续数据包处理性能优异：状态检测防火墙对数据包进行 ACL 检查的同时，可以将数据流连接状态记录下来，该数据流中的后续包则无需再进行 ACL 检查，只需根据会话表对新收到的报文进行连接记录检查即可。检查通过后，该连接状态记录将被刷新，从而避免重复检查具有相同连接状态的数据包。连接会话表里的记录可以随意排列，与记录固定排列的 ACL 不同，于是状态检测防火墙可采用如二叉树或哈希（Hash）等算法进行快速搜索，提高了系统的传输效率。

安全性较高：连接状态清单是动态管理的。会话完成后防火墙上所创建的临时返回报文入口随即关闭，保障了内部网络的实时安全。同时，状态检测防火墙采用实时连接状态监控技术，通过在会话表中识别如应答响应等连接状态因素，增强了系统的安全性。

10.1.3　防火墙组网方式

方式一：防火墙只进行报文转发，不能进行路由寻址，与防火墙相连两个业务网络必须在同一个网段中。此时防火墙上下行接口均工作在二层，接口无 IP 地址。

防火墙此组网方式可以避免改变拓扑结构造成的麻烦，只需在网络中像放置网桥（Bridge）一样串入防火墙即可，无需修改任何已有的配置。IP 报文同样会经过相关的过滤检查，内部网络用户依旧受到防火墙的保护。

方式二：防火墙位于内部网络和外部网络之间时，与内部网络、外部网络相连的上下行业务接口均工作在三层，需要分别配置成不同网段的 IP 地址，防火墙负责在内部网络、外部网络中进行路由寻址，相当于路由器。

此组网方式，防火墙可支持更多的安全特性，如 NAT、UTM 等功能，但需要修改原网络拓扑，例如，内部网络用户需要更改网关，或路由器需要更改路由配置等。因此，作为设计人员需综合考虑网络改造、业务中断等因素。

10.2　防火墙转发原理

10.2.1　包过滤技术

如图 10-5 所示，包过滤作为一种网络安全保护机制，主要用于对网络中各种不同的流量是否转发做一个最基本的控制。

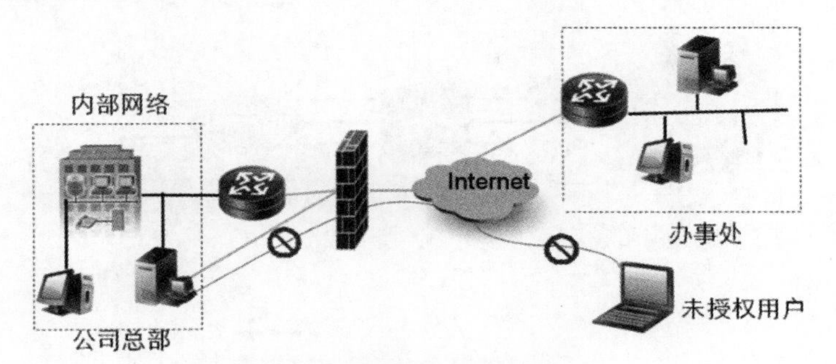

图 10-5　包过滤技术

传统的包过滤防火墙对于需要转发的报文，会先获取报文头信息，包括报文的源 IP 地址、目的 IP 地址、IP 层所承载的上层协议的协议号、源端口号和目的端口号等，然后和预先设定的过滤规则进行匹配，并根据匹配结果对报文采取转发或丢弃处理。

包过滤防火墙的转发机制是逐包匹配包过滤规则并检查，所以转发效率低下。目前防火 墙基本使用状态检查机制，将只对一个连接的“首包”进行包过滤检查，如果这个“首包”能够通过包过滤规则的检查，并建立会话的话，后续报文将不再继续通过包过滤机制检测， 而是直接通过会话表进行转发。

如图 10-6 所示，包过滤能够通过报文的源 MAC 地址、目的 MAC 地址、源 IP 地址、目的 IP 地址、源端口号、目的端口号、上层协议等信息组合定义网络中的数据流，其中源 IP 地址、目的 IP 地址、源端口号、目的端口号、上层协议就是在状态检测防火墙中经常所提到的五无组，也是组成 TCP/UDP 连接非常重要的 5 个元素。

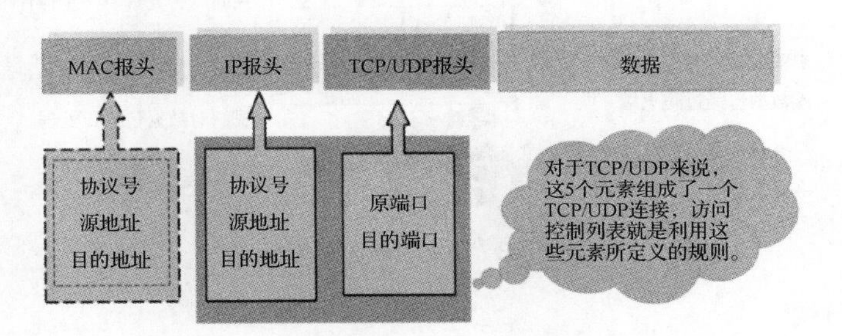

图 10-6　TCP/IP 数据包示意图

10.2.2　防火墙安全策略

1. 安全策略定义

安全策略是按一定规则控制设备对流量转发以及对流量进行内容安全一体化的策略，其本质是包过滤，主要应用于对跨防火墙的网络互访进行控制以及对设备本身的访问进行控制。

防火墙的基本作用是保护特定网络免受“不信任”的网络的攻击，但是同时还必须允许两个网络之间可以进行合法的通信。安全策略的作用就是对通过防火墙的数据流进行检验，符合安全策略的合法数据流才能通过防火墙，如图 10-7 所示。

通过防火墙安全策略可以控制内网访问外网的权限、控制内网不同安全级别的子网间的访问权限等。同时也能够对设备本身的访问进行控制，例如，限制哪些 IP 地址可以通过 Telnet 和 Web 等方式登录设备、控制网管服务器、NTP 服务器与设备的互访等。

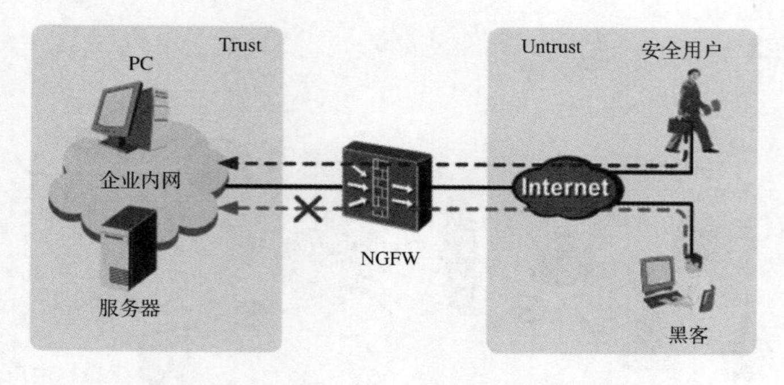

图 10-7 防火墙安全策略访问控制

2. 安全策略原理

防火墙安全策略定义数据流在防火墙上的处理规则，防火墙根据规则对数据流进行处理。因此，防火墙安全策略的核心作用是：根据定义的规则对经过防火墙的流量进行筛选，由关键字确定筛选出的流量如何进行下一步操作。

在防火墙应用中，防火墙安全策略是对经过防火墙的数据流进行网络安全访问的基本手段，决定了后续的应用数据流是否被处理。NGFW（下一代防火墙）会对收到的流量进行检测，检测出流量的属性，包括源安全区域、目的安全区域、源地址/地区、目的地址/地区、用户、服务（源端口、目的端口、协议类型）、应用和时间段，如图 10-8 所示。

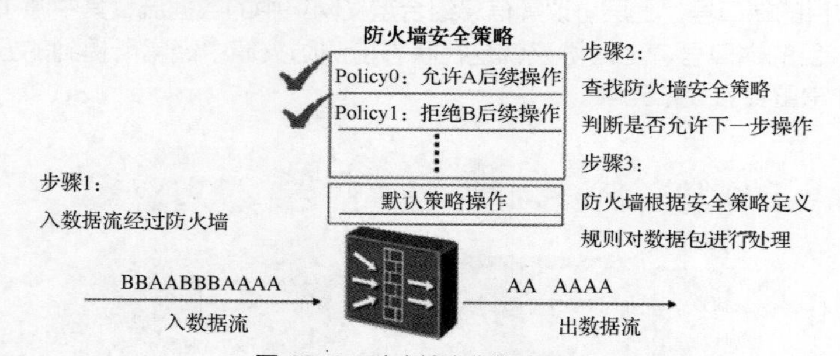

图 10-8 防火墙安全策略原理

3. 安全策略分类

根据防火墙安全策略作用位置的不同，安全策略可以分为域间安全策略、域内安全策略和接口包过滤 3 种类别，如图 10-9 所示。

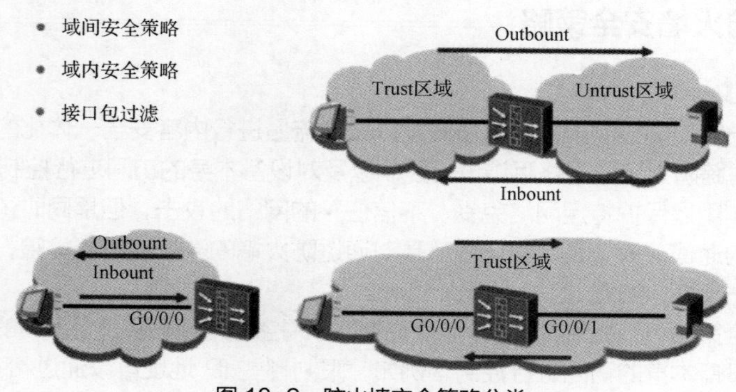

图 10-9 防火墙安全策略分类

10.2.3 防火墙的转发原理

防火墙的转发是一个复杂的过程，下面以域间转发为例来进行讲述。

早期包过滤防火墙采取的是“逐包检测”机制，即对设备收到的所有报文都根据包过滤 规则每次都进行检查以决定是否对该报文放行。这种机制严重影响了设备转发效率，使包过滤防火墙成为网络中的转发瓶颈。

于是越来越多的防火墙产品采用了“状态检测”机制来进行包过滤。“状态检测”机制以流量为单位来对报文进行检测和转发，即对一条流量的第一个报文进行包过滤规则检查，并将判断结果作为该条流量的“状态”记录下来。对于该流量的后续报文都直接根据这个“状态”来判断是转发（或进行内容安全检测）还是丢弃。这个“状态”就是我们平常所述的会话表项，如图 10-10 所示。这种机制迅速提升了防火墙产品的检测速率和转发效率，已经成为目前主流的包过滤机制。

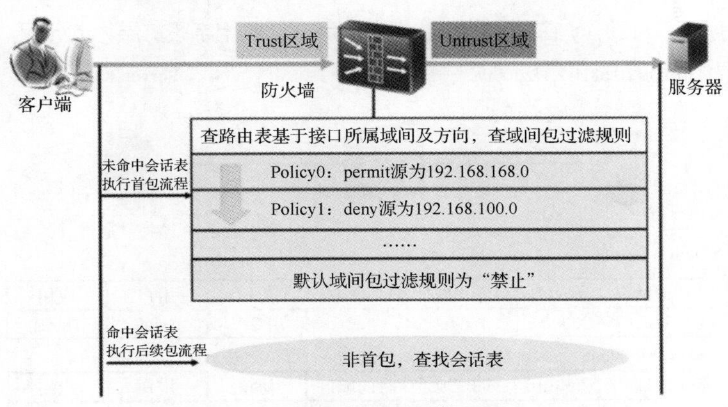

图 10-10 “状态检测”机制

10.2.4 防火墙的查询和创建会话

从图 10-11 中可以看出，对于已经存在会话表的报文的检测过程比没有会话表的报文要短很多。而通常情况下，通过对一条连接的首包进行检测并建立会话后，该条连接的绝大部分报文都不再需要重新检测，这就是状态检测防火墙的“状态检测机制”相对于包过滤防火墙的“逐包检测机制”的改进之处。这种改进使状态检测防火墙在检测和转发效率上有迅速提升。

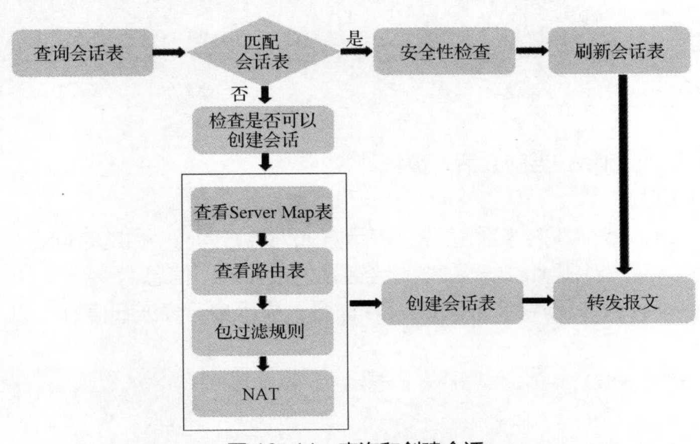

图 10-11 查询和创建会话

状态检测机制开启状态下，只有首包通过设备才能建立会话表项，后续包直接匹配会话表项进行转发。

状态检测机制关闭状态下，即使首包没有经过设备，后续包只要通过设备也可以生成会话表项。

1. 什么是会话表

防火墙一般是检查 IP 报文中的 5 个元素，又称为“五元组”，即源 IP 地址和目的 IP 地址、源端口号和目的端口号、协议类型。通过判断 IP 数据报文的五元组，就可以判断一条数据流相同的 IP 数据报文。NGFW（下一代防火墙）除了检测五元组，还会检测报文的用户、应用和时间段等。

会话是状态检测防火墙的基础，每一个通过防火墙的数据流都会在防火墙上建立一个会话表项，以五元组为 Key 值，通过建立动态的会话表提供域间转发数据流更高的安全性。

其中 TCP 的数据报文，一般情况下在三次握手阶段除了基于五元组外，还会计算及检查其他字段。三次握手建立成功后，就通过会话表中的五元组对设备收到后续报文进行匹配检测，以确定是否允许此报文通过。

如图 10-12 所示，NGFW 在五元组基础上增加用户、应用字段扩展为七元组。

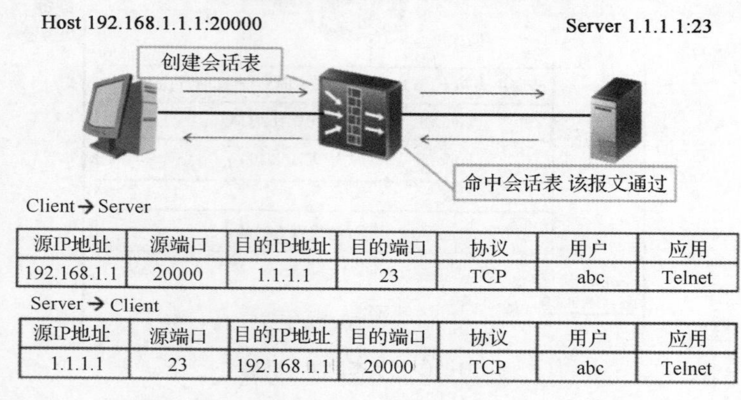

源IP地址	源端口	目的IP地址	目的端口	协议	用户	应用
192.168.1.1	20000	1.1.1.1	23	TCP	abc	Telnet

源IP地址	源端口	目的IP地址	目的端口	协议	用户	应用
1.1.1.1	23	192.168.1.1	20000	TCP	abc	Telnet

Session：TCP 192.168.1.1:20000 → 1.1.1.1:23

图 10-12　防火墙的会话表项

2. 查看会话表信息

（1）display firewall session table 命令：显示会话表简要信息

示例如下。

```
<sysname> display firewall session table
Current Total Sessions : 2
  telnet VPN:public --> public 192.168.3.1:2855-->192.168.3.2:23
  http VPN:public --> public 192.168.3.8:2559-->192.168.3.200:80
```

说明如下。

Current Total Sessions：当前会话表数统计。

telnet/http：协议名称。

VPN:public-->public：VPN 实例名称，表示方式为源方向-->目的方向。

192.168.3.1:2855-->192.168.3.2:23：会话表地址和端口信息。

（2）display firewall session table verbose 命令：显示会话表详细信息

示例如下。

```
<sysname> display firewall session table verbose
Current Total Sessions : 1
  http VPN:public --> public ID: a48f3648905d02c0553591da1
```

```
Zone: trust--> local TTL: 00:20:00 Left: 00:19:56
Output-interface: InLoopBack0 NextHop: 127.0.0.1 MAC: 00-00-00-00-00-00
<--packets:3073 bytes:3251431 -->packets:2881 bytes:705651
128.18.196.4:1864-->128.18.196.251:80 PolicyName: test
```

说明如下。

current total sessions：当前会话表数统计。

http：协议名称。

VPN:public-->public：VPN 实例名称，表示方式为源方向-->目的方向。

ID：当前会话 ID。

Zone:trust-->local：会话的安全区域，表示方式为源安全区域-->目的安全区域。

TTL：该会话表项总的生存时间。

Left：该会话表项剩余生存时间。

Output-interface：出接口。

NextHop：下一跳 IP 地址。

MAC：下一跳 MAC 地址。

<--packets:3073 bytes:3251431：该会话入方向的报文数（包括分片）和字节数统计。

-->packets:2881 bytes:705651：该会话出方向的分片报文数（包括分片）和字节数统计。

PolicyName：报文匹配的策略名称。

10.3 防火墙安全策略及应用

10.3.1 安全策略的工作流程

1. 安全策略匹配原则

如图 10-13 所示，首包流程会做安全策略过滤，后续包流程不做安全策略过滤。

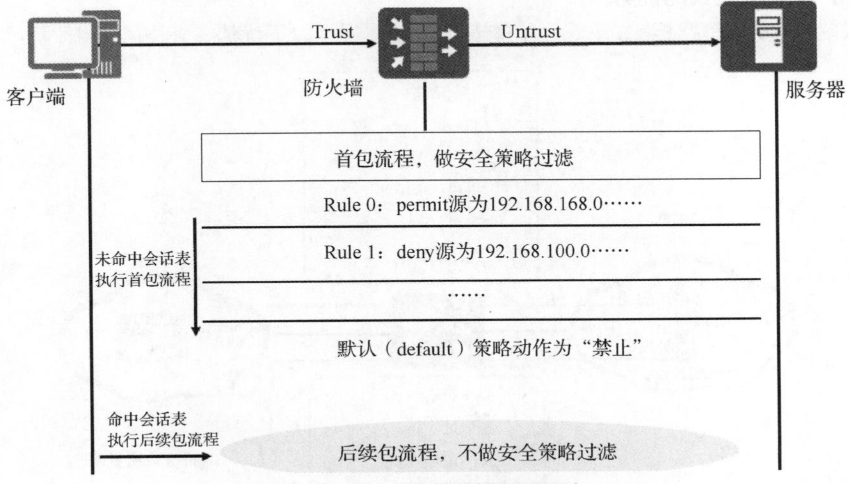

图 10-13　安全策略的匹配原则

2. 安全策略业务流程

当流量通过 NGFW（下一代防火墙）时，安全策略的处理流程如图 10-14 所示。

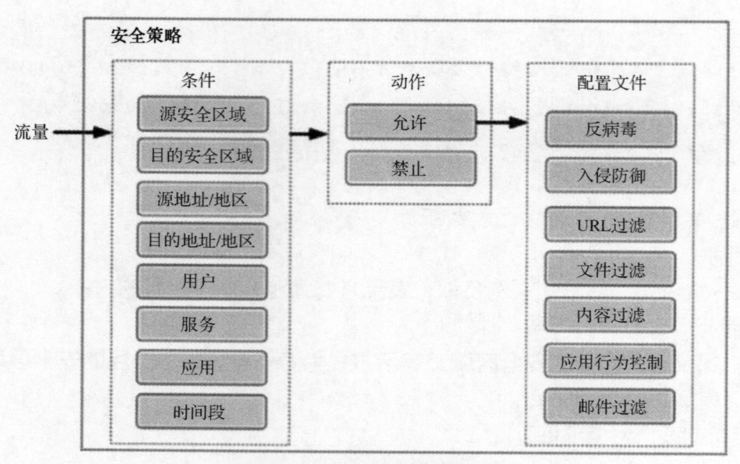

图 10-14 安全策略业务流程

NGFW 会对收到的流量进行检测，检测出流量的属性，包括源安全区域、目的安全区域、源地址/地区、目的地址/地区、用户、服务（源端口、目的端口、协议类型）、应用和时间段。

NGFW 将流量的属性与安全策略的条件进行匹配。如果所有条件都匹配，则此流量成功匹配安全策略。如果其中有一个条件不匹配，则继续匹配下一条安全策略。以此类推，如果所有安全策略都不匹配，则 NGFW 会执行默认安全策略的动作（默认为“禁止”）。

如果流量成功匹配一条安全策略，NGFW 将会执行此安全策略的动作。如果动作为“禁止”，则 NGFW 会阻断此流量。如果动作为“允许”，则 NGFW 会判断安全策略是否引用了安全配置文件。如果引用了安全配置文件，则执行安全策略的动作；如果没有引用安全配置文件，则允许此流量通过。

如果安全策略的动作为“允许”且引用了安全配置文件，则 NGFW 会对流量进行内容安全的一体化检测。一体化检测是指根据安全配置文件的条件对流量的内容进行一次检测，根据检测的结果执行安全配置文件的动作。如果其中一个安全配置文件阻断此流量，则 NGFW 阻断此流量。如果所有的安全配置文件都允许此流量转发，则 NGFW 允许此流量转发。

3. NGFW 的安全策略优势

与传统防火墙安全策略相比，NGFW 的安全策略体现了以下优势，如图 10-15 所示。

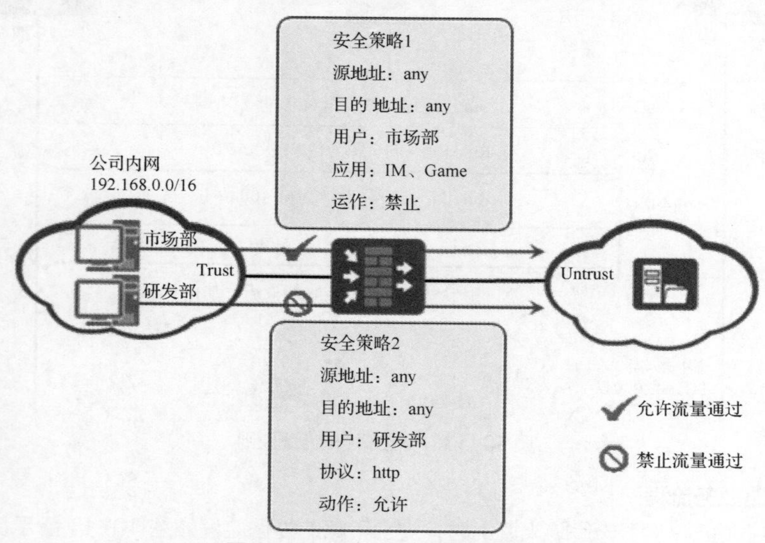

图 10-15 下一代防火墙安全策略

（1）能够通过“用户”来区分不同部门的员工，使网络的管理更加灵活和可视。

（2）能够有效区分协议（如 HTTP）承载的不同应用（如网页 IM、网页游戏等），使网络的管理更加精细。

（3）能够通过安全策略实现内容安全检测，阻断病毒、黑客等的入侵，更好地保护内部网络。

10.3.2 安全策略的配置流程

安全策略配置思路如图 10-16 所示。

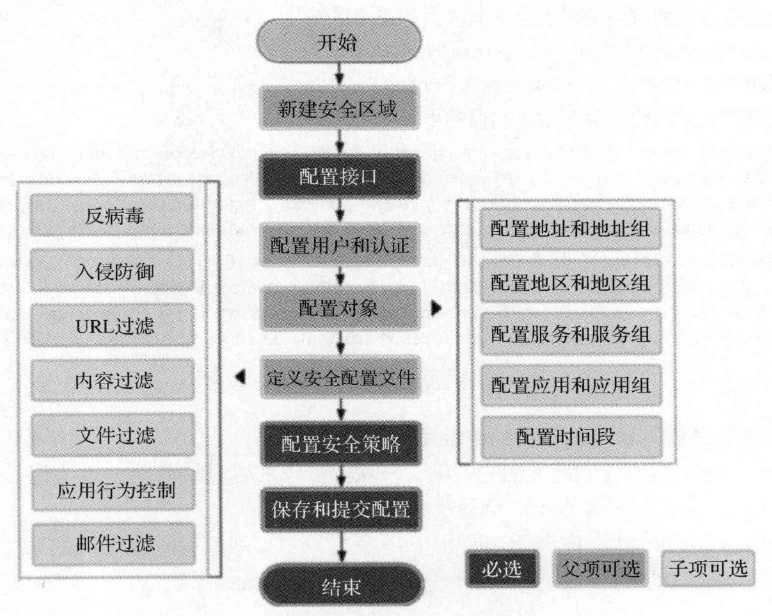

图 10-16 配置安全策略流程

（1）管理员应首先明确需要划分哪几个安全区域，接口如何连接，分别加入哪些安全区域。

（2）管理员选择根据“源地址”或“用户”来区分企业员工。

（3）先确定每个用户组的权限，然后再确定特殊用户的权限。包括用户所处的源安全区域和地址，用户需要访问的目的安全区域和地址，用户能够使用哪些服务和应用，用户的网络访问权限在哪些时间段生效等。如果想允许某种网络访问，则配置安全策略的动作为“允许”；如果想禁止某种网络访问，则配置安全策略的动作为“禁止”。

（4）确定对哪些通过防火墙的流量进行内容安全检测，进行哪些内容安全检测。

（5）将以上步骤规划出的安全策略的参数一一列出，并将所有安全策略按照先精确（条件细化的、特殊的策略）再宽泛（条件为大范围的策略）的顺序排序。在配置安全策略时需要按照此顺序进行配置。

10.3.3 配置安全策略（CLI）

在一个安全策略视图下可以为不同的流量创建不同的规则。默认情况下，越先配置的策略，优先级越高，越先匹配报文。一旦匹配到一条规则，就直接按照该规则的定义处理报文，不再继续往下匹配。各个规则之间的优先级关系可以通过命令 rule move rule-name1 { after | before } rule-name2 进行调整。

配置安全策略规则的源和目的安全区域必须为系统已经存在的安全区域名称。安全策略规则一次最多添加或删除 6 个安全区域。

配置安全策略的基本命令如图 10-17 所示。

- **进入安全策略视图**
  security-policy
- **创建安全策略规则，并进入安全策略规则视图**
  rule name *rule-name*
- **配置安全策略规则的源安全区域和目的安全区域**
  source-zone { *zone-name* &<1-6> | **any** }
  destination-zone { *zone-name* &<1-6> | **any** }
- **配置安全策略规则的源地址和目的地址（可选）**
  source-address { **address-set** *address-set-name* &<1-6> | *ipv4-address* { *ipv4-mask-length* | **mask** *mask-address* | *wildcard* } | *ipv6-address ipv6-prefix-length* | **range** { *ipv4-start-address ipv4-end-address* | *ipv6-start-address ipv6-end-address* } | **geo-location** *geo-location-name* &<1-6> | **geo-location-set** *geo-location-set-name* &<1-6> | *mac-address* &<1-6> | **any** }
  destination-address { **address-set** *address-set-name* &<1-6> | *ipv4-address* [*ipv4-mask-length* | **mask** *mask-address* | *wildcard*] | *ipv6-address ipv6-prefix-length* | **range** { *ipv4-start-address ipv4-end-address* | *ipv6-start-address ipv6-end-address* } | **geo-location** *geo-location-name* &<1-6> | **geo-location-set** *geo-location-set-name* &<1-6> | *mac-address* &<1-6> | **any** }

图 10-17　安全策略配置基本命令 1

1. 配置安全策略规则源地址和目的地址命令的参数说明

（1）address-set：地址或地址组的名称，一次最多添加或删除 6 个地址（组）。

（2）ipv4-address：IPv4 地址，点分十进制格式。

（3）ipv4-mask-length：IPv4 地址的掩码，整数形式，取值范围是 1～32。

（4）mask：IPv4 地址的掩码，点分十进制格式，形如 mask 255.255.255.0 表示掩码长度为 24。

（5）wildcard：IPv4 地址的反掩码。

（6）range：表示地址范围。

（7）geo-location：预定义地区名称或已经创建的自定义地区名称，一次最多添加或删除 6 个地区。

（8）mac-address：MAC 地址，格式为 H-H-H，其中 H 为 4 位的十六进制数，一次最多添加或删除 6 个 MAC 地址。

（9）any：表示任意地址。

2. 配置安全策略规则源地址和目的地址命令举例

```
[sysname-policy-security-rule-policy_sec] source-address 1.1.1.1 24
[sysname-policy-security-rule-policy_sec] source-address 192.168.0.1 0.0.0.255
[sysname-policy-security-rule-policy_sec] source-address geo-location BeiJing
[sysname-policy-security-rule-policy_sec] source-address address-set ip_deny
[sysname-policy-security-rule-policy_sec] source-address range 192.168.2.1 192.168.2.10
[sysname-policy-security-rule-policy_sec] source-address any
```

3. 安全策略引用服务（组）

安全策略引用的服务（组）可以是自定义服务（组）也可以是预定义服务。自定义服务（组）是使用命令 ip service-set 配置的；预定义服务是系统预先定义的，可以使用命令 display predefined-service 查看预定义服务的详细信息。

为简化配置和维护，防火墙支持引用地址集和服务集。除了提升配置和维护效率外， 还使规则项更具可读性。通过源/目的 IP 地址对流量进行控制时，可以将连续或不连续的地址加入地址集，然后在策略或规则中引用。

通过流量的服务类型（端口或协议类型）对流量进行控制时，可以使用预定义的知名服务集，也可以根据端口等信息创建自定义服务集，然后在策略或规则中引用。预定义服务集是系统默认已经存在可以直接选择的服务类型。预定义服务通常都是知名协议，如 HTTP、FTP、Telnet 等。自定义服务集是管理员通过指定端口号等信息来自行定义一些协议类型，也可以是各类服务集的组合，如图 10-18 所示。

- **配置安全策略规则的用户（可选）**
  user { *user-name* <1-6> | **any** }
- **指定安全策略规则的协议类型（可选）**
  service protocol { { **17** | **udp** } | { **6** | **tcp** } } [**source-port** { *source-port* | *start-source-port* **to** *end-source-port* } <1-64> | **destination-port** { *destination-port* | *start-destination-port* **to** *end-destination-port* } <1-64>] *
- **配置安全策略规则的服务（可选）**
  service { *service-name* <1-6> | **any** }
- **配置安全策略规则引用的安全配置文件（可选）**
  profile { **app-control** | **av** | **data-filter** | **file-block** | **ips** | **mail-filter** | **url-filter** } *name*

Address-set地址集

```
ip address-set guest type object
address 0 192.168.12.0 0.0.0.15
address 1 192.168.15.0 0.0.0.63
address 2 192.168.30.0 0.0.0.127
```

Service-set服务集

```
ip service-set Internet type object
service protocol tcp destination-port 80
service protocol tcp destination-port 8080
service protocol tcp destination-port 8443
```

图 10-18　安全策略配置基本命令 2

地址集和服务集支持两种 type，即 object 和 group。type 为 group 时，可以添加地址集或服务集作为成员。

安全配置文件的相关参数说明如下。

（1）app-control：应用控制配置文件。

（2）av：反病毒配置文件。

（3）data-filter：内容过滤配置文件。

（4）file-block：文件过滤配置文件。

（5）ips：入侵防御配置文件。

（6）mail-filter：邮件过滤配置文件。

（7）url-filter：URL 过滤配置文件。

4．基于时间段的访问控制列表

如果需要对某一时间内发生的流量进行匹配和控制，可通过使用基于时间段的访问控制列表。如图 10-19 所示，在网络应用中，比较常见的应用是按照时间段开放某些网络应用，例如，上班时间不开放服务器某些端口，上班时间局域网的某些用户不能访问 Internet 等。这种特殊的应用前面所介绍的各种访问控制列表类型都无法满足要求，基于时间段访问控制列表可以精确地限定某个访问控制列表的生效时间，解决了访问控制列表在时间上一刀切的问题。

- 配置策略生效的时间段（可选）
  time-range *time-range-name*

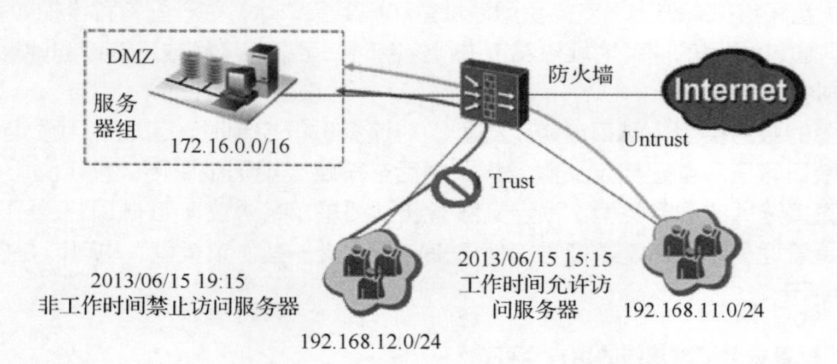

- 配置对匹配流量的包过滤动作
  action{permit|deny}

图 10-19　安全策略配置基本命令 3

在定义时间段访问控制列表前，首先要在防火墙上定义一个时间段。

（1）规则动作

permit：表示允许该规则的流量通过。

deny：表示禁止匹配该规则的流量通过。

拓展：时间段配置。

time-range 时间范围操作符，支持两种表现方式。一种是绝对时间段，即起止日期的时间段，另一种是周期时间段，即星期方式的时间段。

（2）配置命令

① 创建时间段，并进入时间段视图。

```
time-range time-range-name
```

② 设置绝对时间段。

```
absolute-range start-time start-date [ to end-time end-date ]
```

③ 设置周期时间段。

```
period-range start-time to end-time <1-7>
```

具体时间参数如表 10-1 所示。

表 10-1　时间参数及含义

操作符及语法	意义
HH:MM:SS	from 某时间 to 某时间
YYYY/MM/DD	from 某日期 to 某日期
Mon/Tue/Web/Thu/Fri/Sat/Sun	星期一/二/三/四/五/六/日
daily	一周中的每天
off-day	休息日
working-day	工作日

（3）配置举例

① 周期时间段。

```
[sysname] time-range test
[sysname-time-range-test] period-range 8:00:00 to 18:00:00 working-day
```

② 绝对时间段。

```
[sysname] time-range test
[sysname-time-range-test] absolute-range 8:00:00 2013/05/01 to 10:00:00 2013/08/01
```

10.3.4 Web 模式下配置安全策略

1. 安全策略配置

一般来说，安全策略主要包含的配置内容如图 10-20 所示。

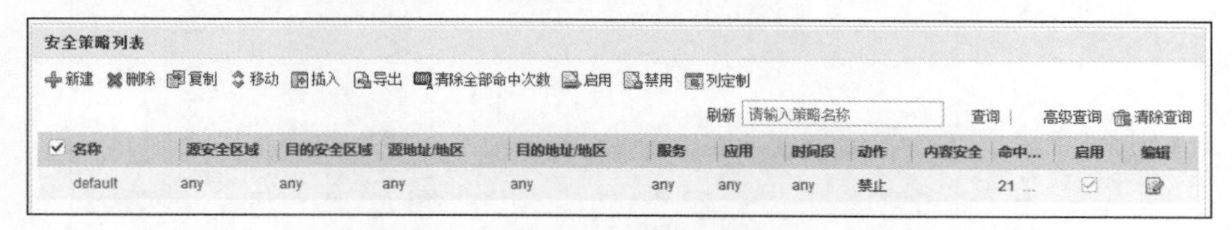

图 10-20　安全策略查询

（1）策略匹配条件：源安全域、目的安全域、源地址、目的地址、用户、服务、应用、时间段。

（2）策略动作：允许、禁止。

（3）内容安全 Profile（可选）：反病毒、入侵防御、URL 过滤、文件过滤、内容过滤、应用行为控制、邮件过滤。

设备能够识别出流量的属性，并将流量的属性与安全策略的条件进行匹配。如果所有条件都匹配，则此流量成功匹配安全策略。流量匹配安全策略后，设备将会执行安全策略的动作。

如果动作为“允许”，则对流量进行内容安全检测。如果内容安全检测也通过，则允许流量通过；如果内容安全检测没有通过，则禁止流量通过。

如果动作为“禁止”，则禁止流量通过。

2. 安全区域配置

系统默认已经创建了 4 个安全区域，如图 10-21 和图 10-22 所示。如果用户还需要划分更多的安全等级，可以自行创建新的安全区域并定义其安全级别。

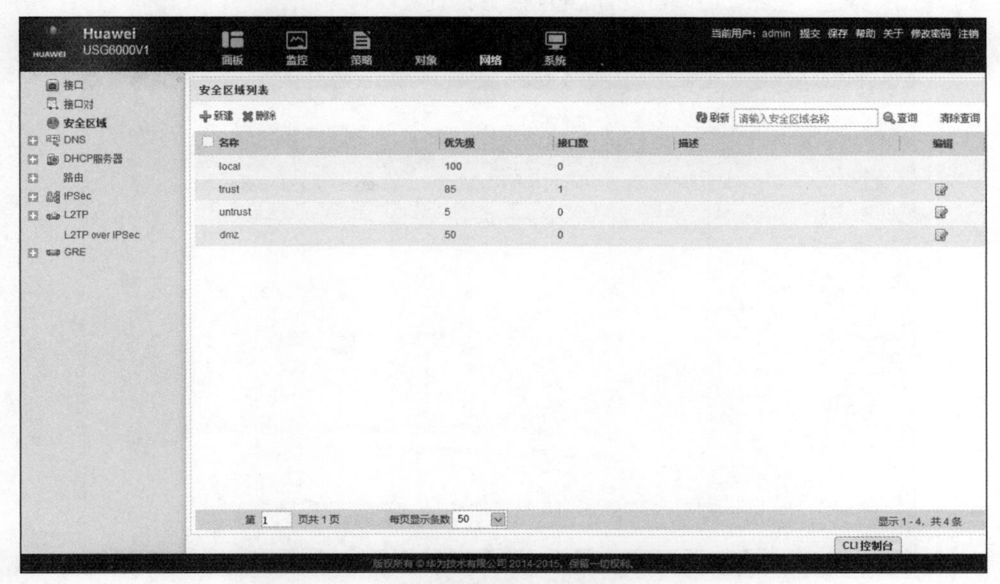

图 10-21　默认安全区域

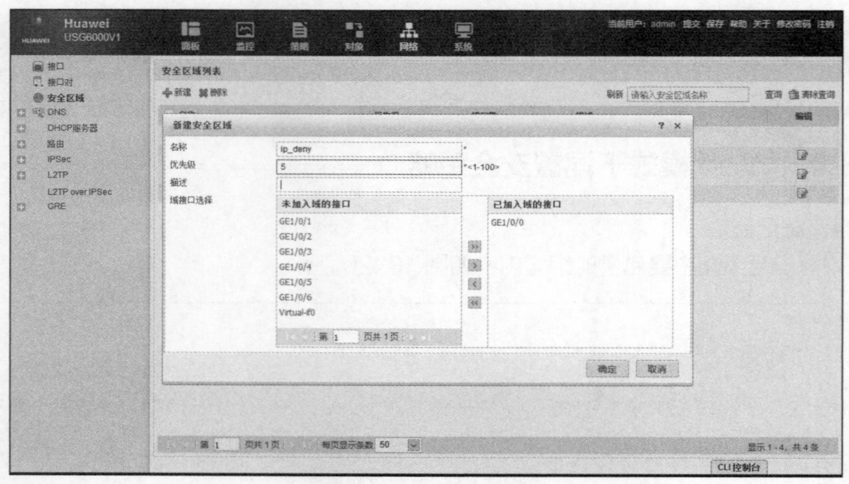

图 10-22　新建安全区域

新建安全区域步骤如下。

（1）选择“网络 > 安全区域”。

（2）单击“新建”。

（3）配置安全区域的参数。

3. 配置地址和地址组

在数据通信中，地址是 IPv4/IPv6 地址或 MAC 地址的集合，地址组是地址的集合；地址组包含一个或若干个 IPv4/IPv6 地址或 MAC 地址，它类似于一个基础组件，只需要定义一次，就可以被各种策略（如安全策略、NAT 策略）多次引用。

通过 Web 界面配置地址和地址组的步骤如图 10-23 和图 10-24 所示。

（1）选择“对象 > 地址 > 地址（或地址组）”。

（2）单击“新建”，配置地址（或地址组）的各项参数。

（3）单击“确定”按钮，可以在页面上看到新建的地址。

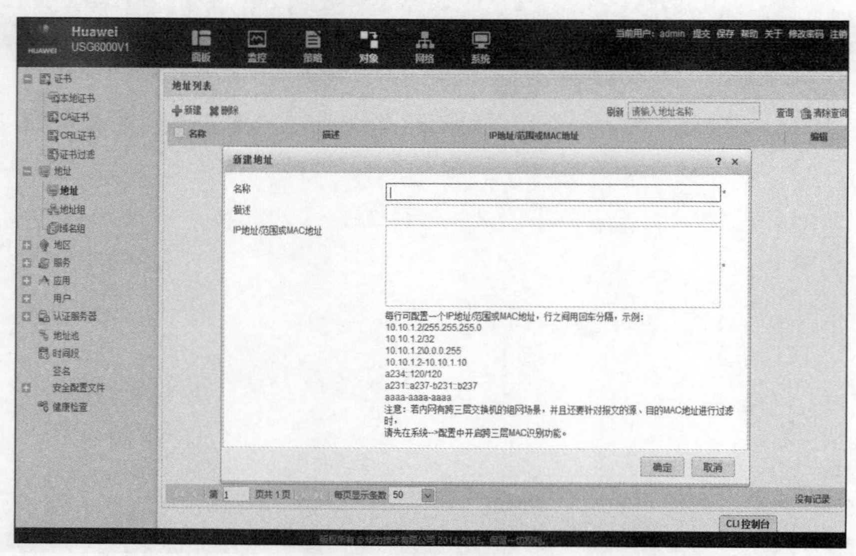

图 10-23　新建地址

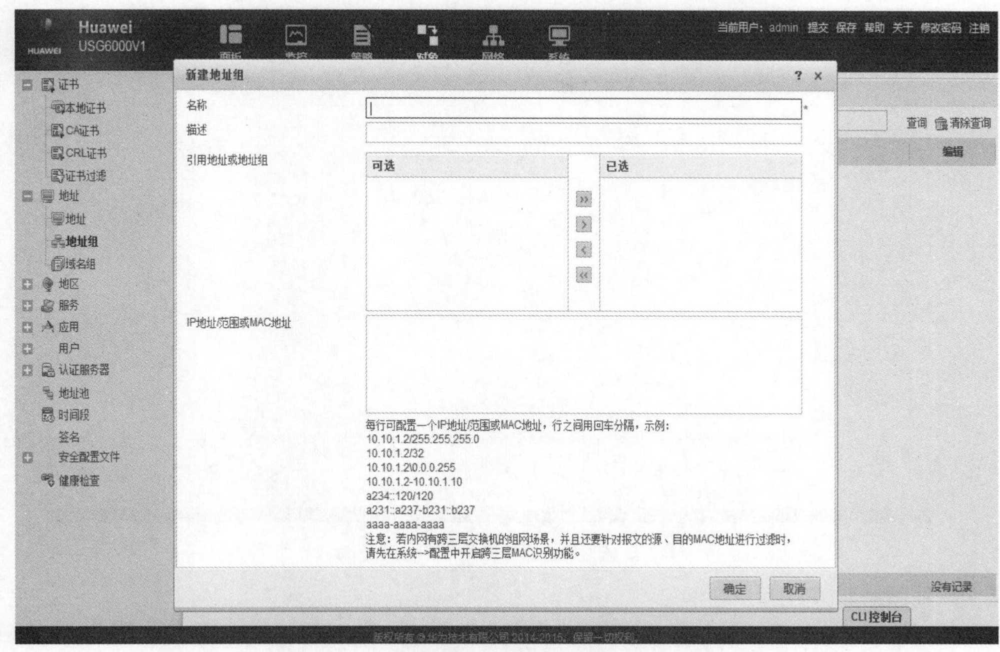

图 10-24　新地址组

4. 配置地区和地区组

在 NGFW 中，地区是以地区为单位的 IP 地址对象，每个地区是当前地区的公网 IP 地址集合，为方便扩展和复用，设备还支持配置地区组供策略引用。地区组中可以包含多个地区、嵌套的地区组，配置灵活。

通过 Web 界面配置地址和地址组的步骤如图 10-25 和图 10-26 所示。

（1）选择“对象 > 地区 > 地区（或地区组）”。

（2）单击“新建”，配置自定义地区（或地区组）参数，单击“确定”按钮。

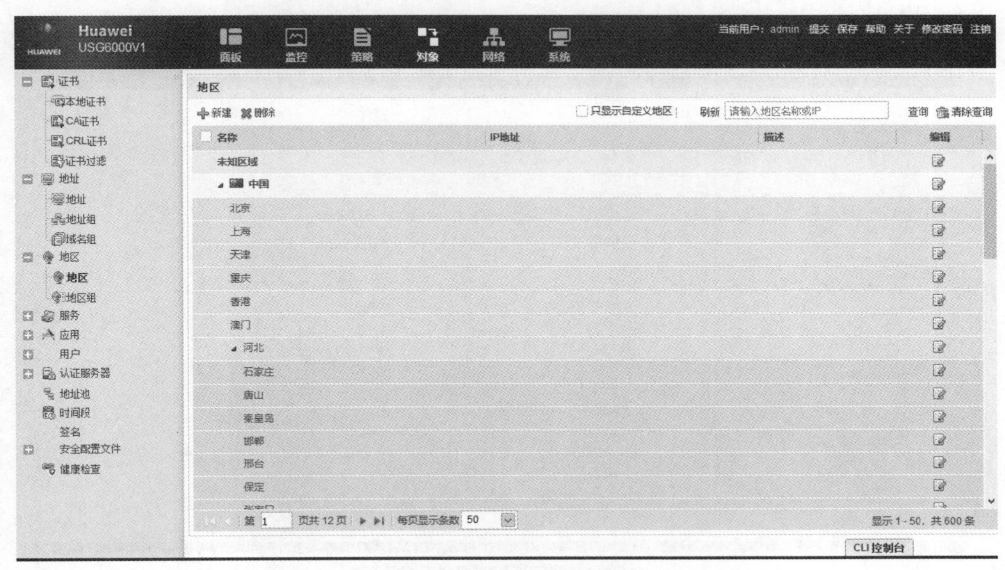

图 10-25　防火墙默认地区

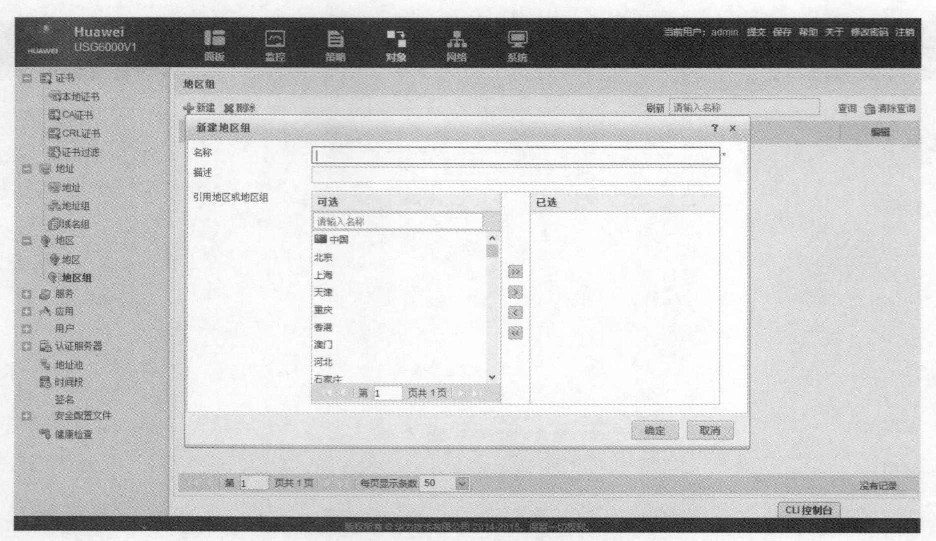

图 10-26　配置地区组

5. 配置服务和服务组

服务是通过协议类型和端口号来确定的应用协议类型，服务组是服务和服务组的集合；在 NGFW 中服务可以分为以下两种。

（1）预定义服务：指系统默认已经存在、可以直接选择的服务类型，预定义服务通常都是知名协议，如 HTTP、FTP、Telnet 等。预定义服务不能被删除。

（2）自定义服务：通过指定协议类型（如 TCP、UDP 或 ICMP）和端口号等信息来定义的一些应用协议类型。

通过 Web 界面配置服务组的步骤（配置服务与此类似）如图 10-27 和图 10-28 所示。

（1）选择“对象 >服务组 > 服务组”。

（2）单击“新建”，配置自定义服务各项参数。

（3）单击“确定”按钮。

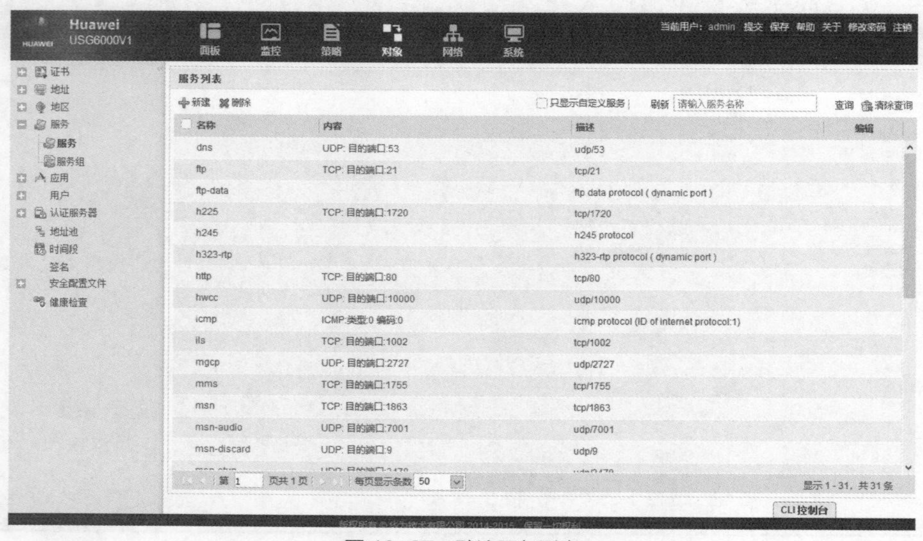

图 10-27　默认服务列表

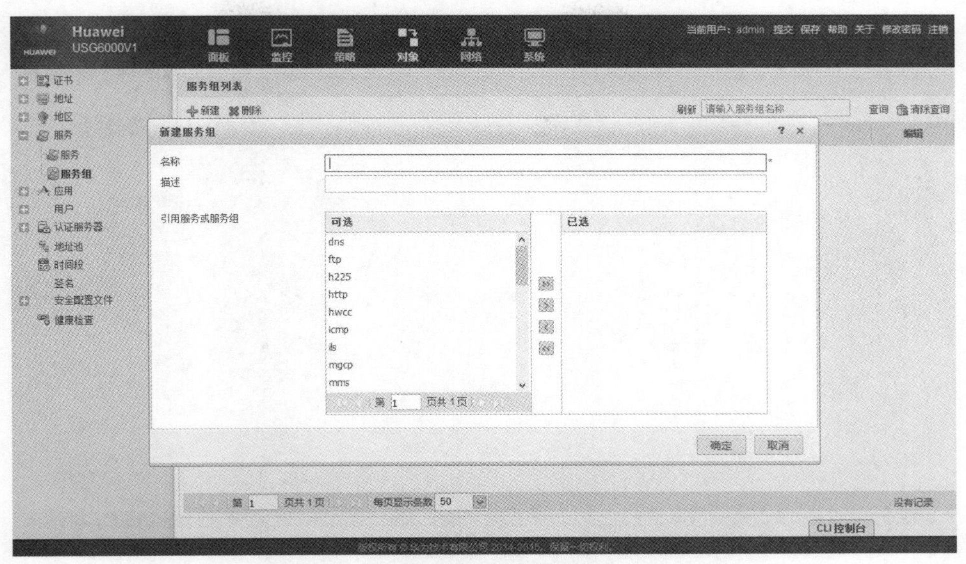

图 10-28 新建服务组

6. 配置应用和应用组

应用是指用来执行某一特殊任务或用途的计算机程序，而应用组是指多个应用的集合。通过 Web 界面配置应用组的步骤（配置应用与此类似）如图 10-29 和图 10-30 所示。

（1）选择“对象 >应用组 > 应用组”。

（2）单击“新建”，配置自定义服务各项参数。

（3）单击“确定”按钮。

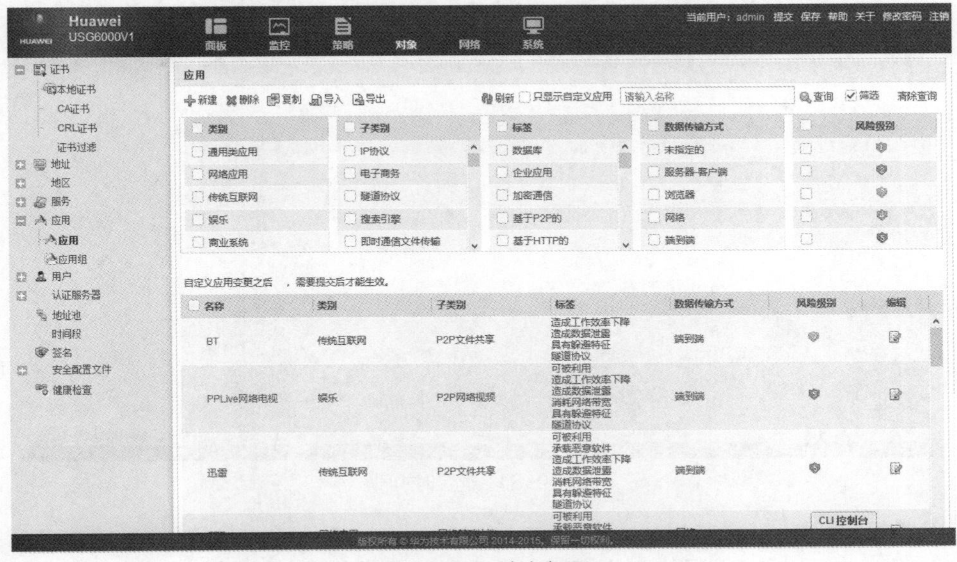

图 10-29 默认应用

7. 配置时间段

时间段定义了时间范围，定义好的时间段被策略引用后，可以对某一时间段内流经 NGFW 的流量进行匹配和控制。通过 Web 界面配置时间段的步骤如图 10-31 所示。

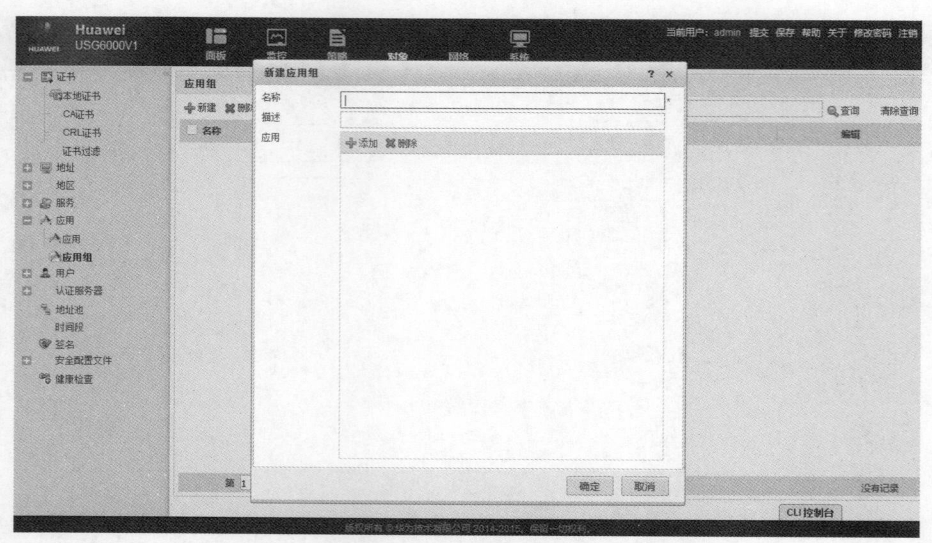

图 10-30　新建应用组

（1）选择“对象 > 时间段”。

（2）单击“新建”。

（3）在“名称”中输入时间段列表的名称。

（4）创建时间段成员。

（5）单击“确定”按钮。

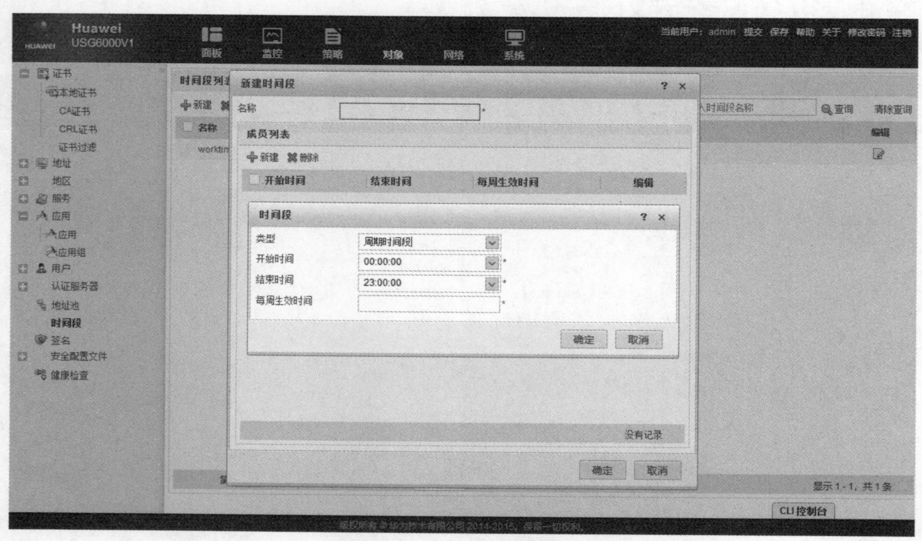

图 10-31　配置时间段

8. 安全策略配置

在安全策略中可以引用已经创建好的对象，通过 Web 界面配置安全策略的步骤如图 10-32 所示。

（1）选择“策略> 安全策略 > 安全策略”。

（2）单击“新建”。

（3）配置安全策略规则的名称和描述。

（4）配置安全策略规则的匹配条件。

（5）配置安全策略规则的动作。
（6）配置安全策略引用内容安全的配置文件。
（7）单击“确定”按钮。

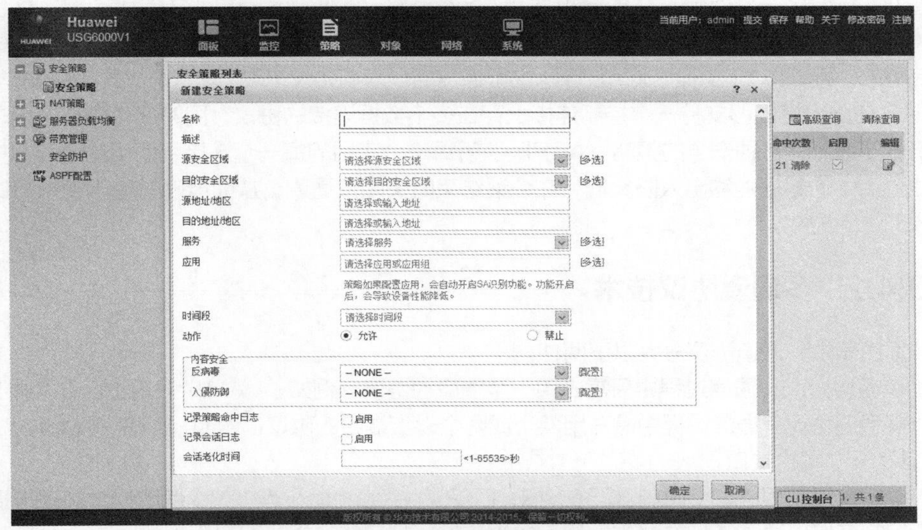

图 10-32 配置安全策略

10.4 ASPF 技术

10.4.1 ASPF 概述

ASPF（Application Specific Packet Filter）是一种高级通信过滤技术，它负责检查应用层协议信息并且监控连接的应用层协议状态。对于特定应用协议的所有连接，每一个连接状态信息都将被 ASPF 监控并动态地决定数据包是否被允许通过防火墙或丢弃。

ASPF 在 Session 表的数据结构中维护着连接的状态信息，并利用这些信息来维护会话的访问规则。ASPF 保存着不能由访问控制列表规则保存的重要状态信息。如图 10-33 所示，防火墙检验数据流中的每一个报文，确保报文的状态与报文本身符合用户所定义的安全规则。连接状态信息用于智能的允许/禁止报文。当一个会话终止时，Session 表项也将被删除，防火墙中的会话也将被关闭。

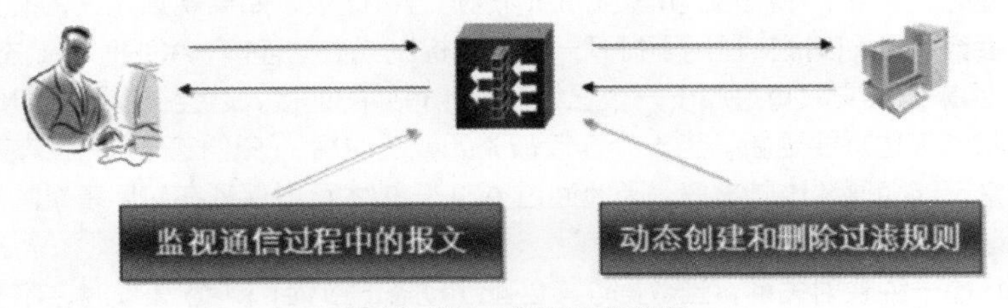

图 10-33 ASPF 工作机制

ASPF 可以智能地检测“TCP 的三次握手的信息”和“拆除连接的握手信息”，通过检测握手、拆连接的状态，保证一个正常的 TCP 访问可以正常进行，而对于非完整的 TCP 握手连接的报文会直接拒绝。

由于 UDP 是无连接的报文，所以也没有真正的 UDP“连接”。但 ASPF 是基于连接的，它将对 UDP 报文的源、目的 IP 地址、端口进行检查，通过判断该报文是否与所设定的时间段内的其他 UDP 报文相类似，而近似判断是否存在一个连接。

在普通的场合，一般使用的是基于 ACL（Access Control List，访问控制列表）的 IP 包过滤技术，这种技术比较简单，但缺乏一定的灵活性，在很多复杂应用的场合普通包过滤是无法完成对网络的安全保护的。例如，对于类似于应用 FTP 进行通信的多通道协议来说，配置防火墙则是非常困难的。

ASPF 使防火墙能够支持一个控制连接上存在多个数据连接的协议，同时还可以在应用非常复杂的情况下方便地制订各种安全的策略。ASPF 监听每一个应用的每一个连接所使用的端口，打开合适的通道让会话中的数据能够出入防火墙，在会话结束时关闭该通道，从而能够对使用动态端口的应用实施有效的访问控制。

10.4.2 多通道协议技术

在数据通信中，通道协议分为以下两种。

（1）单通道协议：通信过程中只需占用一个端口的协议。例如，WWW 只需占用 80 端口。

（2）多通道协议：通信过程中需占用两个或两个以上端口的协议。例如，FTP 被动模式下需占用 21 端口以及一个随机端口。

大部分多媒体应用协议（如 H.323、SIP、FTP、netmeeting 等协议）使用约定的固定端口来初始化一个控制连接，再动态地选择端口用于数据传输。端口的选择是不可预测的，其中的某些应用甚至可能要同时用到多个端口。传统的包过滤防火墙可以通过配置 ACL（Access Control List，访问控制列表）过滤规则匹配单通道协议的应用传输，保障内部网络不受攻击，但只能阻止一些使用固定端口的应用，无法匹配使用协商出随机端口传输数据的多通道协议应用，留下了许多安全隐患。

10.4.3 ASPF 对多通道协议的支持

在多通道协议中，如 FTP，其控制通道和数据通道是分开的。数据通道是在控制报文中动态协商出来的，为了避免协商出来的通道不因其他规则的限制（如 ACL）而中断，需要临时开启一个通道，Server Map 就是为了满足这种应用而设计的一种数据结构。

FTP 包含一个预知端口的 TCP 控制通道和一个动态协商的 TCP 数据通道，对于一般的包过滤防火墙来说，配置安全策略时无法预知数据通道的端口号，因此无法确定数据通道的入口，这样就无法配置准确的安全策略。ASPF 技术则解决了这一问题，它检测 IP 层之上的应用层报文信息，并动态地根据报文的内容创建和删除临时的 Server Map 表项，以允许相关的报文通过。

从图 10-34 中可以看出，Server Map 表项是对 FTP 控制通道中动态检测过程中动态产生的，当报文通过防火墙时，ASPF 将报文与指定的访问规则进行比较，如果规则允许，报文将接受检查，否则报文直接被丢弃。如果该报文是用于打开一个新的控制或数据连接，ASPF 将动态地产生 Server Map 表项，对于回来的报文只有是属于一个已经存在的有效的连接，才会被允许通过防火墙。在处理回来的报文时，状态表也需要更新。当一个连接被关闭或超时后，该连接对应的状态表将被删除，确保未经授权的报文不能随便透过防火墙。因此通过 ASPF 技术可以保证在应用复杂的情况下，依然可以非常精确地保证网络的安全。

Server Map 是一种映射关系，当数据连接匹配了动态 Server Map 表项时，不需要再查找包过滤策略，保证了某些特殊应用的正常转发。另一种情况，当数据连接匹配 Server Map 表，会对报文中 IP 和端口进行转换。

Server Map 通常只是检查首个报文，通道建立后的报文还是根据会话表来转发。

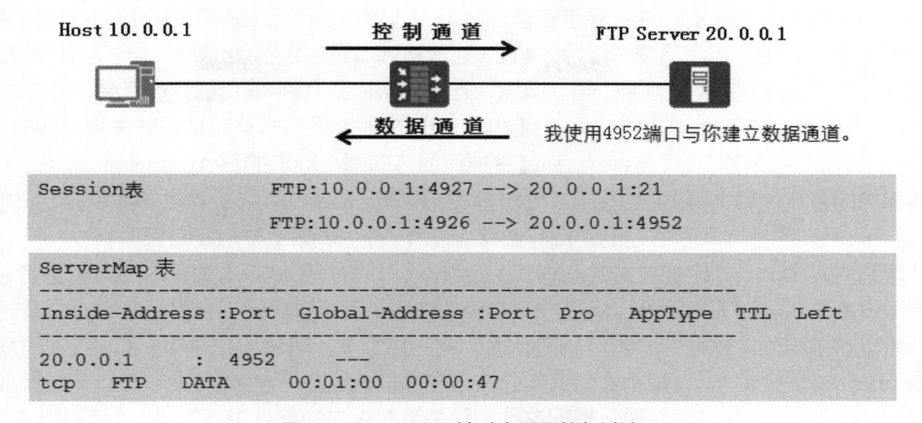

图 10-34 ASPF 针对应用层的包过滤

10.4.4 Server Map 表项

如图 10-35 所示，NGFW 上生成 Server Map 表项共有如下几种情况。

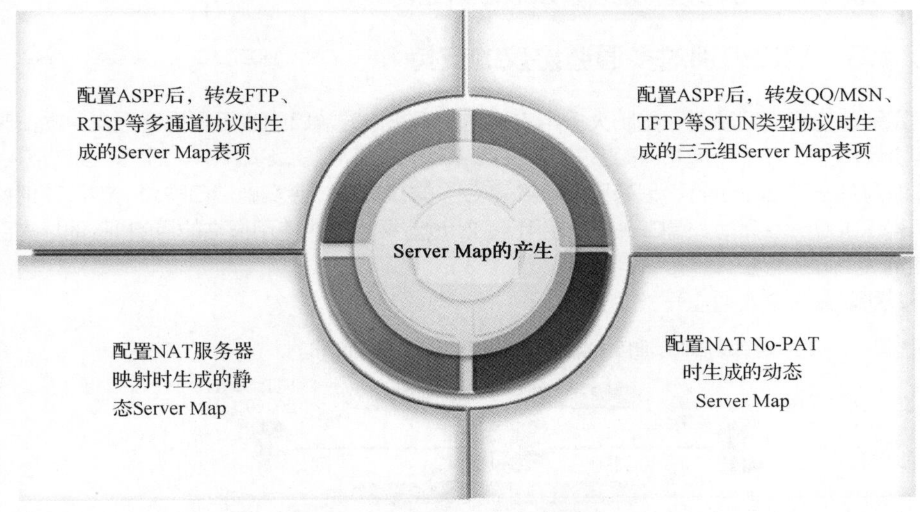

图 10-35 Server Map 的产生

（1）配置 ASPF 后，转发 FTP、RTSP 等多通道协议时生成的 Server Map 表项。多通道协议会由客户端和服务器之间的控制通道动态协商出数据通道，即通信双方的端口号是不固定的。而在配置 ASPF 功能后，设备检测到控制通道的协商，根据关键报文载荷中的地址信息动态创建 Server Map 表项，用于数据通道发起连接时进行查找。这个 Server Map 表项包含了多通道协议报文中协商的数据通道的信息。

（2）配置 ASPF 后，转发 QQ/MSN、TFTP 等 STUN 类型协议时生成的三元组 Server Map 表项。QQ/MSN 等协议中，当用户登录之后，用户的 IP 地址和端口就固定下来了，可是会向该用户发起对话的另一方的 IP 地址和端口号是不固定的。通过配置 STUN 类型的 ASPF，当 QQ 或者 MSN 等用户连接服务器时，设备会记录下用户的 IP 地址和端口信息，并动态生成 STUN 类型的 Server Map。这个 Server Map 表项中仅包含三元组信息，即通信一方的 IP 地址、端口号和协议号。这样其他用户可以直接通过该 IP 和端口与该用户进行通信。

（3）配置 NAT 服务器映射时生成的静态 Server Map：在使用 NAT Server 功能时，外网的用户向内部服务器主动发起访问请求，该用户的 IP 地址和端口号都是不确定的，唯一可以确定的是内部服务器的 IP 地址和所提供服务的端口号。所以在配置 NAT Server 成功后，设备会自动生成 Server Map 表项，用于存放 Globle 地址与 Inside 地址的映射关系。设备根据这种映射关系对报文的地址进行转换并转发。每个生效的 NAT Server 都会生成正反方向两个静态的 Server Map。在 SLB 功能中，由于需要将内网多个服务器以同一个 IP 地址对外发布，所以也会建立与 NAT Server 类似的 Server Map 表项，只不过根据内网服务器的个数需要建立 1 个正向表项和 *N* 个反向表项。

（4）配置 NAT No-PAT 时生成的动态 Server Map：在使用 NAT 功能时，如果配置了 No-PAT 参数，那么设备会对内网 IP 和公网 IP 进行一对一的映射，而不进行端口转换。此时，内网 IP 的所有端口号都可以被映射为公网地址的对应端口，外网用户也就可以向内网用户的任意端口主动发起连接。所以配置 NAT No-PAT 后，设备会为有实际流量的数据流建立 Server Map 表，用于存放私网 IP 地址与公网 IP 地址的映射关系。设备根据这种映射关系对报文的地址进行转换，然后进行转发。

（5）配置 NAT Full-cone 时生成的动态 Server Map。

（6）配置 PCP 时生成的动态 Server Map。

（7）配置服务器负载均衡时生成的静态 Server Map。

（8）配置 DS-Lite 场景下 NAT Server 时生成的动态 Server Map。

（9）配置静态 NAT64 时生成的静态 Server Map。

10.4.5 端口识别对多通道协议的支持

端口识别，也称端口映射，是防火墙用来识别使用非标准端口的应用层协议报文。端口映射支持的应用层协议包括 FTP、HTTP、RTSP、PPTP、MGCP、MMS、SMTP、H323、SIP、SQLNET。

端口识别基于 ACL 进行，只有匹配某条 ACL 的报文，才会实施端口映射。端口映射使用基本 ACL（编号 2000～2999）。端口映射在使用 ACL 过滤报文时，使用报文的目的 IP 地址去匹配基本 ACL 中配置的源 IP 地址。

端口识别配置命令如图 10-36 所示。

- 端口识别是把非标准协议端口映射成可识别的应用协议端口

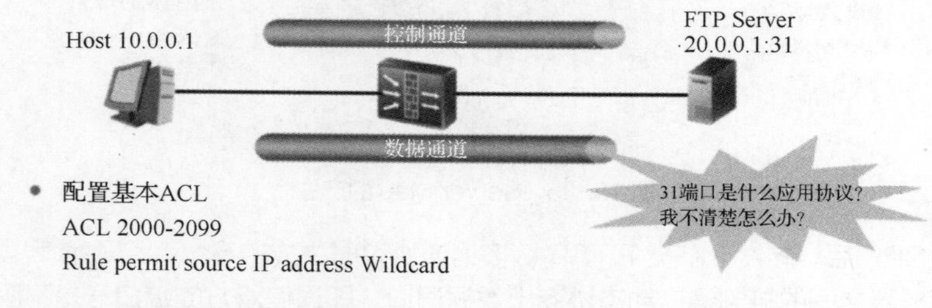

- 配置基本ACL
  ACL 2000-2099
  Rule permit source IP address Wildcard
- 配置端口识别（或端口映射）
  Port-mapping protocol-name port port-number acl acl-number

图 10-36 端口识别配置命令

ACL（Access Control List，访问控制列表），是一系列有顺序的规则组的集合，这些规则根据数据包的源地址、目的地址、端口号等来描述。ACL 通过规则对数据包进行分类，这些规则应用到路由设备上，路由设备根据这些规则判断哪些数据包可以接收，哪些数据包需要拒绝。

ACL 分为以下 4 类。

（1）基本 ACL（2000～2999）：只能通过源 IP 地址和时间段来进行流量匹配，在一些只需要进行简单匹配的功能可以使用。

（2）高级 ACL（3000～3999）：通过源 IP 地址、目的 IP 地址、ToS、时间段、协议类型、优先级、ICMP 报文类型和 ICMP 报文码等多个维度来对进行流量匹配，在大部分功能中都可使用高级 ACL 来进行精确流量匹配。

（3）基于 MAC 地址的 ACL（4000～4999）：可以通过源 MAC 地址、目的 MAC 地址、CoS、协议码等维度来进行流量匹配。

（4）硬件包过滤 ACL（9000～9499）：将硬件包过滤 ACL 下发到接口卡上后，接口卡通过硬件实现包过滤功能，比普通的软件包过滤速度更快，消耗系统资源更少。硬件包过滤 ACL 的匹配条件比较全面，可以通过源 IP 地址、目的 IP 地址、源 MAC 地址、目的 MAC 地址、CoS、协议类型等维度来进行流量匹配。

端口映射功能只对安全域间的数据流动生效，因此在配置端口映射时，也必须配置安全区域和安全域间。

思考：ACL 所匹配的应用系统对象是什么？

10.4.6 分片缓存

网络设备在传输报文时，如果设备上配置的 MTU（Maximum Transfer Unit）小于报文长度，则会将报文分片后继续发送。理想情况下，各分片报文将按照固定的先后顺序在网络中传输。在实际传输过程中，可能存在首片分片报文不是第一个到达防火墙的现象。此时，防火墙将丢弃该系列分片报文。为保证会话的正常进行，默认情况下，防火墙支持分片缓存功能。设备会将非首片的分片报文缓存至分片散列表，等待首片到来建立会话后，将所有分片报文进行转发。若在指定的时间内首片分片报文没有到来，防火墙将丢弃分片缓存中的分片报文。

在 VPN 应用中（如 IPSEC 和 GRE），由于需要设备对分片报文进行重组后解密或者解封装，设备才能进行后续处理，所以必须将设备配置成分片缓存状态，完成原始报文重组之后，才可以进行相应的加密解密处理。在 NAT（Network Address Translation，网络地址转换）应用中，需要设备对分片报文进行重组后才能正常解析和转换报文中的 IP 地址，所以也必须将设备配置成分片缓存状态，才可以正常进行 NAT。

分片报文直接转发功能一般用在不进行 NAT 的情况下。开启该功能后，防火墙将收到的分片报文直接转发出去，不创建会话表。

分片缓存配置相关命令如下。

（1）配置分片缓存老化时间命令

```
Firewall session aging-time fragment interval  （1-40000）;
```

（2）开启/关闭分片报文直接转发功能命令

```
Firewall fragment-forward enable/disable;
```

10.4.7 长连接

当一个 TCP 会话的两个连续报文到达防火墙的时间间隔大于该会话的老化时间时，为保证网络的安全性，防火墙将从会话表中删除相应会话信息。这样，后续报文到达防火墙后，防火墙将丢弃该报文，导致连接中断。在实际的网络环境中，某些特殊的业务数据流的会话信息需要长时间不被老化。为了解决这一问题，防火墙支持在安全域间配置长连接功能，通过引用 ACL 定义数据流规则，为匹配 ACL 规则的特定报文的会话设置超长老化时间，确保会话正常进行。默认情况下，长连接的老化时间为 168 小时（7×24 小时）。

防火墙仅支持对 TCP 报文配置域间长连接功能。

状态检测机制关闭时，非首包也可以建立会话表，所以此时不需使用长连接功能也可保持业务的正常运行。

长连接相关命令如下。

（1）配置长连接老化时间

```
Firewall long-link aging-time time;
```

（2）开启长连接功能

```
Firewall interzone zone-name1  zone-name2 ;
lonk-link acl-number { inbound | outbound } ;
```

综合实验：基于IP地址的转发策略

（1）实验目的

掌握基于 IP 地址控制访问的配置方法。

（2）实验拓扑图，如图 10-37 所示

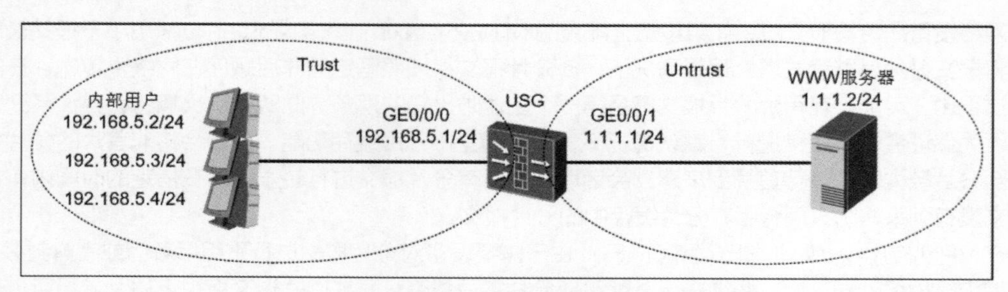

图 10-37　实验拓扑图

（3）实验步骤（CLI）

步骤 1：配置各个接口的 IP 地址并加入相应的安全区域。

```
<SRG>system-view
```

① 配置防火墙各接口的 IP 地址。

```
[USG]interface GigabitEthernet 0/0/0
[USG -GigabitEthernet0/0/0]ip address 192.168.5.1 24
[USG -GigabitEthernet0/0/0]interface GigabitEthernet 0/0/1
[USG -GigabitEthernet0/0/1]ip address 1.1.1.1 24
[USG -GigabitEthernet0/0/1]quit
```

② 将防火墙的 GE0/0/0 接口加入 Trust 区域。

```
[SRG]firewall zone trust
[USG -zone-trust]add interface GigabitEthernet 0/0/0
[USG -zone-trust]quit
```

③ 将防火墙的 GE0/0/1 接口加入 Untrust 区域。

```
[USG]firewall zone untrust
[USG -zone-untrust]add interface GigabitEthernet 0/0/1
[USG -zone-untrust]quit
```

步骤 2：配置名称为 ip_deny 的地址集，将几个不允许通过防火墙的 IP 地址加入地址集。

① 创建名称为 ip_deny 的地址集。

```
[USG]ip address-set ip_deny type object
```

② 将不允许通过防火墙的 IP 地址加入 ip_deny 地址集。

```
[USG -object-address-set-ip_deny]address 192.168.5.2 0
[USG -object-address-set-ip_deny]address 192.168.5.3 0
[USG -object-address-set-ip_deny]address 192.168.5.6 0
[USG -object-address-set-ip_deny]quit
```

步骤 3：创建不允许通过防火墙 IP 地址的转发策略。

```
[USG]security-policy
[USG-policy-security]rule name policy_deny
[USG-policy-security-rule-policy_deny]source-address address-set ip_deny
[USG-policy-security-rule-policy_deny]action deny
[USG-policy-security-rule-policy_deny]quit
```

步骤 4：创建允许其他属于 192.168.5.0/24 这个网段的 IP 地址通过防火墙的转发策略。

```
[USG]security-policy
[USG-policy-security]rule name policy_permit
[USG-policy-security-rule-policy_permit]source-address 192.168.5.0 24
[USG-policy-security-rule-policy_permit]action permit
[USG-policy-security-rule-policy_permit]quit
```

步骤 5：测试不同 IP 地址通过防火墙的情况。

Trust 区域 3 台 PC 分别用 ping 命令测试与 Untrust 区域的 WWW 服务器 1.1.1.2 的连通情况，应该只有 PC3 的 192.168.5.4 可以 ping 通服务器 1.1.1.2。

（4）实验步骤（Web）

步骤 1：配置各个接口的 IP 地址，并加入相应的安全区域，如图 10-38 所示。

① 选择“网络>接口>GE1/0/0”，配置接口 IP 地址，并加入到 Trust 区域。

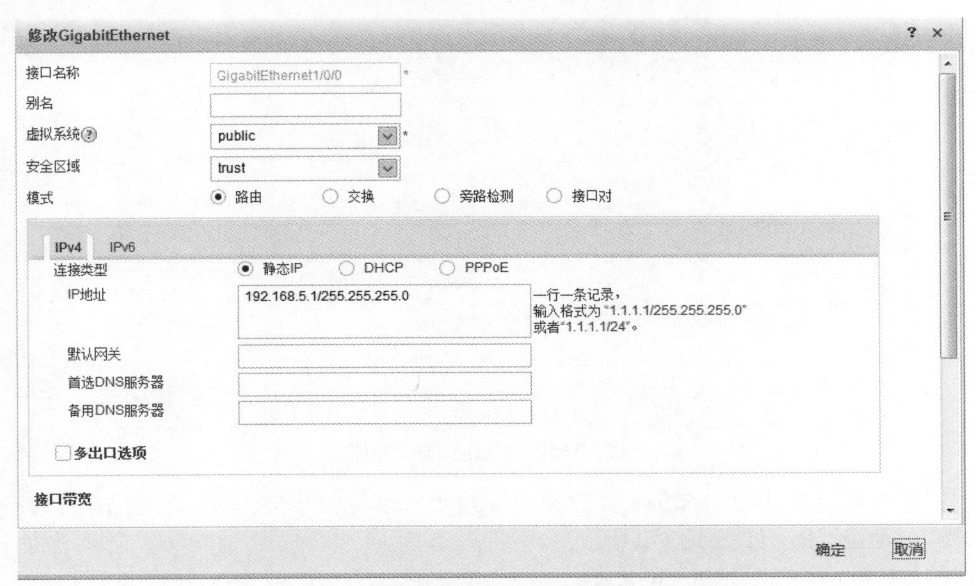

图 10-38　接口加入安全区域

② 重复上述步骤配置接口 GE1/0/1 的 IP 地址并加入 Untrust 区域。

步骤 2：配置地址集，如图 10-39 所示。

① 配置名称为 ip_deny 的地址集，将几个不允许上网的 IP 地址加入地址集。选择“对象 > 地址 > 地址”，单击“新建”，配置地址的各项参数。

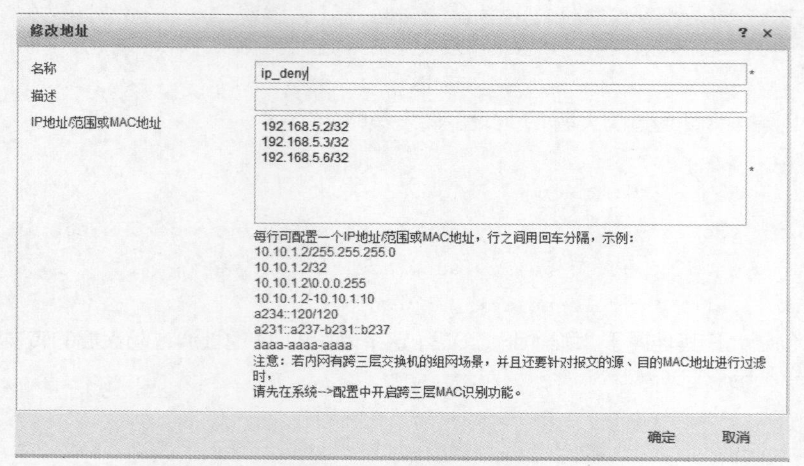

图 10-39　配置地址集

② 重复上述步骤配置名称为 ip_permit 的地址集，将 192.168.5.0/24 的网段加入地址集。

步骤 3：创建拒绝特殊的几个 IP 地址访问 Internet 的转发策略。选择“策略 > 安全策略 >安全策略”，单击“新建”，并输入各项参数，如图 10-40 所示。

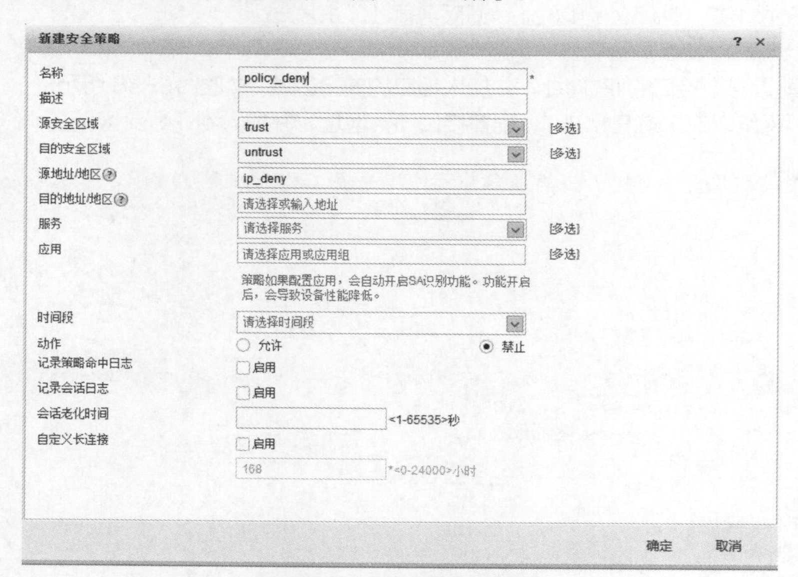

图 10-40　配置拒绝转发策略

步骤 4：创建允许 192.168.5.0/24 这个网段访问 Internet 的转发策略，如图 10-41 所示。

步骤 5：验证结果，如图 10-42 所示。

① 配置好各 PC 的 IP 地址和网关。

② 经过验证，发现 192.168.5.2、192.168.5.3 和 192.168.5.6 这 3 台 PC 无法访问 Internet；而 192.168.5.0/24 中的其他 IP 地址均可以正常访问 Internet。

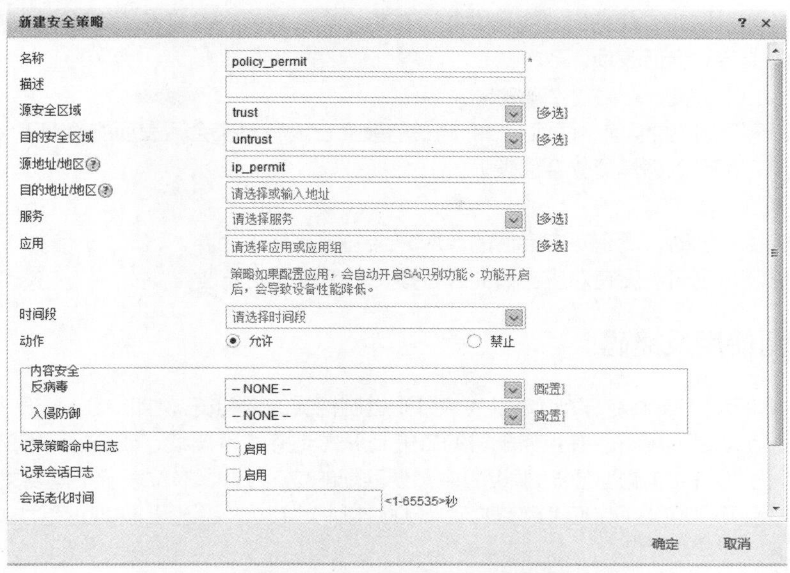

图 10-41　配置允许转发策略

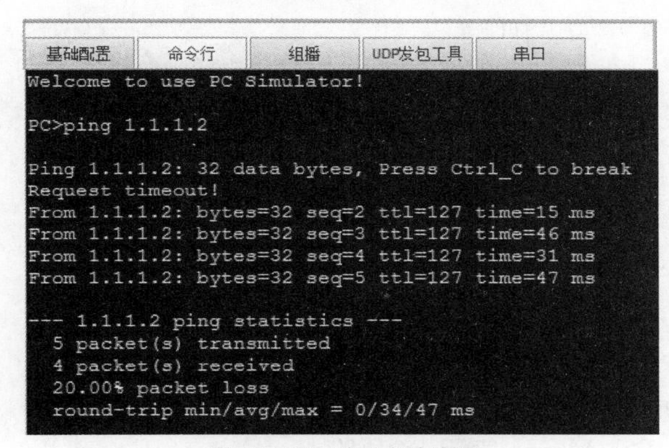

图 10-42　验证实验结果

本章小结

本章主要讲解防火墙包过滤技术原理、防火墙转发原理、防火墙安全策略应用场景及配置方法，通过原理的讲解，配置的实操，使读者有一个更加鲜明的认识。

技能拓展

✧ 防火墙检测机制

（1）对于 TCP 报文

开启状态检测机制时，首包（SYN 报文）建立会话表项。对除 SYN 报文外的其他报文，如果没有对应会话表项（设备没有收到 SYN 报文或者会话表项已老化），则予以丢弃，也不会建立会话表项。

关闭状态检测机制时，任何格式的报文在没有对应会话表项的情况下，只要通过各项安全机制的检查，都可以为其建立会话表项。

（2）对于 UDP 报文

UDP 是基于无连接的通信，任何 UDP 格式的报文在没有对应会话表项的情况下，只要通过各项安全机制的检查，都可以为其建立会话表项。

（3）对于 ICMP 报文

开启状态检测机制时，没有对应会话的 ICMP 应答报文将被丢弃。

关闭状态检测机制时，没有对应会话的应答报文以首包形式处理。

✧ 如何使用反掩码

如图 10-43 所示，Source-Wildcard 为点分十进制格式的通配符。例如，192.168.1.0 0.0.0.255，这里的 0.0.0.255 就是通配符。并且通配符的二进制形式支持 1 不连续，如 0.255.0.255。通配符转换为二进制后，为“0”的位是匹配值（源 IP）中需要匹配的位，为“1”的位表示不需要关注。0.0.0.255 的二进制形式是 00000000 00000000 00000000 11111111，所以源 IP 地址是 192.168.1.*的报文均能匹配到。

- 反掩码和子网掩码格式相似，但取值含义不同
  - 0表示对应的IP地址位需要比较
  - 1表示对应的IP地址位忽略比较
- 反掩码和IP地址结合使用，可以描述一个地址范围

怎样利用IP地址和反掩码（wildcard-mask）来表示一个网段？

0	0	0	255	只比较前24位
0	0	3	255	只比较前22位
0	255	255	255	只比较前8位

图 10-43　反掩码的使用

0 通配符，表示主机。举例：

① 192.168.10.0　0.0.0.255：表示一个网段。

② 192.168.10.1　0：表示一个 IP。

课后习题

1. 包过滤与状态检查机制、会话表之间有哪些关联关系？
2. Server Map 表项的具体作用是什么？
3. 分片缓存中首包分片和其他分片在报文格式上有何区别？首包分片先到如何处理？晚到如何处理？
4. 端口识别（端口映射）主要应用于什么场景之下？
5. 以下（　　）情况会产生 Server Map 表。

   A. 配置 NAT No-PAT　　　　B. 配置 NAT 服务器映射

   C. 配置 ASPF　　　　　　　D. 配置防火墙的长连接
6. 默认情况下，防火墙有 4 个安全区域，且不能修改安全级别。（　　）

   A. 正确　　B. 错误

第 11 章 网络地址转换（NAT）技术

11

拓展阅读

知识目标

① 了解 NAT 的技术原理。
② 了解 NAT 几种应用方式。
③ 掌握防火墙的 NAT 配置。

能力目标

① 掌握 NAT 几种应用方式。
② 学会防火墙的 NAT 配置。

课程导入

小安在一家信息科技公司担任信息安全工程师，由于公司的信息安全需求，公司新购入一台华为 USG 6600V 防火墙，现需要将防火墙架设在公司的互联网出口上，小安通过自己掌握的相关知识，提出通过防火墙的网络地址转换（Network Address Translation，NAT）技术，将公司的内网私有 IP 地址转换成 ISP 提供的公网 IP 地址，在防火墙保护下安全地连接 Internet。

相关内容

11.1 NAT 技术概述

11.1.1 NAT 产生背景

早在 20 世纪 90 年代初，有关 RFC 文档就提出 IP 地址耗尽的可能性。基于 TCP/IP 协议的 Web 应用使互联网迅速扩张，IPv4 地址申请量越来越大。互联网可持续发展的问题日益严峻。中国的运营商每年向 ICANN 申请的 IP 地址数量为全球最多。曾经有专家预言，根据互联网的发展速度，到 2011 年左右，全球可用的 IPv4 地址资源将全部耗尽。

IPv6 的提出，就是为了从根本上解决 IPv4 地址不够用的问题。IPv6 地址集将地址位数从 IPv4

的 32 位扩展到了 128 位。对于网络应用来说，这样的地址空间几乎是无限大。因此 IPv6 技术可以从根本上解决地址短缺的问题。但是，IPv6 面临着技术不成熟、更新代价巨大等尖锐问题，要想替换现有成熟且广泛应用的 IPv4 网络，还有很长一段路要走。

既然不能立即过渡到 IPv6 网络，那么必须使用一些技术手段来延长 IPv4 的寿命。而技术的发展确实有效延缓了 IPv4 地址的衰竭，专家预言的地址耗尽的情况并未出现。其中广泛使用的技术包括无类域间路由（Classless Inter-Domain Routing，CIDR）、可变长子网掩码（Variable Length Subnet Mask，VLSM）和网络地址转换（Network Address Translation，NAT）。

11.1.2 为什么需要 NAT

私网地址出现的目的是为了实现地址的复用，提高 IP 地址资源的利用率，为了满足一些实验室、公司或其他组织的独立于 Internet 之外的私有网络的需求，RFC（Requests For Comment）1918 为私有使用留出了 3 个 IP 地址段。具体如下：

（1）A 类 IP 地址中的 10.0.0.0～10.255.255.255（10.0.0.0/8）。

（2）B 类 IP 地址中的 172.16.0.0～172.31.255.255（172.16.0.0/12）。

（3）C 类 IP 地址中的 192.168.0.0～192.168.255.255（192.168.0.0/16）。

如图 11-1 所示，上述 3 个范围内的地址不能在 Internet 上被分配，因而可以不必申请就可以自由使用。内网使用私网地址，外网使用公网地址，如果没有 NAT 将私网地址转换为公网地址，会造成通信混乱，最直接的后果就是无法通信。

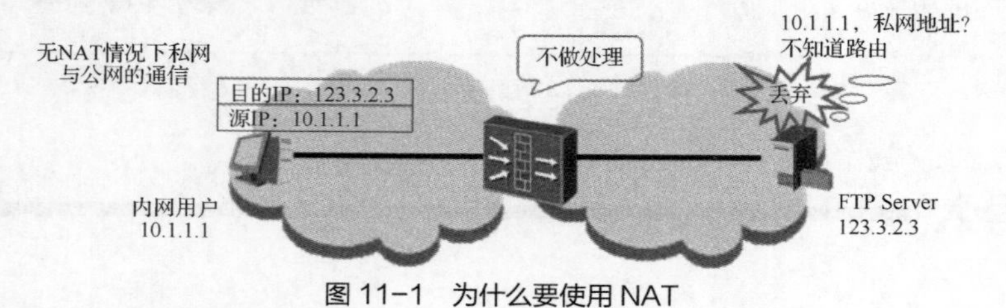

图 11-1 为什么要使用 NAT

因此，使用私网地址和外网进行通信，必须使用 NAT 技术进行地址转换，以保证通信正常。

11.1.3 NAT 技术的基本原理

如图 11-2 所示，NAT 是将 IP 数据报文报头中的 IP 地址转换为另一个 IP 地址的过程，主要用于实现内部网络（私有 IP 地址）访问外部网络（公有 IP 地址）的功能。从实现上来说，一般的 NAT 设备（实现 NAT 功能的网络设备）都维护着一张地址转换表，所有经过 NAT 设备并且需要进行地址转换的报文，都会通过这个表做相应的修改。地址转换的机制分为两个部分。

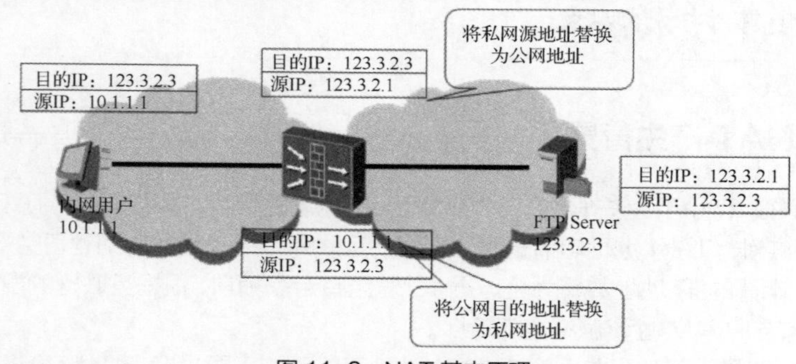

图 11-2 NAT 基本原理

（1）内部网络主机的 IP 地址和端口转换为 NAT 设备外部网络地址和端口。

（2）外部网络地址和端口转换为 NAT 设备内部网络主机的 IP 地址和端口。

NAT 技术也就是在<私有地址+端口>与<公有地址+端口>之间进行相互转换。

NAT 设备处于内部网络和外部网络的连接处。内部的 PC 与外部服务器的交互报文全部通过该 NAT 设备。常见的 NAT 设备有路由器、防火墙等。

11.1.4 NAT 分类

根据应用场景的不同，NAT 可以分为以下 3 类。

（1）源 NAT（Source NAT）：用来使多个私网用户能够同时访问 Internet。

地址池方式：采用地址池中的公网地址为私网用户进行地址转换，适合大量的私网用户访问 Internet 的场景。

出接口地址方式：内网主机直接借用公网接口的 IP 地址访问 Internet，特别适用于公网接口 IP 地址是动态获取的情况。

（2）服务器映射：用来使外网用户能够访问私网服务器。

静态映射：公网地址和私网地址一对一进行映射，用在公网用户访问私网内部服务器的场景。

（3）目的 NAT（Destination NAT）：用来使手机上网的业务流量送往正确的 WAP 网关。

主要用在转换手机用户 WAP 网关地址，使手机用户可以正常上网的场景。

11.1.5 NAT 的优点和缺点

NAT 技术除了可以实现地址复用、节约宝贵 IP 地址资源外，还有其他一些优点，NAT 技术的发展，也不断吸收先进的理念，总的来说，NAT 的优点和不足如下。

1. NAT 的优点

可以使一个局域网中的多台主机使用少数的合法地址访问外部的资源，也可以设定内部的 WWW、FTP、Telnet 等服务提供给外部网络使用，解决了 IP 地址日益短缺的问题。

对于内外网络用户，感觉不到 IP 地址转换的过程，整个过程对于用户来说是透明的。

对内网用户提供隐私保护，外网用户不能直接获得内网用户的 IP 地址、服务等信息，具有一定的安全性。

通过配置多个相同的内部服务器的方式可以减小单个服务器在大流量时承担的压力，实现服务器负载均衡。

2. NAT 的不足

由于需要对数据报文进行 IP 地址的转换，涉及 IP 地址的数据报文的报头不能被加密。在应用协议中，如果报文中有地址或端口需要转换，则报文不能被加密。例如，不能使用加密的 FTP 连接，否则 FTP 的 port 命令不能被正确转换。

网络监管变得更加困难。例如，如果一个黑客从内网攻击公网上的一台服务器，那么要想追踪这个攻击者很难。因为在报文经过 NAT 设备的时候，地址经过了转换，不能确定哪台才是黑客的主机。

11.2 源 NAT 技术

11.2.1 NAT 地址池

NAT 地址池是一些连续的 IP 地址集合，当来自私网的报文通过地址转换到公网 IP 时，将会选择地址池中的某个地址作为转换后的地址。

1. 创建 NAT 地址池命令

（1）nat address-group *address-group-name*

（2）section *[section-id | section-name] start-address end-address*

（3）nat-mode {pat|no-pat}

示例如下。

（1）[USG] nat address-group testgroup1

（2）[USG- nat-address-group-testgroup1]section 1.1.1.10 1.1.1.15

（3）[USG- nat-address-group-testgroup1]nat-mode pat

2. 在 Web 界面配置地址池

在 Web 配置界面中，配置 NAT 地址池的步骤如下。

（1）选择“策略 > NAT 策略 > 源 NAT > NAT 地址池”。

（2）在“NAT 地址池列表”中，单击“新建”。

（3）依次输入或选择各项参数（见图 11-3）。

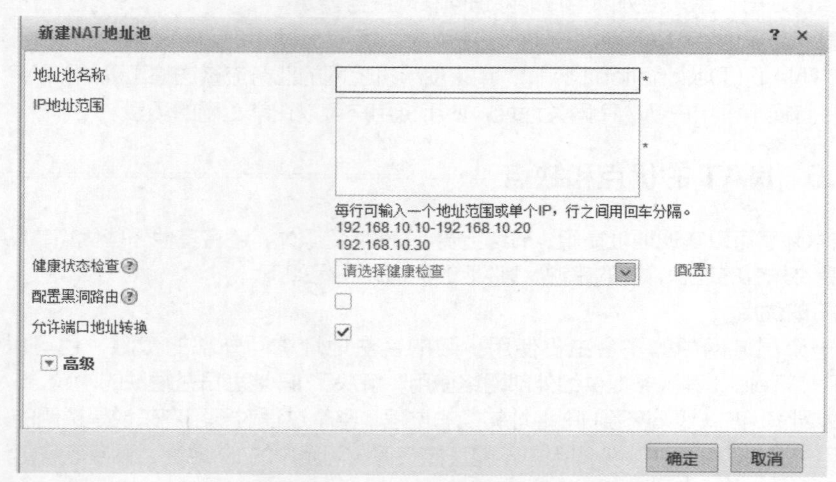

图 11-3　Web 界面配置地址池

3. 地址池特性

（1）NAT 地址池中的地址可以是一个公网 IP 地址，也可以是多个公网 IP 地址。

（2）在配置基于源 IP 地址的 NAT 与域内 NAT 时，需要首先配置 NAT 地址池，然后将 NAT 地址池与 NAT policy 绑定，通过选择不同的参数，实现不同功能的 NAT。

（3）当某地址池已经和 NAT policy 关联时，不允许删除这个地址池。

（4）配置 NAT 地址池时，应将上网接口地址和地址池配置在同一网段，即和分配的公网 IP 地址在同一网段；如果地址池所在网段与上网接口不在同一个网段，注意需要在 USG 的下一跳路由器上配置到地址池的路由。

（5）一个地址池只支持配置一个地址段。也支持将地址池配置为仅包含单个 IP 地址，以实现内部主机固定转换为特定的公网 IP 地址。

（6）地址段配置完成后，可以使用 exclude-ip ipv4-address1 [to ipv4-address2 | mask {mask-address | mask-length }]命令剔除地址池中某些特殊的 IP 地址。

（7）pat 表示地址转换的同时进行端口的转换，no-pat 表示地址转换的同时不进行端口的转换，允许端口转换才可以使多个内网主机同时使用同一个公网 IP 地址访问 Internet。

（8）如果不允许端口转换，私网地址和公网地址将进行一对一的转换。当地址池中的地址已经全部分配出去，剩余私网地址将不会进行 NAT，直到有其他主机释放公网 IP 地址。

（9）默认情况下，NAT 地址的转换模式为 pat 模式，该模式下可以使用 exclude-port port1 [to port2]命令剔除地址池中某些特殊的端口，端口取值范围为 2048～65535。

11.2.2 NAT 转换方式

1. 不带端口转换

基于源 IP 地址的 NAT 是指对发起连接的 IP 报文头中的源地址进行转换。它可以实现内部用户访问外部网络的目的。通过将内部主机的私有地址转换为公有地址，使一个局域网中的多台主机使用少数的合法地址访问外部资源，有效地隐藏了内部局域网的主机 IP 地址，起到了安全保护的作用。

如图 11-4 所示，不带端口转换的地址池方式通过配置 NAT 地址池来实现，NAT 地址池中可以包含多个公网地址。转换时只转换地址，不转换端口，实现私网地址到公网地址一对一的转换。如果地址池中的地址已经全部分配出去，则剩余内网主机访问外网时不会进行 NAT，直到地址池中有空闲地址时才会进行 NAT。

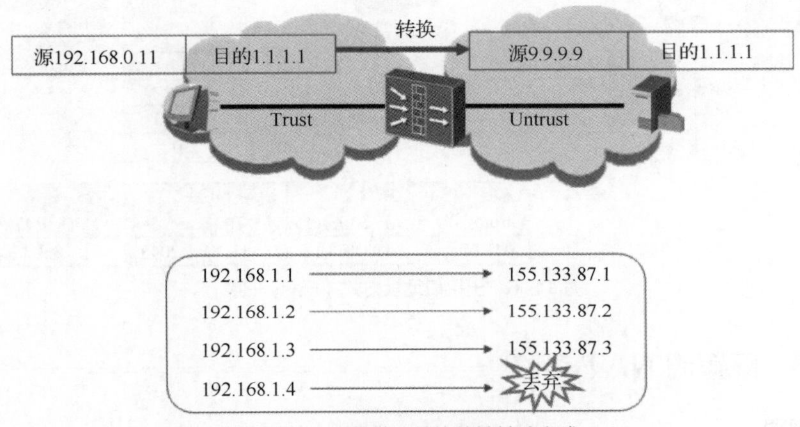

图 11-4　不带端口转换的地址池方式

2. 带端口转换

如图 11-5 所示，带端口转换的地址池方式通过配置 NAT 地址池来实现，NAT 地址池中可以包含一个或多个公网地址。转换时同时转换地址和端口，即可实现多个私网地址共用一个或多个公网地址的需求。

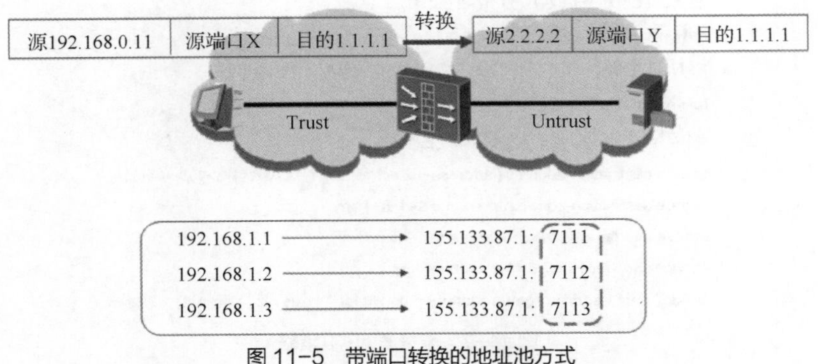

图 11-5　带端口转换的地址池方式

此方式下，由于地址转换的同时还进行端口的转换，可以实现多个私网用户共同使用一个公网 IP 地址上网，防火墙根据端口区分不同用户，所以可以支持同时上网的用户数量更多。这是一种利用第四层信息来扩展第三层地址的技术，一个 IP 地址有 65535 个端口可以使用。理论上来说，一个地址可以为其他 65535 个地址提供 NAT，防火墙还能将来自不同内部地址的数据报文映射到同一公有地址的不同端口号上，因而仍然能够共享同一地址，对比一对一或多对多地址转换。这样极大地提升了地址空间，增加了 IP 地址的利用率。因此带端口转换是最常用的一种地址转换方式。

3. 出接口地址方式（Easy IP）

如图 11-6 所示，出接口地址方式也称为 Easy IP，即直接使用接口的公网地址作为转换后的地址，不需要配置 NAT 地址池。转换时会同时转换地址和端口，即可实现多个私网地址共用外网接口的公网地址的需求。

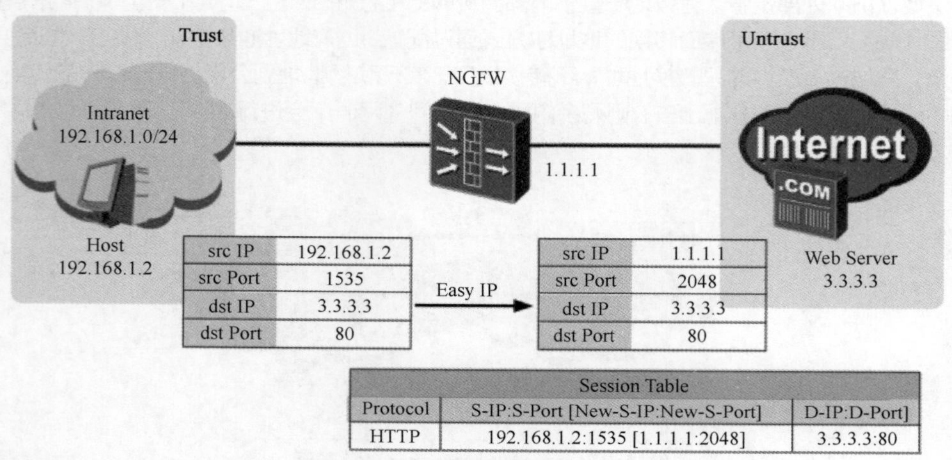

图 11-6　出接口地址方式（Easy IP）

11.2.3　配置源 NAT 策略

1. 命令视图

在 NAT 配置的 action 中，nat 表示对该数据流进行 NAT，no-nat 表示不对该数据流进行 NAT。no-nat 动作主要用于配置一些特殊客户端。例如，需要对 192.168.1.0/24 网段内除 192.168.1.2 以外的所有主机进行转换，可以利用 NAT 策略的匹配优先级，先配置一条对 192.168.1.2 主机不转换的策略，再配置一条对 192.168.1.0/24 网段转换的策略。具体配置命令如图 11-7 所示。

- 在系统视图下进入NAT策略视图

  nat-policy

- 在NAT策略视图下创建NAT规则并进入NAT规则视图

  rule name *rule-name*

- 创建NAT策略，进入策略ID视图

  source/destination-address { address-set *address-set-name*&<1-6> | *ipv4-address*

  source/destination-zone { *zone-name*&<1-6>**| any }**

  egress-interface *interface-type interface-number*

  service { *service-name*&<1-6> **| any }**

  action{ nat { { address-group address-group name **} | easy-ip} | no-nat}**

图 11-7　配置源 NAT 策略

address-group 表示使用含有多个公网地址的 NAT 地址池来作为转换后流量的源地址，easy-ip 表示使用该条流量最终的出接口的 IP 地址来作为转换后的流量的源地址。当选择 easy-ip 方式时，系统通过查询路由自动找到对应的出接口。

2. Web 视图

基于源 IP 地址转换的配置步骤如下。

（1）选择“策略 > NAT 策略 > 源 NAT”。

（2）在“源 NAT 策略列表”中，单击“新建”。

（3）依次输入或选择各项参数，如图 11-8 所示。

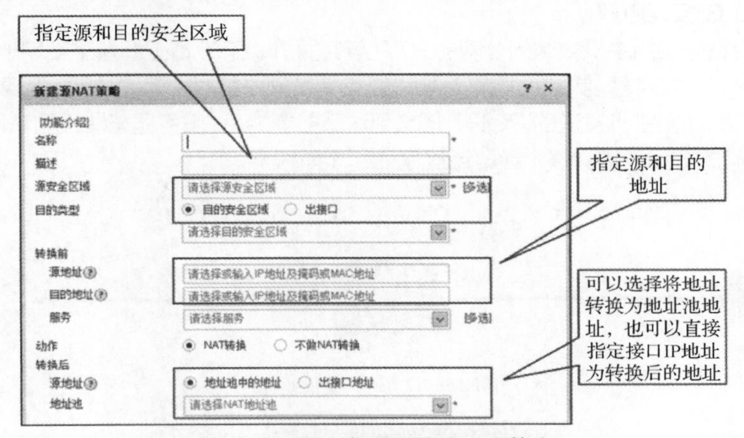

图 11-8　Web 视图配置源 NAT 策略

“目的安全区域”和“出接口”都是用来限定需要进行地址转换的流量的范围，二者的使用差异仅在于限定范围的不同，实际使用中请根据需要进行地址转换的流量的范围进行选择。

11.2.4　NAT ALG

1. 为什么需要 NAT ALG

NAT ALG（Application Level Gateway，应用级网关）是特定的应用协议的转换代理，可以完成应用层数据中所携带的地址及端口号的转换。

如图 11-9 所示，在以太网数据帧结构中，IP 首部包含 32 位的源 IP 地址和 32 位的目的 IP 地址，TCP 首部包含 16 位的源端口号和 16 位的目的端口号。

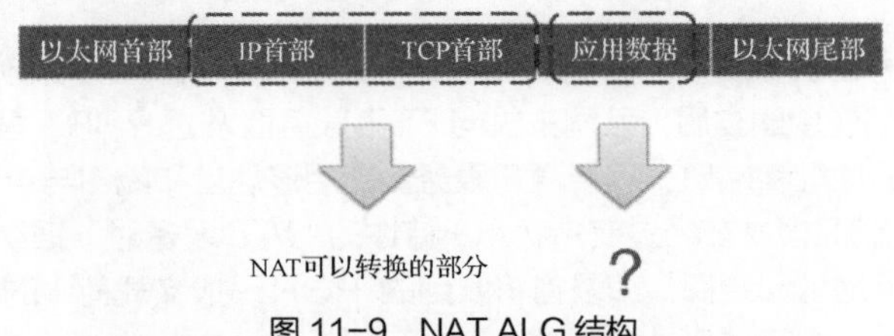

图 11-9　NAT ALG 结构

但是很多协议会通过 IP 报文的数据载荷进行新端口甚至新 IP 地址的协商。协商完成之后，通信双方会根据协商结果建立新的连接进行后续报文的传输。而这些协商出来的端口和 IP 地址往往是随机的，管理员并不能为其提前配置好相应的 NAT 规则，这些协议在 NAT 过程中就会出现问题。

普通 NAT 实现了对 UDP 或 TCP 报文头中的 IP 地址及端口转换功能，但对应用层数据载荷中的字段无能为力，在许多应用层协议中，如多媒体协议（H.323、SIP 等）、FTP、SQLNET 等，TCP/UDP

载荷中带有地址或者端口信息，这些内容不能被 NAT 进行有效转换，就可能导致问题。而 NAT ALG 技术能对多通道协议进行应用层报文信息的解析和地址转换，将载荷中需要进行地址转换的 IP 地址和端口或者需特殊处理的字段进行相应的转换和处理，从而保证应用层通信的正确性。

例如，FTP 应用就由数据连接和控制连接共同完成，而且数据连接的建立动态地由控制连接中的载荷字段信息决定，这就需要 ALG 来完成载荷字段信息的转换，以保证后续数据连接的正确建立。

为了实现应用层协议的转发策略而提出了 ASPF 功能。ASPF 功能的主要目的是通过对应用层协议的报文分析，为其开放相应的包过滤规则，而 NAT ALG 的主要目的，是为其开放相应的 NAT 规则。由于两者通常都是结合使用的，所以使用同一条命令就可以将两者同时开启。

2. NAT ALG 实现原理

图 11-10 中私网侧的主机要访问公网的 FTP 服务器。NAT 设备上配置了私网地址 192.168.1.2 到公网地址 8.8.8.11 的映射，实现地址的 NAT，以支持私网主机对公网的访问。组网中，若没有 ALG 对报文载荷的处理，私网主机发送的 PORT 报文到达服务器端后，服务器无法根据私网地址进行寻址，也就无法建立正确的数据连接。整个通信过程包括 4 个阶段。

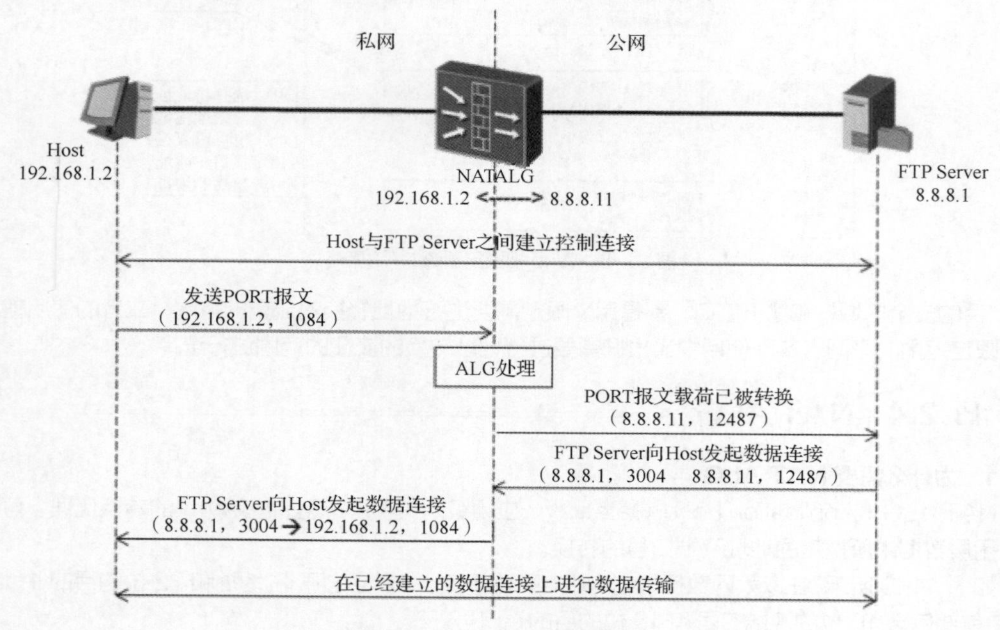

图 11-10　NAT ALG 工作原理

（1）第一阶段：私网主机和公网 FTP 服务器之间通过 TCP 三次握手成功建立控制连接。

（2）第二阶段：控制连接建立后，私网主机向 FTP 服务器发送 PORT 报文，报文中携带私网主机指定的数据连接的目的地址和端口，用于通知服务器使用该地址和端口与自己进行数据连接。

（3）第三阶段：PORT 报文在经过支持 ALG 特性的 NAT 设备时，报文载荷中的私网地址和端口会被转换成对应的公网地址和端口。即设备将收到的 PORT 报文载荷中的私网地址 192.168.1.2 转换成公网地址 8.8.8.11，端口 1084 转换成 12487。

（4）第四阶段：公网的 FTP 服务器收到 PORT 报文后，解析其内容，并向私网主机发起数据连接，该数据连接的目的地址为 8.8.8.11，目的端口为 12487（注意：一般情况下，该报文源端口为 20，但由于 FTP 没有严格规定，有的服务器发出的数据连接源端口为大于 1024 的随机端口，如本例采用的是 wftpd 服务器，采用的源端口为 3004）。由于该目的地址是一个公网地址，因此后续的数据连接就能够成功建立，从而实现私网主机对公网服务器的访问。

3. NAT 与 Server Map 表

通常情况下，如果在设备上配置严格包过滤，那么设备将只允许内网用户单方向主动访问外网。但在实际应用中，例如，使用 FTP 协议的 port 方式传输文件时，既需要客户端主动向服务器端发起控制连接，又需要服务器端主动向客户端发起服务器数据连接，如果设备上配置的包过滤为允许单方向上报文主动通过，则 FTP 文件传输不能成功。

为了解决这一类问题，USG 设备引入了 Server Map 表，Server Map 基于三元组，用于存放一种映射关系，这种映射关系可以是控制数据协商出来的数据连接关系，也可以是配置 NAT 中的地址映射关系，使得外部网络能透过设备主动访问内部网络。

生成 Server Map 表之后，如果一个数据连接匹配了 Server Map 表项，那么就能够被设备正常转发，而不需要去查会话表，这样就保证了某些特殊应用的正常转发。

如图 11-11 所示，配置 NAT Server 成功后，设备会自动生成 Server Map 表项，用于存放 Global 地址与 Inside 地址的映射关系。

图 11-11　NAT 与 Server Map 表

当不配置 no-reverse 参数时，每个生效的 NAT Server 都会生成正反方向两个静态的 Server Map；当配置了 no-reverse 参数时，生效的 NAT Server 只会生成正方向静态的 Server Map。用户删除 NAT Server 时，Server Map 也同步被删除。

配置 NAT No-PAT 后，设备会为已配置的多通道协议产生的有实际流量的数据流建立 Server Map 表。

11.3 服务器映射及目的 NAT 技术

11.3.1 内部服务器

内部服务器（NAT Server）功能是指使用一个公网地址来代表内部服务器的对外地址。

如图 11-12 所示，在防火墙上，可以专门为内部的服务器配置一个对外的公网地址来代表它的私网地址。对外网用户来说，防火墙上配置的外网地址就是内部服务器的地址。

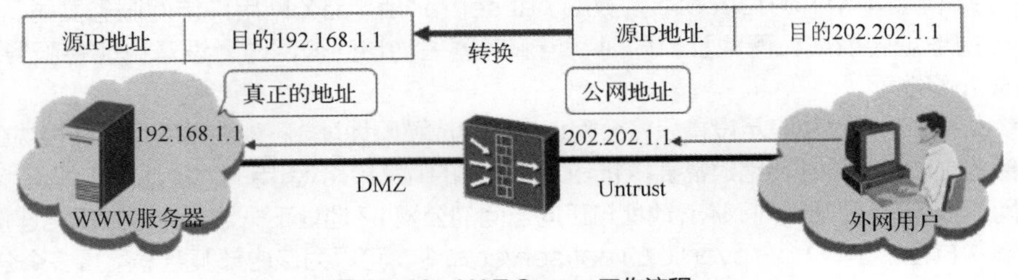

图 11-12　NAT Server 工作流程

1. NAT Server 特性

NAT 隐藏了内部网络的结构，具有“屏蔽”内部主机的作用。但是在实际应用中，可能需要提供给外部一个访问内部主机的机会，如提供给外部一台 WWW 的服务器，而外部主机根本没有指向内部地址的路由，因此将无法正常访问。这时可以使用 Nat Server 功能来实现这个功能应用。

使用 NAT 可以灵活地添加内部服务器。例如，可以使用 202.202.1.1 等公网地址作为 Web 服务器的外部地址，甚至还可以使用 202.202.1.1 :8080 这样的 IP 地址加端口号的方式作为 Web 的外部地址。

外部用户访问内部服务器时，有如下两部分操作：

（1）防火墙将外部用户的请求报文的目的地址转换成内部服务器的私有地址。

（2）防火墙将内部服务器的回应报文的源地址（私网地址）转换成公网地址。

防火墙支持基于安全区域的内部服务器。例如，当需要对处于多个网段的外部用户提供访问服务时，防火墙结合安全区域配置内部服务器可以为一个内部服务器配置多个公网地址。通过配置防火墙的不同级别的安全区域对应不同网段的外部网络，并根据不同安全区域配置同一个内部服务器对外的不同的公网地址，使处于不同网段的外部网络访问同一个内部服务器时，即通过访问对应配置的公网地址来实现对内部服务器的访问能力。

2. NAT Server 配置（CLI）

NAT Server 是最常用的基于目的地址的 NAT。当内网部署了一台服务器，其真实 IP 是私网地址，但是希望公网用户可以通过一个公网地址来访问该服务器，这时可以配置 NAT Server，使设备将公网用户访问该公网地址的报文自动转发给内网服务器。NAT Server 配置命令如图 11-13 所示。

在系统视图下：

nat server [*id*] **protocol** *protocol-type* **global** { *global-address* [*global-address-end*] | **interface** *interface-type interface-number* } **inside** *host-address* [*host-address-end*] [**no-reverse**][**vpn-instance** *vpn-instance-name2*]

例：nat server *server1* protocol tcp　global 202.202.1.1　inside 192.168.1.1 www

图 11-13　NAT Server 配置（CLI）

配置 NAT Server，有以下不同类型。

（1）对所有安全区域发布同一个公网 IP，即这些安全区域的用户都可以通过访问同一个公网 IP 来访问内部服务器。与发布不同的公网 IP 相比，发布同一个公网 IP 地址时多了个参数 no-reverse。配置不带 no-reverse 参数的 nat server 后，当公网用户访问服务器时，设备能将服务器的公网地址转换成私网地址；同时，当服务器主动访问公网时，设备也能将服务器的私网地址转换成公网地址。

（2）参数 no-reverse 表示设备只将公网地址转换成私网地址，不能将私网地址转换成公网地址。当内部服务器主动访问外部网络时需要执行 outbound 的 nat 策略，引用的地址池里必须是 nat server 配置的公网 IP 地址，否则反向 NAT 地址与正向访问的公网 IP 地址不一致，会导致网络连接失败。

（3）多次执行带参数 no-reverse 的 nat server 命令，可以为该内部服务器配置多个公网地址；

未配置参数 no-reverse 则表示只能为该内部服务器配置一个公网地址。

（4）针对不同的安全区域发布不同的公网 IP，即不同安全区域的用户可以通过访问不同的公网 IP 来访问内部服务器。适用于内部服务器向不同的运营商网络提供服务，且在每个运营商网络都拥有一个公网 IP 的情况。

3. NAT Server 配置（Web）

在 Web 配置界面中，配置 NAT Server 的步骤如下。

（1）选择“策略 > NAT 策略 > 服务器映射”。

（2）单击“新建”。

（3）依次输入或选择各项参数，如图 11-14 所示。

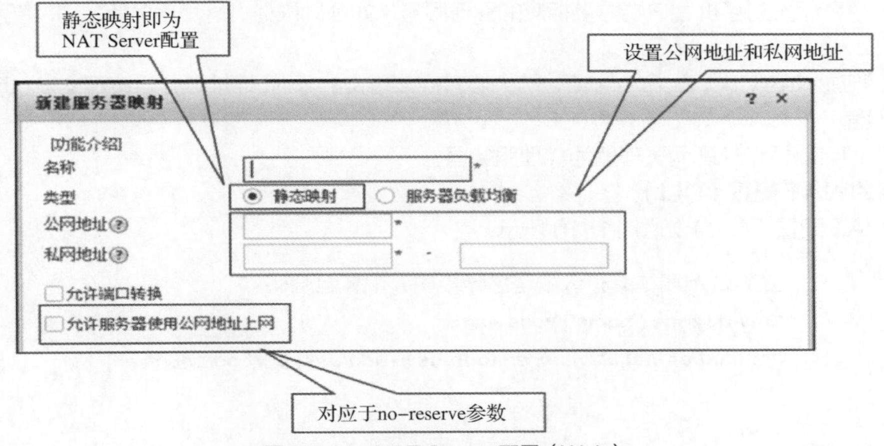

图 11-14　NAT Server 配置（Web）

允许在服务器地址映射的过程中同时进行端口的转换。启用“允许端口转换”功能，并配置公网端口和私网端口，可以缩小服务器映射的范围，即只对某个地址的某种服务启用服务器映射功能。

当同一个公网地址需要映射不同的私网地址，以提供对外提供不同的服务时，需要配置启用“允许端口转换”功能，以区分不同的流量。

例如，可以配置一条静态映射将公网地址 1.1.1.1 的 80 端口映射为私网地址为 10.1.1.2 的 80 端口，用于提供 Web 服务；然后再配置一条静态映射将公网地址 1.1.1.1 的 21 端口映射为私网地址为 10.1.1.3 的 21 端口，用于提供 FTP 服务。

11.3.2 目的 NAT

1. 目的 NAT 概述

在移动终端访问无线网络时，如果其默认 WAP（Wireless Application Protocol）网关地址与所在地运营商的 WAP 网关地址不一致，可以在终端与 WAP 网关中间部署一台设备，并配置目的 NAT 功能，使设备自动将终端发往错误 WAP 网关地址的报文转发给正确的 WAP 网关。

手机用户需要通过登录 WAP 网关来实现上网的功能。目前，大量用户使用直接从国外购买的手机，这些手机出厂时，默认设置的 WAP 网关地址与我国 WAP 网关地址不符，且无法自行修改，从而导致用户不能移动上网。为解决这一问题，无线网络中，在 WAP 网关与用户之间部署防火墙。通过在设备上配置目的 NAT 功能，使这部分手机用户能够正常获取网络资源。

如图 11-15 所示，当手机用户上网时，目的 NAT 处理过程如下。

图 11-15　移动终端访问无线网络

（1）当手机用户上网时，请求报文经过基站及其他中间设备到达防火墙。

（2）到达防火墙的报文如果匹配防火墙上所配置的目的 NAT 策略，则将此数据报文的目的 IP 地址转换为已配置好的 WAP 网关的 IP 地址，并送往 WAP 网关。

（3）WAP 网关对手机客户端提供相应的业务服务（如视频服务、网页服务等），并将回应报文发往防火墙。

（4）回应报文在防火墙上命中会话，防火墙转换该报文的源 IP 地址，并将该报文发往手机用户，完成一次通信。

此处我们可以把 WAP 网关理解为代理服务器。

2. 目的 NAT 配置（CLI）

目的 NAT 配置（CLI）如图 11-16 所示。

在系统视图下，进入安全区域视图，配置目的NAT

firewall zone [name] *zone-name*

destination-nat *acl-number* **address** *ip-address* **[port** *port-number* **]**

举例:

```
[USG] firewall zone trust
[USG-zone-trust] destination-nat 3333 address 202.1.1.2
```

图 11-16　目的 NAT 配置

目的 NAT 是通过 ACL 标识需转发目的 IP 地址的数据流，ACL 是达成此应用场景的关键，即需要了解目前 WAP 网关 IP 地址有哪些，然后通过 ACL 对 WAP 网关 IP 地址进行定义。

目的 NAT 不支持与 NAT ALG 同时使用。

此处的 ACL 应该严格配置，避免非 WAP 业务数据流被 destination-nat 命令引用，从而导致非 WAP 业务中断。只能引用范围为 3000～3999 的高级 ACL。

11.4　双向 NAT 技术

11.4.1　双向 NAT 技术概述

常规地址转换技术只转换报文的源地址或目的地址，而双向网络地址转换（Bidirectional NAT）技术可以将报文的源地址和目的地址同时转换，该技术应用于内部网络主机地址与公网上主机地址重叠的情况。双向 NAT 技术可以分为两种应用场景：

（1）域间双向 NAT（NAT Server + 源 NAT）。

（2）域内双向 NAT。

双向 NAT 应用场景的通信双方访问对方的时候目的地址都不是真实的地址，而是 NAT 转换后的地址。一般来说，内网属于高优先级区域，外网属于低优先级区域。当低优先级安全区域的外网用户访问内部服务器的公网地址时，会将报文的目的地址转换为内部服务器的私网地址，但内部服务器需要配置到该公网地址的路由。

如果要避免配置到公网地址的路由，则可以配置从低优先级安全区域到高优先级安全区域方向的 NAT。同一个安全区域内的访问需要做 NAT，则需要配置域内 NAT 功能。

11.4.2 域间双向 NAT 技术

为了简化配置服务器至公网的路由，可在 NAT Server 基础上，增加源 NAT 配置。

如图 11-17 所示，当配置 NAT Server 时，服务器需要配置到公网地址的路由才可正常发送回应报文。如果要简化配置，避免配置到公网地址的路由，则可以对外网用户的源 IP 地址也进行转换，转换后的源 IP 地址与服务器的私网地址在同一网段。这样内部服务器会默认将回应报文发给网关，即设备本身，由设备来转发回应报文。

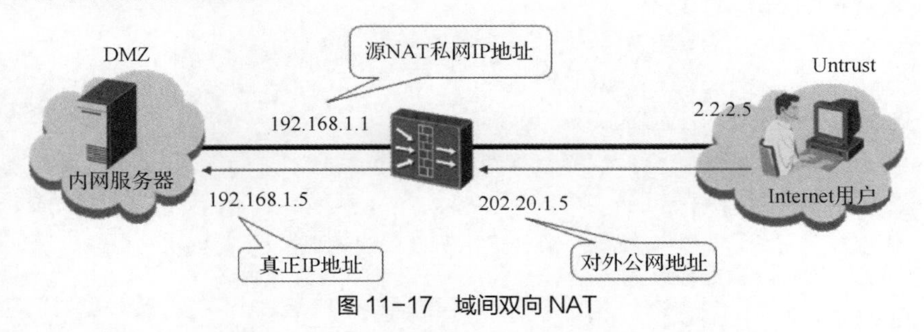

图 11-17 域间双向 NAT

11.4.3 域内双向 NAT 技术

在图 11-18 中，防火墙将用户的请求报文的目的地址转换成 FTP 服务器的内网 IP 地址，源地址转换成用户对外公布的 IP 地址。

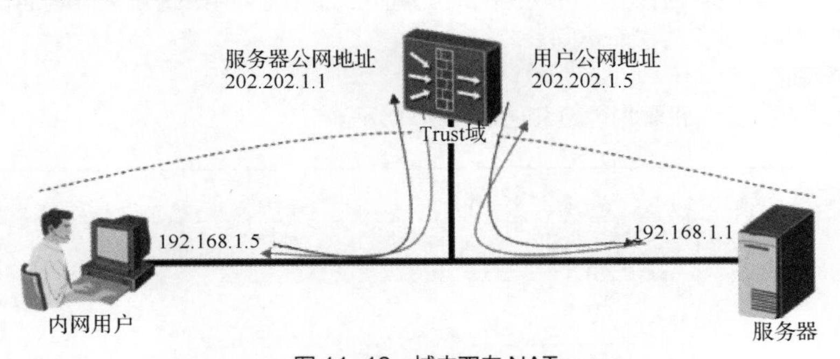

图 11-18 域内双向 NAT

防火墙将 FTP 服务器回应报文的源地址转换成对外公布的地址，目的地址转换成用户的内网 IP 地址。

若需要地址转换的双方都在同一个安全域内，那么就涉及域内 NAT 的情况。当 FTP 服务器和用户均在 Trust 区域，用户访问 FTP 服务器的对外的公网 IP 地址，这样用户与 FTP 服务器之间所有的交互报文都要经过防火墙。这时需要同时配置内部服务器和域内 NAT。

域内 NAT 是指当内网用户和服务器部署在同一安全区域的情况下，仍然希望内网用户只能通过访问服务器的公网地址的场景。在实现域内 NAT 过程中，既要将访问内部服务器的报文的目的地址由公网地址转换为私网地址，又需要将源地址由私网地址转换为公网地址。

11.5 NAT 常用配置

11.5.1 防火墙源 NAT 配置

1. 命令视图（CLI）

（1）配置接口 IP

命令略。

（2）配置地址池

```
[USG]nat address-group 1
[USG-nat-address-group-1]section 202.169.10.2 202.169.10.6
```

（3）配置源 NAT 策略

```
[USG]nat-policy
[USG-policy-nat]rule name nat1
[USG-policy-nat-rule-nat1]source-zone trust
[USG-policy-nat-rule-nat1]destination-zone untrust
[USG-policy-nat-rule-nat1]source-address 192.168.0.0 24
[USG-policy-nat-rule-nat1]action nat address-group 1
```

（4）域间访问规则配置命令参考

```
[USG]security-policy
[USG-policy-security]rule name natpolicy
[USG-policy-security-rule-natpolicy]source-address 192.168.0.0 24
[USG-policy-security-rule-natpolicy]action permit
```

配置源 NAT，是为了实现内网员工对外部网络进行访问时进行 NAT，数据流向是从高安全级别到低安全级别，因此源地址应该为内部网络的地址网段。而为内网用户分配的地址池，应该为外网地址网段，用于对 Internet 资源进行访问。

2. Web 界面配置

Web 配置更加直观，如图 11-19 和图 11-20 所示。

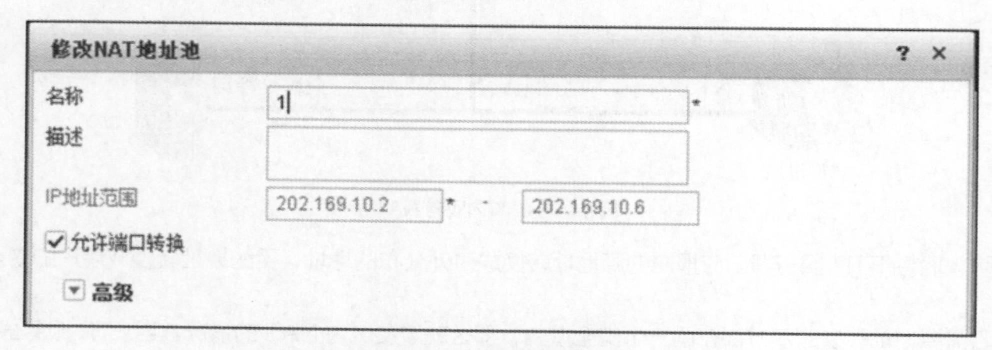

图 11-19　配置 NAT 地址池

源安全区域通常为转换前的私网 IP 地址所在的安全区域。在本例中为 Trust 区域。目的安全区域通常为转换后的公网 IP 地址所在的安全区域。在本例中为 Untrust 区域。

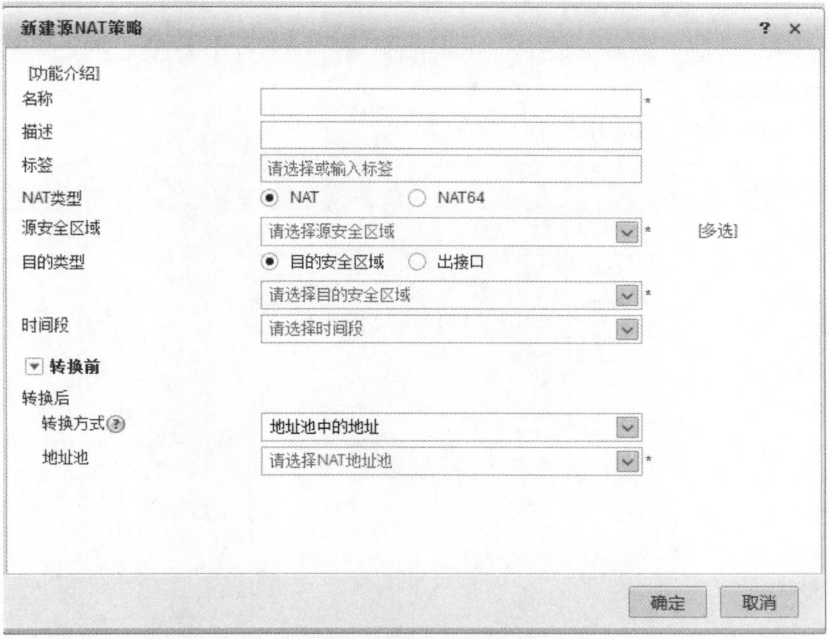

新建源NAT策略 ? ×

[功能介绍]
名称 *
描述
标签 请选择或输入标签
NAT类型 ● NAT ○ NAT64
源安全区域 请选择源安全区域 * [多选]
目的类型 ● 目的安全区域 ○ 出接口
请选择目的安全区域 *
时间段 请选择时间段
▼ 转换前
转换后
转换方式 地址池中的地址
地址池 请选择NAT地址池 *

确定 取消

图 11-20 配置源 NAT 策略

11.5.2 防火墙 NAT Server 配置

1. 命令视图（CLI）

（1）配置内部 Web 和 FTP 服务器

```
[USG]nat server wwwserver protocol tcp global 202.169.10.1 80 inside 192.168.20.2
8080
[USG]nat server ftpserver protocol tcp global 202.169.10.1 ftp inside 192.168.20.3
ftp
```

USG 上同时配置 NAT 和内部服务器时，内部服务器优先级较高，首先起作用。

多个不同内部服务器使用一个公有地址对外发布时，可以多次使用 nat server 命令对其进行配置，并使用协议进行区分。

（2）配置域间包过滤规则

```
[USG]security-policy
[USG-policy-security]rule name p1
[USG-policy-security-rule-p1]source-zone untrust
[USG-policy-security-rule-p1]destination-zone DMZ
[USG-policy-security-rule-p1]destination-address 192.168.20.2 32
[USG-policy-security-rule-p1]service http
[USG-policy-security-rule-p1]action permit
[USG-policy-security]rule name p2
[USG-policy-security-rule-p2]source-zone untrust
[USG-policy-security-rule-p2]destination-zone DMZ
[USG-policy-security-rule-p2]destination-address 192.168.20.3 32
```

```
[USG-policy-security-rule-p2]service ftp
[USG-policy-security-rule-p2]action permit
```

2. Web 界面配置

Web 视图配置如图 11-21 和图 11-22 所示。

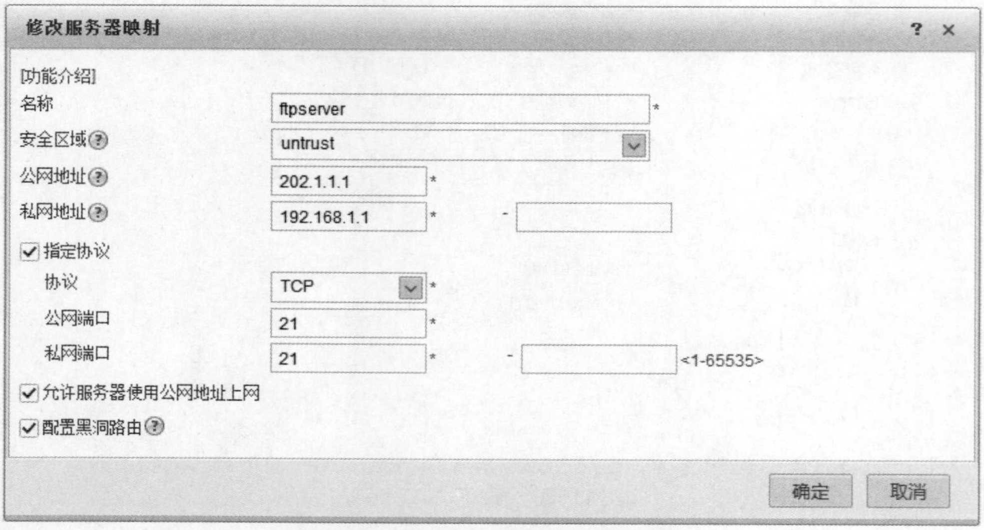

修改服务器映射
[功能介绍]
名称 ftpserver *
安全区域 untrust
公网地址 202.1.1.1 *
私网地址 192.168.1.1 * -
指定协议
协议 TCP *
公网端口 21 *
私网端口 21 * - <1-65535>
允许服务器使用公网地址上网
配置黑洞路由
确定 取消

图 11-21 配置内部 Web 和 FTP 服务器

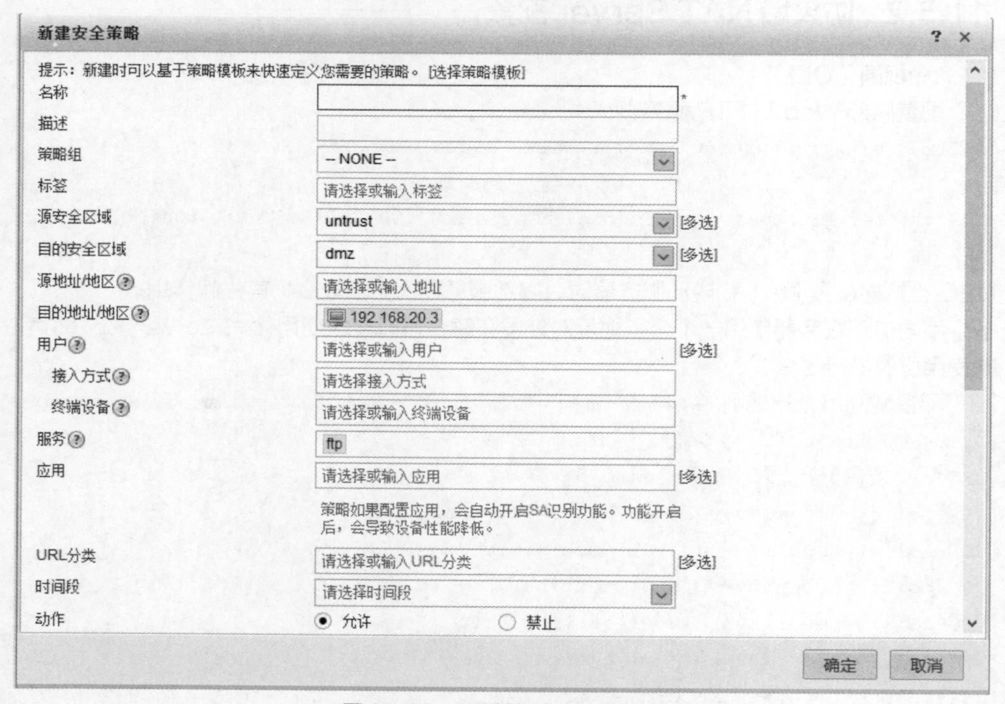

图 11-22 配置域间安全转发策略

配置 NAT Server 时，外部地址为内部服务器提供给外部用户访问的公网 IP 地址。内部地址为内部服务器在局域网中的 IP 地址。

在 Web 配置界面中，配置域间包过滤规则的步骤如下。

（1）选择“防火墙 > 安全策略 > 转发策略”。

（2）在“转发策略列表”中，单击“新建”。

（3）依次输入或选择各项参数。

11.5.3 NAT 双出口场景配置

在图 11-23 所示案例中，企业从每个运营商处都获取到了一个公网 IP 地址，为了保证所有用户的访问速度，需要让不同运营商的用户通过访问相应的运营商的 IP 来访问企业提供的服务，而不需要经过运营商之间的中转。同时，对于企业内网的用户也可以通过两个运营商所提供的网络访问到 Internet 资源。

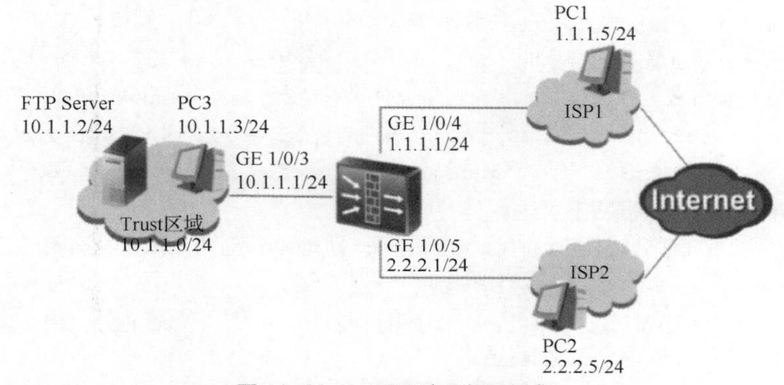

图 11-23 NAT 双出口组网需求

ISP1 和 ISP2 作为 Internet 运营商，两者都连接 Internet 并可以互通。配置思路如图 11-24 所示。

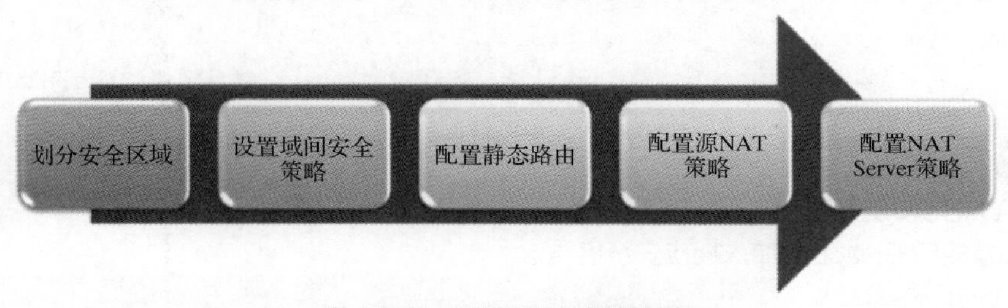

图 11-24 NAT 双出口配置思路

1. 源 NAT 双出口配置（CLI）

（1）创建安全区域。为 ISP1 和 ISP2 分别创建一个安全区域。

```
[USG]flrewall zone name ISP1
[USG-zone-isp1]set priority 10
[USG]flrewall zone name ISP2
[USG-zone-isp1]set priority 20
```

（2）配置各接口的 IP 地址，并将其加入相应的安全区域。

```
[USG] interface GigabitEthernet 1/0/3
[USG-GigabitEthernet0/0/3] ip address 10.1.1.1 24
[USG] interface GigabitEthernet 1/0/4
[USG-GigabitEthernet0/0/4] ip address 1.1.1.1 24
```

```
[USG-GigabitEthernet0/0/4] quit
[USG] interface GigabitEthernet 1/0/5
[USG-GigabitEthernet0/0/5] ip address 2.2.2.1 24
[USG]firewall zone trust
[USG-zone-trust] add interface gigabitetherent 1/0/3
[USG] firewall zone isp1
[USG-zone-isp1]add interface gigabitetherent 1/0/4
[USG] firewall zone isp2
[USG-zone-isp2]add interface gigabitetherent 1/0/5
```

（3）配置域间安全转发策略。开启内网到 ISP1 和 ISP2 区域的 outbound 方向策略。

```
[USG]security-policy
[USG-policy-security]rule name NAT_dual_egress
[USG-policy-security-rule-NAT_dual_egress]source-zone trust
[USG-policy-security-rule-NAT_dual_egress]destination-zone ISP1
[USG-policy-security-rule-NAT_dual_egress]source-address 10.1.1.0 24
[USG-policy-security-rule-NAT_dual_egress]action permit
```

（4）配置静态路由，保证路由可达。

假设通过 ISP1 和 ISP2 访问 Internet 资源的下一跳地址分别为 1.1.1.2/24 和 2.2.2.2/24。

```
[USG] ip route-static 0.0.0.0 0.0.0.0 1.1.1.2
[USG] ip route-static 0.0.0.0 0.0.0.0 2.2.2.2
```

（5）配置源 NAT 策略（ISP2 配置省略）。

```
[USG]nat-policy
[USG-policy-nat]rule name NAT_dual_egress
[USG-policy-nat-rule-NAT_dual_egress]source-zone trust
[USG-policy-nat-rule-NAT_dual_egress]destination-zone ISP1
[USG-policy-nat-rule-NAT_dual_egress]egress-interface GigabitEthernet 1/0/4
[USG-policy-nat-rule-NAT_dual_egress]action nat easy-ip
（ISP2 配置省略……）
```

2. NAT Server 双出口配置（CLI）

（1）配置接口 IP 地址并加入相应安全区域。

```
<USG> system-view
[USG] interface GigabitEthernet 1/0/3
[USG-GigabitEthernet1/0/3] ip address 10.1.1.1 24
[USG-GigabitEthernet1/0/3] quit
[USG] interface GigabitEthernet 1/0/4
[USG-GigabitEthernet1/0/4] ip address 1.1.1.1 24
[USG-GigabitEthernet1/0/4] quit
[USG] interface GigabitEthernet 1/0/5
[USG-GigabitEthernet1/0/5] ip address 2.2.2.1 24
[USG-GigabitEthernet1/0/5] quit
[USG] firewall zone dmz
[USG-zone-dmz] add interface GigabitEthernet 1/0/3
[USG-zone-dmz] quit
```

```
[USG] firewall zone untrust
[USG-zone-untrust] add interface GigabitEthernet 1/0/4
[USG-zone-untrust] add interface GigabitEthernet 1/0/5
[USG-zone-untrust] quit
```

（2）配置域间安全策略，开启 ISP1 和 ISP2 区域到内网方向策略。

```
[USG]security-policy
[USG-policy-security]rule name nat_server
[USG-policy-security-rule-nat_server]source-zone ISP1
[USG-policy-security-rule-nat_server]destination-zone trust
[USG-policy-security-rule-nat_server]destination-address 10.1.1.2 32
[USG-policy-security-rule-nat_server]service ftp
[USG-policy-security-rule-nat_server]action permit
（ISP2 配置省略……）
```

（3）创建内网服务器的公网 IP 与私网 IP 的映射关系。

```
[USG]nat server zone isp1 protocol tcp global 1.1.1.1 ftp insisde 10.1.1.2 ftp
[USG]nat server zone isp2 protocol tcp global 2.2.2.1 ftp insisde 10.1.1.2 ftp
```

（4）NAT ALG 默认已经在防火墙全局开启，同时可以单独在域间进行配置，使服务器可以正常对外提供 FTP 服务。

```
[USG]firewall interzone dmz isp1
[USG-interzone-dmz-isp1]detect ftp
[USG-interzone-dmz-isp1]quit
[USG]firewall interzone dmz isp2
[USG-interzone-dmz-isp2]detect ftp
[USG-interzone-dmz-isp2]quit
```

在本例中，ISP1 和 ISP2 可以划为同一安全区域也可以设置为不同的安全区域。在这种时候，采用 nat server zone 方式可以使防火墙识别报文“来自”或者“去往”的域，对报文的目的地址和源地址通过 nat server 所创建的地址映射关系进行转换。

综合实验：网络地址转换

（1）实验目的

掌握防火墙 NAT 的配置方法。

（2）实验拓扑图

拓扑图如图 11-25 所示。

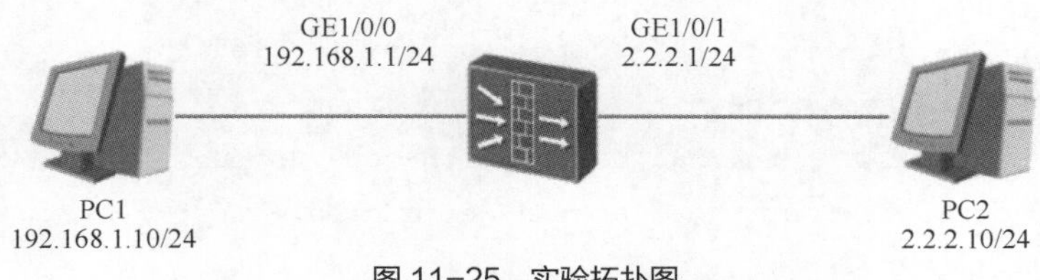

图 11-25 实验拓扑图

（3）实验步骤

步骤 1：配置 PC1 和 PC2 的 IP 地址分别为 192.168.1.10/24 和 2.2.2.10/24。

步骤 2：按拓扑图设置防火墙 GE1/0/0 和 GE1/0/1 接口的 IP 地址。

```
<USG>sys
[USG]interface GigabitEthernet 1/0/0
[USG-GigabitEthernet1/0/0]ip address 192.168.1.1 24
[USG-GigabitEthernet1/0/0]quit
[USG]interface GigabitEthernet 1/0/1
[USG-GigabitEthernet1/0/1]ip address 2.2.2.1 24
[USG-GigabitEthernet1/0/1]quit
```

步骤 3：将接口加入防火墙安全区域。

① 将防火墙的 1/0/0 接口加入 Trust 区域。

```
[USG]firewall zone trust
[USG -zone-trust]add interface GigabitEthernet 1/0/0
[USG -zone-trust]quit
```

② 将防火墙的 1/0/1 接口加入 Untrust 区域。

```
[USG]firewall zone untrust
[USG -zone-untrust]add interface GigabitEthernet 1/0/1
[USG -zone-untrust]quit
```

步骤 4：配置域间包过滤策略。

```
[USG]security-policy
```

① 建立名为 source_net 的安全策略。

```
[USG-policy-security]rule name source_net
```

② 添加 192.168.1.0 网段。

```
[USG-policy-security-rule-source_net]source-address 192.168.1.0 24
```

③ 设置源区域为 Trust，目标区域为 Untrust，并允许通过。

```
[USG-policy-security-rule-source_net]source-zone trust
[USG-policy-security-rule-source_net]destination-zone untrust
[USG-policy-security-rule-source_net]action permit
```

步骤 5：配置 NAT 地址池，公网地址范围为 2.2.2.2～2.2.2.5。

```
[USG]nat address-group q
[USG-address-group-q]section 2.2.2.2 2.2.2.5
```

步骤 6：配置 NAT policy。

```
[USG]nat-policy
[USG-policy-nat]rule name source_nat
[USG-policy-nat-rule-source_nat]destination-address 2.2.2.10 24
[USG-policy-nat-rule-source_nat]source-address 192.168.1.0 24
[USG-policy-nat-rule-source_nat]source-zone trust
[USG-policy-nat-rule-source_nat]destination-zone untrust
[USG-policy-nat-rule-source_nat]action nat address-group q
```

步骤 7：验证结果。

① 从 PC1 ping PC2 的 IP 地址。

② 在防火墙使用 display firewall session table 命令查看 NAT 情况。

```
[USG]display firewall session table
```

```
Current Total Sessions : 11
icmp VPN: public --> public 192.168.1.10:60717[2.2.2.4:2063] --> 2.2.2.10:2048
```

本章小结

本章主要讲述了 NAT 技术原理、NAT 技术分类（源 NAT、目的 NAT、服务器映射）、NAT 技术优缺点、NAT 典型场景配置等知识，让读者对于网络 IP 地址复用技术有了更明确的了解，对局域网用户上网方式配置等知识能够初步掌握。

课后习题

1. Easy IP 的应用场景是什么?
2. 基于目的 IP 地址 NAT 中 no-reverse 参数的意义是什么?
3. 域间双向 NAT 与域内双向 NAT 应用场景有何不同?
4. 在不同类型的 NAT 应用场景中，域间包过滤规则配置应注意哪些方面?

第 12 章

防火墙双机热备技术

12

拓展阅读

知识目标

① 了解防火墙双机热备技术。

② 熟悉防火墙双机热备配置。

能力目标

① 掌握双机热备技术原理。

② 学会双机热备基本配置。

课程导入

小安是一家信息科技公司的技术员，公司的防火墙由于硬件故障，不定时地出现问题，多次导致公司的互联网业务中断。为了解决此问题，提高公司网络的可靠性、容错性，小安提出了防火墙双机热备的解决方案，即在公司网络出口位置多部署一台防火墙设备，形成双机备份，以有效解决因单台设备出现意外故障而导致网络中断的风险。

相关内容

12.1 双机热备技术原理

12.1.1 双机热备技术的产生

传统的组网方式如图 12-1 所示，内部用户和外部用户的交互报文全部通过 FirewallA 进行传输。如果 FirewallA 出现故障，内部网络中所有以 FirewallA 作为默认网关的主机与外部网络之间的通信将中断，通信可靠性无法得到保证。

双机热备技术的出现改变了可靠性难以保证的尴尬状态，通过在网络出口位置部署两台或多台网关设备，保证了内部网络与外部网络之间的通信畅通。

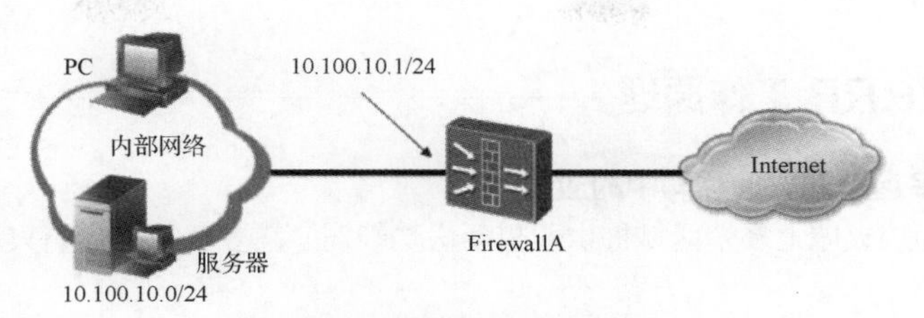

图 12-1 传统组网方式

防火墙作为安全设备，一般会部署在需要保护的网络和不受保护的网络之间，即位于业务接口点上。在这种业务点上，如果仅仅使用一台防火墙设备，无论其可靠性多高，系统都可能会承受因为单点故障而导致网络中断的风险。为了防止一台设备出现意外故障而导致网络业务中断，可以采用两台防火墙形成双机备份。

12.1.2 双机热备在路由器上部署

为了避免路由器传统组网所引起的单点故障的发生，通常情况可以采用多条链路的保护机制，依靠动态路由协议进行链路切换。但这种方式存在一定的局限性，当不能使用动态路由协议时，仍然会导致链路中断的问题，因此推出了另一种保护机制——VRRP（Virtual Router Redundancy Protocol，虚拟路由冗余协议）。如图 12-2 所示，采用 VRRP 的链路保护机制比依赖动态路由协议的广播报文来进行链路切换的时间更短，同时弥补了不能使用动态路由情况下的链路保护。

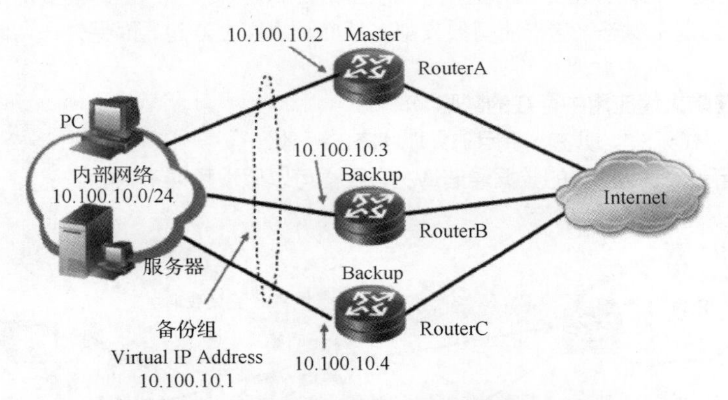

图 12-2 路由器组网中通过 VRRP 实现设备冗余

VRRP 是一种基本的容错协议。

（1）备份组：同一个广播域的一组路由器组织成一个虚拟路由器，备份组中的所有路由器一起，共同提供一个虚拟 IP 地址，作为内部网络的网关地址。

（2）主（Master）路由器：在同一个备份组中的多个路由器中，只有一台处于活动状态，只有主路由器能转发以虚拟 IP 地址作为下一跳的报文。

（3）备份（Backup）路由器：在同一个备份组中的多个路由器中，除主路由器外，其他路由器均为备份路由器，处于备份状态。

主路由器通过组播方式定期向备份路由器发送通告报文（HELLO），备份路由器则负责监听通告报文，以此来确定其状态。由于 VRRP HELLO 报文为组播报文，所以要求备份组中的各路由器通过二层设备相连，即启用 VRRP 时上下行设备必须具有二层交换功能，否则备份路由器无法收到主路由器发送的 HELLO 报文。如果组网条件不满足，则不能使用 VRRP。

12.1.3 VRRP 工作原理

1. VRRP 在多区域防火墙组网中的应用

在图 12-3 中为防火墙上多个区域提供双机备份功能时，需要在每一台防火墙上配置多个 VRRP 备份组。

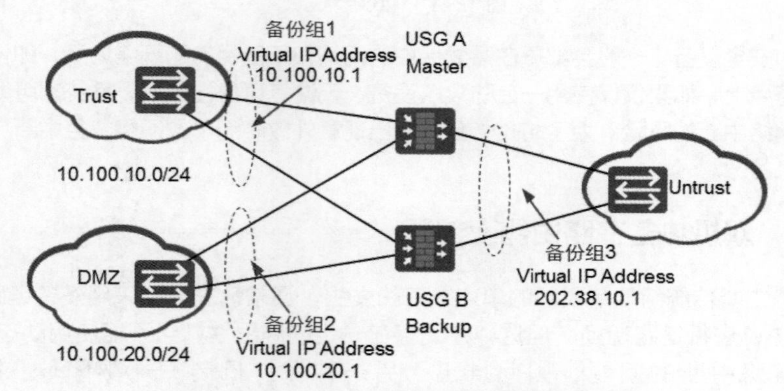

图 12-3 VRRP 在多区域防火墙组网中的应用

由于 USG 防火墙是状态防火墙，它要求报文的来回路径通过同一台防火墙。为了满足这个限制条件，就要求在同一台防火墙上的所有 VRRP 备份组状态保持一致，即需要保证在主防火墙上所有 VRRP 备份组都是主状态，这样所有报文都将从此防火墙上通过，而另外一台防火墙则充当备份设备。

2. VRRP 在防火墙应用中存在的缺陷

传统 VRRP 方式无法实现主、备用防火墙状态的一致性。

如图 12-4 所示，根据现实的数据通信情况，我们可以假设两种不同的情况。

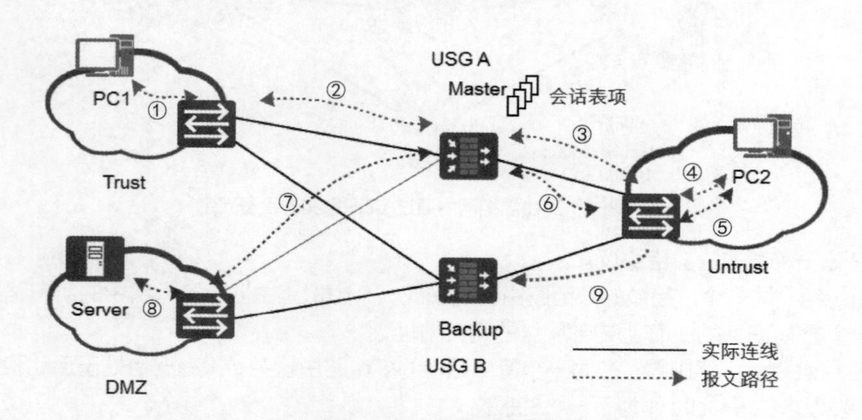

图 12-4 VRRP 在多区域防火墙组网中的缺陷

（1）假设 USG A 和 USG B 的 VRRP 状态一致，即 USG A 的所有接口均为主用状态，USG B 的所有接口均为备用状态。此时，Trust 区域的 PC1 访问 Untrust 区域的 PC2，报文的转发路线为①—②—③—④。USG A 转发访问报文时，动态生成会话表项。当 PC2 的返回报文经过④—③到达 USG A 时，由于能够命中会话表项，才能再经过②—①到达 PC1，顺利返回。同理，PC2 和 DMZ 区域的 Server 也能互访。

（2）假设 USG A 和 USG B 的 VRRP 状态不一致，例如，当 USG B 与 Trust 区域相连的接口为备用状态，但与 Untrust 区域的接口为主用状态，则 PC1 的报文通过 USG A 设备到达 PC2 后，在 USG A 上动态生成会话表项。PC2 的返回报文通过路线④—⑨返回。此时由于 USG B 上没有相应数据流的会话表项，在没有其他报文过滤规则允许通过的情况下，USG B 将丢弃该报文，导致会话中断。

路由器和状态检测防火墙的报文转发机制不同，导致了不同的转发结果。

（1）路由器：每个报文都会查路由表，当匹配上后才进行转发，当链路切换后，后续报文不会受到影响，继续进行转发。

（2）状态检测防火墙：如果首包允许通过会建立一条五元组的会话连接，只有命中该会话表项的后续报文（包括返回报文）才能够通过防火墙；如果链路切换后，后续报文找不到正确的表项，会导致业务中断。

注意 当路由器配置 NAT 后也会存在同样的问题，因为在进行 NAT 后会形成一个 NAT 转换后的表项。

3. VRRP 用于防火墙多区域备份（VGMP）

为了保证所有 VRRP 备份组切换的一致性，在 VRRP 的基础上进行了扩展，推出了 VGMP（VRRP Group Management Protocol）来弥补此局限。VGMP 提出 VRRP 管理组的概念，将同一台防火墙上的多个 VRRP 备份组都加入到一个 VRRP 管理组，由管理组统一管理所有 VRRP 备份组。通过统一控制各 VRRP 备份组状态的切换，来保证管理组内的所有 VRRP 备份组状态都是一致的，如图 12-5 所示。

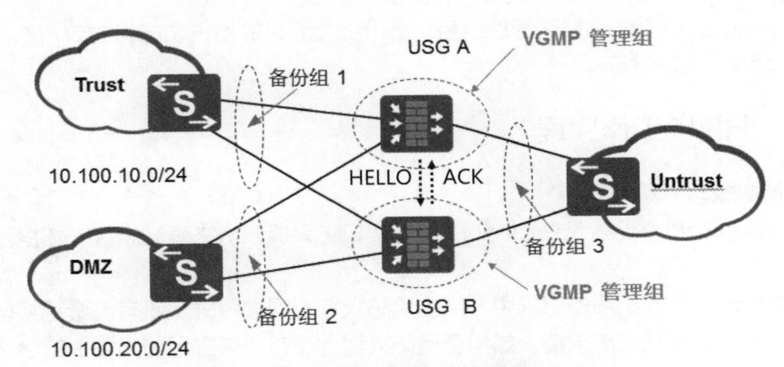

图 12-5 VGMP 基本原理

VRRP 在防火墙中应用的要求主要有两种：VRRP 状态的一致性和会话表状态备份。

VGMP 不同状态下，VRRP 备份组的状态将有所不同，具体如下。

（1）当防火墙上的 VGMP 为 Active/Standby 状态时，组内所有 VRRP 备份组的状态统一为 Active/Standby 状态。

（2）状态为 Active 的 VGMP 也会定期向对端发送 HELLO 报文，通知 Standby 端本身的运行状态（包括优先级、VRRP 成员状态等）。

（3）当防火墙上的 VGMP 为 Active 状态时，组内所有 VRRP 备份组的状态统一为 Active 状态，所有报文都将从该防火墙上通过，该防火墙成为主用防火墙。此时另外一台防火墙上对应的 VGMP 为备用状态，该防火墙成为备用防火墙。

4. VGMP 基本原理

通过指定 VGMP 组的状态来决定谁将成为主用防火墙或备用防火墙。

防火墙的 VGMP 优先级中有一个初始优先级，当防火墙的接口或者单板等出现故障时，会在初始优先级基础上减去一定的降低值。

USG6000 和 NGFW Module 的初始优先级为 45000。USG9500 的 VGMP 组的初始优先级与 LPU 板（接口板）上的插卡个数和 SPU 板（业务板）上的 CPU 个数有关。

组内 VRRP 备份状态为 Active 的 VGMP 会定期向对端发送 HELLO 报文，通知 Standby 端本身的运行状态（包括优先级、VRRP 成员状态等）。成员的状态动态调整，以此完成两台防火墙的主备倒换。

与 VRRP 类似，与 VRRP 不同的是，Standby 端收到 HELLO 报文后，会回应一个 ACK 消息，该消息中也会携带本身的优先级、VRRP 成员状态等。

VGMP HELLO 报文发送周期默认为 1s。当 Standby 端 3 个 HELLO 报文周期没有收到对端发送的 HELLO 报文时，会认为对端出现故障，从而将自己切换到 Active 状态。

5. VGMP 组管理

（1）状态一致性管理

各备份组的主/备状态变化都需要通知其所属的 VGMP 管理组，由 VGMP 管理组决定是否允许 VRRP 备份组进行主/备状态切换。如果需要切换，则 VGMP 管理组控制所有的 VRRP 备份组统一切换。VRRP 备份组加入到管理组后，状态不能自行单独切换。

（2）抢占管理

VRRP 备份组本身具有抢占功能。即当原来出现故障的主设备故障恢复时，其优先级也会恢复，此时可以重新将自己的状态抢占为主状态。

VGMP 管理组的抢占功能和 VRRP 备份组类似，当管理组中出现故障的备份组故障恢复时，管理组的优先级也将恢复。此时 VGMP 可以决定是否需要重新抢占成为主设备。

当 VRRP 备份组加入到 VGMP 管理组后，备份组上原来的抢占功能将失效，抢占行为发生与否必须由 VGMP 管理组统一决定。

12.1.4 HRP 工作原理

1. HRP 基本概念

HRP（Huawei Redundancy Protocol）用来实现防火墙双机之间动态状态数据和关键配置命令的备份。

如图 12-6 所示，在双机热备组网中，当主用防火墙出现故障时，所有流量都将切换到备用防火墙。因为 USG 防火墙是状态防火墙，如果备用防火墙上没有原来主用防火墙上的会话表等连接状态数据，则切换到备用防火墙的流量将无法通过防火墙，造成现有的连接中断，此时用户必须重新发起连接。

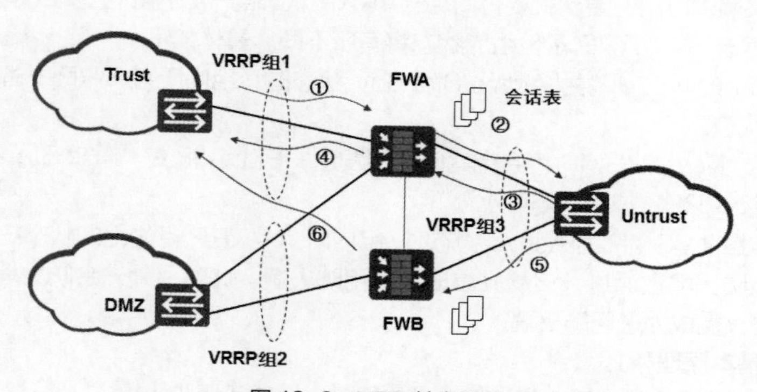

图 12-6　HRP 基本原理

HRP 模块提供了基础的数据备份机制和传输功能。各个应用模块收集本模块需要备份的数据，提交给 HRP 模块，HRP 模块负责将数据发送到对端防火墙的对应模块，应用模块需要再将 HRP 模块提交上来的数据进行解析，并加入到防火墙的动态运行数据池中，主要包含以下内容。

（1）备份内容：要备份的连接状态数据包括 TCP/UDP 的会话表、Server Map 表项、动态黑名单、NO-PAT 表项、ARP 表项等。

（2）备份方向：防火墙上由状态为主的 VGMP 管理组向对端备份。

（3）备份通道：一般情况下，在两台设备上直连的端口作为备份通道，有时也称为“心跳线”（VGMP 也通过该通道进行通信）。

2. HRP 心跳口

两台防火墙（FW）之间备份的数据是通过心跳口发送和接收的，是通过心跳链路（备份通道）传输的。

如图 12-7 所示，心跳口必须是状态独立且具有 IP 地址的接口，可以是一个物理接口（GE 接口），也可以是为了增加带宽，由多个物理接口捆绑而成的一个逻辑接口（Eth-Trunk）。

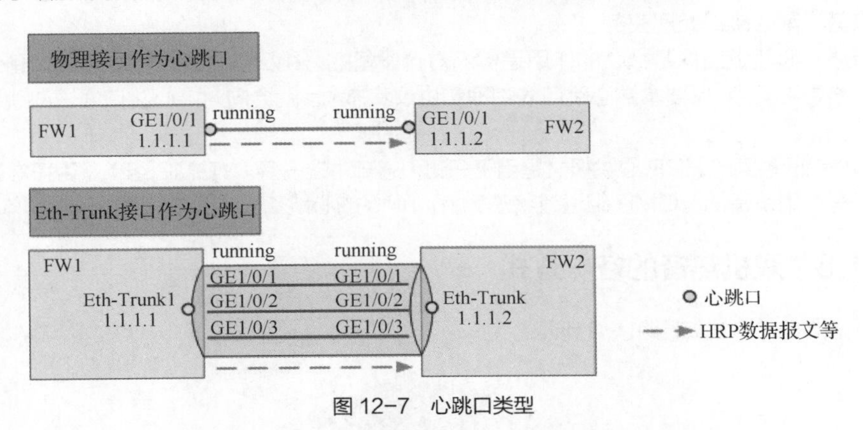

图 12-7　心跳口类型

通常情况下，备份数据流量约为业务流量的 20%～30%，可以根据备份数据量的大小选择捆绑物理接口的数量。

如图 12-8 所示，HRP 心跳口共有 5 种状态。

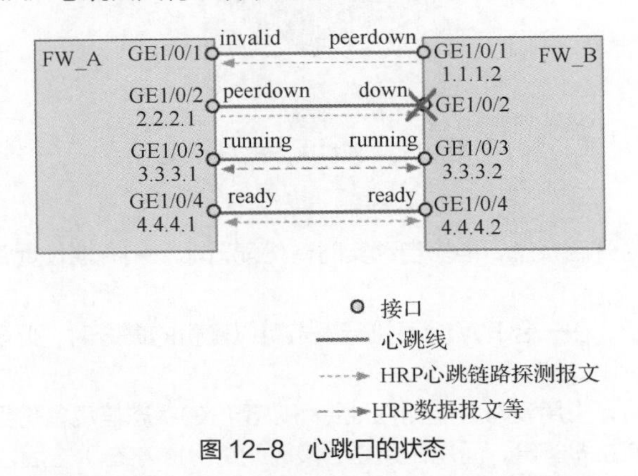

图 12-8　心跳口的状态

（1）invalid：当本端 FW 上的心跳口配置错误时显示此状态（物理状态 up，协议状态 down），如指定的心跳口为二层接口或未配置心跳口的 IP 地址。

（2）down：当本端 FW 上的心跳口的物理与协议状态均为 down 时，则会显示此状态。

(3) peerdown：当本端 FW 上的心跳口的物理与协议状态均为 up 时，则心跳口会向对端对应的心跳口发送心跳链路探测报文。如果收不到对端响应的报文，那么 FW 会设置心跳口状态为 peerdown。但是心跳口还会不断发送心跳链路探测报文，以便当对端的对应心跳口 up 后，该心跳链路能处于连通状态。

(4) ready：当本端 FW 上的心跳口的物理与协议状态均为 up 时，则心跳口会向对端对应的心跳口发送心跳链路探测报文。如果对端心跳口能够响应此报文（也发送心跳链路探测报文），那么 FW 会设置本端心跳口状态为 ready，随时准备发送和接受心跳报文。这时心跳口依旧会不断发送心跳链路探测报文，以保证心跳链路的状态正常。

(5) running：当本端 FW 有多个处于 ready 状态的心跳口时，FW 会选择最先配置的心跳口形成心跳链路，并设置此心跳口的状态为 running。如果只有一个处于 ready 状态的心跳口，那么它自然会成为状态为 running 的心跳口。状态为 running 的接口负责发送 HRP 心跳报文、HRP 数据报文、HRP 链路探测报文、VGMP 报文和一致性检查报文。这时其余处于 ready 状态的心跳口处于备份状态，当处于 running 状态的心跳口或心跳链路故障时，其余处于 ready 状态的心跳口依次（按配置先后顺序）接替当前心跳口处理业务。

综上所述，心跳链路探测报文的作用是检测对端设备的心跳口能否正常接收本端设备的报文，以确定心跳链路是否可用。只要本端心跳口的物理和协议状态 up 就会向对端心跳口发送心跳链路探测报文进行探测。

而我们在前面讲到的 HRP 心跳报文是用于探测和感知对端设备（VGMP 组）是否正常工作。HRP 心跳报文只有主用设备的 VGMP 组通过状态为 running 的心跳口发出。

12.1.5 双机热备的备份方式

双机热备的备份方式如图 12-9 所示。

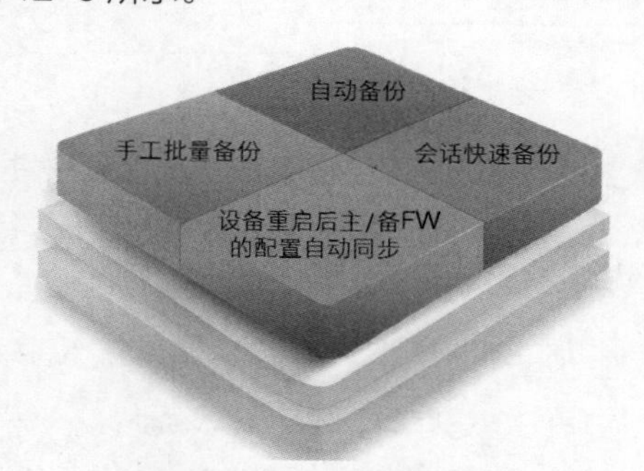

图 12-9 双机热备的备份方式

1. 自动备份

自动备份功能默认为开启状态，能够自动实时备份配置命令和周期性地备份状态信息，适用于各种双机热备组网。

启用自动备份功能后，在一台 FW 上每执行一条可以备份的命令时，此配置命令就会被立即同步备份到另一台 FW 上。

启用自动备份功能后，主用设备会周期性地将可以备份的状态信息备份到备用设备上。即主用设备的状态信息建立后不会立即备份，而是在建立一段时间（10s 左右）之后才会备份到备用设备。

自动备份不会备份以下类型的会话。

(1) 到防火墙自身的会话，如管理员登录防火墙时产生的会话。

(2) 未完成三次握手的 TCP 半连接会话（快速备份支持备份此会话）。

（3）只为 UDP 首包创建，而不被后续包匹配的会话（快速备份支持备份此会话）。

2. 手工批量备份

手工批量备份需要管理员手工触发，每执行一次手工批量备份命令，主用设备就会立即同步一次配置命令和状态信息到备用设备。因此手工批量备份主要适用于主/备设备之间配置不同步，需要手工同步的场景。

执行手工批量备份命令后，主用（配置主）设备会立即同步一次可以备份的配置命令到备用（配置备）设备。

执行手工批量备份命令后，主用设备会立即同步一次可以备份的状态信息到备用设备，而不必等到自动备份周期的到来。

3. 会话快速备份

会话快速备份功能适用于负载分担的工作方式，以应对报文来回路径不一致的场景。负载分担组网下，由于两台防火墙都是主用设备，都能转发报文，所以可能存在报文的来回路径不一致的情况，即来回两个方向的报文分别从不同的防火墙经过。这时如果两台防火墙的会话没有及时相互备份，则回程报文会因为没有匹配到会话表项而被丢弃，从而导致业务中断。所以为防止上述现象发生，需要在负载分担组网下配置会话快速备份功能，使两台防火墙能够实时地相互备份会话，使回程报文能够查找到相应的会话表项，从而保证内外部用户的业务不中断。

启用会话快速备份功能后，主用设备会实时地将可以备份的会话（包括上面提到的自动备份不支持的会话）都同步到备用设备上，即在主用设备会话建立的时候立即将其实时备份到备用设备。

4. 设备重启后主/备 FW 的配置自动同步

双机热备组网中，如果一台 FW 重启，重启期间业务都是由另一台 FW 承载。在此期间，承载业务的 FW 上可能会新增、删除或修改配置。为了保证主/备 FW 配置一致，在 FW 重启完成后，会自动从当前承载业务的 FW 上进行一次配置同步。

配置同步仅会同步支持备份的配置，如安全策略、NAT 策略等。不支持备份的配置，如 OSPF、BGP 等，还继续沿用原有的配置。

配置同步需要一定的时间。同步的时间与配置量有关，配置量越大同步配置所需时间也越长，最长可能需要 1 个小时左右。在配置同步期间，FW 上无法执行支持备份的配置命令。

12.2 双机热备基本组网与配置

12.2.1 双机热备基本组网

如图 12-10 所示，上下行业务接口工作在三层模式，连接二层设备时，需要在上下行的业务接口上配置 VRRP 备份组，使 VGMP 管理组能够通过 VRRP 备份组监测三层业务接口。

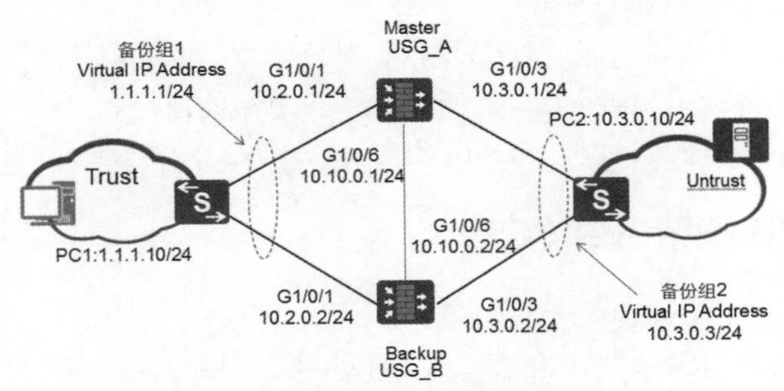

图 12-10 双机热备基本组网

双机热备组网最常见的是防火墙采用路由模式，下行交换机双线上联到防火墙，正常情况下防火墙 A 作为主设备，当防火墙 A 上行或下行链路 down 后，防火墙 B 自动切换为主设备，交换机流量走向防火墙 B。

12.2.2 VRRP 备份组配置命令（CLI）

1. 接口视图下配置 VRRP

（1）vrrp vrid virtual-router-ID virtual-ip virtual-address [ip-mask | ip-mask-length] { active | standby }

执行此命令时，指定 active 或 standby 参数后，即将该 VRRP 组加入了 VGMP 管理组的 Active 或 Standby 管理组。

每个普通物理接口（GigabitEthernet 接口）下最多配置 255 个 VRRP 组。

（2）vrrp vrid virtual-router-ID timer advertise adver-interval

此命令在接口视图下修改 VRRP 报文发送时间：Master 管理组默认情况下会每隔 1s 发送一次 VRRP 报文，可以在接口视图下调整 VRRP 报文发送间隔。

（3）vrrp vrid virtual-router-id ip-link link-id

此命令在接口视图下配置 ip-link：VRRP 也可以与 ip-link 进行配合，当上行链路断掉后，使 VRRP 能够进行主/备切换。

（4）hrp preempt [delay interval]

此命令配置 VGMP 管理组的抢占延迟时间，默认情况下，VGMP 管理组的抢占功能为启用状态，抢占延迟时间为 60s。

2. VRRP 配置举例

（1）USG_A 关于 VRRP 组 1 的配置

```
[USG_A]interface GigabitEthernet 1/0/1
[USG_A-GigabitEthernet 1/0/1 ]ip address 10.2.0.1 24
[USG_A-GigabitEthernet 1/0/1 ]vrrp vrid 1 virtual-ip 1.1.1.1 255.255.255.0 active
```

（2）USG_B 关于 VRRP 组 1 的配置

```
[USG_B]interface GigabitEthernet 1/0/1
[USG_B-GigabitEthernet1/0/1 ]ip address 10.2.0.2 24
[USG_B-GigabitEthernet 1/0/1 ]vrrp vrid 1 virtual-ip 1.1.1.1 255.255.255.0 standby
```

（3）USG_A 关于 VRRP 组 2 的配置

```
[USG_A]interface GigabitEthernet 1/0/3
[USG_A-GigabitEthernet 1/0/3 ]ip address 10.3.0.1 24
[USG_A-GigabitEthernet 1/0/3 ]vrrp vrid 2 virtual-ip 10.3.0.3 active
```

（4）USG_B 关于 VRRP 组 2 的配置

```
[USG_B]interface GigabitEthernet 1/0/3
[USG_B-GigabitEthernet 1/0/3 ]ip address 10.3.0.2 24
[USG_B-GigabitEthernet 1/0/3 ]vrrp vrid 2 virtual-ip 10.3.0.3 standby
```

12.2.3 HRP 配置命令（CLI）

1. 配置基础知识

在配置 HRP 时，两台 USG 心跳口的接口类型和编号必须相同，且心跳口不能为二层以太网接口。USG 支持使用 Eth-Trunk 接口作为心跳口，既提高了可靠性，又增加了备份通道的带宽。主/备 USG

的心跳口可以直接相连，也可以通过中间设备，如交换机或路由器连接。当心跳口通过中间设备相连时，需要配置 remote 参数来指定对端 IP 地址。

当两台设备启用主备 HRP 备份功能之后，会进行主/备状态的协商，最后得到一个主用设备（显示时以 HRP_A 表示）、一个备用设备（显示时以 HRP_S 表示）。两端首次协商出主/备后，主用设备将向备用设备备份配置和连接状态等信息。

启用允许配置备用设备的功能后，所有可以备份的信息都可以直接在备用设备上进行配置，且备用设备上的配置可以同步到主用设备。如果主/备设备上都进行了某项配置，则从时间上来说，后配置的信息会覆盖先配置的信息。

USG 工作于负载分担组网时，报文的来回路径可能会不一致，务必启用会话快速备份功能，使一台 USG 的会话信息立即同步至另一台 USG，保证内外部用户的业务不中断。

2. 配置关键点

（1）指定心跳口

```
hrp interface interface-type interface-number [ remote { ip-address | ipv6-address } ]
```

（2）启用 HRP 备份功能

```
hrp enable
```

（3）启用允许配置备用设备的功能

```
hrp standby config enable
```

（4）启用命令与状态信息的自动备份

```
hrp auto-sync [ config | connection-status]
```

（5）启用会话快速备份

```
hrp mirror session enable
```

3. HRP 配置举例

（1）USG_A 关于 HRP 配置

[USG_A]hrp enable：使能 HRP。

[USG_A]hrp mirror session enable：开启会话快速备份功能。

[USG_A]hrp interface GigabitEthernet 1/0/6：指定心跳口为 G1/0/6。

（2）USG_B 关于 HRP 的配置

```
[USG_B]hrp enable
[USG_B]hrp mirror session enable
[USG_B]hrp interface GigabitEthernet 1/0/6
```

4. 状态查询

（1）查看 VRRP 状态

查看处于 VRRP 备份组中的接口状态信息：

```
HRP_A<USG_A>display vrrp interface G1/0/3
GigabitEthernet1/0/3 | Virtual Router 2
    VRRP Group : Active
    state : Active
    Virtual IP : 10.3.0.3
    Virtual MAC : 0000-5e00-0102
    Primary IP : 10.3.0.1
    PriorityRun : 120
    PriorityConfig:100
```

```
        MasterPriority : 120
        Preempt : YES   Delay Time : 0
        Advertisement Timer : 1
        Auth Type : NONE
        Check TTL : YES
```

（2）查看HRP状态

查看处于Master状态防火墙的状态信息如下：

```
HRP_A<USG_A>dis hrp state
The firewall's config state is: ACTIVE
 Current state of virtual routers configured as active:
 GigabitEthernet1/0/1    vrid   1 : active
 GigabitEthernet1/0/3    vrid   2 : active
```

查看处于Slave状态防火墙的状态信息如下：

```
HRP_S[USG_B] display hrp state
The firewall's config state is: Standby
Current state of virtual routers configured as standby:
GigabitEthernet1/0/1    vrid   1 : standby
GigabitEthernet1/0/3    vrid   2 : standby
```

12.2.4 双机热备配置（Web界面）

（1）一致性检查。

① 单击“系统 > 高可靠性 > 双机热备 > 配置”进行双机热备相关配置。

② 单击“配置”进入“双机热备”配置界面，如图12-11所示，在配置界面中可以配置HRP的基本参数，以及对接口、VLAN、IP-Link、BFD的监视。

③ 单击“详细”按钮可以查看HRP的历史切换信息。

④ 单击“一致性检查”按钮可以对主/备防火墙的配置做一致性检查。

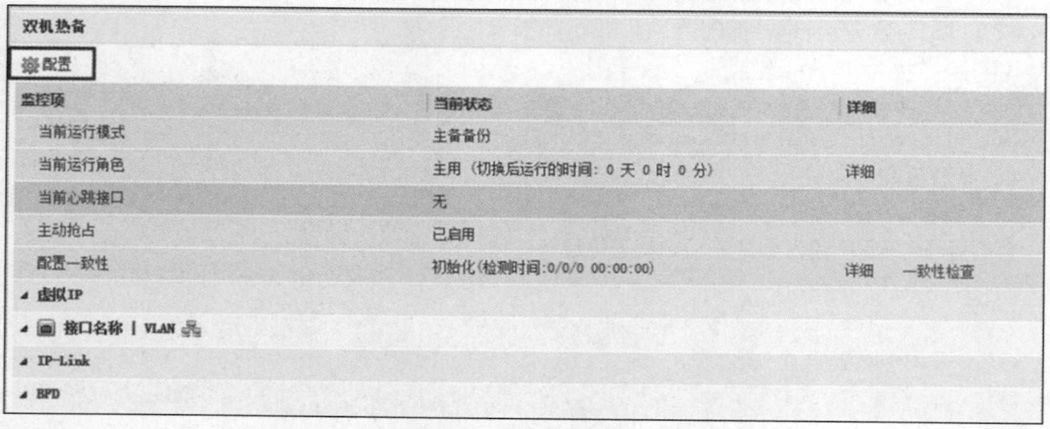

双机热备

配置

监控项	当前状态	详细
当前运行模式	主备备份	
当前运行角色	主用（切换后运行的时间：0 天 0 时 0 分）	详细
当前心跳接口	无	
主动抢占	已启用	
配置一致性	初始化(检测时间:0/0/0 00:00:00)	详细　一致性检查
虚拟IP		
接口名称 | VLAN		
IP-Link		
BFD		

图12-11　配置初始界面

（2）双机热备主用设备配置，如图12-12所示。

在“双机热备”配置界面单击“配置”按钮对主用设备USG_A进行配置，在“配置虚拟IP地址”下单击“新建”建立相应VRRP备份组。

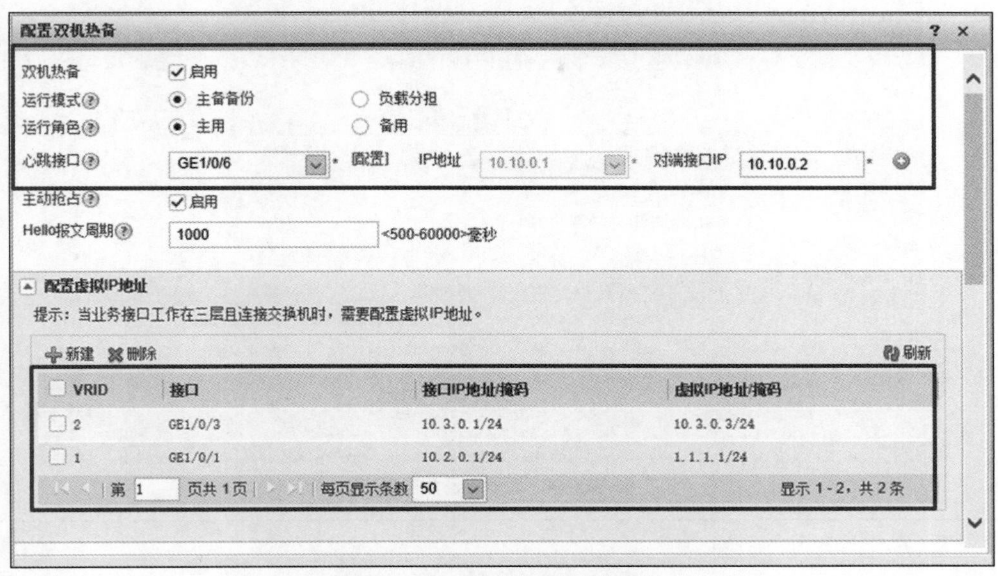

图 12-12　双机热备主用设备配置

（3）双机热备备用设备配置，如图 12-13 所示。

在“双机热备”配置界面单击“配置”按钮对备用设备 USG_B 进行配置，在“配置虚拟 IP 地址”下单击“新建”建立相应 VRRP 备份组。

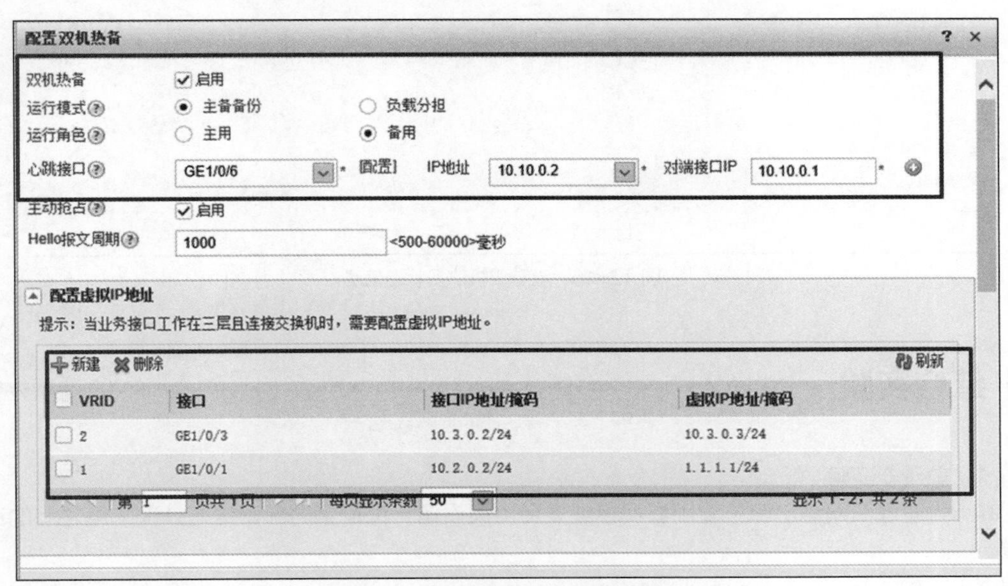

图 12-13　双机热备备用设备配置

（4）查看双机热备历史切换信息，如图 12-14 所示。

在“双机热备”界面，单击“详细”可以查看双机热备主备切换信息。

（5）查看双机热备状态信息，如图 12-15 所示。

在“双机热备”界面确认运行模式、角色及 VRRP 备份组的状态信息。

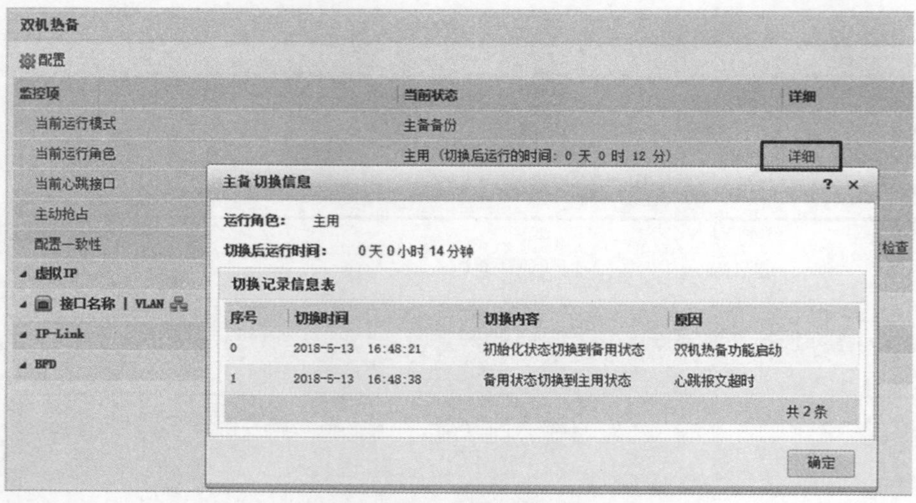

图 12-14　查看主备切换信息

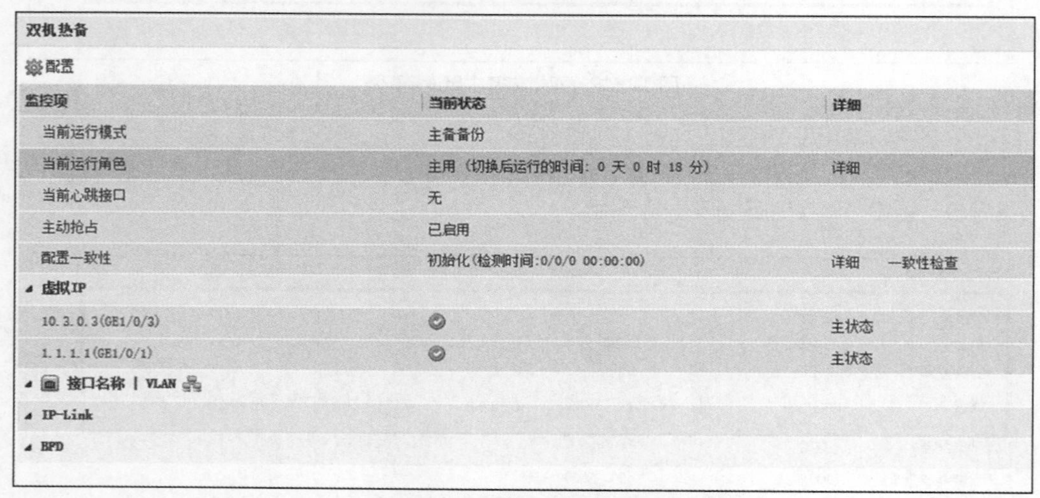

图 12-15　查看双机热备状态信息

综合实验

（1）关于本实验

本实验通过在网络出口位置部署两台或多台网关设备，保证了内部网络与外部网络之间的通信畅通。

（2）实验目的

① 理解双机热备的基本原理。

② 理解 VGMP 和 HRP。

③ 掌握通过 CLI 和 Web 方式配置防火墙双机热备。

（3）实验拓扑

实验拓扑图如图 12-16 所示。

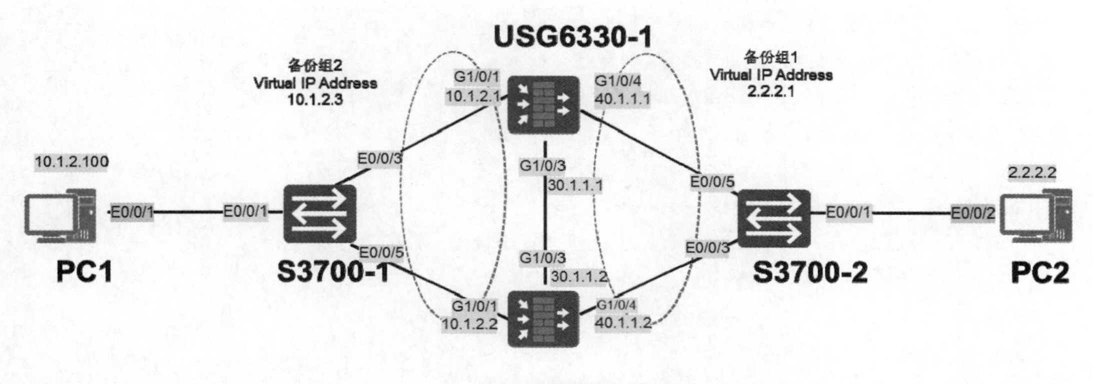

图 12-16　防火墙双机热备实验拓扑图

（4）实验规划

USG6330 作为安全设备被部署在业务节点上。其中上、下行设备均是交换机（Switch），USG6330-1、USG6330-2 以主备备份方式工作。端口地址和区域划分如表 12-1 所示。

表 12-1　端口地址和区域划分

设备名称	接口	IP 地址	区域
USG6330-1	G1/0/1	10.1.2.1	Trust
	G1/0/3	30.1.1.1	DMZ
	G1/0/4	40.1.1.1	Untrust
USG6330-2	G1/0/1	10.1.2.2	Trust
	G1/0/3	30.1.1.2	DMZ
	G1/0/4	40.1.1.2	Untrust
PC1	E0/0/1	10.1.2.100	Trust
PC2	E0/0/2	2.2.2.2	Untrust

（5）实验任务列表（见表 12-2）

表 12-2　实验任务列表

序号	任务	子任务	任务说明
1	配置基础数据	配置安全区域	将各接口划入安全区域
2	配置双机热备	配置双机热备	配置双机热备模式为主备模式，FW1 为主，FW2 为备
		配置虚拟 IP 地址	配置 VRRP 备份组 1 和 2
3	配置安全策略	放行域间转发安全策略	放行 Trust 到 Untrust 区域策略

（6）实验配置思路

① 配置基本的 IP 地址和所属安全区域，并且放行对应安全策略。

② 进行双机热备配置，备份方式为主/备备份，USG6330-1 为主用设备，USG6330-2 为备用设备。

（7）配置步骤（CLI）

① 完成 USG6330-1 上、下行业务接口的配置。配置各接口 IP 地址并加入相应安全区域。

```
<USG6330-1> system-view
[USG6330-1] interface GigabitEthernet 1/0/1
```

```
[USG6330-1-GigabitEthernet1/0/1] ip address 10.1.2.1 255.255.255.0
[USG6330-1-GigabitEthernet1/0/1] quit
[USG6330-1] interface GigabitEthernet 1/0/4
[USG6330-1-GigabitEthernet1/0/3] ip address 40.1.1.1 255.255.255.0
[USG6330-1-GigabitEthernet1/0/3] quit
[USG6330-1] firewall zone trust
[USG6330-1-zone-trust] add interface GigabitEthernet 1/0/1
[USG6330-1-zone-trust] quit
[USG6330-1] firewall zone untrust
[USG6330-1-zone-untrust] add interface GigabitEthernet 1/0/4
[USG6330-1-zone-untrust] quit
```

② 配置接口 GigabitEthernet 1/0/1 的 VRRP 备份组 1，并加入到状态为 Active 的 VGMP 管理组。

```
[USG6330-1] interface GigabitEthernet 1/0/1
[USG6330-1-GigabitEthernet1/0/1] vrrp vrid 1 virtual-ip 10.1.2.3 255.255.255.0
active
[USG6330-1-GigabitEthernet1/0/1] quit
```

③ 配置接口 GigabitEthernet 1/0/4 的 VRRP 备份组 2，并加入到状态为 Active 的 VGMP 管理组。

```
[USG6330-1] interface GigabitEthernet 1/0/4
[USG6330-1-GigabitEthernet1/0/4] vrrp vrid 2 virtual-ip 2.2.2.1 active
[USG6330-1-GigabitEthernet1/0/4] quit
```

④ 完成 USG6330-1 的心跳线配置，配置 GigabitEthernet1/0/3 的 IP 地址。

```
[USG6330-1] interface GigabitEthernet1/0/3
[USG6330-1-GigabitEthernet1/0/3] ip address 30.1.1.1 255.255.255.0
[USG6330-1-GigabitEthernet1/0/3] quit
```

⑤ 配置 GigabitEthernet1/0/3 加入 DMZ 区域。

```
[USG6330-1]firewall zone dmz
[USG6330-1-zone-dmz]add interface GigabitEthernet1/0/3
[USG6330-1-zone-dmz]quit
```

⑥ 指定 GigabitEthernet1/0/3 为心跳口。

```
[USG6330-1] hrp interface GigabitEthernet1/0/3
```

⑦ 配置 Trust 区域和 Untrust 区域的域间转发策略。

```
HRP_A[USG6330-1]security-policy
HRP_A[USG6330-1-policy-security] rule name policy_sec
HRP_A[USG6330-1-policy-security-rule-policy_sec] source-zone trust HRP_A
[USG6330-1-policy-security-rule-policy_sec] destination-zone untrust
HRP_A[USG6330-1-policy-security-rule-policy_sec] action permit
HRP_A[USG6330-1-policy-security-rule-policy_sec] quit
```

⑧ 启用 HRP 备份功能。

```
[USG6330-1] hrp enable
```

⑨ 配置 USG6330-2。

USG6330-2 和上述 USG6330-1 的配置基本相同，不同之处在于以下两点。

- USG6330-2 各接口的 IP 地址与 USG6330-1 各接口的 IP 地址不相同。
- USG6330-2 的业务接口 GigabitEthernet1/0/1 和 GigabitEthernet1/0/4 加入状态为 Standby 的 VGMP 管理组。

⑩ 配置 Switch。

分别将两台 Switch 的 3 个接口加入同一个 VLAN，默认即可，如需配置请参考交换机的相关文档。

（8）配置步骤（Web）

① 完成 USG6330-1 防火墙接口配置。

选择“网络 > 接口”，单击需要配置接口后面的配置按钮 。依次选择或输入各项参数，完成 GigabitEthernet1/0/1 接口配置，如图 12-17 所示。单击“确定”按钮。

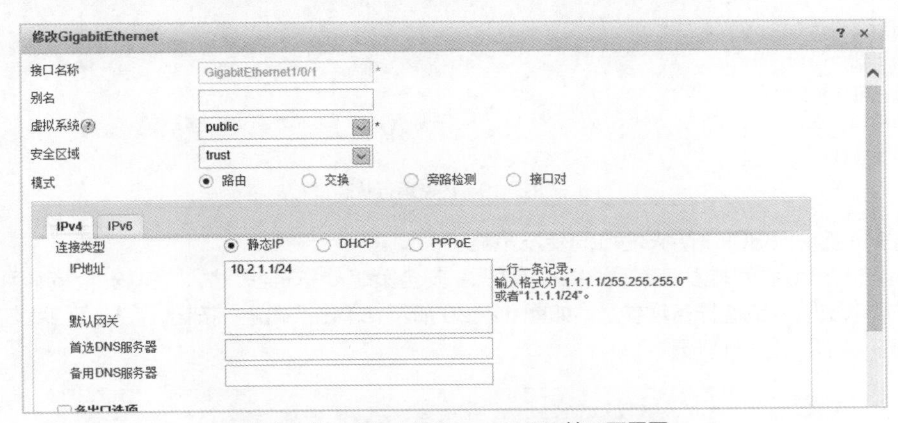

图 12-17　GigabitEthernet1/0/1 接口配置图

GigabitEthernet1/0/3 的配置与 GigabitEthernet1/0/1 类似。

② 完成 USG6330-1 防火墙 VRRP 备份组 1 和 VRRP 备份组 2 的配置。

选择“系统 > 高可靠性 > 双机热备”，单击“配置”，选中“启用”复选框后，按图 12-18 所示进行参数配置。

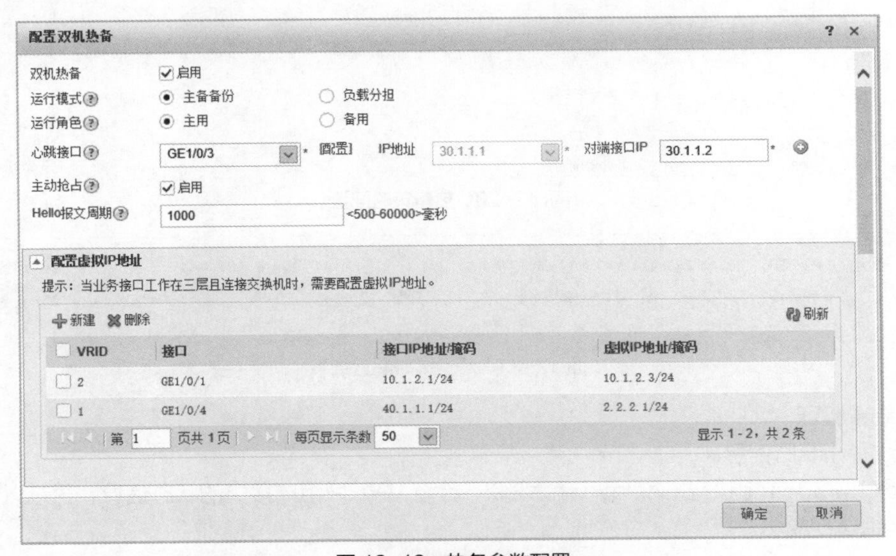

图 12-18　热备参数配置

USG6330-2 防火墙配置与 USG6330-1 防火墙基本一致，略。

在双机热备的配置界面可以查看双机热备的状态信息，如图 12-19 所示。

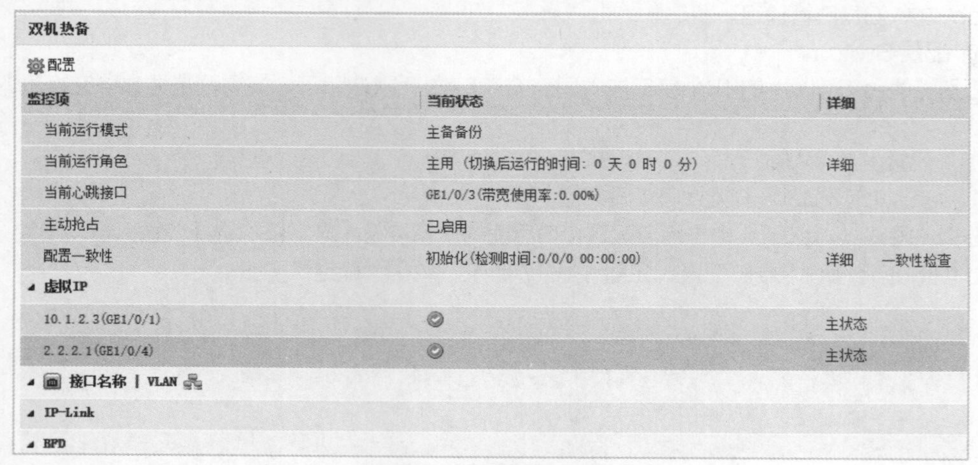

图 12-19　热备运行状态

③ 配置 USG6330-1 防火墙域间转发策略。

Trust 与 Untrust 间转发策略：选择“策略 > 安全策略 > 安全策略”，在“安全策略列表”中单击“新建”，依次输入或选择各项参数，如图 12-20 所示。单击“确定”按钮，完成 Trust 与 Untrust 间转发策略，如图 12-21 所示。

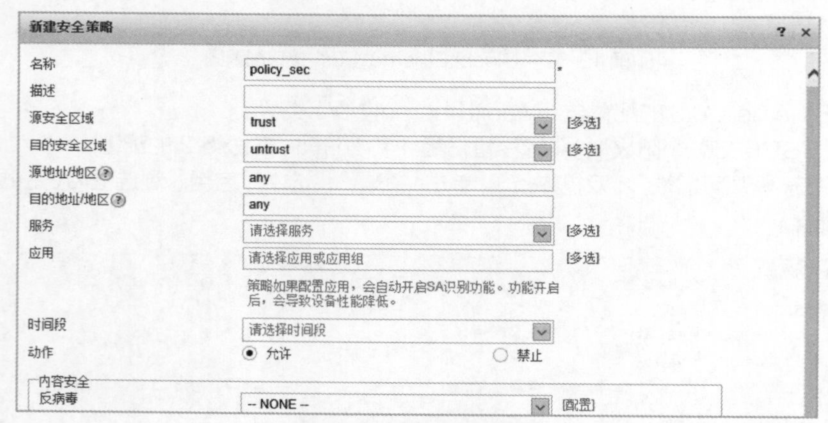

图 12-20　热备策略配置

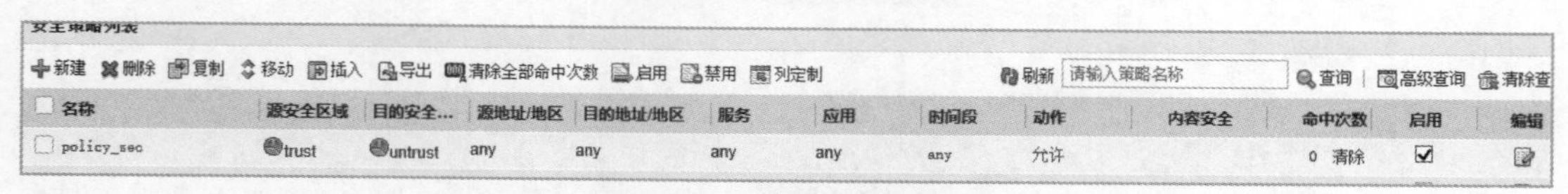

名称	源安全区域	目的安全...	源地址/地区	目的地址/地区	服务	应用	时间段	动作	内容安全	命中次数	启用	编辑
policy_sec	trust	untrust	any	any	any	any	any	允许		0 清除	☑	

图 12-21　热备策略配置结果

（9）结果验证

① 查看 VRRP 信息。

在 USG6330-1 上执行 display vrrp 命令，检查 VRRP 组内接口的状态信息，显示以下信息表示 VRRP 组建立成功。

```
HRP_A<USG6330-1>display vrrp
```

```
GigabitEthernet1/0/4 | Virtual Router 1
  State : Master
  Virtual IP : 2.2.2.1
  Master IP : 40.1.1.1
  PriorityRun : 120
  PriorityConfig : 100
  MasterPriority : 120
  Preempt : YES   Delay Time : 0 s
  TimerRun : 60 s
  TimerConfig : 60 s
  Auth type : NONE
  Virtual MAC : 0000-5e00-0101
  Check TTL : YES
  Config type : vgmp-vrrp
  Backup-forward : disabled

GigabitEthernet1/0/1 | Virtual Router 2
  State : Master
  Virtual IP : 10.1.2.3
  Master IP : 10.1.2.1
  PriorityRun : 120
  PriorityConfig : 100
  MasterPriority : 120
  Preempt : YES   Delay Time : 0 s
  TimerRun : 60 s
  TimerConfig : 60 s
  Auth type : NONE
  Virtual MAC : 0000-5e00-0102
  Check TTL : YES
  Config type : vgmp-vrrp
  Backup-forward : disabled
```

② 查看HRP信息。

在USG6330-1上执行display hrp state命令，检查当前HRP的状态，显示以下信息表示HRP建立成功。

```
HRP_A<USG6330-1>display hrp state
The firewall's config state is: ACTIVE
 Current state of virtual routers configured as active:
 GigabitEthernet1/0/1    vrid   2 : active
 GigabitEthernet1/0/4    vrid   1 : active
```

③ 查看USG6330-1会话。

在处于Trust区域的PC1端ping VRRP组2的虚拟IP地址10.1.2.3，在USG6330-1上检查会话。

```
HRP_A<USG6330-1>display firewall session table
```

```
Current Total Sessions : 1
  icmp  VPN:public --> public 10.1.2.100:1-->10.1.2.3:2048
```

可以看出 VRRP 组配置正确后，在 PC1 端能够 ping 通 VRRP 组 2 的虚拟 IP 地址。

④ 在 USG6330-1 和 USG6330-2 上检查会话。

PC2 作为服务器位于 Untrust 区域。在 Trust 区域的 PC1 端能够 ping 通 Untrust 区域的服务器。分别在 USG6330-1 和 USG6330-2 上检查会话。

```
HRP_A<USG6330-1>display firewall session table
Current Total Sessions : 1
  icmp  VPN:public --> public 10.1.2.100:1-->2.2.2.2:2048
HRP_S<USG6330-2>display firewall session table
Current Total Sessions : 1
  icmp  VPN:public --> public  Remote 10.1.2.100:1-->2.2.2.2:2048
```

可以看出 USG6330-2 上存在带有 Remote 标记的会话，表示配置双机热备功能后，会话备份成功。

在 PC1 上执行 ping 2.2.2.2 –t，然后将 USG6330-1 防火墙 G1/0/1 接口网线拔出，观察防火墙状态切换及 ping 包丢包情况；再将 USG6330-1 防火墙 G1/0/1 接口网线恢复，观察防火墙状态切换及 ping 包丢包情况。

本章小结

本章主要讲述了双机热备技术原理、双机热备基本组网及配置，通过不同配置的实现，读者能够更好地理解双机热备的意义。

课后习题

1. HRP 技术可以实现备用防火墙不需要配置任何信息，所有配置信息均由主用防火墙通过 HRP 同步至备用防火墙，且重启后配置信息不丢失。(　　)

A. 正确　　B. 错误

2. 在防火墙做双机热备组网时，为实现备份组整体状态切换，需要使用（　　）协议技术。

A. VGMP　　B. VRRP　　C. HRP　　D. OSPF

第 13 章 防火墙用户管理

拓展阅读

13

知识目标

① 了解 AAA 技术。
② 熟悉用户认证技术。
③ 掌握用户认证管理配置。

能力目标

① 掌握 AAA 技术。
② 掌握用户认证管理配置。

课程导入

小安在一家信息科技公司担任信息安全工程师，公司在互联网出口处部署了一台华为 USG 6600V 防火墙。为了保护公司内部用户的网络安全，根据公司的组织架构，小安将公司的用户分成了不同的类别，通过防火墙用户管理功能，针对不同类别的用户来配置不同级别的安全策略，从而最大限度地保证了公司网络信息安全。

相关内容

13.1 用户认证和 AAA 技术原理

13.1.1 用户认证的背景

如图 13-1 所示，当前网络环境中，网络安全的威胁更多地来源于应用层，这也使得企业对于网络访问控制提出更高的要求。如何精确地识别出用户，保证用户的合法应用正常进行，阻断用户有安全隐患的应用等问题，已成为现阶段企业对网络安全关注的焦点。但 IP 不等于用户、端口不等于应用，传统防火墙基于 IP/端口的五元组访问控制策略已不能有效地应对现阶段网络环境的巨大变化。

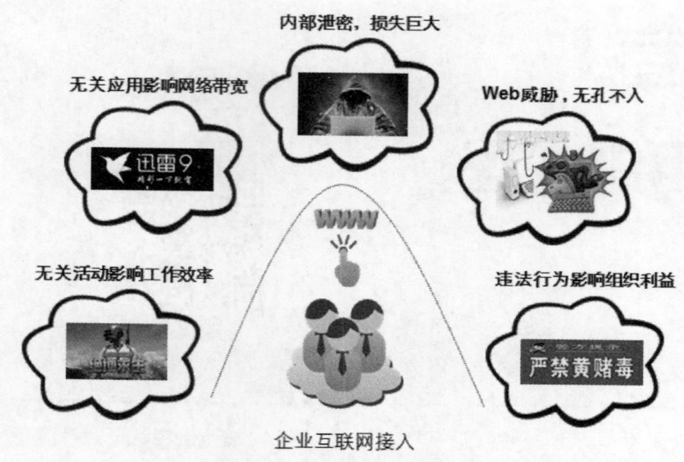

图 13-1　网络安全的威胁

13.1.2　什么是 AAA

所谓的 AAA，其实是 Authentication（认证）、Authorization（授权）、Accounting（计费）的 3 个单词首字母的组合。当用户访问 Internet 资源时，首先使用 Authentication（认证）技术，输入用户名和密码。当认证通过后，通过 Authorization（授权），授权不同用户访问的资源，如可以访问百度或者 Google。在用户访问期间，通过 Accounting（计费），记录所做的操作和时长，如图 13-2 所示。

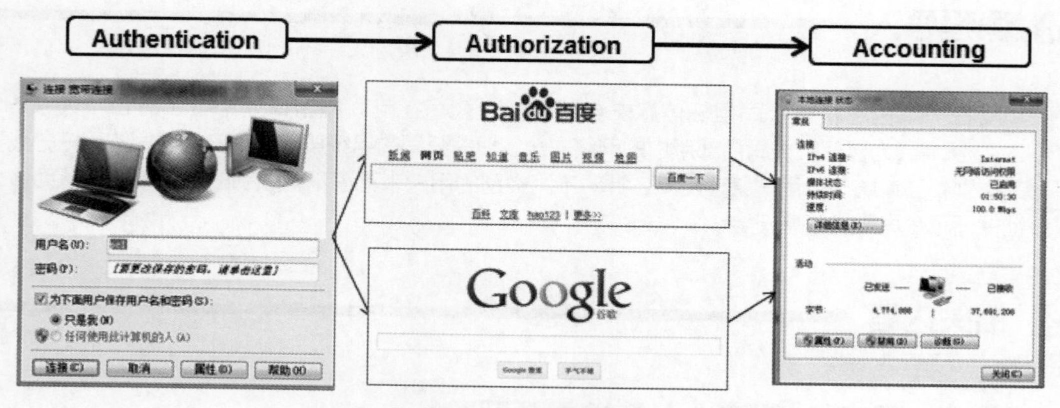

图 13-2　AAA 的概念

1. 认证（Authentication）

认证是指通过一定的手段，完成对用户身份的确认，包括用户所知道的信息、所拥有的信息、独一无二的身体特征等。

如图 13-3 所示，认证的方式包括如下 3 种。

（1）我知道：用户所知道的信息（如密码、个人识别号（PIN）等）。

（2）我拥有：用户所拥有的信息（如令牌卡、智能卡或银行卡）。

（3）我具有：用户所具有的生物特征（如指纹、声音、视网膜、DNA）。

图 13-3　认证方式

2. 授权（Authorization）

授权用户能访问的资源、用户能使用的命令、用户可以使用哪些业务，公共业务还是敏感业务，如图 13-4 所示。

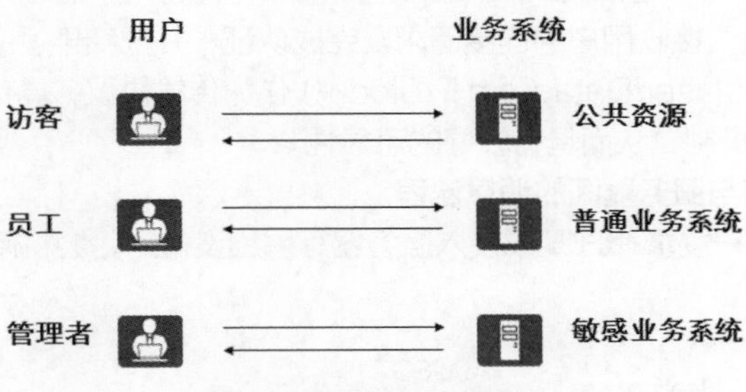

图 13-4　不同用户的授权

授权用户管理设备可以使用哪些命令。例如，可以使用 display 命令，不能使用 delete、copy 命令。

3. 计费（Accounting）

计费主要的含义有 3 个：用户用了多长时间、用户花了多少钱、用户做了哪些操作。图 13-5 所示就是一种典型的计费方式。

图 13-5　典型的计费方式

4. AAA 认证的几种方式

（1）不认证

对用户非常信任，不对其进行合法检查，一般情况下不采用这种方式。

（2）本地认证

将用户信息（包括本地用户的用户名、密码和各种属性）配置在网络接入服务器上。本地认证的优点是速度快，可以为运营降低成本；缺点是存储信息量受设备硬件条件限制。

（3）服务器认证

将用户信息（包括本地用户的用户名、密码和各种属性）配置在认证服务器上。AAA 支持通过 RADIUS（Remote Authentication Dial In User Service）协议或 HWTACACS（HuaWei Terminal Access Controller Access Control System）协议进行远端认证。

13.1.3 RADIUS 协议

AAA 可以用多种协议来实现，最常用的是 RADIUS 协议。RADIUS 广泛应用于网络接入服务器（Network Access Server，NAS）系统。NAS 负责把用户的认证和计费信息传递给 RADIUS 服务器。RADIUS 协议规定了 NAS 与 RADIUS 服务器之间如何传递用户信息和计费信息以及认证和计费结果，RADIUS 服务器负责接收用户的连接请求，完成认证，并把结果返回给 NAS。

RADIUS 使用 UDP（User Datagram Protocol）作为传输协议，具有良好的实时性；同时也支持重传机制和备用服务器机制，从而具有较好的可靠性。

1. RADIUS 客户端与服务器间的消息流程

如图 13-6 所示，用户登录 USG 或接入服务器等网络设备时，会将用户名和密码发送给该网络接入服务器。

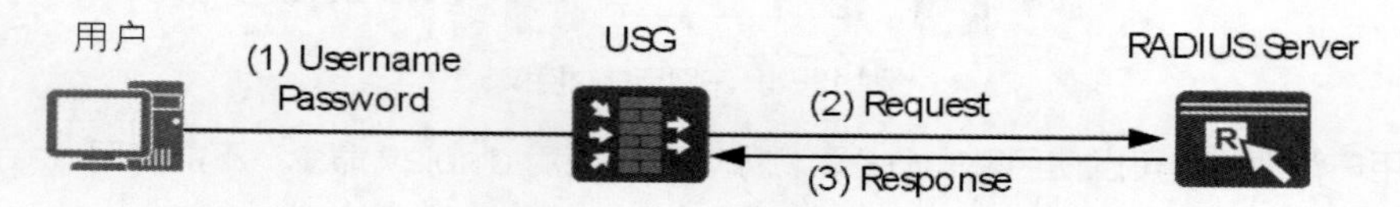

图 13-6 RADIUS 客户端与服务器间的消息流程

该网络设备中的 RADIUS 客户端（网络接入服务器）接收用户名和密码，并向 RADIUS 服务器发送认证请求。

RADIUS 服务器接收到合法的请求后，完成认证，并把所需的用户授权信息返回给客户端；对于非法的请求，RADIUS 服务器返回认证失败的信息给客户端。

RADIUS 服务器通过建立一个唯一的用户数据库，存储用户名、密码来对用户进行验证。

2. RADIUS 的报文结构

从图 13-7 可以看出，报文结构中各字段含义如下。

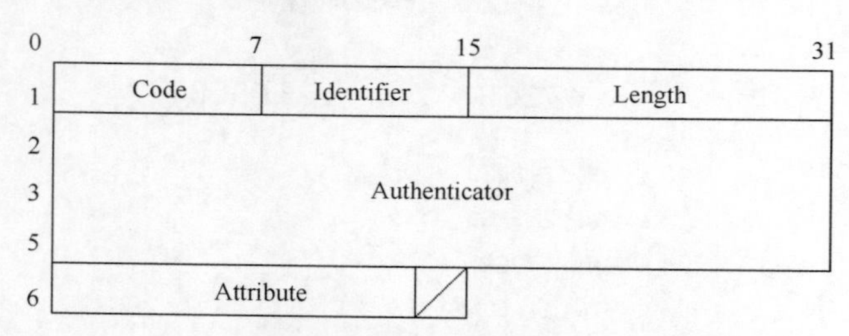

图 13-7 RADIUS 报文结构

（1）Code：消息类型，如接入请求、接入允许等。

（2）Identifier：一般是顺序递增的数字，请求报文和响应报文中该字段必须匹配。

（3）Length：所有域的总长度。

（4）Authenticator：验证字，用于验证 RADIUS 的合法性。

（5）Attribute：消息的内容主体，主要是用户相关的各种属性。

3. RADIUS 报文交互流程

（1）用户输入用户名密码。

（2）认证请求。

（3）认证接受。

（4）计费开始请求。

（5）计费开始请求响应报文。

（6）用户访问资源。

（7）计费结束请求报文。

（8）计费结束请求响应报文。

（9）访问结束。

如图 13-8 所示，Code：包类型。包类型占 1 个字节，定义如下。

（1）Access-Request：请求认证过程。

（2）Access-Accept：认证响应过程。

（3）Access-Reject：认证拒绝过程。

（4）Accounting-Request：请求计费过程。

（5）Accounting-Response：计费响应过程。

（6）Access-Challenge：访问质询。

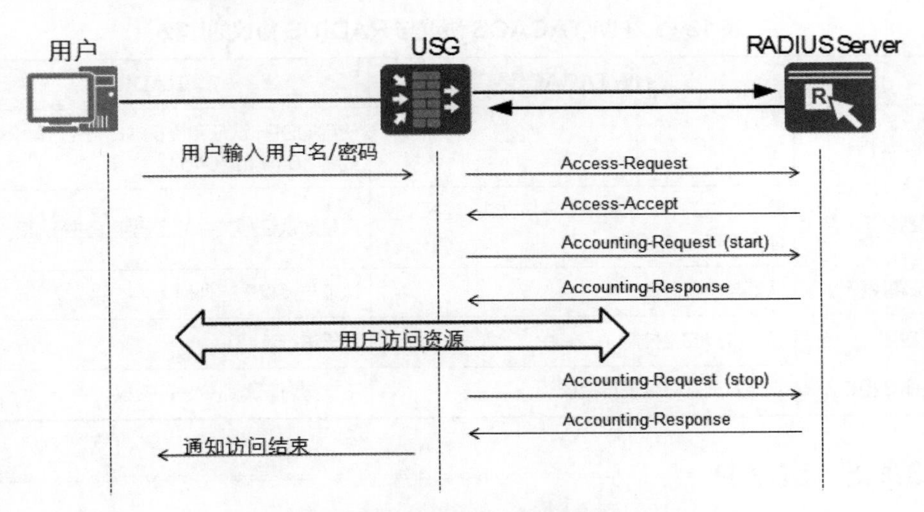

图 13-8 RADIUS 报文交互流程

13.1.4 HWTACACS 协议

HWTACACS（HuaWei Terminal Access Controller Access Control System，华为终端访问控制器控制系统）协议是在 TACACS 协议的基础上进行了功能增强的安全协议。该协议与 RADIUS 协议的功能类似，采用客户端/服务器模式实现 NAS 与 TACACS+服务器之间的通信。

如图 13-9 所示，HWTACACS 的典型应用是对需要登录到设备上进行操作的终端用户进行认证、授权、计费。设备作为 HWTACACS 的客户端，将用户名和密码发给 HWTACACS 服务器进行验证。用户验证通过并得到授权之后可以登录到设备上进行操作。

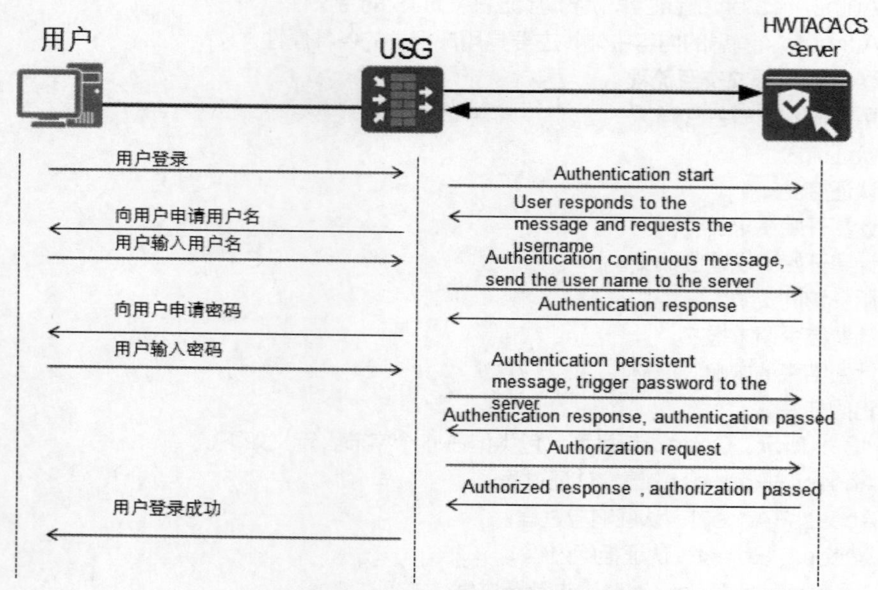

图 13-9 HWTACACS 协议应用场景

虽然说 HWTACACS 与 RADIUS 功能类似，但还是有所不同的，如表 13-1 所示。

表 13-1 HWTACACS 协议与 RADIUS 协议的比较

	HWTACACS	RADIUS
端口使用	使用 TCP	使用 UDP。认证和授权端口号是 1812 和 1813，或者 1645 和 1646
加密情况	除了标准的 HWTACACS 报文头，对报文主体全部进行加密	只是对认证报文中的密码字段进行加密
认证和授权	认证与授权分离	认证与授权一起处理
应用	适于进行安全控制	适于进行计费
配置命令授权	支持对配置命令进行授权	不支持对配置命令进行授权

13.1.5 LDAP

LDAP（Lightweight Directory Access Protocol，轻量级目录访问协议），是从 X.500 目录访问协议的基础上发展过来的，X.500 是层次型的，所有对象被组织成树状结构。X.500 目录服务实现身份认证、访问控制。LDAP 简化了 X.500 目录的复杂度，同时适应 Internet 的需要。

目录服务是由目录数据库和一套访问协议组成的系统。类似以下的信息适合储存在目录中。

（1）企业员工信息，如姓名、邮箱、手机号码等。

（2）公司设备的物理信息，如 IP 地址、放置位置、厂商、购买时间等。

（3）公用证书和安全密钥。

LDAP 特点如下。

（1）目录方式组织数据。

（2）对外提供一个统一的访问点。

（3）支持数据的分布式数据存储。

（4）优化查询，读取数据较快。

在 LDAP 中，信息以树状方式组织，基本数据单元是条目，而每个条目由属性构成，属性由类型（Type）和一个或多个值（Value）组成，主要由以下几个方面组成。

（1）目录信息树（Directory Information Tree，DIT）：目录条目的集合构成目录信息树。

（2）条目（Entry）：目录信息树中的一个节点，是目录信息中最基本的单位，由一系列属性构成。

（3）属性（Attribute）：属性描述对象的特征，一个属性由属性类型和一个或多个属性值构成。

（4）相对标识名（Relative Distinguished Name，RDN）：条目的名字，唯一标识同一父条目的子条目。

（5）唯一标识名（Distinguished Name，DN）：在一个目录信息树中唯一标识一个条目的名字。

DN 有 3 个属性，分别是 DC（Domain Component）、CN（Common Name）和 OU（Organizational Unit）。

例如，CN=admin，OU=guest，DC=domainname，DC=com。

在上面的代码中 CN=admin 可能代表一个用户名，OU=guest 代表一个 active directory 中的组织单位。这句话的含义可能就是说明 admin 这个对象处在 domainname.com 域的 guest 组织单元中。

LDAP 认证流程描述，如图 13-10 所示。

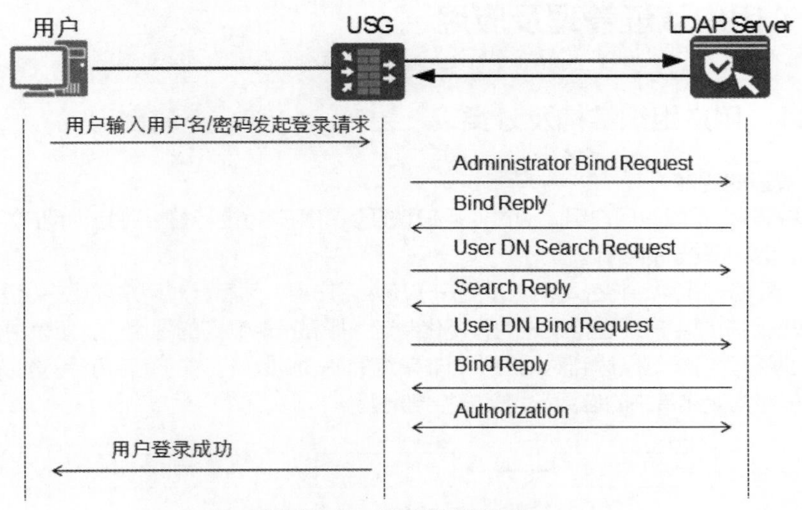

图 13-10　LDAP 认证流程

（1）用户输入用户名/密码发起登录请求，防火墙和 LDAP 服务器建立 TCP 连接。

（2）防火墙以管理员 DN 和密码向 LDAP 服务器发送绑定请求报文用以获得查询权限。

（3）绑定成功后，LDAP 服务器向防火墙发送绑定回应报文。

（4）防火墙使用用户输入的用户名向 LDAP 服务器发送用户 DN 查询请求报文。

（5）LDAP 服务器根据用户 DN 进行查找，如果查询成功则发送查询回应报文。

（6）防火墙使用查询到的用户 DN 和用户输入的密码向 LDAP 服务器发送用户 DN 绑定请求报文，LDAP 服务器查询用户密码是否正确。

（7）绑定成功后，LDAP 服务器发送绑定回应报文。

（8）授权成功后，防火墙通知用户登录成功。

13.1.6 用户认证分类

AAA 技术为用户认证提供手段，用户认证分类如下。

1. 本地认证

访问者通过 Portal 认证页面将标识其身份的用户名和密码发送给防火墙，防火墙上存储了密码，验证过程在防火墙上进行，该方式称为本地认证。

2. 服务器认证

访问者通过 Portal 认证页面将标识其身份的用户名和密码发送给防火墙，防火墙上没有存储密码，防火墙将用户名和密码发送至第三方认证服务器，验证过程在认证服务器上进行，该方式称为服务器认证。

3. 单点登录

访问者将标识其身份的用户名和密码发送给第三方认证服务器，认证通过后，第三方认证服务器将访问者的身份信息发送给防火墙。防火墙只记录访问者的身份信息不参与认证过程，该方式称为单点登录（Single Sign-On）。

4. 短信认证

访问者通过 Portal 认证页面获取短信验证码，然后输入短信验证码即通过认证。防火墙通过校验短信验证码认证访问者。

13.2 用户认证管理及应用

13.2.1 用户组织结构及分类

1. 用户管理的背景

用户管理将分为不同的用户组，通过对用户认证，将用户打上标签，并且为用户组赋予不同的权限和应用，从而实现安全的目标。

例如，在图 13-11 中，将公司员工（用户）加入用户组，然后针对用户或用户组进行网络行为控制和审计，根据用户或用户组进行策略的可视化制定，提高策略制定的易用性，报表中体现用户信息，对用户进行上网行为分析，以达到对用户（而非单纯的 IP 地址）行为的追踪审计，解决现网应用中同一用户对应 IP 经常变化带来的应用行为策略控制难题。

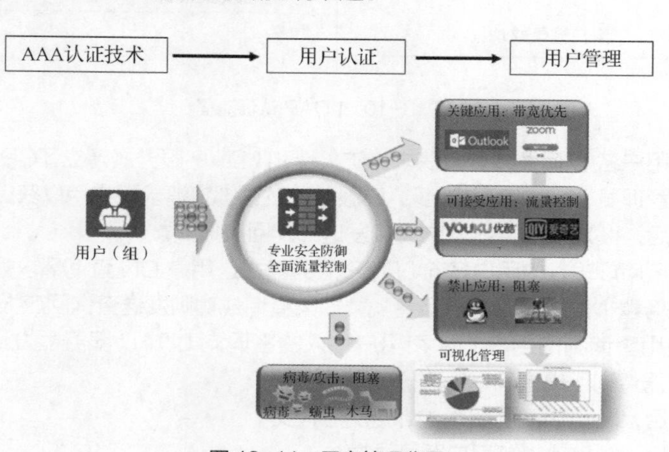

图 13-11 用户管理背景

2. 用户组织结构

用户是网络访问的主体，是防火墙进行网络行为控制和网络权限分配的基本单元。用户组织结构中涉及如下 3 个概念。

（1）认证域：用户组织结构的容器，防火墙默认存在 default 认证域，用户可以根据需求新建认证域。

（2）用户组/用户：用户按树状结构组织，用户隶属于组（部门）。管理员可以根据企业的组织结构来创建部门和用户。

（3）安全组：横向组织结构的跨部门群组。当需要基于部门以外的维度对用户进行管理时，可以创建跨部门的安全组，如企业中跨部门成立的群组。

当企业通过第三方认证服务器存储组织结构时，服务器上也存在类似的横向群组，为了基于这些群组配置策略，防火墙上需要创建安全组与服务器上的组织结构保持一致。

3. 组织结构管理

系统默认有一个 default 认证域，每个用户组可以包括多个用户和用户组。

如图 13-12 所示，每个用户组只能属于一个父用户组，每个用户至少属于一个用户组，也可以属于多个用户组。

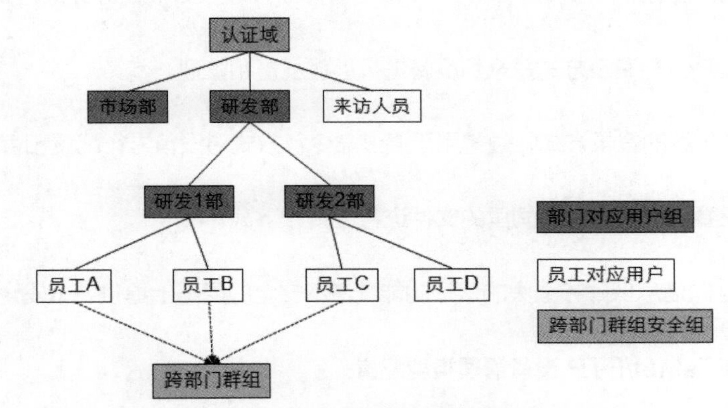

图 13-12 组织结构示意图

认证域的主要特点如下。

（1）认证域是认证流程中的重要环节，认证域上的配置决定了对用户的认证方式以及用户的组织结构。

（2）对于不同认证方式的用户，认证域的作用不尽相同。

（3）防火墙通过识别用户名中包含的认证域，将所有待认证的用户“分流”到对应的认证域中，根据认证域上的配置来对用户进行认证。

为了给不同的用户或部门进行差异化管理，分配不同的权限，需要对组织结构进行规划和管理。防火墙支持创建树状的组织结构，这种结构和通常的行政架构比较类似，非常方便规划和管理。

每个用户（组）可以被安全策略、限流策略等引用，从而实现基于用户的权限和带宽资源控制。

如果管理员使用默认的 default 认证域对用户进行认证，用户登录时只需要输入用户名；如果管理员使用新创建的认证域对用户进行认证，则用户登录时需要输入“用户名@认证域名”。

4. 用户分类

（1）管理员用户

管理员主要为了实现对设备的管理、配置和维护，登录方式可以分为 Console、Web、Telnet、FTP、SSH。

（2）上网用户

上网用户是网络访问的标识主体，是设备进行网络权限管理的基本单元。设备通过对访问网络的用户进行身份认证，从而获取用户身份，并针对用户的身份进行相应的策略控制。

（3）接入用户

接入用户主要为了实现访问内部网络，主要有通过 SSL VPN 接入设备后访问网络资源、通过 L2TP VPN 接入设备后访问网络资源、通过 IPSec VPN 接入设备后访问网络资源、通过 PPPoE 接入设备后访问网络资源。

13.2.2 管理员认证流程和配置

1. 管理员登录方式

管理员主要为了实现对设备的管理、配置和维护，登录方式如下。

（1）Console

Console 接口提供命令行方式对设备进行管理，通常用于设备的第一次配置，或者设备配置文件丢失，没有任何配置。

当设备系统无法启动时，可通过 Console 口进行诊断或进入 BootRom 进行升级。

（2）Web

终端通过 HTTP/HTTPS 方式登录到设备进行远程配置和管理。

（3）Telnet

Telnet 是一种传统的登录方式，通常用于通过命令行方式对设备进行配置和管理。

（4）FTP

FTP 管理员主要对设备存储空间里的文件进行上传和下载。

（5）SSH

SSH 提供安全的信息保障和强大的认证功能，在不安全的网络上提供一个安全的“通道”。此时，设备作为 SSH 服务器。

2. Console/Telnet/FTP 设备管理类型配置

（1）Web 方式

打开浏览器，登录设备，选择“系统 > 管理员 > 管理员 > 新建”，新建管理员 sshuser，并设置设备管理类型为 Console、Telnet、FTP，如图 13-13 所示。

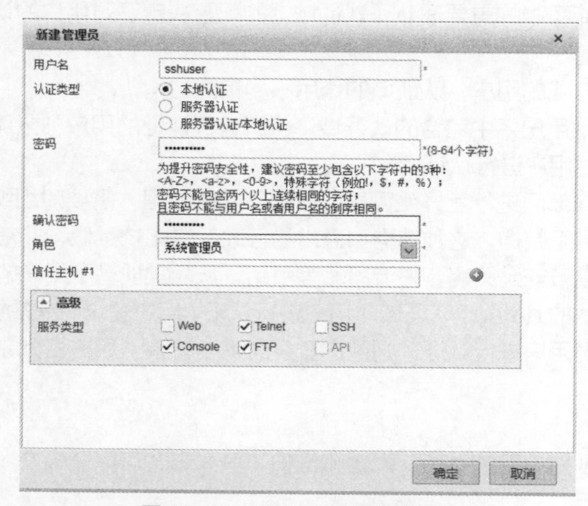

图 13-13　Web 方式新建管理员

（2）CLI 方式

① Console

```
[USG] user-interface console 0
[USG-ui-con0] authentication-mode aaa
```

② Telnet

```
[USG] user-interface vty 0 3
[USG-ui-vty0] authentication-mode aaa
```

③ AAA View

```
[USG] aaa
[USG -aaa]manager-user client001
[USG -aaa-manager-user-client001]password cipher Admin@123
[USG -aaa-manager-user-client001]service-type terminal telnet ftp
[USG -aaa-manager-user-client001]level 3
[USG -aaa-manager-user-client001]ftp-directory hda1:
```

3. SSH 设备管理类型配置

在图 13-14 所示界面中创建管理员 sshuser，并设置设备管理类型为 SSH。

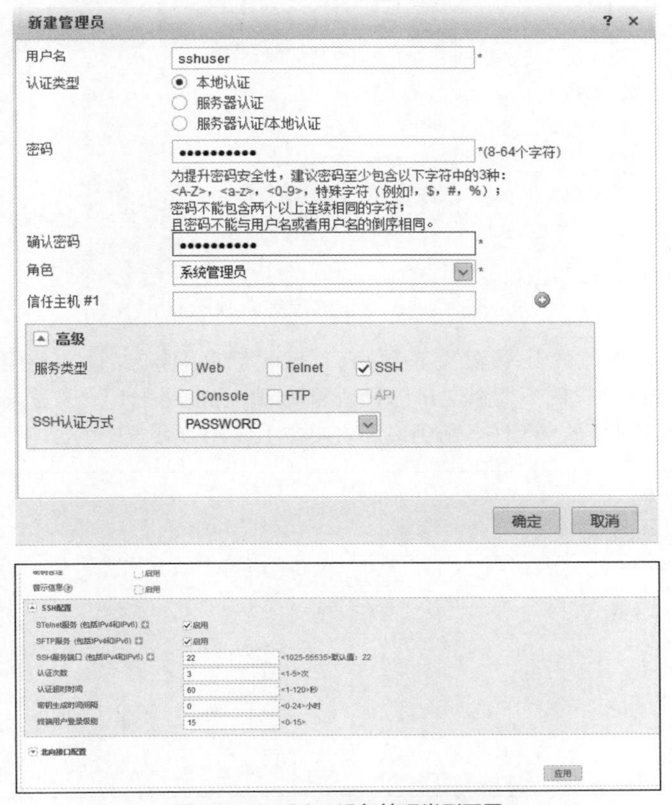

图 13-14　SSH 设备管理类型配置

（1）启动 SSH 服务。

```
[USG]stelnet server enable
Info: The Stelnet server is already started.
```

（2）为 SSH 用户 sshuser 配置密码为 Admin@123。

```
[USG] aaa
[USG-aaa] manager-user sshuser
[USG-aaa-manager-user-client001] ssh authentication-type password
[USG-aaa-manager-user-client001] password cipher Admin@123
[USG-aaa-manager-user-client001] service-type ssh
```

以上配置完成后，运行支持 SSH 的客户端软件，建立 SSH 连接。

4．Web 设备管理类配置

（1）Web 方式

① 在图 13-15 所示界面中创建管理员 webuser，并设置用户级别。

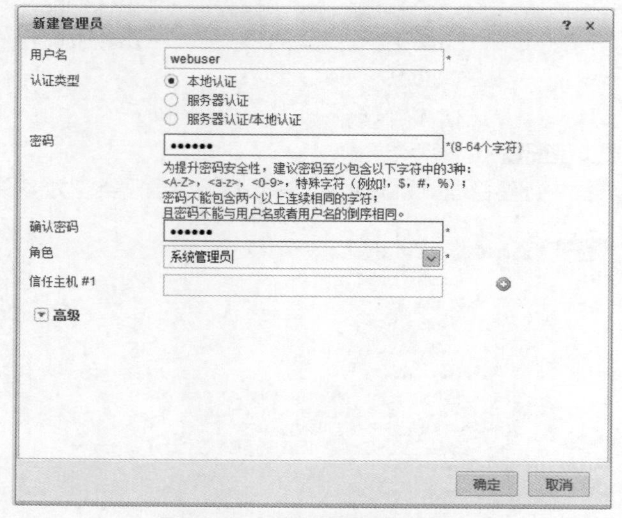

图 13-15　创建管理员 webuser

② 选择“系统 > 管理员 > 设置”，设置 HTTPS/HTTP 服务端口，当使用 HTTP 登录设备后，不可以关闭 HTTP 服务，同时不能修改 HTTP 服务端口；当使用 HTTPS 登录设备后，不可以关闭 HTTPS 服务，同时不能修改 HTTPS 服务端口，如图 13-16 所示。

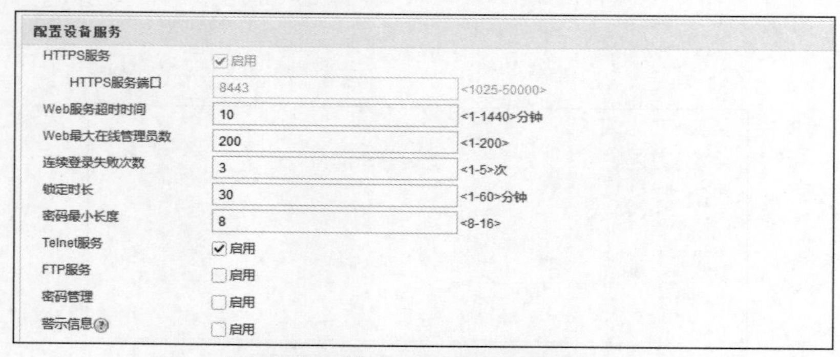

图 13-16　配置 HTTPS/HTTP 服务端口

（2）CLI 方式

① 启动 Web 管理功能。

```
[USG] web-manager security enable port 6666
```

② 配置 Web 用户。

```
[USG] aaa
[USG-aaa]manager-user webuser
[USG-aaa-manager-user-webuser]password cipher Admin@123
[USG-aaa-manager-user-webuser]service-type web
[USG-aaa-manager-user-webuser]level 3
```

13.2.3 上网用户及接入用户认证流程

在上网用户单点登录场景中，用户只要通过了其他认证系统的认证就相当于通过了防火墙的认证，如图 13-17 所示。

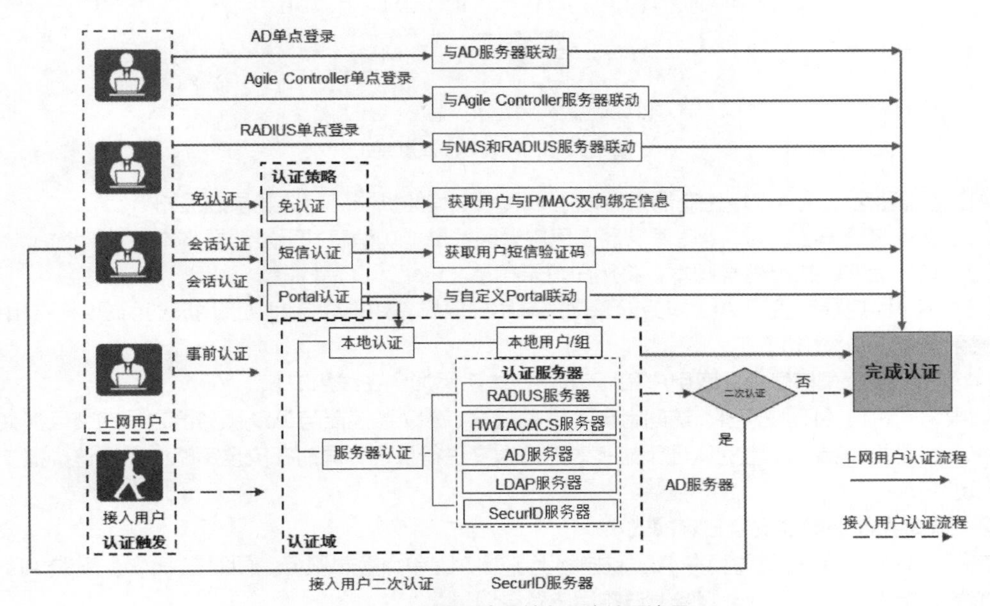

图 13-17　上网用户及接入用户认证流程

此种方式适用于部署防火墙用户认证功能之前已经部署认证系统的场景。单点登录场景可以分为以下 3 种。

（1）AD 单点登录：用户登录 AD 域，由 AD 服务器进行认证。

（2）Agile Controller 单点登录：用户由华为公司的 Agile Controller 系统（Policy Center 或 Agile Controller）进行认证。

（3）RADIUS 单点登录：用户接入 NAS 设备，NAS 设备转发认证请求到 RADIUS 服务器进行认证。

13.2.4 单点登录

单点登录是指防火墙不是认证点，防火墙通过获取其他认证系统的用户登录消息，使用户在防火墙上线。AD 单点登录是用户希望经过 AD 服务器的认证后，就会自动通过防火墙的认证，然后可以访问所有的网络资源。AD 单点登录主要有以下 3 种登录实现方式。

1. 接收 PC 消息模式

在图 13-18 中管理员需要在 AD 监控器上部署 AD 单点登录服务，在 AD 服务器（AD 域控制器）

上设置登录脚本和注销脚本，同时在防火墙上配置 AD 单点登录参数，接收 AD 单点登录服务发送的用户登录/注销消息。

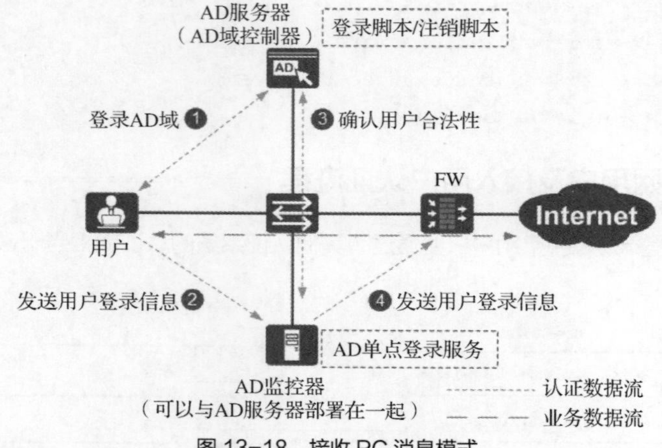

图 13-18　接收 PC 消息模式

AD 监控器可以是 AD 域控制器也可以是 AD 域中其他机器。具体登录过程如下。

（1）访问者登录 AD 域，AD 服务器向用户返回登录成功消息并下发登录脚本。

（2）访问者 PC 执行登录脚本，将用户登录信息发送给 AD 监控器。

（3）AD 监控器连接到 AD 服务器查询登录用户信息，如果能查询到该用户的信息则转发用户登录信息到 FW（防火墙）。

（4）FW 从登录信息中提取用户和 IP 的对应关系添加到在线用户表。

如果访问者与 AD 服务器、访问者与 AD 监控器、AD 监控器与 AD 服务器之间的交互报文经过了 FW，则需要确保 FW 上的认证策略不对这些报文进行认证，同时在安全策略中保证这类报文可以正常通过 FW。

2. 查询 AD 服务器安全日志模式

在图 13-19 中管理员需要在 AD 监控器上部署 AD 单点登录服务，同时在 FW 上配置 AD 单点登录参数，接收 AD 单点登录服务发送的用户登录消息。

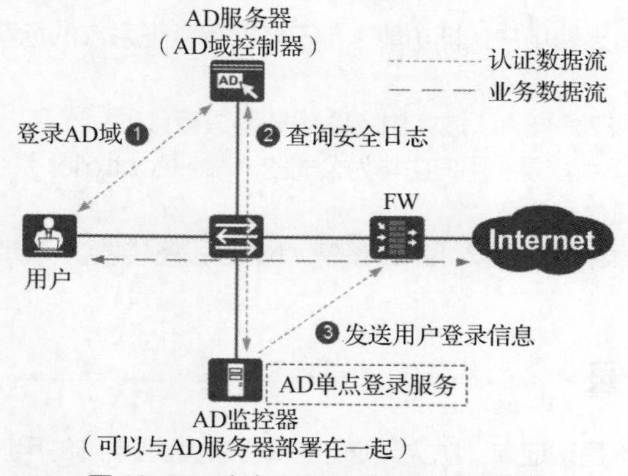

图 13-19　查询 AD 服务器安全日志模式

其具体登录过程如下。

（1）访问者登录 AD 域，AD 服务器记录用户上线信息到安全日志中。

（2）AD 监控器通过 AD 服务器提供的 WMI（Windows Management Instrumentation）接口，

连接到 AD 服务器查询安全日志，获取用户登录消息。

（3）AD 监控器从 AD 单点登录服务开始启动的时间点为起点，定时查询 AD 服务器上产生的安全日志。

（4）AD 监控器转发用户登录消息到 FW，用户在 FW 上线。

3. 防火墙监控 AD 认证报文

在图 13-20 中管理员无须在 AD 服务器上安装程序。FW 通过监控访问者登录 AD 服务器的认证报文获取认证结果，如果认证成功将用户和 IP 对应关系添加到在线用户表。

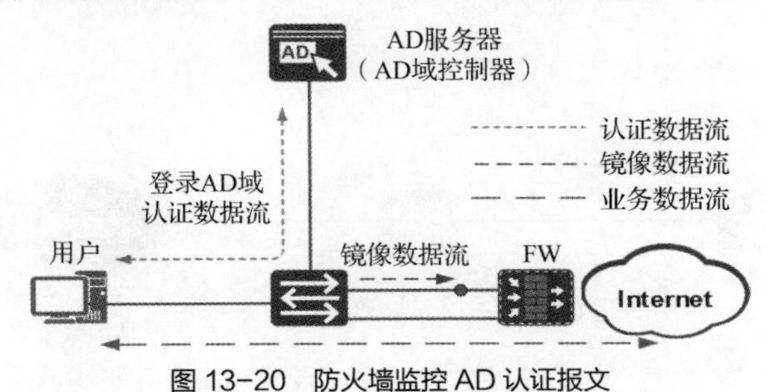

图 13-20　防火墙监控 AD 认证报文

当 FW 部署在访问者和 AD 服务器之间时，FW 可以直接获取认证报文；如果认证报文未经过 FW，则需要将 AD 服务器发给访问者的认证结果报文镜像到 FW。

当使用该方式实现 AD 单点登录时：

（1）FW 无法获取用户的注销消息，因此只能根据在线用户超时时间使用户下线；

（2）存在认证报文被恶意篡改、用户身份被伪造的风险，请谨慎使用；

（3）FW 需要使用独立的二层接口接收镜像认证报文，该接口不能与其他业务口共用，不支持配置管理口 GigabitEthernet 0/0/0 接收镜像报文。

除了 AD 单点登录，防火墙还提供 TSM 单点登录和 RADIUS 单点登录。

13.2.5 其他认证

1. 上网用户 Portal 认证

Portal 认证是指由防火墙或第三方服务器提供 Portal 认证页面对用户进行认证。防火墙内置 Portal 认证的触发方式包括如下两种。

（1）会话认证

会话认证是用户不主动进行身份认证，先进行 HTTP 业务访问，在访问过程中进行认证。认证通过后，再进行业务访问。

如图 13-21 所示，当 FW（防火墙）收到用户的第一条 HTTP 业务访问数据流时，将 HTTP 请求重定向到认证页面，触发访问者身份认证。认证通过后，就可以访问 HTTP 业务以及其他业务。

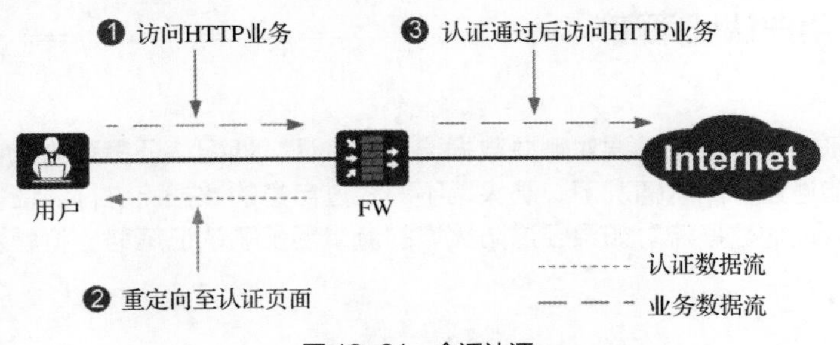

图 13-21　会话认证

当 FW 收到访问者的第一条目的端口为 80 的 HTTP 业务访问数据流时，将 HTTP 请求重定向到认证页面，触发访问者身份认证。认证通过后，就可以访问 HTTP 业务以及其他业务。

（2）事前认证

事前认证是指访问者在访问网络资源之前，先主动进行身份认证，认证通过后，再访问网络资源。

如图 13-22 所示，用户主动向 FW（防火墙）提供的认证页面发起认证请求。FW 收到认证请求后，对其进行身份认证。认证通过后，就可以访问 Internet。

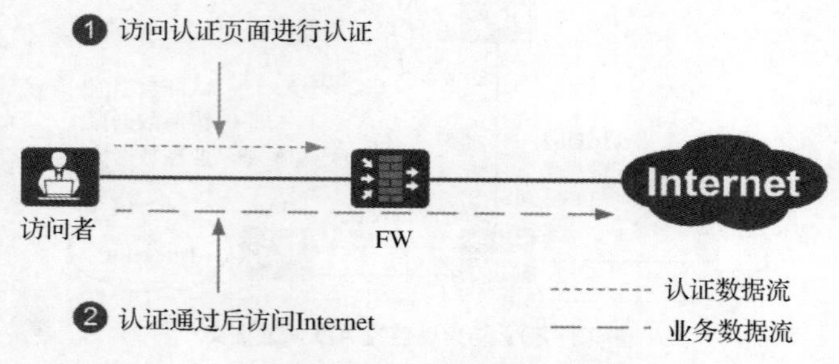

图 13-22　事前认证

2. 接入用户认证

接入用户认证指的是对各类 VPN 接入用户进行认证，触发认证的方式由接入方式决定，包括如下 3 种。

（1）SSL VPN 接入用户

访问者登录 SSL VPN 模块提供的认证页面来触发认证过程，认证完成后，SSL VPN 接入用户可以访问总部的网络资源。

（2）L2TP VPN 接入用户

对于 LAC 自主拨号方式，在接入阶段，分支机构的 LAC 通过拨号方式触发认证过程，与 LNS 建立 L2TP VPN 隧道。在访问资源阶段，分支机构中的访问者可以使用事前认证、会话认证等方式触发认证过程，认证完成后，L2TP VPN 接入用户可以访问总部的网络资源。

对于 NAS-Initiated/Client-Initiated 方式，在接入阶段，访问者通过拨号方式触发认证过程，与 LNS 建立 L2TP VPN 隧道。在访问资源阶段，分支机构中的访问者可以直接访问总部的网络资源；也可以使用事前认证、会话认证等方式触发二次认证，通过二次认证后，访问总部的网络资源。

（3）IPSec VPN 接入用户

分支机构与总部建立 IPSec VPN 隧道后，分支机构中的访问者可以使用事前认证、会话认证等方式触发认证过程，认证完成后，IPSec VPN 接入用户可以访问总部的网络资源。

13.2.6　用户认证策略

1. 流量匹配

认证策略用于决定防火墙需要对哪些数据流进行认证，匹配认证策略的数据流必须经过防火墙的身份认证才能通过。默认情况下，防火墙不对经过自身的数据流进行认证，需要通过认证策略选出需要进行认证的数据流。如果经过防火墙的流量匹配了认证策略，将触发图 13-23 中的动作。

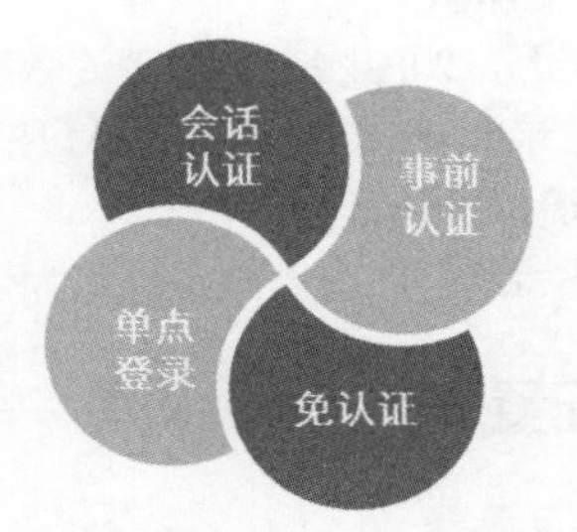

图 13-23　用户认证策略动作

（1）会话认证：用户访问 HTTP 业务时，如果数据流匹配了认证策略，防火墙会推送认证页面要求访问者进行认证。

（2）事前认证：用户访问非 HTTP 业务时必须主动访问认证页面进行认证，否则匹配认证策略的业务数据流访问将被防火墙禁止。

（3）免认证：用户访问业务时，如果匹配了免认证的认证策略，则无须输入用户名、密码直接访问网络资源。防火墙根据用户与 IP/MAC 地址的绑定关系来识别用户。

（4）单点登录：单点登录用户上线不受认证策略控制，但是用户业务流量必须匹配认证策略才能基于用户进行策略管控。

除了上面的流量外，以下流量即使匹配了认证策略也不会触发认证。

（1）访问设备或设备发起的流量。

（2）DHCP、BGP、OSPF、LDP 报文。

触发认证的第一条 HTTP 业务数据流对应的 DNS 报文不受认证策略控制，用户认证通过上线后的 DNS 报文受认证策略控制。

2. 策略定义

认证策略是多个认证策略规则的集合，认证策略决定是否对一条流量进行认证。认证策略规则由条件和动作组成，条件指的是防火墙匹配报文的依据，包括：

（1）源/目的安全区域

（2）源地址/地区

（3）目的地址/地区

动作指的是防火墙对匹配到的数据流采取的处理方式，如下。

（1）Portal 认证

对符合条件的数据流进行 Portal 认证。

（2）短信认证

对符合条件的数据流进行短信认证，要求用户输入短信验证码。

（3）免认证

对符合条件的数据流进行免认证，防火墙通过其他手段识别用户身份。主要应用于以下情况。

对于企业的高级管理者来说，一方面他们希望省略认证过程；另一方面，他们可以访问机密数据，对安全要求又更加严格。为此，管理员可将这类用户与 IP/MAC 地址双向绑定，对这类数据流进行免认证，但是要求其只能使用指定的 IP 或者 MAC 地址访问网络资源。防火墙通过用户与 IP/MAC 地址的绑定关系来识别该数据流所属的用户。

在 AD/TSM/RADIUS 单点登录的场景中，防火墙已经从其他认证系统中获取到用户信息，对单点登录用户的业务流量进行免认证。

（4）不认证

对符合条件的数据流不进行认证，主要应用于以下情况。

① 不需要经过防火墙认证的数据流，如内网之间互访的数据流。

② 在 AD/TSM/RADIUS 单点登录的场景中，如果待认证的访问者与认证服务器之间交互的数据流经过防火墙，则要求不对这类数据流进行认证。

③ 防火墙上存在一条默认的认证策略，所有匹配条件均为任意（any），动作为不认证。

13.2.7 上网用户认证配置

1. 配置流程

在进行上网用户认证配置之前，先要对用户认证配置的流程进行一点了解，如图 13-24 所示。

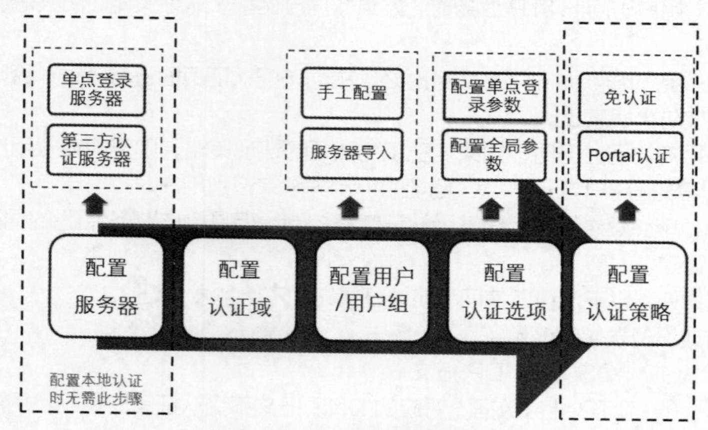

图 13-24 上网用户认证配置流程

2. 配置用户/用户组

设备实施基于用户/用户组的管理之前，必须先创建用户/用户组，设备支持管理员手动配置、本地导入和服务器导入多种创建方式。

（1）手动配置组/用户

① 防火墙上默认存在 default 认证域，可以在其下级创建用户/用户组，需要规划其他认证域的组织结构要先配置认证域。

② 当需要根据企业组织结构创建用户组，并基于用户组进行网络权限分配等管理时，该步骤必选。

③ 当对用户进行本地密码认证时，必须要在本地创建用户，并配置本地密码信息。

（2）本地导入：本地导入支持将 CSV 格式文件和数据库 DBM 文件的用户信息导入到设备本地。

（3）服务器导入：网络中，使用第三方认证服务器的情况非常多，很多公司的网络都存在认证服务器，认证服务器上存放着所有用户和用户组信息。从认证服务器上批量导入用户是指通过服务器导入策略，将认证服务器上用户（组）信息导入到设备上。

3. 配置认证选项

配置认证选项包含全局参数、单点登录及定制认证页面 3 部分内容的配置。

（1）全局参数配置主要针对本地认证及服务器认证方式，其配置包含以下内容。

① 设置用户密码的强度、用户首次登录必须修改密码以及密码过期的设置。

② 设置认证冲突时对当前认证的处理方式。

③ 定义用户认证后的跳转页面。

④ 定义认证页面使用的协议和端口。

⑤ 定义用户登录错误次数限制、达到限制次数后的锁定时间以及用户在线超时时间。

（2）单点登录部分包含 AD 单点登录、TSM 单点登录和 RADIUS 单点登录的配置方法。在本教材中只对 AD 单点登录进行详细说明。

（3）定制认证页面可以根据实际情况，设置 Logo 图片、背景图片、欢迎语或求助语等，满足个性化的页面定制需求。

（4）注意事项如下。

① 上网用户或已经接入防火墙的接入用户使用会话认证方式触发认证过程时，必须经过认证策略的处理。

② 认证策略是多条认证策略规则的集合，防火墙匹配报文时总是在多条规则之间进行，从上往下进行匹配。当报文的属性和某条规则的所有条件匹配时，认为匹配该条规则成功，就不会再匹配后续的规则。如果所有规则都没有匹配到，则按照默认认证策略进行处理。

③ 防火墙上存在一条默认的认证策略，所有匹配条件均为任意（any），动作为不认证。

4. 配置服务器（RADIUS）

在使用 RADIUS 服务器对用户进行服务器认证的场景中，防火墙作为 RADIUS 服务器的代理客户端，将用户名和密码发送给 RADIUS 服务器进行认证。且在防火墙上配置的参数必须与 RADIUS 服务器上的参数保持一致。选择“对象> 认证服务器 > RADIUS > 新建”，新建 RADIUS 服务器，如图 13-25 所示。

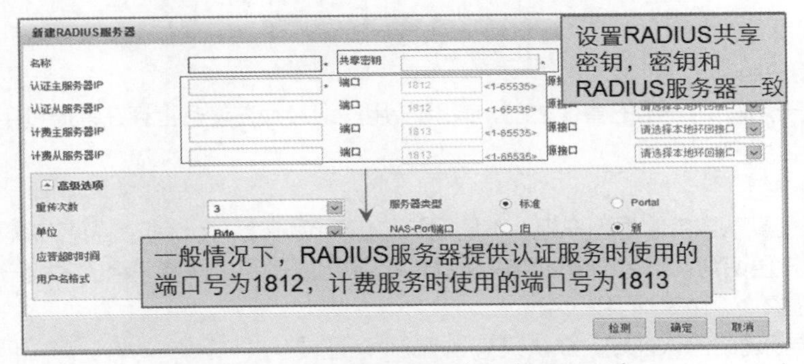

图 13-25 Web 视图配置服务器（RADIUS）

5. 配置服务器（AD）

选择“对象> 认证服务器 > AD > 新建”，新建 AD 服务器，如图 13-26 所示。

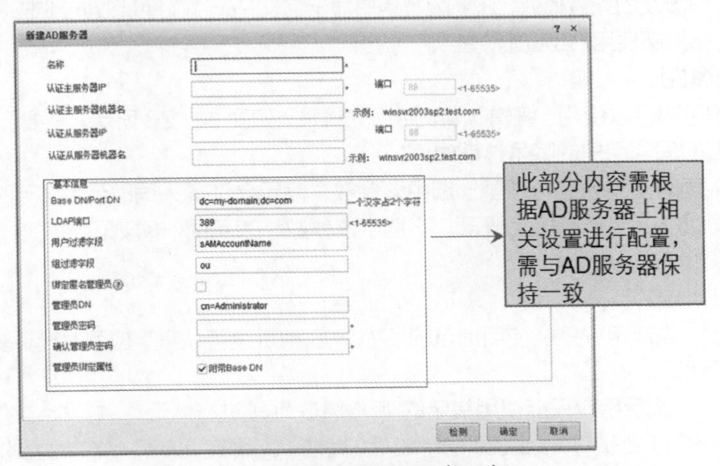

图 13-26 配置服务器（AD）

在配置 AD 服务器时，确保防火墙的系统时间、时区和 AD 服务器的时间、时区一致。

6. 创建用户/用户组

选择“对象> 用户 > default”，新建用户/用户组，如图 13-27 所示。

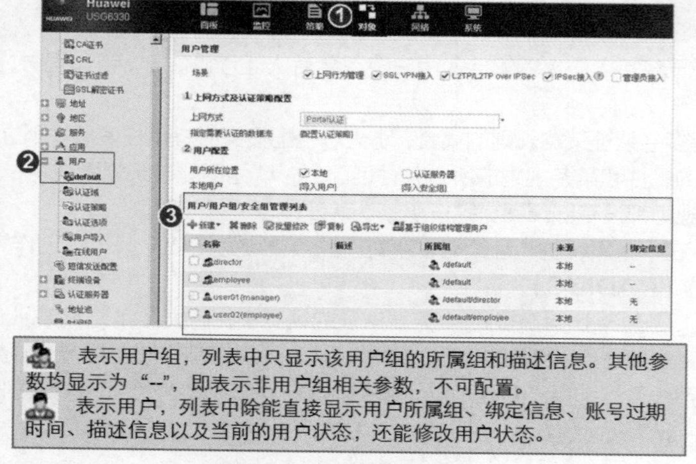

图 13-27 创建用户/用户组

（1）用户/用户组

设备实施基于用户/用户组的管理之前，该用户/用户组必须在设备上存在。通过用户/用户组节点，在设备上手动创建用户/用户组。

（2）新建用户组

root 组是设备默认自带的根用户组，不能删除，也无须创建。root 组的组名不能修改，但可以配置其描述信息，方便识别，所有创建的用户组都是 root 组的子组，或者子组的子组，具体步骤如下。

① 选择“对象 > 用户 > 用户/组”。

② 选中需要创建组的认证域，默认只有 default 认证域。

③ 在“成员管理”中，单击“新建”，选择“新建组”。

（3）新建单个用户

新建单个用户是指同一时刻只能创建一个用户。与新建多个用户不同的是，新建单个用户时，除能完成新建多个用户涉及的配置项外，还能配置用户显示名、IP/MAC 地址双向绑定，具体新建步骤与新建用户组类似，可参考新建用户组配置。

7. 配置用户属性

对于已存在的用户可以使用“编辑”修改用户的属性，如图 13-28 所示，主要包括以下几个参数。

（1）账号过期时间：用户的账号过期时间。

（2）允许多人同时使用该账号登录：选中该参数，表示允许多人同时使用该用户的登录名登录，即允许该登录名同时在多台计算机上登录。不选中该参数，表示同一时刻仅允许该登录名在一台计算机上登录。

（3）IP/MAC 绑定：

①“单向绑定”，表示用户只能使用指定的 IP/MAC 地址进行认证，但同时允许其他用户也使用该 IP/MAC 地址进行认证。

②“双向绑定”，表示用户只能使用指定的 IP/MAC 地址进行认证，并且指定的 IP/MAC 地址仅供该用户使用。当一个 IP/MAC 地址被双向绑定后，其他单向绑定此 IP/MAC 地址的用户将无法登录。

IP/MAC 地址：与用户绑定的 IP 地址、MAC 地址或 IP/MAC 地址对。

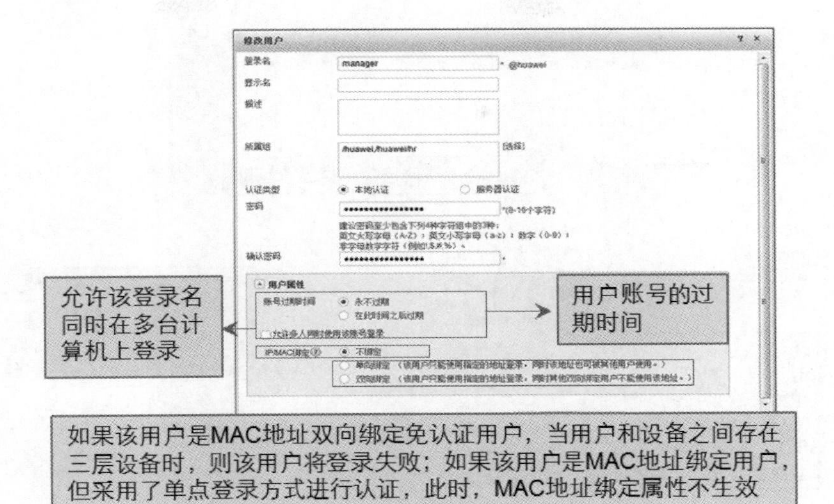

图 13-28　配置用户属性

8．配置认证选项（全局配置）

选择“对象> 用户 > 认证选项 > 全局配置/本地 Portal”，进行配置，如图 13-29 所示。

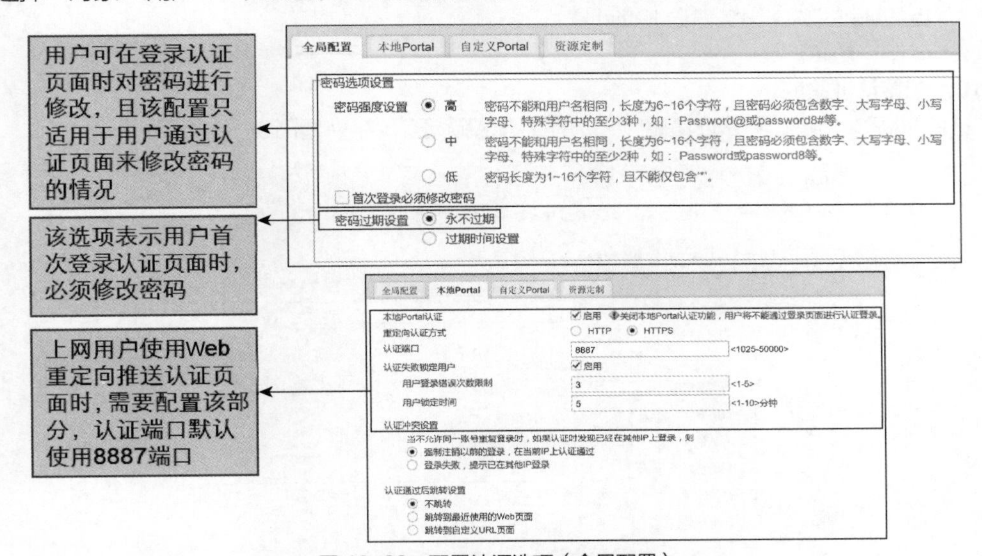

图 13-29　配置认证选项（全局配置）

Portal 认证相关功能需要与 Portal 服务器配合完成，Portal 服务器需要提供认证页面向用户推送。目前可以与防火墙对接的 Portal 服务器为华为公司的 Agile Controller 或 Policy Center。

如使用 Web 推送页面认证，还需要配置相应安全策略，允许端口号为 8887 的数据流到达防火墙本身。

9．配置认证选项（单点登录）

选择“对象> 用户 > default > 上网方式及认证策略配置”，配置单点登录，如图 13-30 所示。

如果防火墙部署在用户和 AD 域控制器之间，用户的认证报文经过防火墙。为实现单点登录功能，配置认证策略时对于该数据流不进行认证。另外，认证报文还需要通过安全策略的安全检查，即管理员需要在防火墙上配置如下安全策略。

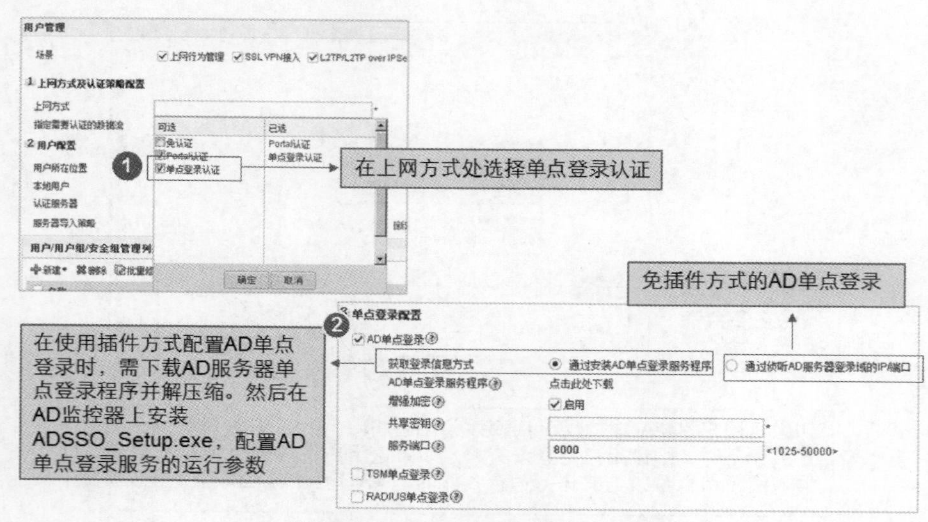

图 13-30　配置认证选项（单点登录）

（1）源安全区域：用户 PC 所在的安全区域。

（2）目的安全区域：AD 服务器所在的安全区域。

（3）目的地址：AD 服务器的 IP 地址。

（4）动作：允许。

10．配置认证策略

选择“对象> 用户 > 认证策略 > 新建”，配置认证策略，如图 13-31 所示。

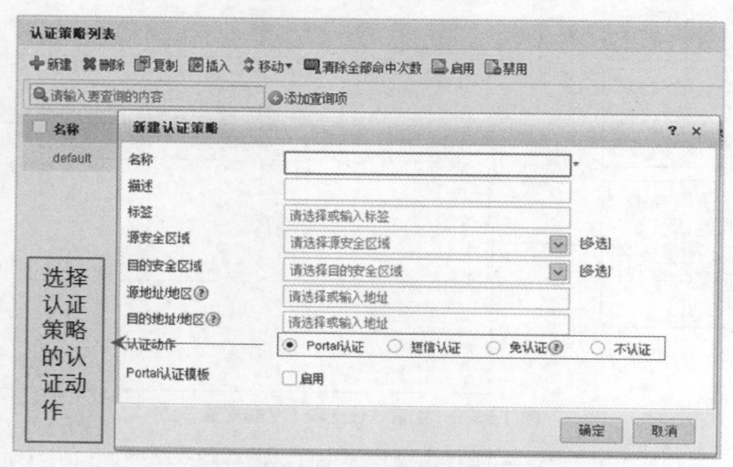

图 13-31　配置认证策略

上网用户或已经接入防火墙的接入用户使用会话认证方式触发认证过程时，必须经过认证策略的处理。

11．通过本地和服务器导入用户

选择“对象> 用户 > 用户导入”，如图 13-32 所示。

（1）本地导入：本地导入支持将 CSV 格式文件和数据库 DBM 文件的用户信息导入到设备本地。

（2）服务器导入：从认证服务器上批量导入用户是指通过服务器导入策略，将认证服务器上用户（组）信息导入到设备上。

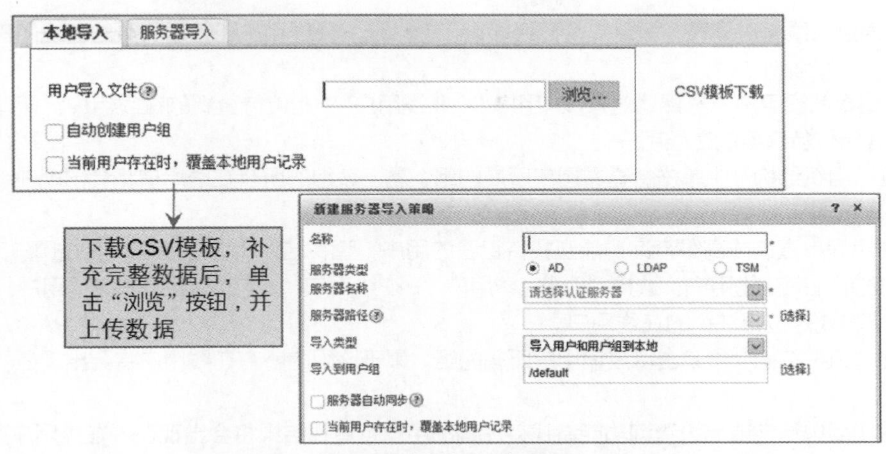

图 13-32　通过土地和服务器导入用户

（3）本操作主要说明如下。

① CSV 支持登录名、显示名、所属组、描述信息、密码、IP/MAC 绑定信息、绑定模式、账号状态、有效期信息。

② DBM 导出是从 Ramdisk 导出用户数据库文件到指定目录。

③ 用户导入是指批量导入用户信息到设备，支持本地导入和服务器导入。其中，本地导入支持 CSV 格式文件；服务器导入支持 LDAP 服务器和 AD 服务器导入。

④ 本地导入。

从 CSV 格式文件中批量导入用户，CSV 格式文件导入是指将用户信息（登录名、显示名、所属组路径、用户描述、本地密码等）按照指定格式的 CSV 表格文件预先编辑完成，再将 CSV 格式文件中的用户信息导入到设备内存中。将之前从设备上导出的 CSV 格式文件中的用户信息导入到设备内存中。

⑤ 服务器导入。

网络中，使用第三方认证服务器的情况非常多，很多公司的网络都存在认证服务器，认证服务器上存放着所有用户和用户组信息。从认证服务器上批量导入用户是指通过服务器导入策略，将认证服务器上用户（组）信息导入到设备上。设备支持从 AD、LDAP 和 TSM 服务器批量导入用户。选择“用户 > 用户 > 用户导入”，选择“服务器导入”页签。

12. 在线用户管理

选择“对象> 用户 > 在线用户”，可以对在线用户进行管理，如图 13-33 所示。若需要限制某些用户在某段时间内所有上网行为，可以冻结指定的在线用户。若管理员觉察到某些用户不可信，可以强制注销指定的在线用户，该模块主要功能如下。

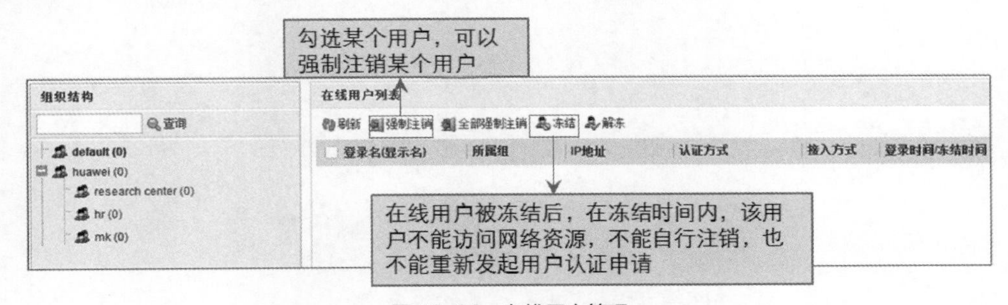

图 13-33　在线用户管理

（1）通过在线用户列表，可以查看已经通过设备认证的在线用户。管理员可对在线用户进行相关的管理操作，如强制注销。

（2）查看在线用户：选择“对象 > 用户 > 在线用户”，定位待查看的在线用户。管理员可以使用以下方式定位待查看的在线用户。

① 在“组织结构”中单击待查看用户所属的组，属于该组的所有在线用户将会出现在“在线用户列表”中。

② 使用简单查询或高级查询功能查找待查看的用户，查找结果将会出现在“在线用户列表”中。

（3）强制注销在线用户：选择“对象 > 用户 > 在线用户”，定位待注销的在线用户。管理员可以使用以下方式定位待注销的在线用户。

① 在“组织结构”中单击待注销用户所属的组，属于该组的所有在线用户将会出现在“在线用户列表”中。

② 使用简单查询或高级查询功能查找待注销的用户，查找结果将会出现在“在线用户列表”中。

③ 在“在线用户列表”中选中所有待注销的用户，单击“强制注销”，如果操作成功，已经被注销的用户将不会出现在“在线用户列表”中。

本章小结

本章主要讲述了用户认证的过程、AAA 技术原理、用户认证管理及应用，对于不同的用户认证、AAA 技术的实现等均做了详细的介绍。

课后习题

1. 以下（　　）不属于 AAA。

   A. 认证　　B. 授权　　C. 计费　　D. 管理

2. AD 单点登录主要有（　　）3 种登录实现方式。

   A. 接受 PC 消息模式　　B. 查询 AD 服务器安全日志模式

   C. 防火墙监控 AD 认证报文　　D. PC 直接登录

第 14 章
入侵防御简介

14

拓展阅读

知识目标

① 了解入侵防御的种类。

② 学习网络反病毒策略配置。

能力目标

① 描述入侵防御的种类。

② 部署网络反病毒策略。

课程导入

小安在一家信息科技公司担任信息安全工程师，由于公司的网站流量比较大，人员流动也比较频繁，导致公司的网站和计算机经常受到各种类型的网络入侵，影响了公司网站的正常运营，甚至直接导致了经济损失。为了减少这类事件的发生，小安在公司出口部署的防火墙上启用入侵检测系统，并请来了安全设备公司的信息安全专家小华，对公司的员工进行了入侵防御的培训，使得公司网络被入侵的事件大大减少。

相关内容

14.1 入侵概述

14.1.1 入侵初印象

如图 14-1 所示，这些入侵都有一些相似点，比如说相似的目的，入侵他方的领域获取利益，而受害方在发现入侵的时候及时反击——“保卫地球”，当然最好是在入侵之前加固防御，保护自身领土不受入侵。那么网络中的入侵和防御又是怎么一回事呢？

图 14-1　入侵初印象

14.1.2　网络威胁现状

现在大多数病毒等网络威胁不再单纯地攻击计算机系统，而是被黑客攻击和不法分子利用，成为他们获取利益的工具。因此，传统的计算机病毒等网络威胁，正在向由利益驱动的、全面的网络威胁发展变化。

如图 14-2 所示，在目前出现的各种安全威胁当中，恶意程序（病毒与蠕虫、Bot、Rootkit、特洛伊木马与后门程序、弱点攻击程序以及行动装置恶意程序）类别占有很高的比例，灰色软件（间谍/广告软件）的影响也逐渐扩大，而与犯罪程序有关的安全威胁已经成为威胁网络安全的重要因素。

图 14-2　网络威胁的现状

目前用户面临的不再是传统的病毒攻击，“网络威胁”经常是融合了病毒、黑客攻击、木马、僵尸网络、间谍软件等危害等于一身的混合体，因此单靠以往的防毒或者防黑技术往往难以抵御。

14.1.3　黑客入侵

如图 14-3 所示，网络黑客、企业内部恶意员工利用系统及软件的漏洞，入侵服务器，严重威胁企业关键业务数据的安全。

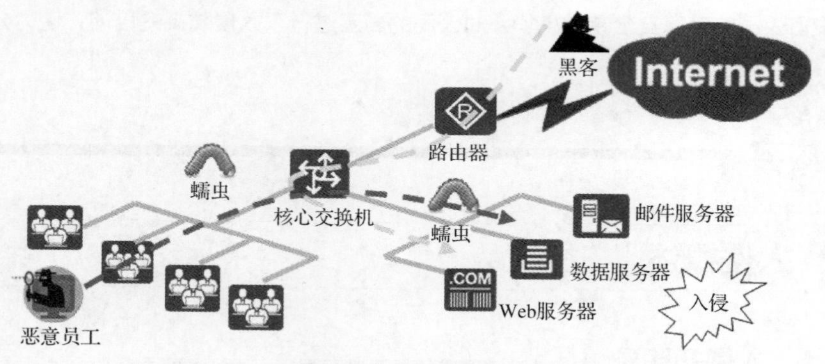

图 14-3　黑客入侵的方式

漏洞给企业造成严重的安全威胁。

（1）企业内网中许多应用软件可能存在漏洞。

（2）互联网使应用软件的漏洞迅速传播。

（3）蠕虫利用应用软件漏洞大肆传播，消耗网络带宽，破坏重要数据。

（4）黑客、恶意员工利用漏洞攻击或入侵企业服务器，业务机密被篡改、破坏和偷窃。

14.1.4 拒绝服务攻击威胁

以经济利益为目的的拒绝服务攻击（DDoS）攻击不断威胁着企业正常运营，且攻击造成的危害越来越严重。

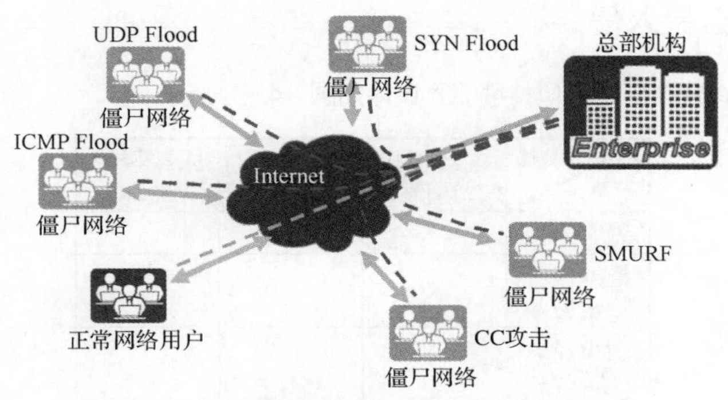

图 14-4　DDoS 攻击

如图 14-4 所示，DDoS 攻击威胁：

（1）以经济利益为目标的全球黑色产业链的形成，网络上存在大量僵尸网络。

（2）不法分子的敲诈勒索，同行的恶意竞争等都有可能导致企业遭受 DDoS 攻击。

（3）遭受 DDoS 攻击时，网络带宽被大量占用，网络陷于瘫痪；受攻击服务器资源被耗尽无法响应正常用户请求，严重时会造成系统死机，企业业务无法正常运行。

14.1.5 病毒及恶意软件安全威胁

随着企业业务拓展，更多业务应用依赖于 IT 系统来完成。如图 14-5 所示，在业务运行过程中，不断面临着病毒、木马、间谍软件等的严重威胁。

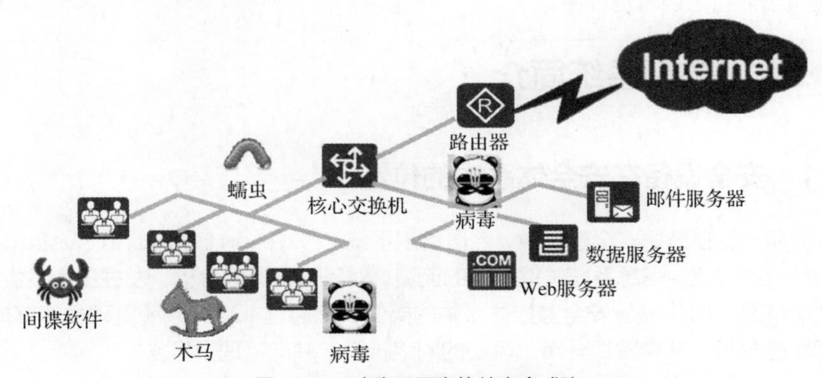

图 14-5　病毒及恶意软件安全威胁

病毒是一种恶意代码，可感染或附着在应用程序或文件中，一般通过邮件或文件共享等协议进行传播，威胁用户主机和网络的安全。

有些病毒会耗尽主机资源、占用网络带宽，有些病毒会控制主机权限、窃取用户数据，有些病毒甚至会对主机硬件造成破坏。

病毒及恶意软件安全威胁。

（1）浏览网页、邮件传输是病毒、木马、间谍软件进入内网的主要途径。

（2）病毒能够破坏计算机系统，篡改、损坏业务数据。

（3）木马使黑客不仅可以窃取计算机上的重要信息，还可以对内网计算机破坏；间谍软件搜集、使用，并散播企业员工的敏感信息，严重干扰企业的正常业务。

（4）桌面型反病毒软件难于从全局上防止病毒泛滥。

14.1.6 什么是入侵

上述网络威胁都有什么样的相似特征呢？具体如图 14-6 所示。

特征 / 威胁	未经授权访问	未经授权篡改	未经授权破坏
黑客入侵	√	√	√
拒绝服务攻击威胁	√		√
病毒及恶意软件	√	√	√

图 14-6 网络威胁特征

入侵是指未经授权而尝试访问信息系统资源、篡改信息系统中的数据，使信息系统不可靠或不能使用的行为；入侵企图破坏信息系统的完整性、机密性、可用性以及可控性。

典型的入侵行为如下。

（1）篡改 Web 网页。

（2）破解系统密码。

（3）复制/查看敏感数据。

（4）使用网络嗅探工具获取用户密码。

（5）访问未经允许的服务器。

（6）其他特殊硬件获得原始网络包。

（7）向主机植入特洛伊木马程序。

14.2 入侵防御系统简介

14.2.1 安全设备在安全体系中的位置

如图 14-7 所示，在信息安全建设中，入侵检测系统（Intrusion Detection System，IDS）扮演着监视器的角色，通过监控信息系统关键节点的流量，对其进行深入分析，发掘正在发生的安全事件。一个形象的比喻就是：IDS 就像安全监控体系中的摄像头，通过 IDS，系统管理员能够捕获关键节点的流量并做智能的分析，从中发现异常、可疑的网络行为，并向管理员报告。

入侵检测（Intrusion Detection，ID），它通过监视各种操作，分析、审计各种数据和现象来实时检测入侵行为的过程，是一种积极的和动态的安全防御技术。入侵检测的内容涵盖了授权的和非授权的各种入侵行为。

而入侵检测系统能在发现有违反安全策略的行为或系统存在被攻击的痕迹时，立即启动有关安全机制进行应对。

防火墙与 IDS。

（1）防火墙属于串路设备，需要做快速转发，无法做深度检测。

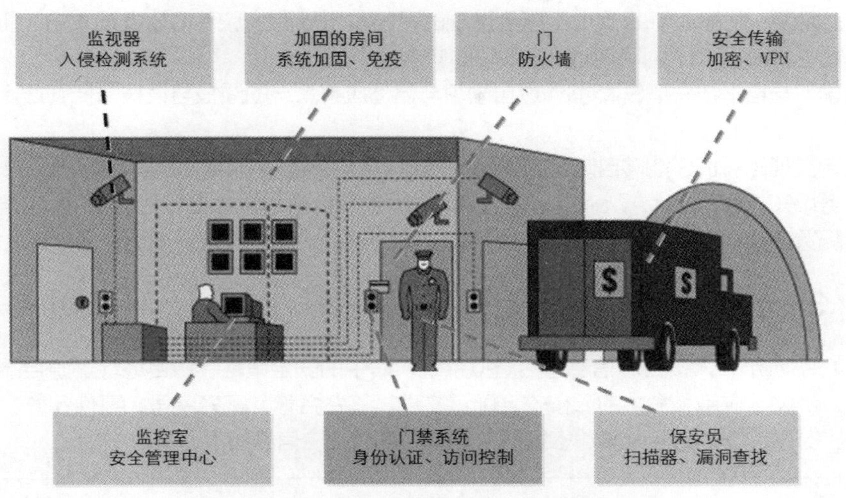

图 14-7　安全设备在安全体系中的位置

（2）防火墙无法正确分析掺杂在允许应用数据流中的恶意代码，无法检测来自内部人员地恶意操作或误操作。

（3）防火墙属于粗粒度的访问控制，IDS 属于细粒度的检测设备，通过 IDS 可以更精确地监控现网。

（4）IDS 可与防火墙、交换机进行联动，成为防火墙的得力“助手”，更好、更精确地控制外域间的访问。

（5）IDS 可灵活、及时地进行升级，策略的配置操作方便灵活。

14.2.2　入侵防御系统

入侵防御系统（Intrusion Prevention System，IPS）是一种智能化的入侵检测和防御产品，它不但能检测入侵的发生，而且能通过一定的响应方式，实时地中止入侵行为的发生和发展，实时地保护信息系统不受实质性的攻击。

IPS 在网络中一般有如下两种部署方式。

（1）旁路：旁挂在交换机上，通过交换机做端口镜像。

（2）直路：串接在网络边界，在线部署，在线阻断。

如图 14-8 所示，入侵防御系统的基本技术特点主要包括以下几点。

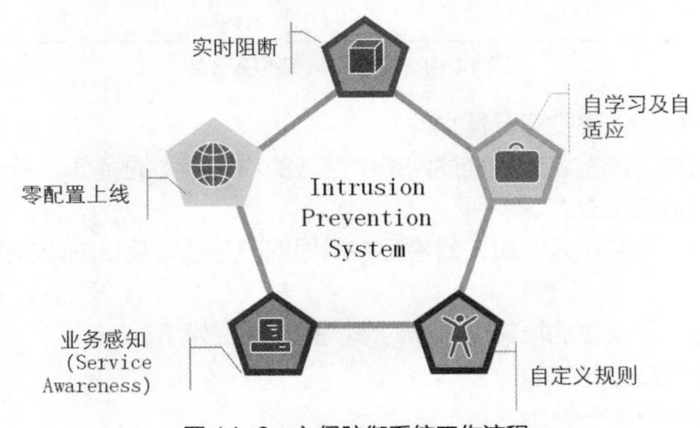

图 14-8　入侵防御系统工作流程

（1）实时阻断：能够让 IPS 实时阻断到发现的网络攻击行为，避免 IDS 发现攻击，而无法实时阻止攻击行为发生的缺陷，最大限度地提升系统的安全性。

（2）自学习与自适应：IPS 能够通过自学习与自适应将系统的漏报与误报降低到最低，减少对业务的影响。

（3）自定义规则：IPS 能够自定义入侵防御规则，最大限度地对最新的威胁做出反应。

（4）业务感知（Service Awareness，SA）：让 IPS 能够检测到基于应用层的异常与攻击。

（5）零配置上线：系统提供了默认的入侵防御安全配置文件，可以直接被引用。

14.2.3 查看入侵及防御行为

如图 14-9 所示，入侵日志信息包括虚拟系统、命中的安全策略、源目地址、源目端口、源目安全域、用户、协议、应用、命中的入侵安全配置文件、签名名称、签名序号、事件计数、入侵目标、入侵严重性、操作系统、签名分类、签名动作，其中重点关注信息如下。

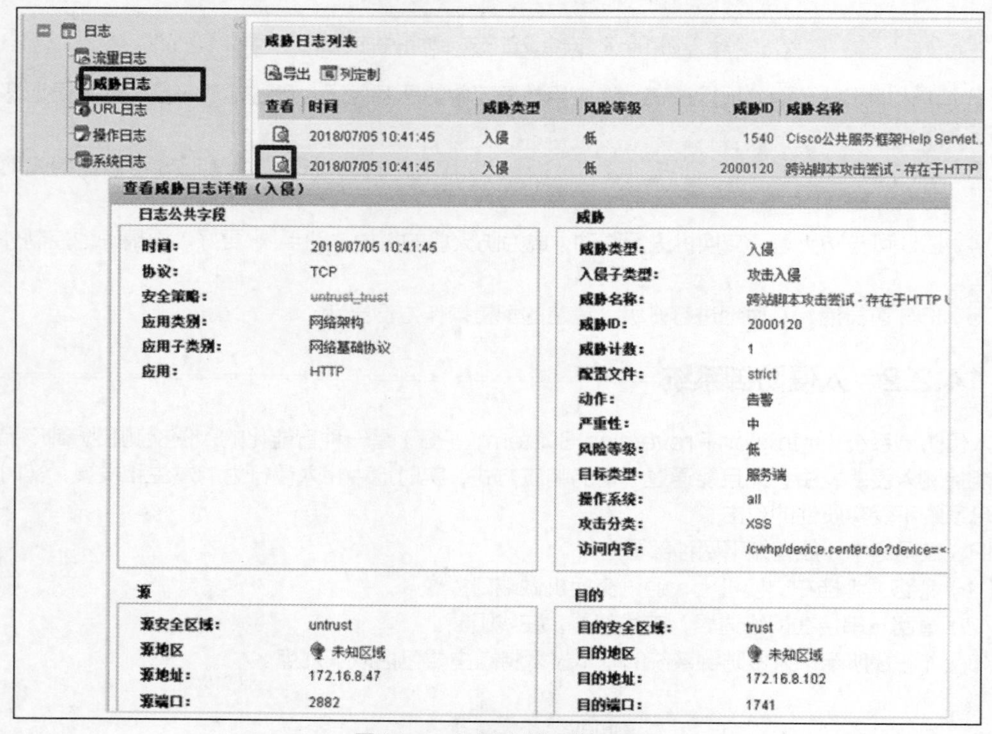

图 14-9　入侵及防御系统配置

（1）配置文件：命中的入侵安全配置文件。

（2）威胁名称：入侵防御签名用来描述网络中存在的攻击行为的特征，通过将数据流和入侵防御签名进行比较来检测和防范攻击。

（3）事件计数：日志归并引入字段，是否归并需根据归并频率及日志归并条件来确定，不发生归并则为 1。

（4）入侵目标：签名所检测的报文所攻击对象。具体情况如下。

① server：攻击对象为服务端。

② client：攻击对象为客户端。

③ both：攻击对象为服务端和客户端。

（5）入侵严重性：签名所检测的报文所造成攻击的严重性。具体情况如下。

① information：表示严重性为提示。

② low：表示严重性为低。

③ medium：表示严重性为中。

④ high：表示严重性为高。

（6）操作系统：签名所检测的报文所攻击的操作系统。具体情况如下。

① all：表示所有系统。

② android：表示安卓系统。

③ ios：表示苹果系统。

④ unix-like：表示 UNIX 系统。

⑤ windows：表示 Windows 系统。

⑥ other：表示其他系统。

（7）签名分类：签名检测到的报文攻击特征所属的威胁分类。

（8）签名动作：签名动作。具体情况如下。

① alert：签名动作为告警。

② block：签名动作为阻断。

14.3 网络防病毒简介

14.3.1 计算机病毒基本概念

编制或者在计算机程序中插入的破坏计算机功能或者破坏数据，影响计算机使用并且能够自我复制的一组计算机指令或者程序代码被称为计算机病毒（Computer Virus）。

恶意代码是一种程序，它通过把代码在不被察觉的情况下镶嵌到另一段程序中，从而达到破坏被感染计算机数据、运行具有入侵性或破坏性的程序、破坏被感染计算机数据的安全性和完整性的目的。

计算机病毒分类分类的方法有很多，如下所示。

（1）按照恶意代码功能分类：病毒、蠕虫、木马。

（2）按照传播机制分类：可移动媒体、网络共享、网络扫描、电子邮件、P2P 网络。

（3）按照感染对象分类：操作系统、应用程序、设备。

（4）按照携带者对象分类：可执行文件、脚本、宏、引导区。

14.3.2 病毒、蠕虫和木马

病毒是一段寄生在正常程序中的恶意代码，当用户启用这段正常程序时，病毒也会被启动，从而对系统的文件系统造成破坏。

蠕虫是病毒的变种，是一个独立的个体，不需要寄生，其能进行自我复制，利用网络上的系统漏洞或认为意识漏洞进行传播，影响更为恶劣，主要影响整个网络的性能和计算机的系统性能。

木马也是一种具有寄生性的恶意代码，它极具隐蔽性，黑客往往通过木马能够控制一台主机，使其成为“肉鸡”，此外，木马也可以用于监控获取受害人关键信息，如银行密码等。

我们常说的反病毒，指的就是防恶意代码，其中病毒、蠕虫、木马的特征如表 14-1 所示。

表 14-1　病毒、蠕虫、木马特征

项目	病毒	蠕虫	木马
存在形式	寄生	独立个体	有寄生性
复制机制	插入宿主程序中	自我复制	不自我复制
传染性	宿主程序运行	系统存在漏洞	依据载体或功能
传染目标	主要是针对本地文件	针对网络上其他计算机	“肉鸡”或“僵尸”
触发机制	计算机使用者	程序自身	远程控制
影响重点	文件系统	网络性能、系统性能	信息窃取或拒绝服务
防治措施	从宿主程序中摘除	为系统打补丁（Patch）	防止木马植入

14.3.3　反病毒技术

1．反病毒技术根据防护对象划分

单机反病毒：单机反病毒可以通过安装杀毒软件实现，也可以通过专业的防病毒工具实现。病毒检测工具用于检测病毒、木马、蠕虫等恶意代码，有些检测工具同时提供修复的功能。常见的反病毒软件有赛门铁克、360、瑞星、诺顿等，专业防病毒工具有 Process Explorer 等。

网络反病毒：网络防病毒技术则指在安全网关上进行反病毒策略部署。

2．反病毒技术应用场景

在以下场合中，通常利用反病毒特性来保证网络安全：内网用户可以访问外网，且经常需要从外网下载文件；内网部署的服务器经常接收外网用户上传的文件。

如图 14-10 所示，NIP 作为网关设备隔离内、外网，内网包括用户 PC 和服务器。内网用户可以从外网下载文件，外网用户可以上传文件到内网服务器。为了保证内网用户和服务器接收文件的安全，需要在 NIP 上配置反病毒功能。

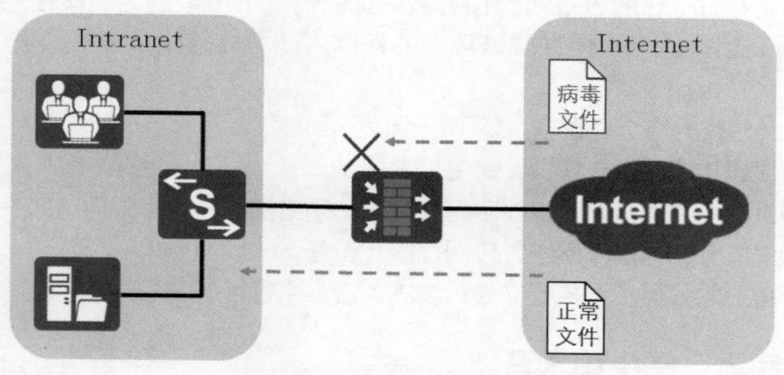

图 14-10　网络反病毒

在 NIP 上配置反病毒功能后，正常文件可以顺利进入内部网络，包含病毒的文件则会被检测出来，并被采取阻断或告警等手段进行干预。

3．网关防病毒主要实现方式

目前设备厂商（包括 UTM、AVG）的 AV 扫描方式，分为两种：代理扫描方式和流扫描方式。

（1）代理扫描方式

将所有经过网关的需要进行病毒检测的数据报文透明的转交给网关自身的协议栈，通过网关自身的协议栈将文件全部缓存下来后，再送入病毒检测引擎进行病毒检测。

基于代理的反病毒网关可以进行更多如解压、脱壳等高级操作，检测率高，但是，由于进行了文件全缓存，其性能、系统开销将会比较大。

（2）流扫描方式

依赖于状态检测技术以及协议解析技术，简单地提取文件的特征与本地签名库进行匹配。

基于流扫描的反病毒网关性能高，开销小，但该方式检测率有限，无法应对加壳、压缩等方式处理过的文件。

14.3.4 防火墙反病毒工作原理

网络流量进入智能感知引擎后，首先智能感知引擎对流量进行深层分析，识别出流量对应的协议类型和文件传输的方向，如图 14-11 所示。

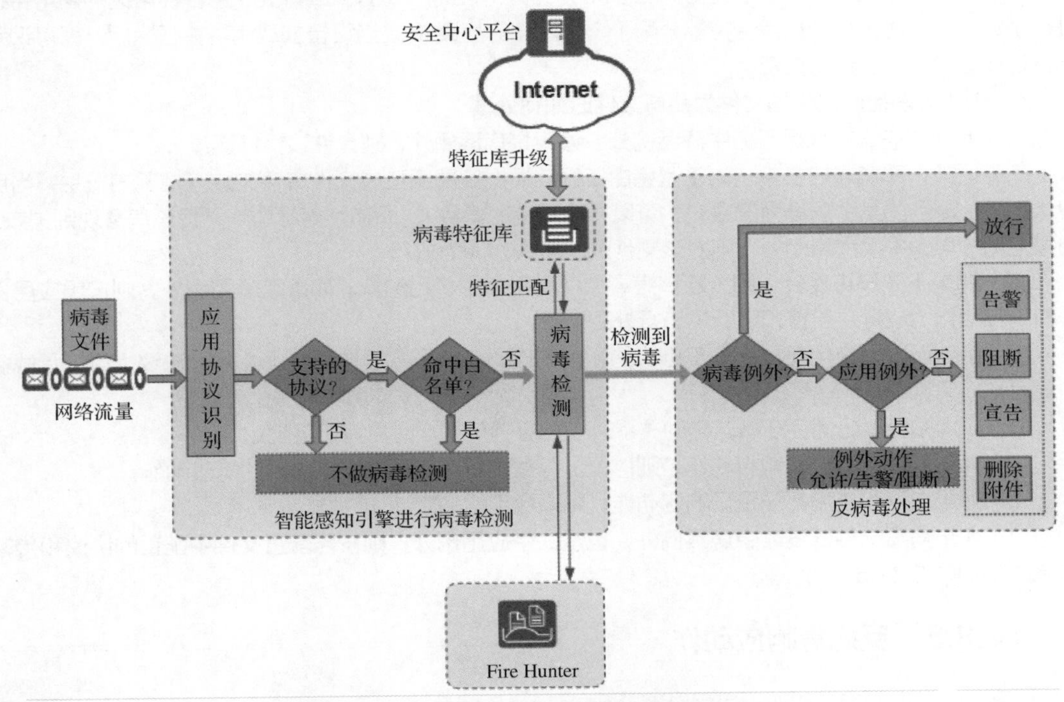

图 14-11　防火墙反病毒工作原理

1. 判断文件传输所使用的协议和文件传输的方向是否支持病毒检测

防火墙支持对使用以下协议传输的文件进行病毒检测。

（1）FTP（File Transfer Protocol，文件传输协议）。

（2）HTTP（Hypertext Transfer Protocol，超文本传输协议）。

（3）POP3（Post Office Protocol - Version 3，邮局协议的第 3 个版本）。

（4）SMTP（Simple Mail Transfer Protocol，简单邮件传输协议）。

（5）IMAP（Internet Message Access Protocol，因特网信息访问协议）。

（6）NFS（Network File System，网络文件系统）。

（7）SMB（Server Message Block，文件共享服务器）。

防火墙支持对不同传输方向上的文件进行病毒检测。

（1）上传：指客户端向服务器发送文件。

（2）下载：指服务器向客户端发送文件。

2. 判断是否命中白名单

命中白名单后，NIP 将不对文件做病毒检测，白名单由白名单规则组成，管理员可以为信任的域名、URL、IP 地址或 IP 地址段配置白名单规则，以此提高反病毒的检测效率。白名单规则的生效范围仅限于所在的反病毒配置文件，每个反病毒配置文件都拥有自己的白名单。

3. 病毒检测

智能感知引擎对符合病毒检测的文件进行特征提取，提取后的特征与病毒特征库中的特征进行匹配。如果匹配，则认为该文件为病毒文件，并按照配置文件中的响应动作进行处理。如果不匹配，则允许该文件通过。当开启联动检测功能时，对于未命中病毒特征库的文件还可以上送沙箱进行深度检测。如果沙箱检测到恶意文件，则将恶意文件的文件特征发送给 NIP，NIP 将此恶意文件的特征保存到联动检测缓存。下次再检测到该恶意文件时，则按照配置文件中的响应动作进行处理。

病毒特征库是由华为公司通过分析各种常见病毒特征而形成的。该特征库对各种常见的病毒特征进行了定义，同时为每种病毒特征都分配了一个唯一的病毒 ID。当设备加载病毒特征库后，即可识别出特征库里已经定义过的病毒。

4. 当防火墙检测出传输文件为病毒文件时如何处理

（1）判断该病毒文件是否命中病毒例外。如果是病毒例外，则允许该文件通过。

病毒例外，即病毒白名单。为了避免由于系统误报等原因造成文件传输失败等情况的发生，当用户认为已检测到的某个病毒为误报时，可以将该对应的病毒 ID 添加到病毒例外，使该病毒规则失效。如果检测结果命中了病毒例外，则对该文件的响应动作即为放行。

（2）如果不是病毒例外，则判断该病毒文件是否命中应用例外。如果是应用例外，则按照应用例外的响应动作（放行、告警和阻断）进行处理。

应用例外可以为应用配置不同于协议的响应动作。应用承载于协议之上，同一协议上可以承载多种应用。

由于应用和协议之间存在着这样的关系，在配置响应动作时也有如下规定：

（1）如果只配置协议的响应动作，则协议上承载的所有应用都继承协议的响应动作。

（2）如果协议和应用都配置了响应动作，则以应用的响应动作为准。

（3）如果病毒文件既没命中病毒例外，也没命中应用例外，则按照配置文件中配置的协议和传输方向对应的响应动作进行处理。

14.3.5 反病毒响应动作

检测到病毒后的响应动作，包括以下 4 种。

（1）告警：允许病毒文件通过，同时生成病毒日志。

（2）阻断：禁止病毒文件通过，同时生成病毒日志。

（3）宣告：对于携带病毒的邮件文件，设备允许该文件通过，但会在邮件正文中添加检测到病毒的提示信息，同时生成病毒日志。宣告动作仅对 SMTP 和 POP3 协议生效。

（4）删除附件：对于携带病毒的邮件文件，设备允许该文件通过，但设备会删除邮件中的附件内容并在邮件正文中添加宣告，同时生成病毒日志。删除附件动作仅对 SMTP 和 POP3 协议生效。

14.3.6 查看防火墙反病毒结果

防火墙检测到病毒后，可以通过业务日志查看防火墙反病毒结果的详细信息。如图 14-12 所示，当配置了 HTTP 和邮件协议反病毒后，能够在访问页面或邮件正文查看到相关提示信息。

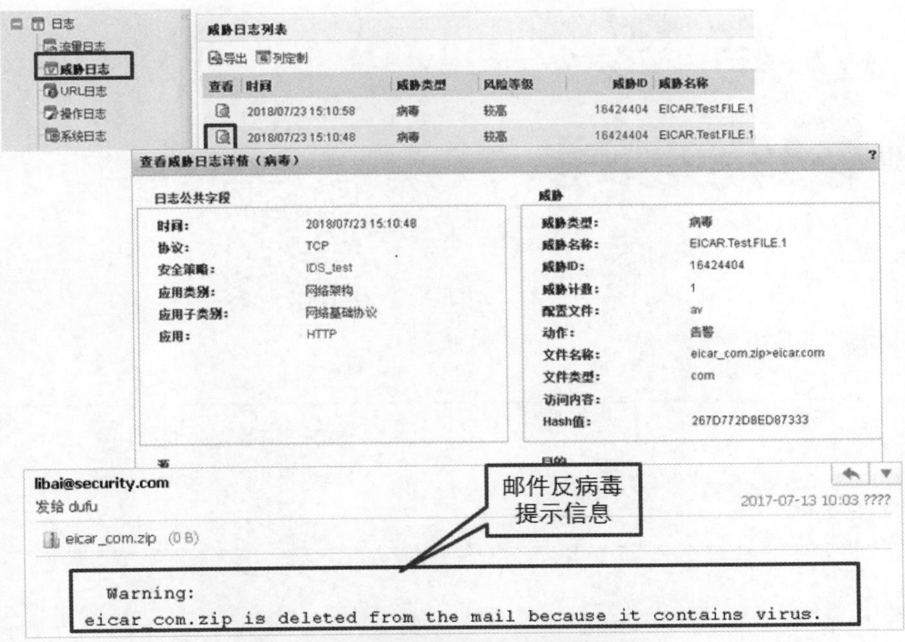

图 14-12　查看防火墙反病毒结果

本章小结

本章主要讲解了入侵的基本概念、入侵的类型分类、入侵的典型行为、如何区分 IDS 和 IPS、反病毒概念及基本原理等知识。

课后习题

1. 以下（　　）动作可以配置为 SMTP 的反病毒动作。

   A. 阻断　　B. 警告　　C. 宣告　　D. 删除附件

2. 以下关于入侵防御说法不正确的是（　　）。

   A. IPS 支持直路部署

   B. IPS 不仅可以检测入侵行为，而且可以在线阻断

   C. 病毒可以作为入侵的一种进行防御

   D. IPS 与防火墙联动实现实时阻断的功能

第 15 章

加密与解密原理

15

拓展阅读

知识目标

1. 掌握加密的定义。
2. 掌握解密的定义。
3. 了解常见加解密的过程。
4. 熟悉常见的加密算法原理。
5. 熟悉常见的解密算法原理。

能力目标

1. 掌握加解密发展历程的描述。
2. 掌握不同加解密的过程描述。
3. 掌握加解密算法的原理及描述。

课程导入

华安公司最近收到很多客户的意见反馈，其中主要的就是反映密码问题。但由于公司很多员工都是新进员工，对于加密和解密技术不太了解，技术部门决定由技术员小安对全体员工进行加密和解密培训，以提高大家的技术水平。

相关内容

15.1 加密技术

15.1.1 加密技术定义

加密是利用数学方法将明文（需要被隐蔽的数据）转换为密文（不可读的数据）从而达到保护数据的目的。在标记加密的元素中，一般来说，信息明文用字母 P 来表示，密钥用字母 K 来表示，信息密文用字母 C 来表示，它们之间的关系如图 15-1 所示。

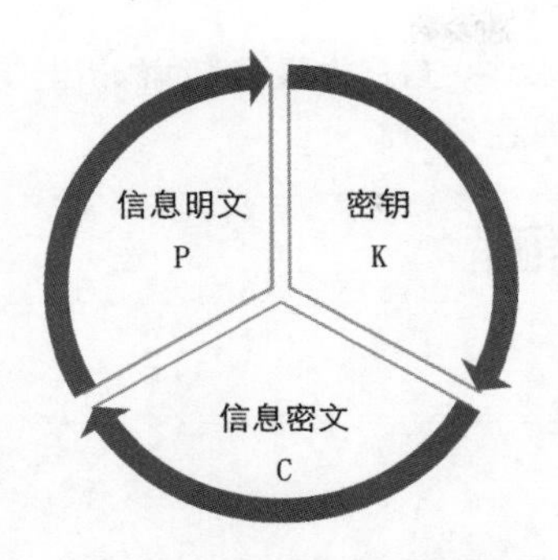

图 15-1 加密三元素关系图

15.1.2 加密技术作用

加密是一个过程，它使信息只对正确的接收者可读，其他用户看到的是杂乱无章的信息，使其只能在使用相应的密钥解密之后才能显示出本来内容。通过加密的方法来达到保护数据不被非法人窃取、阅读的目的。加密在网络上的作用就是防止私有化信息在网络上被拦截和窃取。通过加密可保证信息的机密性、完整性、鉴别性和不可否认性。

（1）机密性

通过数据加密实现。提供只允许特定用户访问和阅读信息，任何非授权用户对信息都不可理解的服务。这是使用加密的普遍原因。通过小心使用数学方程式，可以保证只有对应接收人才能查看它。

（2）完整性

通过数据加密、散列或数字签名来实现，提供确保数据在存储和传输过程中不被未授权修改（篡改、删除、插入和重放等）的服务。对安全级别需求较高的用户来说，仅仅数据加密是不够的，数据仍能够被非法破解并修改。

（3）鉴别性

通过数据加密、数据散列或数字签名来实现，提供与数据和身份识别有关的服务，即认证数据发送和接受者的身份。

（4）不可否定性

通过对称加密或非对称加密，以及数字签名等，并借助可信的注册机构或证书机构的辅助来实现，提供阻止用户否认先前的言论或行为的抗抵赖服务。

15.1.3 加密技术发展史

加密作为保障信息安全的一种方式，不是现代才有的，它产生的历史相当久远，可以追溯到人类刚刚出现，并且尝试去学习如何通信的时候。他们不得不去寻找方法确保通信的机密。但是最先有意识地使用一些技术方法来加密信息的可能是公元前五百年的古希腊人。他们使用的是一根叫 scytale 的棍子，送信人先绕棍子卷一张纸条，然后把要加密的信息写在上面，接着打开纸送给收信人。如果不知道棍子的宽度（这里作为密钥）是不可能解密信里面内容的。

大约在公元前 50 年，古罗马的统治者恺撒发明了一种战争时用于传递加密信息的方法，后来称之为“凯撒密码”。它的原理是：将 26 个字母按自然顺序排列，并且首尾相连，明文中的每个字母都用其后的第三个字母代替，例如，HuaweiSymantec 通过加密之后变成了 KxdzhlvBPdqwhf。

近期加密技术主要应用于军事领域，如美国独立战争、美国内战和两次世界大战。在美国独立战争时期，曾经使用过一种“双轨”密码，就是先将明文写成双轨的形式，然后按行顺序书写。

在第一次世界大战中，德国人曾依靠字典编写密码，例如，10-4-2 就是某字典第 10 页，第 4

段的第 2 个单词。在第二次世界大战中，最广为人知的编码机器是德国人的 Enigma 三转轮密码机，在第二次世界大战中德国人利用它加密信息。

15.2 加解密技术原理

15.2.1 加密技术分类

1. 对称加密算法

对称加密算法也叫传统密码算法（共享密钥加密、秘密密钥算法、单钥算法），它使用同一个密钥对数据进行加密和解密。如图 15-2 所示，加密密钥能从解密密钥中推算出来。发送者和接收者共同拥有同一个密钥，既用于加密也用于解密。对称密钥加密是加密大量数据的一种行之有效的方法。对称密钥加密有许多种算法，但所有这些算法都有一个共同的目的：以可以还原的方式将明文（未加密的数据）转换为暗文。由于对称密钥加密在加密和解密时使用相同的密钥，所以这种加密过程的安全性取决于是否有未经授权的人获得了对称密钥。特别注意：希望使用对称密钥加密通信的双方，在交换加密数据之前必须先安全地交换密钥。

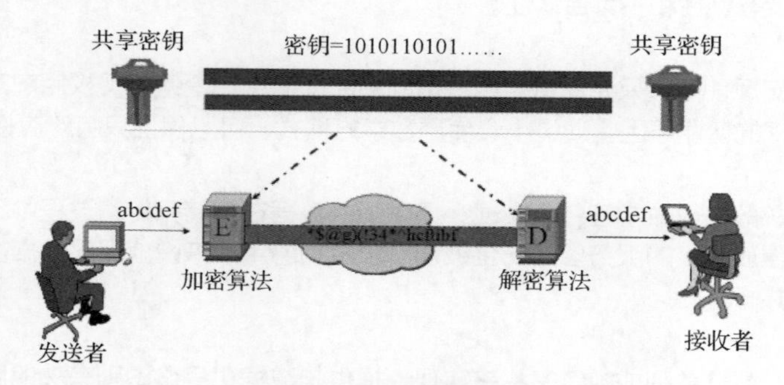

图 15-2 对称加密技术

衡量对称算法优劣的主要尺度是其密钥的长度。密钥越长，在找到解密数据所需的正确密钥之前必须测试的密钥数量就越多。需要测试的密钥越多，破解这种算法就越困难。有了好的加密算法和足够长的密钥，如果有人想在一段实际可行的时间内逆转转换过程，从暗文中推导出明文，从应用的角度来讲，这种做法是徒劳的。

2. 非对称加密算法

非对称加密算法也叫公钥加密，如图 15-3 所示，使用两个密钥：一个公钥和一个私钥，这两个密钥在数学上是相关的，私钥用来保护数据，公钥则由同一系统的人公用，用来检验信息及其发送者的真实性和身份。在公钥加密中，公钥可在通信双方之间公开传递，或在公用储备库中发布，但相关的私钥是保密的。只有使用私钥才能解密用公钥加密的数据。使用私钥加密的数据只能用公钥解密。与对称密钥加密相似，公钥加密也有许多种算法。然而，对称密钥和公钥算法在设计上并无相似之处。可以在程序内部使用一种对称算法替换另一种，而变化却不大，因为它们的工作方式是相同的。而不同公钥算法的工作方式却完全不同，因此它们不可互换。

公钥算法是复杂的数学方程式，使用十分大的数字。公钥算法的主要局限在于，这种加密形式的速度相对较低。实际上，通常仅在关键时刻才使用公钥算法，如在实体之间交换对称密钥时，或者在签署一封邮件的散列时（散列是通过应用一种单向数学函数获得的一个定长结果，对于数据而言，叫作散列算法）。

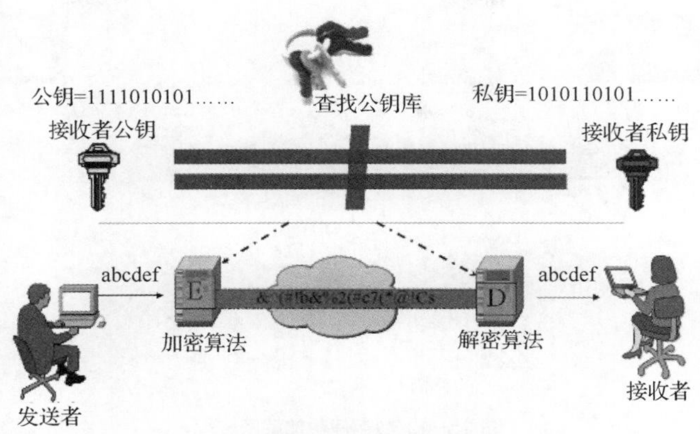

图 15-3　非对称加密技术

3. 对称与非对称算法对比

（1）对称密钥算法

对称密钥的主要优点在于速度快，通常比非对称密钥快 100 倍以上，而且可以方便地通过硬件实现。

主要问题在于密钥的管理复杂。由于每对通信者之间都需要一个不同的密钥，n 个人通信需要 $n(n-1)/2$ 个密钥；同时如何安全地共享秘密密钥给需要解密的接收者成为最大的问题；并且由于没有签名机制因此也不能实现抗可抵赖问题，即通信双方都可以否认发送或接收过的信息。

（2）非对称密钥算法

非对称密钥的主要优势在于密钥能够公开，由于用作加密的密钥（也称公开密钥）不同于用作解密的密钥（也称私人密钥），因而解密密钥不能根据加密密钥推算出来，所以可以公开加密密钥。公钥加密提供了一种有效的方法，可用来把为大量数据执行对称加密时使用的机密密钥发送给某人。私钥加密而用公钥解密，主要用于数字签名。

对称和非对称密钥算法通常结合使用，用于密钥加密和数字签名，即实现安全又能优化性能。

公钥加密的优点是无法从一个密钥推导出另一个密钥；公钥加密的信息只能用私钥进行解密。缺点是算法非常复杂，导致加密大量数据所用的时间较长，而且加密后的报文较长，不利于网络传输。

基于公钥加密的优缺点，公钥加密适合对密钥或身份信息等敏感信息加密，从而在安全性上满足用户的需求。

15.2.2　数据加密与验证

1. 数字信封

数字信封是指发送方采用接收方的公钥来加密对称密钥后所得的数据。采用数字信封时，接收方需要使用自己的私钥才能打开数字信封得到对称密钥。

甲事先获得乙的公钥，具体加解密过程如图 15-4 所示。

（1）甲使用对称密钥对明文进行加密，生成密文信息。

（2）甲使用乙的公钥加密对称密钥，生成数字信封。

（3）甲将数字信封和密文信息一起发送给乙。

（4）乙接收到甲的加密信息后，使用自己的私钥打开数字信封，得到对称密钥。

（5）乙使用对称密钥对密文信息进行解密，得到最初的明文。

从加解密过程中，可以看出，数字信封技术结合了对称密钥加密和公钥加密的优点，解决了对称密钥的发布和公钥加密速度慢等问题，提高了安全性、扩展性和效率等。

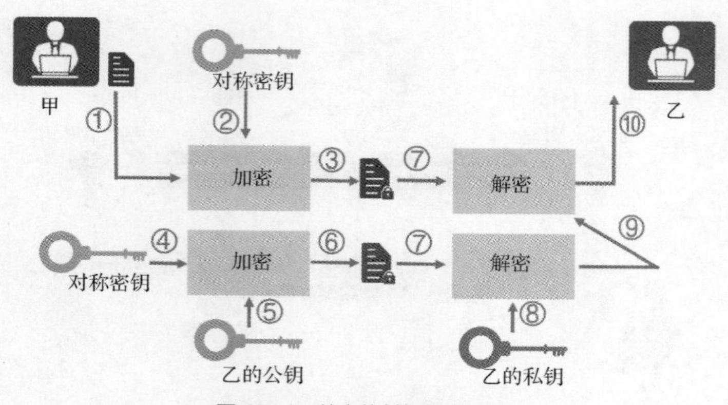

图 15-4　数字信封加解密过程

但是，数字信封技术还有个问题，如果攻击者拦截甲的信息，用自己的对称密钥加密伪造的信息，并用乙的公钥加密自己的对称密钥，然后发送给乙。乙收到加密信息后，解密得到的明文，而且乙始终认为是甲发送的信息。此时，需要一种方法确保接收方收到的信息就是指定的发送方发送的。

2. 数字签名

数字签名是指发送方用自己的私钥对数字指纹进行加密后所得的数据。采用数字签名时，接收方需要使用发送方的公钥才能解开数字签名得到数字指纹。

数字指纹又称为信息摘要，它是指发送方通过 Hash 算法对明文信息计算后得出的数据。采用数字指纹时，发送方会将数字指纹和明文一起发送给接收方，接收方用同样的 Hash 算法对明文计算生成的数据指纹，与收到的数字指纹进行匹配，如果一致，便可确定明文信息没有被篡改。

甲事先获得乙的公钥，具体加解密过程如图 15-5 所示。

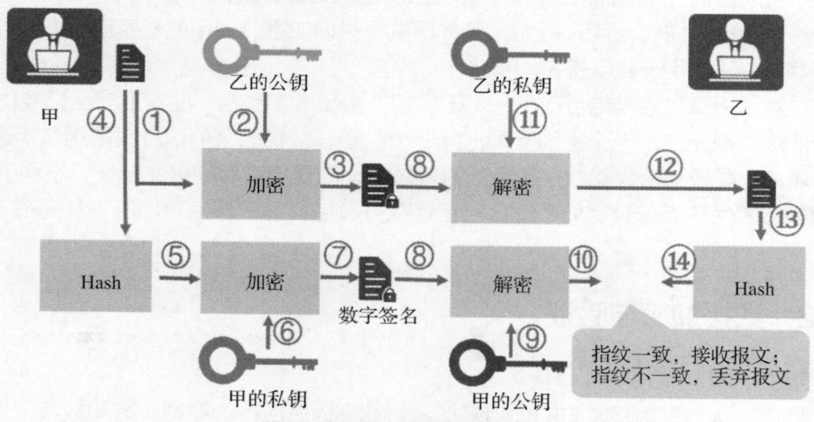

图 15-5　数字签名数据验证过程

（1）甲使用乙的公钥对明文进行加密，生成密文信息。

（2）甲使用 Hash 算法对明文进行 Hash 运算，生成数字指纹。

（3）甲使用自己的私钥对数字指纹进行加密，生成数字签名。

（4）甲将密文信息和数字签名一起发送给乙。

（5）乙使用甲的公钥对数字签名进行解密，得到数字指纹。

（6）乙接收到甲的加密信息后，使用自己的私钥对密文信息进行解密，得到最初的明文。

（7）乙使用 Hash 算法对明文进行 Hash 运算，生成数字指纹。

（8）乙将生成的数字指纹与得到的数字指纹进行比较，如果一致，乙接收明文；如果不一致，乙丢弃明文。

从加解密过程中，可以看出，数字签名技术不但证明了信息未被篡改，还证明了发送方的身份。数字签名和数字信封技术也可以组合使用。

但是，数字签名技术还有个问题，如果攻击者更改乙的公钥，甲获得的是攻击者的公钥，攻击者拦截乙发送给甲的信息，用自己的私钥对伪造的信息进行数字签名，然后与使用甲的公钥的加密伪造的信息一起发送给甲。甲收到加密信息后，解密得到的明文，并验证明文没有被篡改，则甲始终认为是乙发送的信息。此时，需要一种方法确保一个特定的公钥属于一个特定的拥有者。

15.2.3 常见加解密算法

1. 对称加密算法

对称加密算法根据加密的对象不同，主要包括以下两类。

（1）流加密算法（Stream Algorithm）

流加密算法在算法过程中连续输入元素，一次产生一个输出元素。典型的流密码算法一次加密一个字节的明文，密钥输入到一个伪随机字节生成器，产生一个表面随机的字节流，称为密钥流。流加密算法一般用在数据通信信道、浏览器或网络链路上。

常见的流加密算法：RC4 是 Ron Rivest 在 1987 年为 RSA Security 公司设计的流加密算法。它是密钥大小可变的流密码，使用面向字节的操作，就是实时地把信息加密成一个整体。该算法的速度可以达到 DES 加密的 10 倍左右。

（2）分组加密算法（Block Algorithm）

分组加密算法的输入为明文分组及密钥，明文被分为两半，这两半数据通过 n 轮处理后组合成密文分组，每轮的输入为上轮的输出；同时子密钥也是由密钥产生。典型分组长度是 64 位。

分组算法包括以下几种。

① 数据加密标准（Data Encryption Standard，DES）

DES 是由美国国家标准与技术研究院（NIST）开发的。DES 是第一个得到广泛应用的密码算法，使用相同的密钥来加密和解密。DES 是一种分组加密算法，输入的明文为 64 位，密钥为 56 位，生成的密文为 64 位（把数据加密成 64 位的 block）。因密码容量只有 56 位，因此针对其不具备足够安全性的弱点，后来又提出了 3DES。

② 三重数据加密标准（Triple DES，3DES）

3DES 使用了 128 位密钥。信息首先使用 56 位的密钥加密，然后用另一个 56 位的密钥译码，最后再用原始的 56 位密钥加密，这样 3DES 使用了有效的 128 位长度的密钥。3DES 最大的优点就是可以使用已存在的软件和硬件，并且在 DES 加密算法上的技术可以轻松地实施 3DES。

③ 高级加密标准（Advanced Encryption Standard，AES）

AES 采用 128 位的分组长度，支持长度为 128 位、192 位和 256 位的密钥长度，并可支持不同的平台。128 位的密钥长度能够提供足够的安全性，而且比更长的密钥需要较少的处理时间。到目前为止，AES 还没有出现任何致命缺陷。但由于快速 DES 芯片的大量生产，使得 DES 仍能继续使用。但 AES 取代 DES 和 3DES 以增强安全性和效率已是大势所趋。

④ IDEA（International Data Encryption Algorithm）

IDEA 是对称分组密码算法，输入明文为 64 位，密钥为 128 位，生成的密文为 64 位。应用方面有很多，其中 SSL 就将 IDEA 包含在其加密算法库中。

⑤ RC2

RC2 是 Ron Rivest 为 RSA 公司设计的变长密钥加密算法，它是一种 block 模式的密文，就是把信息加密成 64 位的数据。因为它可以使用不同长度的密钥，它的密钥长度可以从零到无限大，并且加密的速度依赖于密钥的大小。

⑥ RC5

RC5 是由 RSA 公司的 Rivest 于 1994 年设计的一种新型的分组密码算法。RC5 类似于 RC2，也是 block 密文，但是这种算法采用不同的 block 大小和密钥大小。另外此算法中数据所通过的 round 也是不同的。一般建议使用 128 位密钥的 RC5 算法，并运行 12～16 个 rounds。它是一种分组长度、密钥长度和迭代轮数都可变的分组迭代密码算法。

⑦ RC6

RC6 不像其他一些较新的加密算法，RC6 包括整个算法的家族。RC6 系列在 1998 年被提出在 RC5 算法提出来后，经调查发现其在对特殊的 round 上加密时存在于一个理论上的漏洞。RC6 的设计弥补了这种漏洞。

⑧ 国密算法

国密算法是由国家密码管理局编制的一种商用密码分组标准对称算法，国密算法的分组长度和密钥长度都为 128 位。在安全级别要求较高的情况下，使用 SM1 或 SM4 国密算法可以充分满足加密需求。

目前比较常用的对称密钥加密算法，主要包括 DES、3DES、AES 算法。

2. 非对称加密算法

目前比较常用的公钥加密算法，主要包括 DH（Diffie-Hellman）、RSA（Ron Rivest、Adi Shamirh、Leonard Adleman）和 DSA（Digital Signature Algorithm）算法。

（1）DH 算法

DH 算法一般用于双方协商出一个对称加密的密钥，即加密解密都是同一个密钥。实质是双方共享一些参数，然后各自生成密钥，然后根据数学原理，各自生成的密钥是相同的，这个密钥不会涉及在链路中传播，但是之前的参数的交互会涉及链路传输。

（2）RSA 算法

RSA 公钥加密算法是 1977 年由 Ron Rivest、Adi Shamirh 和 Leonard Adleman 在（美国麻省理工学院）开发的。RSA 取名来自它的开发者的名字。RSA 是目前最有影响力的公钥加密算法，它能够抵抗到目前为止已知的所有密码攻击，已被 ISO 推荐为公钥数据加密标准。是第一个能同时用于加密和数字签名的算法。

（3）DSA 算法

DSA 是 Schnorr 和 ElGamal 签名算法的变种，被美国 NIST 作为 DSS（Digital Signature Standard）。在保证数据的完整性、私有性、不可抵赖性等方面起着非常重要的作用。DSA 是基于整数有限域离散对数难题的，其安全性与 RSA 相比差不多。在 DSA 数字签名和认证中，发送者使用自己的私钥对文件或消息进行签名，接收者收到消息后使用发送者的公钥来验证签名的真实性。DSA 只是一种算法，和 RSA 不同之处在于它不能用作加密和解密，也不能进行密钥交换，只用于签名，它比 RSA 要快很多。

3. 散列算法

散列算法就是把任意长度的输入变换成固定长度的输出。常见散列算法有 MD5（Message Digest Algorithm 5）、SHA（Secure Hash Algorithm）、SM3（Senior Middle 3）等。

（1）MD5

MD5（消息摘要算法第 5 版）是计算机安全领域广泛使用的一种散列函数，用以提供消息的完整性保护。将数据（如汉字）运算为另一固定长度值。其作用是让大量信息在用数字签名软件签署私人密钥前被“压缩”成一种保密的格式。除了可以用于数字签名，还可以用于安全访问认证。

（2）SHA-1

SHA（安全哈希算法）主要适用于数字签名标准里面定义的数字签名算法。SHA 是由 NIST 开发的。在 1994 年对原始的 HMAC 功能进行了修订，被称为 SHA-1。SHA-1 在 RFC2404 中描述。SHA-1 产生 160 位的消息摘要。SHA-1 比 MD5 要慢，但是更安全。因为它的签名比较长，具有更强大的防攻破功能，并可以更有效地发现共享的密钥。

（3）SHA-2

SHA-2 是 SHA-1 的加强版本，SHA-2 算法相对于 SHA-1 加密数据长度有所上升，安全性能要远远高于 SHA-1。SHA-2 算法包括 SHA2-256、SHA2-384 和 SHA2-512，密钥长度分别为 256 位、384 位和 512 位。

（4）SM3

SM3（国密算法）是国家密码管理局编制的商用算法，用于密码应用中的数字签名和验证、消息认证码的生成与验证以及随机数的生成，可满足多种密码应用的安全需求。

以上几种算法各有特点，MD5 算法的计算速度比 SHA-1 算法快，而 SHA-1 算法的安全强度比 MD5 算法高，SHA-2、SM3 算法相对于 SHA-1 来说，加密数据位数的上升增加了破解的难度，使得安全性能要远远高于 SHA-1。

本章小结

本章主要介绍了加密算法基础知识，了解了对称和非对称加密算法，对数字信封的原理、数字签名主要解决的问题等有了一个明确的认识。对于常见的对称加密算法、非对称加密算法、散列算法做了详细介绍。

技能拓展

✧ 世界上迄今为止最安全的加密算法

一个划时代的算法，惊天动地，一个只能用算力来破解的加密算法——RSA，如图 15-6 所示。

$$c^d \equiv m \pmod{n}$$

图 15-6　RSA 算法

在人类的加密史上，最早的密码雏形出现在公元前 5 世纪，古希腊人使用一根叫 scytale 的棍子来传递加密信息。要加密时，先绕棍子卷一张纸条，把信息沿棒水平方向写，写一个字旋转一下，直到写完，如图 15-7 所示。解下来后，纸条上的文字消息杂乱无章，这就是密文。将它绕在另一个同等尺寸的棍子上后，就能看到原始的消息。如果不知道棍子的粗细，则无法解密里面的内容。

图 15-7　古希腊人用于加密的 scytale 棍子

公元前 1 世纪，恺撒大帝为了能够确保他与远方的将军之间的通信不被敌人的间谍所获知，发明了 Caesar 密码。每个字母都与其后第 3 位字母对应，然后进行替换，例如，a 对应于 d，b 对应于 e，以此类推。

20 世纪早期，德国发明了名为 enigma 的轮转加密机，其核心部件如图 15-8 所示，能对明文进行自动加密，产生的可能性高达 1016 种，当时处于世界领先地位，二战期间被德军大量使用。盟军在很长时间内一筹莫展。后来，波兰人首先破译了德军密码，并发明了名为 Bomba 的密码破译机，能在 2 小时内破解密码。波兰在被占领前夕，波兰人把 Bomba 交给了英国，并在布莱切利园（Bletchley Park）内继续研发。

图 15-8 enigma 密码机的核心部件：控制轮

“一位被击倒的骑士在最后一刻把宝剑交给了他的战友”。

就在这里，在众多科学家的努力下，设计出了世界上第一台电子计算机巨人（Colossus），破解了大量德军密文，为逆转形势提供了大量重要情报。

关于密码学历史，有许多动人的故事，但事实上密码学一直发展缓慢。其实在 1976 年以前，所有的加密方法都是同一种模式，即甲方选择一种加密规则，对信息进行加密；乙方使用同一种规则，对信息进行解密。

由于加密和解密使用同样规则（简称“密钥”），于是这种模式被称为“对称加密算法”。

这种模式有一个最大弱点：甲方必须把密钥告诉乙方，否则无法解密。保存和传递密钥，就成了最头疼的问题。

1976 年，两位美国计算机学家威特菲尔德·迪菲（Whitfield Diffie）和马丁·赫尔曼（Martin Hellman），首次证明可以在不直接传递密钥的情况下，完成解密。这被称为“Diffie-Hellman 密钥交换算法”。

DH 算法的出现有着划时代的意义：从这一刻起，启示人们加密和解密可以使用不同的规则，只要规则之间存在某种对应关系即可。

这种新的模式也被称为“非对称加密算法”，如图 15-9 所示，即乙方生成两把密钥，公钥和私钥。公钥是公开的，任何人都可以获得，私钥则是保密的。甲方获取乙方的公钥，用它对信息加密。乙方得到加密后的信息，用私钥解密。

公钥加密的信息只有私钥解得开，只要私钥不泄露，通信就是安全的。

就在 DH 算法发明后一年，1977 年，罗纳德·李维斯特（Ron Rivest）、阿迪·萨莫尔（Adi Shamir）和伦纳德·阿德曼（Leonard Adleman）在麻省理工学院一起提出了 RSA 算法，RSA 就是他们三人姓氏开头字母拼在一起组成的，如图 15-10 所示。

图 15-9　加解密图示一

图 15-10　RSA 算法的三位发明者

新诞生的 RSA 算法特性比 DH 算法更为强大，因为 DH 算法仅用于密钥分配，而 RSA 算法可以进行信息加密，也可以用于数字签名。另外，RSA 算法的密钥越长，破解的难度以指数倍增长。

因为其强大的性能，可以毫不夸张地说，只要有计算机网络的地方，就有 RSA 算法。

RSA 算法名震江湖，那它到底是如何工作的？

① 随机选择两个不相等的质数 p 和 q。

② 计算 p 和 q 的乘积 n。n 的长度就是密钥长度，一般以二进制表示，一般长度是 2048 位。位数越长，则越难破解。

③ 计算 n 的欧拉函数 $\varphi(n)$。

④ 随机选择一个整数 e，其中是 $1<e<\varphi(n)$，且 e 与 $\varphi(n)$ 互质。

⑤ 计算 e 对于 $\varphi(n)$ 的模反元素 d。所谓“模反元素”就是指有一个整数 d，可以使得 ed 被 $\varphi(n)$ 除的余数为 1。

⑥ 将 n 和 e 封装成公钥 (n,e)，n 和 d 封装成私钥 (n,d)。

假设用户 A 要向用户 B 发送加密信息 m，他要用公钥 (n,e) 对 m 进行加密。加密过程实际上是计算一个式子。

用户 B 收到信息 c 以后，就用私钥 (n, d) 进行解密。解密过程也是计算一个式子。

这样用户 B 知道了用户 A 发的信息是 m。

用户 B 只要保管好数字 d 不公开，别人将无法根据传递的信息 c 得到加密信息 m。

RSA 算法以(n, e)作为公钥，那么有无可能在已知 n 和 e 的情况下，推导出 d?

① $ed \equiv 1 \pmod{\varphi(n)}$。只有知道 e 和 $\varphi(n)$，才能算出 d。

② $\varphi(n)=(p-1)(q-1)$。只有知道 p 和 q，才能算出 $\varphi(n)$。

③ $n=pq$。只有将 n 因数分解，才能算出 p 和 q。

所以，如果 n 可以被很简单地分解，则很容易算出 d，意味着信息被破解，如图 15-11 所示。

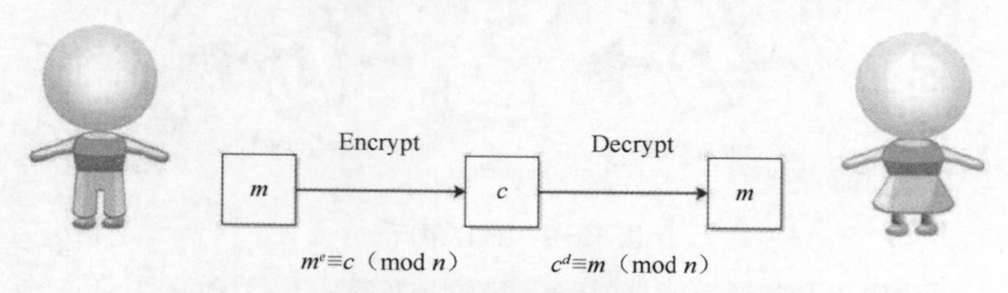

图 15-11　加解密图示二

但是目前大整数的因式分解，是一件非常困难的事情。目前，除了暴力破解，还没有发现别的有效方法。也就是说，只要密钥长度足够长，用 RSA 加密的信息实际上是不能被解破的。

RSA 算法逐步被运用到人类生活的各个方面。由于 RSA 算法的可靠性，现在非常多的地方应用了这个技术。

最重要的运用，莫过于信息在互联网上传输的保障。运用 RSA 算法，在传输过程中即使被截获，也难以进行解密，保证信息传输的安全。只有拥有私钥的人，才可能对信息进行解读。

银行交易的 U 盾，是用户身份的唯一证明。U 盾第一次使用时，运用 RSA 算法，产生私钥并保存在 U 盾之中。在以后的使用中，用私钥解密交易信息，才能执行后面的交易操作，保障用户的利益。

现在假冒伪劣产品不少，企业需要使用一些防伪手段。目前最常见的是二维码防伪，方便消费者通过简单地扫一扫操作进行产品验证。但是二维码如果以明文形式展示，则容易被不法分子利用，目前已有人运用 RSA 算法对二维码的明文进行加密，保障消费者的利益。

RSA 算法是这个时代最优秀的加密算法之一，其安全性建立在一个数学事实之上：将两个大质数相乘非常容易，但要对其乘积进行因式分解却非常困难。因此可以将其乘积公开作为加密的密钥。

“江山代有才人出，各领风骚数百年”。一个时代，必然有属于这个时代的优秀算法，RSA 是我们所处这个时代的佼佼者。但随着量子计算机的诞生，计算能力即将急剧增长，算力在未来可能不是一个稀缺物品。

而算力是又破解 RSA 算法的唯一钥匙。到那个时候，又有什么算法能够保障我们的信息安全呢?

课后习题

1. 数据加密模型三要素是（　　）。

　A. 信息明文　　B. 密钥　　C. 信息密文　　D. 加密算法

2. 加密技术的作用有（　　）。

　A. 完整性　　B. 保密性　　C. 鉴别性　　D. 抗抵赖性

3. 最先有意识地使用加密技术是（　　）。

　A. 古印度人　　B. 古巴比伦人　　C. 古希腊人　　D. 古中华人

4. 下面加密算法中，分组加密算法有（　　）。

　A. RC4　　B. DES　　C. 3DES　　D. AES

5. 下面加密算法中，流加密算法有（　　）。
   A. RC2　　B. RC4　　C. RC5　　D. RC6
6. 下列算法中，（　　）属于非对称加密算法。
   A. DH　　B. RSA　　C. DSA　　D. IDEA
7. 下列算法中，（　　）属于散列算法。
   A. MD5　　B. SHA　　C. SM3　　D. DES
8. 以下（　　）属于对称加密算法。
   A. MD5　　B. RSA　　C. DES　　D. AES
9. 以下（　　）是数字信封采用的算法。
   A. 对称加密算法　　B. 非对称加密算法　　C. 散列算法　　D. 同步算法

第 16 章

PKI证书体系

16

拓展阅读

知识目标

① 了解数字证书的分类。
② 学习 PKI 证书体系架构。
③ 学习 PKI 证书体系工作机制。

能力目标

① 掌握数字证书的定义。
② 掌握数字证书分类。
③ 掌握 PKI 证书体系架构描述。
④ 掌握 PKI 证书体系工作机制描述。

课程导入

通过上次课程的学习，公司员工对于文件和数据的加密兴趣越来越浓厚，但由此带来的解密问题也出了不少，不过在大家的努力下，问题都得到了圆满地解决。现在大家发现一个问题，在网上的数据如何加密，如何保证数据是我们的原始数据呢？这个时候，就需要用到 PKI 数字证书了，什么是 PKI 数字证书呢？它是怎么确保公钥的真实性和数据传输的机密性呢？本章将对此部分内容进行介绍。

相关内容

16.1 数字证书

16.1.1 数字证书定义

数字证书是互联网通信中标志通信各方身份信息的一串数字，提供了一种在 Internet 上验证通信实体身份的方式，数字证书不是数字身份证，而是身份认证机构盖在数字身份证上的一个章或印（或者说加在数字身份证上的一个签名）。它是由权威机构——CA 机构，又称为证书授权（Certificate Authority）中心发行的，人们可以在网上用它来识别对方的身份。

简单来说，数字证书（证书），它是一个经证书授权中心（即在 PKI 中的证书认证机构 CA）数字签名的文件，包含拥有者的公钥及相关身份信息。

数字证书是一种权威性的电子文档，可以由权威公正的第三方机构，即 CA（如中国各地方的 CA 公司）中心签发的证书，也可以由企业级 CA 系统进行签发。

它以数字证书为核心的加密技术（加密传输、数字签名、数字信封等安全技术）可以对网络上传输的信息进行加密和解密、数字签名和签名验证，确保网上传递信息的机密性、完整性及交易的不可抵赖性。使用了数字证书，即使用户发送的信息在网上被他人截获，甚至用户丢失了个人的账户、密码等信息，仍可以保证用户的账户、资金安全。

数字证书可以说是 Internet 上的安全护照或身份证。当人们到其他国家旅行时，用护照可以证实其身份，并被获准进入这个国家。数字证书提供的是网络上的身份证明。

数字证书技术解决了数字签名技术中无法确定公钥是指定拥有者的问题。

16.1.2 数字证书分类

根据数字证书的颁发机构和使用者的不同，数字证书可以分为以下 4 类。

（1）自签名证书

该证书又称为根证书，是自己颁发给自己的证书，即证书中的颁发者和主体名相同。申请者无法向 CA 申请本地证书时，可以通过设备生成自签名证书，可以实现简单证书颁发功能。设备不支持对其生成的自签名证书进行生命周期管理（如证书更新、证书撤销等）。

（2）CA 证书

该证书是 CA 自身的证书。如果 PKI 系统中没有多层级 CA，CA 证书就是自签名证书；如果有多层级 CA，则会形成一个 CA 层次结构，最上层的 CA 是根 CA，它拥有一个 CA“自签名”的证书。申请者通过验证 CA 的数字签名从而信任 CA，任何申请者都可以得到 CA 的证书（含公钥），用以验证它所颁发的本地证书。

（3）本地证书

该证书是 CA 颁发给申请者的证书。

（4）设备本地证书

该证书是设备根据 CA 证书给自己颁发的证书，证书中的颁发者名称是 CA 服务器的名称。申请者无法向 CA 申请本地证书时，可以通过设备生成设备本地证书，可以实现简单证书颁发功能。

16.1.3 数字证书结构

最简单的证书包含一个公开密钥、名称以及证书授权中心的数字签名。数字证书还有一个重要的特征就是只在特定的时间段内有效。数字证书的格式普遍采用的是 X.509v3 国际标准，一个标准的 X.509 数字证书包含以下内容，如图 16-1 所示。

证书内容中各字段含义如下。

（1）版本：即使用 X.509 的版本，目前普遍使用的是 v3 版本（0x2）。

（2）序列号：颁发者分配给证书的一个正整数，同一颁发者颁发的证书序列号各不相同，可用与颁发者名称一起作为证书唯一标识。

（3）签名算法：颁发者颁发证书使用的签名算法。

（4）颁发者：颁发该证书的设备名称，必须与颁发者证书中的主体名一致。通常为 CA 服务器的名称。

（5）有效期：包含有效的起、止日期，不在有效期范围的证书为无效证书。

（6）主体名：证书拥有者的名称，如果与颁发者相同则说明该证书是一个自签名证书。

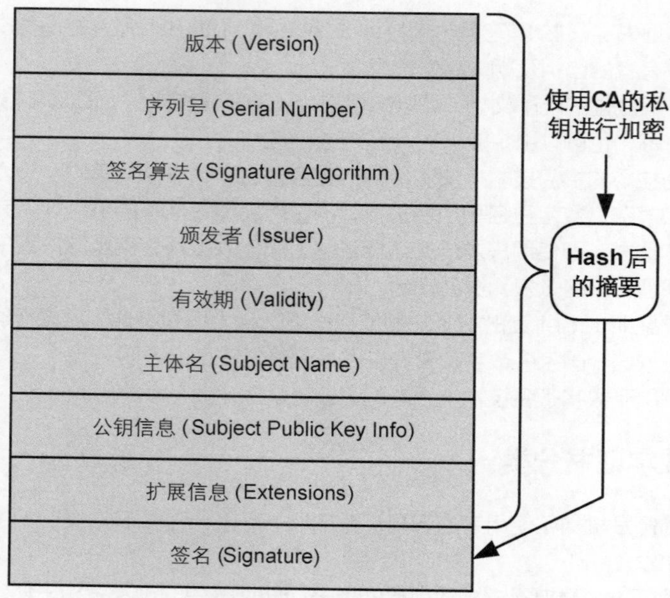

图 16-1 数字证书结构图

（7）公钥信息：用户对外公开的公钥以及公钥算法信息。

（8）扩展信息：通常包含了证书的用法、CRL 的发布地址等可选字段。

（9）签名：颁发者用私钥对证书信息的签名。

16.1.4 数字证书文件格式

证书主要的文件类型和协议有 PEM、DER、PFX、JKS、KDB、CER、KEY、CSR、CRT、CRL、OCSP、SCEP 等。

华为设备主要支持以下 3 种文件格式保存证书。

（1）PKCS#12（Public-Key Cryptography Standards，公钥加密标准#12）

PKCS#12 以二进制格式保存证书，可以包含私钥，也可以不包含私钥。通常可以将 Apache/OpenSSL 使用的“KEY 文件 + CRT 文件”格式合并转换为标准的 PFX 文件，可以将 PFX 文件格式导入到微软公司的 IIS 5/6、ISA、Exchange Server 等软件。转换时需要输入 PFX 文件的加密密码。常用的后缀有.P12 和.PFX。

（2）DER（Distinguished Encoding Rules，可辨别编码规则）

可包含所有私钥、公钥和证书。它是大多数浏览器的默认格式，并按 ASN1 DER 格式存储。以二进制格式保存证书，不包含私钥。常用的后缀有.DER、.CER 和.CRT。

（3）PEM（Privacy Enhanced Mail，增强安全的私人函件）

Openssl 使用 PEM 格式来存放各种信息，它是 Openssl 默认采用的信息存放方式。以 ASCII 码格式保存证书，可以包含私钥，也可以不包含私钥。常用的后缀有.PEM、.CER 和.CRT。

16.2 公钥基础设施

随着网络技术和信息技术的发展，电子商务已逐步被人们所接受，并得到不断普及。但通过网络进行电子商务交易时，存在如下问题，如图 16-2 所示。

（1）交易双方并不现场交易，无法确认双方的合法身份。

（2）通过网络传输时信息易被窃取和篡改，无法保证信息的安全性。

（3）交易双方发生纠纷时没有凭证可依，无法提供仲裁。

为了解决上述问题，PKI（Public Key Infrastructure，公钥基础设施）技术应运而生，其利用公钥技术保证在交易过程中能够实现身份认证、保密、数据完整性和不可否认性。因而在网络通信和网络交易中，特别是电子政务和电子商务业务，PKI 技术得到了广泛的应用。

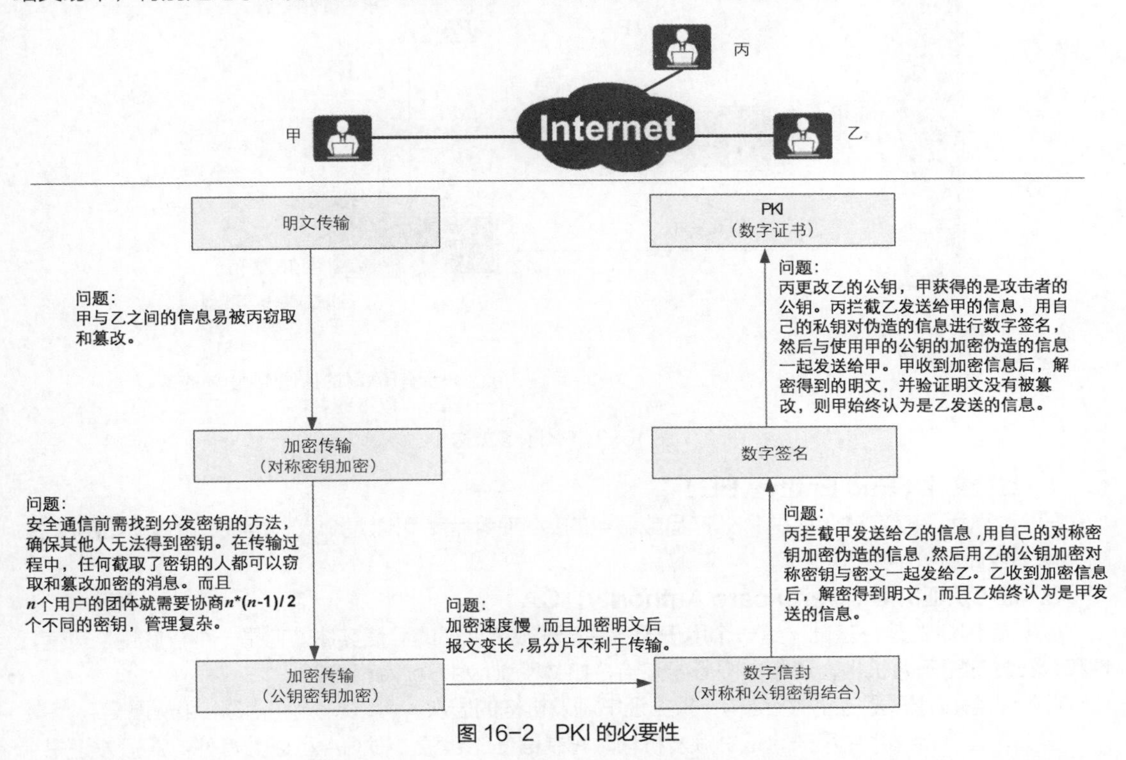

图 16-2　PKI 的必要性

PKI 的核心技术就围绕着数字证书的申请、颁发和使用等整个生命周期进行展开，而在这整个生命周期过程中，PKI 会使用到对称密钥加密、公钥加密、数字信封和数字签名技术。

16.2.1　PKI 定义

PKI（Public Key Infrastructure，公钥基础设施），是一种遵循标准的利用公钥加密技术，为电子商务的开展提供一套安全基础平台的技术和规范。是一种遵循既定标准的证书管理平台，它利用公钥技术能够为所有网络应用提供安全服务。PKI 技术是信息安全技术的核心，也是电子商务的关键和基础技术。

X.509 标准中，为了区别于权限管理基础设施（Privilege Management Infrastructure，PMI），将 PKI 定义为支持公开密钥管理并能支持认证、加密、完整性和可追究性服务的基础设施。这个概念与第一个概念相比，不仅仅叙述 PKI 能提供的安全服务，更强调 PKI 必须支持公开密钥的管理。也就是说，仅仅使用公钥技术还不能叫作 PKI，还应该提供公开密钥的管理。

16.2.2　PKI 体系架构

一个 PKI 体系由终端实体、证书认证机构、证书注册机构和证书/CRL 存储库 4 部分共同组成，如图 16-3 所示。

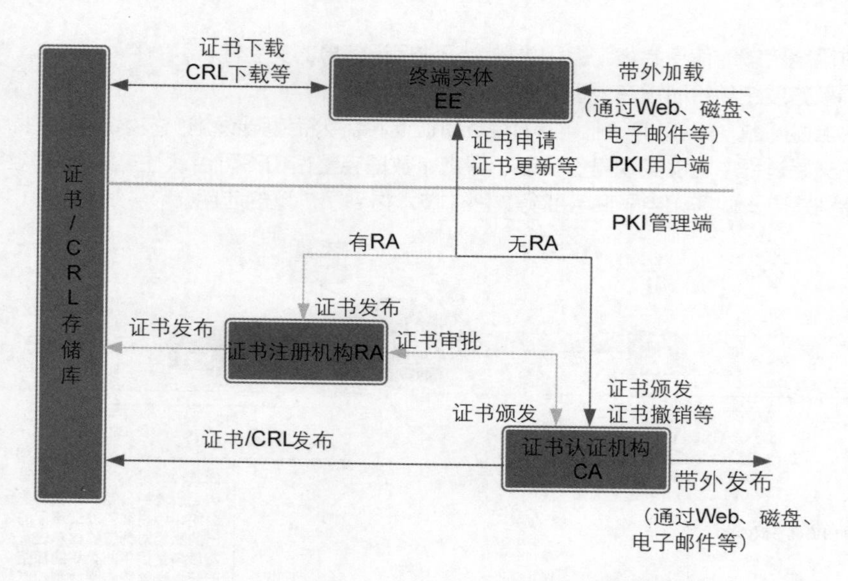

图 16-3　PKI 体系架构

1．终端实体（End Entity，EE）

EE 也称为 PKI 实体，它是 PKI 产品或服务的最终使用者，可以是个人、组织、设备（如路由器、防火墙）或计算机中运行的进程。

2．证书认证机构（Certificate Authority，CA）

CA 是 PKI 的信任基础，是一个用于颁发并管理数字证书的可信实体。它是一种权威性、可信任性和公正性的第三方机构，通常由服务器充当，如 Windows Server 2008。

CA 通常采用多层次的分级结构，根据证书颁发机构的层次，可以划分为根 CA 和从属 CA。

根 CA 是公钥体系中第一个证书颁发机构，它是信任的起源。根 CA 可以为其他 CA 颁发证书，也可以为其他计算机、用户、服务颁发证书。对大多数基于证书的应用程序来说，使用证书的认证都可以通过证书链追溯到根 CA。根 CA 通常持有一个自签名证书。

从属 CA 必须从上级 CA 处获取证书。上级 CA 可以是根 CA 或者是一个已由根 CA 授权可颁发从属 CA 证书的从属 CA。上级 CA 负责签发和管理下级 CA 的证书，最下一级的 CA 直接面向用户。例如，CA2 和 CA3 是从属 CA，持有 CA1 发行的 CA 证书；CA4、CA5 和 CA6 是从属 CA，持有 CA2 发行的 CA 证书。

当某个 PKI 实体信任一个 CA，则可以通过证书链来传递信任，证书链就是从用户的证书到根证书所经过的一系列证书的集合。当通信的 PKI 实体收到待验证的证书时，会沿着证书链依次验证其颁发者的合法性。

CA 的核心功能就是发放和管理数字证书，包括证书的颁发、证书的更新、证书的撤销、证书的查询、证书的归档、证书废除列表（Certificate Revocation List，CRL）的发布等。

3．证书注册机构（Registration Authority，RA）

RA 是数字证书注册审批机构，RA 是 CA 面对用户的窗口，是 CA 的证书发放、管理功能的延伸，它负责接受用户的证书注册和撤销申请，对用户的身份信息进行审查，并决定是否向 CA 提交签发或撤销数字证书的申请。RA 作为 CA 功能的一部分，实际应用中，通常 RA 并不一定独立存在，而是和 CA 合并在一起。RA 也可以独立出来，分担 CA 的一部分功能，减轻 CA 的压力，增强 CA 系统的安全性。

4. 证书/CRL 存储库

由于用户名称的改变、私钥泄露或业务中止等原因，需要存在一种方法将现行的证书吊销，即撤销公钥及相关的 PKI 实体身份信息的绑定关系。在 PKI 中，所使用的这种方法为证书废除列表 CR。任何一个证书被撤销以后，CA 就要发布 CRL 来声明该证书是无效的，并列出所有被废除的证书的序列号。因此，CRL 提供了一种检验证书有效性的方式。证书/CRL 存储库用于对证书和 CRL 等信息进行存储和管理，并提供查询功能。构建证书/CRL 存储库可以采用 LDAP（Lightweight Directory Access Protocol）服务器、FTP（File Transfer Protocol）服务器、HTTP（Hypertext Transfer Protocol）服务器或者数据库等。其中，LDAP 规范简化了笨重的 X.500 目录访问协议，支持 TCP/IP，已经在 PKI 体系中被广泛应用于证书信息发布、CRL 信息发布、CA 政策以及与信息发布相关的各个方面。如果证书规模不是太大，也可以选择架设 HTTP、FTP 等服务器来储存证书，并为用户提供下载服务。

16.2.3 PKI 生命周期

PKI 的核心技术就围绕着本地证书的申请、颁发、存储、下载、安装、验证、更新和撤销的整个生命周期进行展开。

1. 证书申请

证书申请即证书注册，就是一个 PKI 实体向 CA 自我介绍并获取证书的过程。

通常情况下 PKI 实体会生成一对公私钥，公钥和自己的身份信息（包含在证书注册请求消息中）被发送给 CA 用来生成本地证书，私钥 PKI 实体自己保存用来数字签名和解密对端实体发送过来的密文。

PKI 实体向 CA 申请本地证书有以下两种方式。

（1）在线申请

PKI 实体支持通过 SCEP（Simple Certificate Enrollment Protocol）或 CMPv2（Certificate Management Protocol version 2）协议向 CA 发送证书注册请求消息来申请本地证书。

（2）离线申请（PKCS#10 方式）

指 PKI 实体使用 PKCS#10 格式打印出本地的证书注册请求消息并保存到文件中，然后通过带外方式（如 Web、磁盘、电子邮件等）将文件发送给 CA 进行证书申请。

2. 证书颁发

PKI 实体向 CA 申请本地证书时，如果有 RA，则先由 RA 审核 PKI 实体的身份信息，审核通过后，RA 将申请信息发送给 CA。CA 再根据 PKI 实体的公钥和身份信息生成本地证书，并将本地证书信息发送给 RA。如果没有 RA，则直接由 CA 审核 PKI 实体身份信息。

3. 证书存储

CA 生成本地证书后，CA/RA 会将本地证书发布到证书/CRL 存储库中，为用户提供下载服务和目录浏览服务。

4. 证书下载

PKI 实体通过 SCEP 或 CMPv2 协议向 CA 服务器下载已颁发的证书，或者通过 LDAP、HTTP 或者带外方式，下载已颁发的证书。该证书可以是自己的本地证书，也可以是 CA/RA 证书或者其他 PKI 实体的本地证书。

5. 证书安装

PKI 实体下载证书后，还需安装证书，即将证书导入到设备的内存中，否则证书不生效。该证书可以是自己的本地证书，也可以是 CA/RA 证书，或其他 PKI 实体的本地证书。通过 SCEP 协议申请证书时，PKI 实体先获取 CA 证书并将 CA 证书自动导入设备内存中，然后获取本地证书并将本地证书自动导入设备内存中。

6. 证书验证

PKI 实体获取对端实体的证书后，当需要使用对端实体的证书时，例如，与对端建立安全隧道或安全连接，通常需要验证对端实体的本地证书和 CA 的合法性（证书是否有效或者是否属于同一个 CA 颁发等）。如果证书颁发者的证书无效，则由该 CA 颁发的所有证书都不再有效。但在 CA 证书过期前，设备会自动更新 CA 证书，异常情况下才会出现 CA 证书过期现象。PKI 实体可以使用 CRL 或者 OCSP（Online Certificate Status Protocol）方式检查证书是否有效。使用 CRL 方式时，PKI 实体先查找本地内存的 CRL，如果本地内存没有 CRL，则需下载 CRL 并安装到本地内存中，如果证书在 CRL 中，表示此证书已被撤销。使用 OCSP 方式时，PKI 实体向 OCSP 服务器发送一个对于证书状态信息的请求，OCSP 服务器会回复一个“有效”（证书没有被撤销）、“过期”（证书已被撤销）或“未知”（OCSP 服务器不能判断请求的证书状态）的响应。

7. 证书更新

当证书过期、密钥泄露时，PKI 实体必须更换证书，可以通过重新申请来达到更新的目的，也可以使用 SCEP 或 CMPv2 协议自动进行更新。

8. 证书撤销

由于用户身份、用户信息或者用户公钥的改变、用户业务中止等原因，用户需要将自己的数字证书撤销，即撤销公钥与用户身份信息的绑定关系。在 PKI 中，CA 主要采用 CRL 或 OCSP 协议撤销证书，而 PKI 实体撤销自己的证书是通过带外方式申请。

16.2.4 PKI 工作过程

针对一个使用 PKI 的网络，配置 PKI 的目的就是为指定的 PKI 实体向 CA 申请一个本地证书，并由设备对证书的有效性进行验证，如图 16-4 所示。

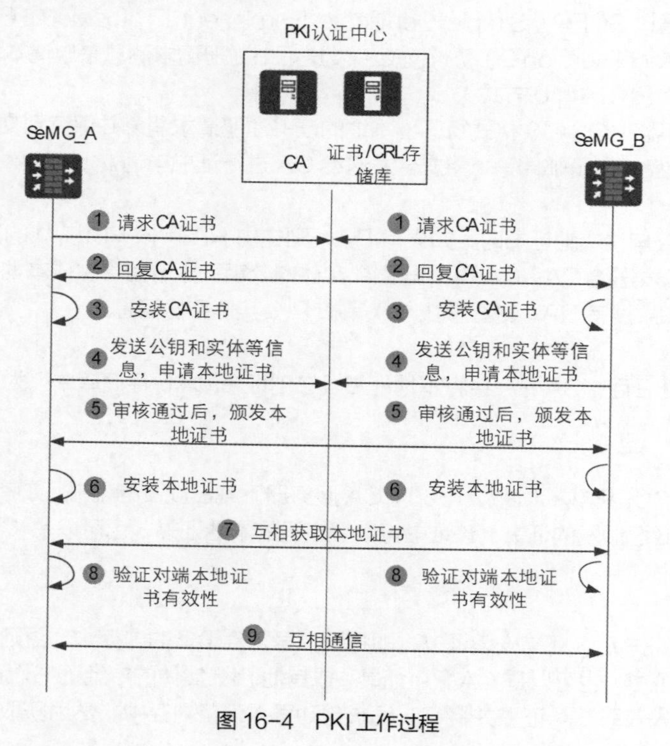

图 16-4 PKI 工作过程

（1）PKI 实体向 CA 请求 CA 证书，即 CA 服务器证书。

（2）CA 收到 PKI 实体的 CA 证书请求时，将自己的 CA 证书回复给 PKI 实体。

（3）PKI 实体收到 CA 证书后，安装 CA 证书。

当 PKI 实体通过 SCEP 申请本地证书时，PKI 实体会用配置的 Hash 算法对 CA 证书进行运算得到数字指纹，与提前配置的 CA 服务器的数字指纹进行比较，如果一致，则 PKI 实体接受 CA 证书，否则 PKI 实体丢弃 CA 证书。

（4）PKI 实体向 CA 发送证书注册请求消息（包括配置的密钥对中的公钥和 PKI 实体信息）。

当 PKI 实体通过 SCEP 申请本地证书时，PKI 实体对证书注册请求消息使用 CA 证书的公钥进行加密和自己的私钥进行数字签名。如果 CA 要求验证挑战密码，则证书注册请求消息必须携带挑战密码（与 CA 的挑战密码一致）。

当 PKI 实体通过 CMPv2 协议申请本地证书时，PKI 实体可以使用额外证书（其他 CA 颁发的本地证书）或者消息认证码方式进行身份认证。

① 额外证书方式

PKI 实体对证书注册请求消息使用 CA 证书的公钥进行加密和 PKI 实体的额外证书相对应的私钥进行数字签名。

② 消息认证码方式

PKI 实体对证书注册请求消息使用 CA 证书的公钥进行加密，而且证书注册请求消息必须包含消息认证码的参考值和秘密值（与 CA 的消息认证码的参考值和秘密值一致）。

（5）CA 收到 PKI 实体的证书注册请求消息。

① PKI 实体通过 SCEP 申请本地证书

CA 使用自己的私钥和 PKI 实体的公钥解密数字签名并验证数字指纹。数字指纹一致时，CA 才会审核 PKI 实体身份等信息，审核通过后，同意 PKI 实体的申请，颁发本地证书。然后 CA 使用 PKI 实体的公钥进行加密和自己的私钥进行数字签名，将证书发送给 PKI 实体，也会发送到证书/CRL 存储库。

② PKI 实体通过 CMPv2 协议申请本地证书

a. 额外证书方式

CA 使用自己的私钥解密和 PKI 实体的额外证书中的公钥解密数字签名并验证数字指纹。数字指纹一致时，CA 才会审核 PKI 实体身份等信息，审核通过后，同意 PKI 实体的申请，颁发本地证书。然后 CA 使用 PKI 实体的额外证书中的公钥进行加密和自己的私钥进行数字签名，将证书发送给 PKI 实体，也会发送到证书/CRL 存储库。

b. 消息认证码方式

CA 使用自己的私钥解密后，并验证消息认证码的参考值和秘密值。参考值和秘密值一致时，CA 才会审核 PKI 实体身份等信息，审核通过后，同意 PKI 实体的申请，颁发本地证书。然后 CA 使用 PKI 实体的公钥进行加密，将证书发送给 PKI 实体，也会发送到证书/CRL 存储库。

（6）PKI 实体收到 CA 发送的证书信息。

① PKI 实体通过 SCEP 申请本地证书

PKI 实体使用自己的私钥解密，并使用 CA 的公钥解密数字签名并验证数字指纹。数字指纹一致时，PKI 实体接受证书信息，然后安装本地证书。

② PKI 实体通过 CMPv2 协议申请本地证书

a. 额外证书方式

PKI 实体使用额外证书相对应的私钥解密，并使用 CA 的公钥解密数字签名并验证数字指纹。数字指纹一致时，PKI 实体接受证书信息，然后安装本地证书。

b. 消息认证码方式

PKI 实体使用自己的私钥解密，并验证消息认证码的参考值和秘密值。参考值和秘密值一致时，PKI 实体接受证书信息，然后安装本地证书。

（7）PKI 实体间互相通信时，需各自获取并安装对端实体的本地证书。

PKI 实体可以通过 HTTP/LDAP 等方式下载对端的本地证书。在一些特殊的场景中，如 IPSec，PKI 实体会把各自的本地证书发送给对端。

（8）验证对端本地证书有效性。

PKI 实体安装对端实体的本地证书后，通过 CRL 或 OCSP 方式验证对端实体的本地证书的有效性。

对端实体的本地证书有效时，PKI 实体间才可以使用对端证书的公钥进行加密通信。如果 PKI 认证中心有 RA，则 PKI 实体也会下载 RA 证书。由 RA 审核 PKI 实体的本地证书申请，审核通过后将申请信息发送给 CA 来颁发本地证书。

16.3 证书应用场景

16.3.1 通过 HTTPS 登录 Web

管理员可以通过 HTTPS 方式安全地登录 HTTPS 服务器的 Web 界面，并通过 Web 界面对设备进行管理，如图 16-5 所示。

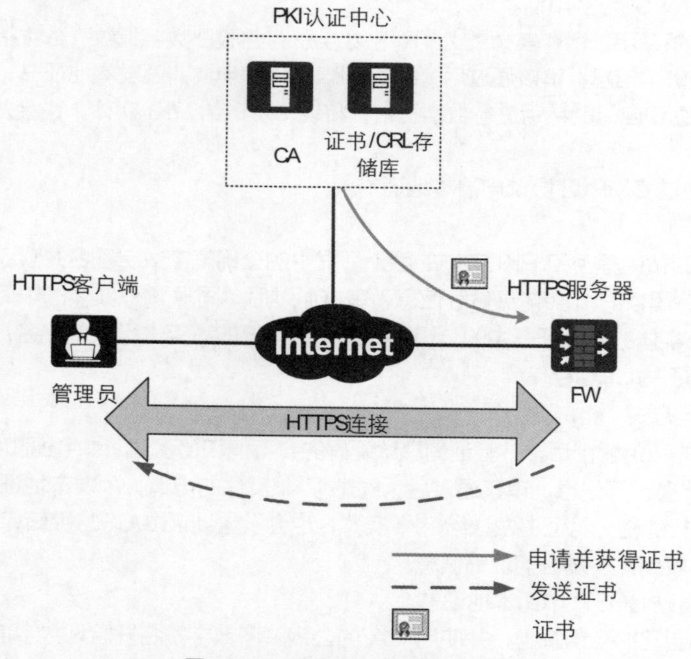

图 16-5 通过 HTTPS 登录 Web

为了提高双方建立 SSL 连接时的安全性，在设备上为 HTTPS 客户端指定由 Web 浏览器信任的 CA 颁发的本地证书。这样，Web 浏览器可以验证本地证书的合法性，避免了可能存在的主动攻击，保证了管理员的安全登录。

16.3.2 IPSec VPN 登录

如图 16-6 所示，防火墙设备作为网络 A 和网络 B 的出口网关，网络 A 和网络 B 的内网用户通过公网进行相互通信。

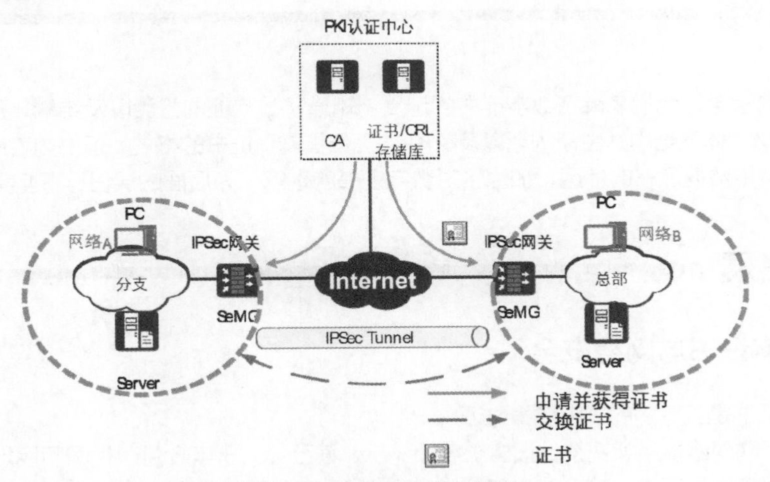

图 16-6　IPSec VPN 登录

因为公网是不安全的网络，为了保护数据的安全性，设备采用 IPSec 技术，与对端设备建立 IPSec 隧道。通常情况下，IPSec 采用预共享密钥方式协商 IPSec。但是，在大型网络中 IPSec 采用预共享密钥方式时存在密钥交换不安全和配置工作量大的问题。为了解决上述问题，设备之间可以采用基于 PKI 的证书进行身份认证来完成 IPSec 隧道的建立。

16.3.3 SSL VPN 登录

SSL VPN 可以为出差员工提供方便的接入功能，使其在出差期间也可以正常访问内部网络，如图 16-7 所示。

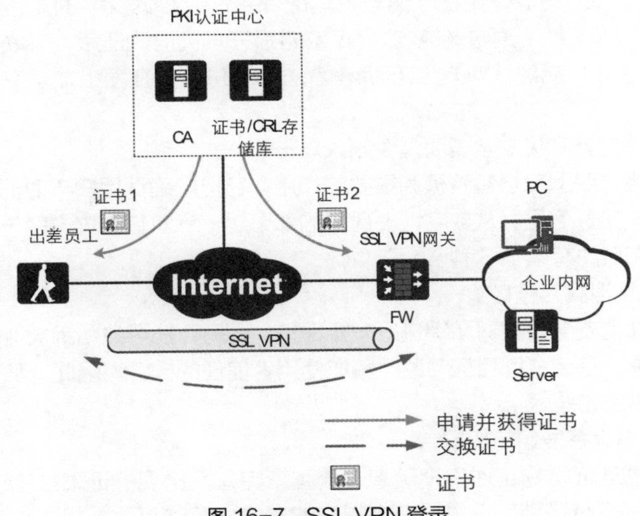

图 16-7　SSL VPN 登录

通常情况下，出差员工使用用户名和密码的方式接入内部网络。但是，这种安全手段存在保密性差的问题，一旦用户名和密码令泄露，可能导致非法用户接入内部网络，从而造成信息泄露。为了提高出差员工访问内部网络的安全性，设备可以采用 PKI 的证书方式来对用户进行认证。

本章小结

通过本章的学习，我们了解了数字证书的定义，知道了数字证的分类以及结构，从而更加深入地学习了 PKI 定义、体系结构、生命周期以及 PKI 的工作机制、证书的格式、证书内容的含义，并且通过常见应用场景中数据证书的使用，加深了对数字证书的理解，为后面的课程打下坚实的基础。

技能拓展

✧ 数字证书与网络安全

（1）数字证书是互联网的“电子身份证”。

据《中国互联网络发展状况统计报告》统计显示，截至 2018 年 6 月，中国网民规模为 8.02 亿，上半年新增网民 2968 万人，较 2017 年末增加 3.8%，互联网普及率达 57.7%，其中手机网民规模达 7.88 亿，在上网人群的占比达 98.3%。

伴随着互联网的普及，诸多互联网应用如电子邮件、网上购物等得到了飞速发展，它们都离不开一个重要的安全认证措施——数字证书。数字证书就好比是互联网上的电子身份证，用来标识信息单元的个体信息。当网站服务器安装数字证书后，便可向网站访问者证明服务器的真实身份，因为数字证书是由一个受信任的第三方权威机构——证书授权中心（Certificate Authority，CA）产生、分配并管理的，就像公民个人身份证一样具有唯一性，无法篡改和仿冒。

数字证书主要应用于以下 5 个方面：安全的电子邮件、安全终端保护、可信网站、代码签名保护、授权身份管理，从而保证邮件安全、保护用户终端和数据、鉴别钓鱼网站和假冒网站、验证软件供应商的身份以保护移动端 APP 安全、管理对实体（用户、程序）的授权。

可以看出，数字证书的关键作用在于信息传输的保密性、数据交换的完整性、发送信息的不可否认性、交易者身份的确定性。通过 CA 这个权威的第三方机构认证后，互联网上可以建立起一种信任机制，信息交互双方都能确认对方/自己拥有合法的身份，并在网上能够有效无误地被数字证书进行验证。

（2）数字证书面临的最常见安全威胁是中间人攻击。

数字证书对于保障互联网安全起着极为重要的作用，它可以确保用户与他们访问的网站之间有一条安全、加密的直接连接。但是，从数字证书诞生的那天起，针对它的攻击就一刻没有停止过。数字证书领域的主要攻击和威胁有以下 3 种。

① 数字证书的私钥泄露和被破解

如果没有采取足够的安全措施对私钥进行安全保护，则有可能导致私钥被泄露或被破解，从而给不法分子伪造合法证书、伪装成为目标对象、骗取使用者信任的机会。因此，私钥保护通常执行最为严格苛刻的安全管理措施和技术手段。

② 有效的数字证书误签发给了假冒者

这是一种由于证书认证机构工作出现疏忽、流程不完善而出现的证书被错误签发的情形。其主要原因是证书认证机构没有鉴别出证书申请者提交的身份信息的真伪，把一个合法有效的证书签发给了假冒者。假冒者就可以利用用户对服务器证书的信任进行如网站钓鱼、网络仿冒等一系列网络欺诈活动。

③ 最常用的是利用可信的 SSL 服务器证书进行中间人攻击

中间人攻击是一种最为典型的攻击方式，假设攻击者通过某种途径获得了一个与某网站域名完全相同的 SSL 证书（即适用于 HTTPS 网页浏览协议的数字证书），且该证书被用户的浏览器信任，即从证书验证的角度它是一个“合法、有效”的证书，则该攻击者就有可能在位于用户与网站之间的网络通路上，伪装为中间人进行攻击，窃取用户的私密信息。

（3）中国在数字证书领域话语权不足。

当前，我国 PKI 体系建设从一开始就采用了“自下而上”的方式，即各地区各行业自行建立 CA 认证机构，一方面行业和区域性 CA 发展很快，行业性质的电子认证服务机构发展很快，在金融、税务等领域国内证书产业发展迅速，国产化程度较高，这些行业的产业特点在于基本是一个封闭的环境，只需要行业内特定的客户端和服务器端都主动配置使用相同的算法和信任链即可，涉及范围比较窄，因此给了国产证书较大的发挥空间。

但另一方面，由于我国尚未建立起国家统一的 PKI 体系，在面向大众的互联网数字证书如 SSL 证书应用领域，缺乏顶层设计和统一规划布局，没有形成统一的协作机制来共同推进国际化，导致国内使用的 SSL 服务器证书仍然依赖于国外已经发展成熟的证书产业。SSL 数字证书得到认可需要互联网领域内相关各方相互支持与协助，包括浏览器、Web 服务器、操作系统对根证书的信任、公钥密码算法等各环节标准化与相互支持，而这些环节通常话语权掌握在国外厂商手中，这种现象与中国在互联网世界的地位是不相匹配的。

当前，国际上有 WebTrust 机构来对 SSL 证书颁发机构进行审计认证，只有通过 WebTrust 国际安全审计认证的根证书才能预装到主流的浏览器中，国内仅有 CNNIC CA、沃通 CA、上海 CA 和中国金融认证中心 CFCA 通过了 WebTrust 认证，完成了在主流浏览器 IE、Firefox、Chrome 等根证书的嵌入。

（4）数字证书体系发展建议。

上述现象都反映了中国在 CA 证书体系中的话语权严重不足，可以考虑从以下几个方面着手打破这一局面。

① 积极推动国产密码算法成为国际标准

目前，国家商用密码管理办公室正在推动我国第三方电子认证服务机构全面支持我国自主研制的、具有自主知识产权的 SM2 密码算法。它具备安全性高、存储空间小、签名速度快等特点。但是，我们常用的操作系统、浏览器、Web 服务器等一般产自国外，这些软件产品并未内置对 SM2 算法的支持。因此，当前一个迫切的要求是推动 SM2 算法成为国际标准，从而获得操作系统、Web 服务器、浏览器的全面支持，使我们的数字证书应用更为安全。

② 积极参与根证书信任的标准规范制定

操作系统、浏览器默认信任哪些 CA 中心的根证书对用户来说具有重要意义——用户会自动信任这些根证书签发的下级证书。这可以理解为操作系统和浏览器代替用户对 CA 中心进行了一次筛选。

当然，操作系统、浏览器在行使这一权力的时候也会遵守一定的规则，而这些标准规范基本都是由国外组织制定并形成国际标准的。目前国内的数字证书界缺乏统一统筹规划和顶层设计，对这些标准的制定并没有积极参与，更没有寻求主导权。因此，建议由政府或行业组织来推动、协调产业界或学术界关注这一问题，就像中国在 IETF、IEEE 等组织所做的一样，积极参与标准制定，发出中国的声音，体现中国意志。

③ 增进国产浏览器在根证书信任和密码算法支持上的自主权

需要建立国内互联网基础设施领域形成产业联盟，有序推进浏览器、Web 服务器应用、公钥密码算法等国内相关产业链标准化和国际化工作，各领域产品的自主创新和相互协同支持。

当前，中国的网民数量已居全球首位，国产浏览器在国内浏览器市场也已占有30%～40%的份额。但目前所有国产浏览器都没有自己确定信任哪些根证书，支持哪些密码算法，而是直接使用国外的浏览器内核，沿用其信任对象和密码算法，这种情况与我国国产浏览器所占据的市场地位是不相符的。国产浏览器应加强在根证书信任和密码算法支持上的自主权，基于规则自行决定哪些CA中心的根证书可以默认信任。基于此，中国才能逐步在整个数字证书领域中取得一定的话语权，保证我们在互联网使用数字证书时安全形势不会完全失控。

数字证书是互联网的重要安全基础设施，但是数字证书本身也面临多种安全威胁。如何改进数字证书和证书的认证体系，通过统筹国内数字证书的发展更多地参与国际标准的制定，增强我国数字证书产业的竞争力和话语权，推进国产数字证书的发展仍任重道远。

课后习题

1. 华为设备支持（　　）数据证书类型。
   A. 自签名证书　　B. CA证书　　C. 本地证书　　D. 设备本地证书
2. 以下（　　）不属于USG6000系列防火墙支持的证书格式。
   A. PKCS#12　　B. DER　　C. PEM　　D. TXT
3. PKI体系由（　　）部分组成。
   A. 终端实体　　B. 证书认证机构
   C. 证书注册机构　　D. 证书/CRL存储库
4. 下列（　　）不属于PKI生命周期的内容。
   A. 申请　　B. 颁发　　C. 存储　　D. 修改
5. PKI实体向CA申请本地证书有（　　）方式。
   A. 在线申请　　B. 本人申请　　C. 离线申请　　D. 他人申请

第 17 章 加密技术应用

17

拓展阅读

知识目标

① 了解密码学的定义。
② 学习密码学的应用。
③ 学习 VPN 相关基础。
④ 学习 VPN 不同配置。

能力目标

① 掌握密码学的定义。
② 掌握密码学的应用。
③ 掌握 VPN 的概念描述。
④ 掌握 VPN 的配置和描述。

课程导入

随着公司业务的不断增长，华安公司出差人员逐渐增多，对于内部资料的调用也越来越频繁，但随之带来的信息安全问题和访问权限问题也越来越多。公司技术部门决定在内部网络配置 VPN，为出差人员提供数据服务。技术员小刘承担了该任务，但他对 VPN 不是特别熟悉，于是他决定好好学习一下相关的知识。

相关内容

17.1 密码学

17.1.1 密码学定义

密码学是研究编制密码和破译密码的技术科学。研究密码变化的客观规律，应用于编制密码以保守通信秘密的，称为编码学；应用于破译密码以获取通信情报的，称为破译学，总称密码学。

密码学（在西欧语文中，源于希腊语 kryptós“隐藏的”，和 gráphein“书写”），是研究如何隐秘地传递信息的学科。在现代特别指对信息以及其传输的数学性研究，常被认为是数学和计算机科学的分支，和信息论也密切相关。著名的密码学者 Ron Rivest 解释道："密码学是关于如何在敌人存在的环境中通信"，自工程学的角度，这相当于密码学与纯数学的异同。

17.1.2 密码学应用

密码学是信息安全等相关议题，如认证、访问控制的核心。密码学的首要目的是隐藏信息的含义，并不是隐藏信息的存在。密码学也促进了计算机科学，特别是在于计算机与网络安全所使用的技术，如访问控制与信息的机密性。密码学已被应用在日常生活，包括自动柜员机的芯片卡、计算机使用者存取密码、电子商务等。

在数据通信中，密码学的应用主要有数字信封、数字签名和数字证书。

（1）数字信封：结合对称和非对称加密，从而保证数据传输的机密性。

（2）数字签名：采用散列算法，从而保证数据传输的完整性。

（3）数字证书：通过第三方机构（CA）对公钥进行公证，从而保证数据传输的不可否认性。

结合到实际的网络应用场景，数字信封、数字签名和数字证书又有对应场景的应用，如 VPN、IPv6、HTTPS 登录、系统登录授权等。

17.2 VPN 简介

17.2.1 VPN 定义

虚拟专用网（Virtual Private Network，VPN）是一种"通过共享的公共网络建立私有的数据通道，将各个需要接入这张虚拟网的网络或终端通过通道连接起来，构成一个专用的、具有一定安全性和服务质量保证的网络"。

在此定义中，包含以下两个关键点。

（1）虚拟：用户不再需要拥有实际的专用长途数据线路，而是利用 Internet 的长途数据线路建立自己的私有网络。

（2）专用网络：用户可以为自己制定一个最符合自己需求的网络。

传统的 VPN 组网主要采用专线 VPN 和基于客户端设备的加密 VPN 两种方式。专线 VPN 是指用户租用数字数据网（DDN）电路、ATM 永久性虚电路（PVC）、帧中继（FR）PVC 等组建一个二层的 VPN 网络，骨干网络由电信运营商进行维护，客户负责管理自身的站点和路由。基于客户端设备的加密 VPN 则将 VPN 的功能全部由客户端设备来实现，VPN 各成员之间通过非信任的公网实现互联。第一种方式的成本比较高，扩展性也不好；第二种方式对用户端设备及人员的要求较高。

IETF 草案对基于 IP 的 VPN 的理解是："使用 IP 机制仿真出一个私有的广域网"。即通过隧道技术在公共数据网络上模拟出一条点到点的专线技术。所谓虚拟，是指用户不再需要拥有实际的专用长途数据线路，而是利用 Internet 的长途数据线路建立自己的私有网络。所谓专用网络，则是指用户可以为自己制定一个最符合自己需求的网络。

随着 IP 数据通信技术的不断发展，基于 IP 的 VPN 技术逐渐成为 VPN 市场的主流。由于 IP VPN 采用 IP 网络来承载，而且运营商网络越来越完善，因此成本较低，服务质量也足以满足客户需求，并且具有较好的可扩展性和可管理性。也正是如此，越来越多的用户开始选择 IP VPN，运营商也建设 IP VPN 来吸引更多的用户。

17.2.2 VPN 分类

1. 按业务用途类型划分

按照业务用途类型，可以将 VPN 划分为远程访问虚拟网（Access VPN）、企业内部虚拟网（Intranet VPN）和企业扩展虚拟网（Extranet VPN），这 3 种类型的 VPN 分别与传统的远程访问网络、企业内部的 Intranet 以及企业网和相关合作伙伴的企业网所构成的 Extranet 相对应。

2. 按实现层次划分

按实现层次划分，VPN 可以分为 SSL VPN、三层 VPN（L3VPN）和二层 VPN（L2VPN），如图 17-1 所示。

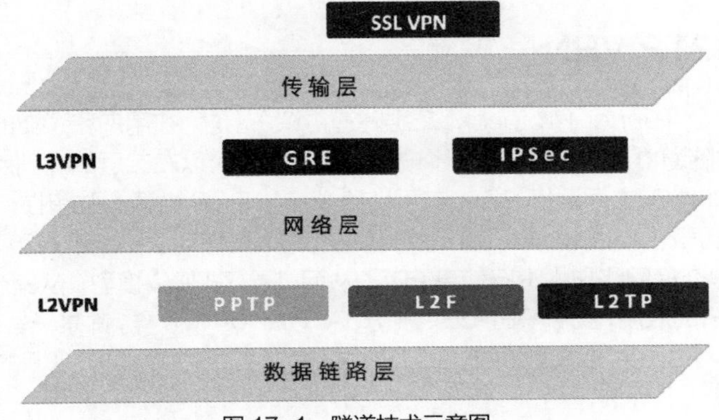

图 17-1　隧道技术示意图

（1）SSL VPN

从概念角度来说，SSL VPN 即指采用 SSL（Security Socket Layer，安全套接层）协议来实现远程接入的一种新型 VPN 技术。SSL 协议是网景公司提出的基于 Web 应用的安全协议，它包括服务器认证、客户认证（可选）、SSL 链路上的数据完整性和 SSL 链路上的数据保密性。对于内、外部应用来说，使用 SSL 可保证信息的真实性、完整性和保密性。

SSL 协议是一种在 Internet 上保证发送信息安全的通用协议，采用 B/S 结构（Browser/Server，浏览器/服务器模式）。它处在应用层，SSL 用公钥加密通过 SSL 连接传输的数据来工作。SSL 协议指定了在应用程序协议和 TCP/IP 之间进行数据交换的安全机制，为 TCP/IP 连接提供数据加密、服务器认证以及可选择的客户机认证。

SSL 协议可分为两层。SSL 记录协议（SSL Record Protocol）：它建立在可靠的传输协议（如 TCP）之上，为高层协议提供数据封装、压缩、加密等基本功能的支持。SSL 握手协议（SSL Handshake Protocol）：它建立在 SSL 记录协议之上，用于在实际的数据传输开始前，通信双方进行身份认证、协商加密算法、交换加密密钥等。

（2）L3VPN

L3VPN 主要是指 VPN 技术工作在协议栈的网络层。以 IPSec VPN 技术为例，IPSec 报头与 IP 报头工作在同一层次，封装报文时或者是以 IPinIP 的方式进行封装，或者是 IPSec 报头与 IP 报头同时对数据载荷进行封装。除 IPSec VPN 技术外，主要的 L3VPN 技术还有 GRE VPN。GRE VPN 产生的时间比较早，实现的机制也比较简单。GRE VPN 可以实现任意一种网络协议在另一种网络协议上的封装。与 IPSec 相比，安全性没有得到保证，只能提供有限的简单的安全机制。

（3）L2VPN

与 L3VPN 类似，L2VPN 则是指 VPN 技术工作在协议栈的数据链路层，即数据链路层。L2VPN

主要包括的协议有点到点隧道协议（Point-to-Point Tunneling Protocol，PPTP）、二层转发协议（Layer 2 Forwarding，L2F）和二层隧道协议（Layer 2 Tunneling Protocol，L2TP）。

3. 按 VPN 应用场景划分

每种 VPN 都有自己的应用场景，根据应用场景可以做如下区分。

（1）站点到站点 VPN（Site-to-Site VPN）

该 VPN 用于两个局域网之间建立连接。可采用的 VPN 技术有 IPSec、L2TP、L2TP over IPSec、GRE over IPSec、IPSec over GRE。

（2）个人到站点 VPN（Client-to-Site VPN）

该 VPN 用于客户端与企业内网之间建立连接。可采用的 VPN 技术有 SSL、IPSec、L2TP、L2TP over IPSec。

17.2.3 L2TP VPN

L2TP（Layer 2 Tunnel Protocol，二层隧道协议），是为在用户和企业的服务器之间透明传输 PPP 报文而设置的隧道协议。PPP 定义了一种封装技术，可以在二层的点到点链路上传输多种协议数据包，这时用户与 NAS 之间运行 PPP，二层链路端点与 PPP 会话点驻留在相同硬件设备上。L2TP 提供了对 PPP 链路层数据包的隧道（Tunnel）传输支持，允许二层链路端点和 PPP 会话点驻留在不同设备上并且采用包交换网络技术进行信息交互，从而扩展了 PPP 模型。从某个角度来讲，L2TP 实际上是一种 PPPoIP 的应用，就像 PPPoE、PPPoA、PPPoFR 一样，都是一些网络应用想利用 PPP 的一些特性，弥补本网络自身的不足。另外，L2TP 还结合了 L2F 协议和 PPTP 的各自优点，成为 IETF 有关二层隧道协议的工业标准。

L2TP VPN 主要有 3 种使用场景：NAS-Initiated VPN、LAC 自动拨号和 Client-Initiated VPN，本书主要介绍最为常用的 Client-Initiated VPN 拨号场景。

Client-Initiated VPN 拨号场景一般用于出差员工使用 PC、手机等移动设备接入总部服务器，企业驻外机构和出差人员可从远程经由公共网络，通过虚拟隧道实现和企业总部之间的网络连接，实现移动办公的场景，也是最为常用 L2TP 拨号方式，如图 17-2 所示。

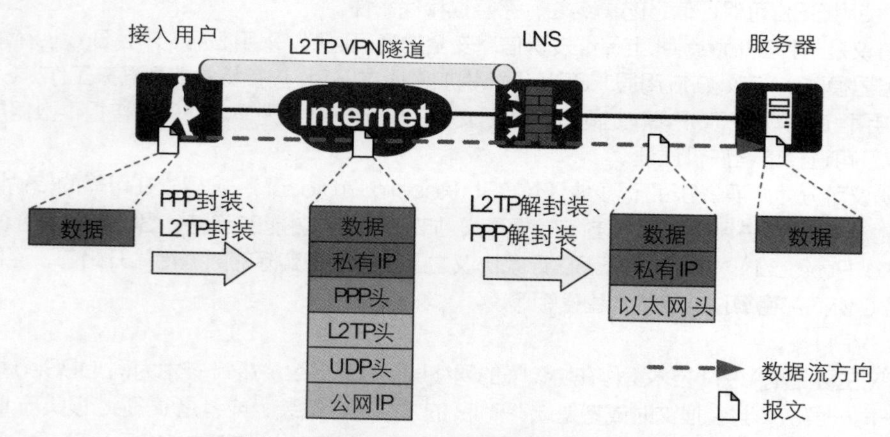

图 17-2　Client-Initiated VPN 方式 L2TP VPN

Client-Initiated VPN 中，每个接入用户和 LNS 之间均建立一条隧道；每条隧道中仅承载一条 L2TP 会话和 PPP 连接。

L2TP 隧道的呼叫建立流程，如图 17-3 所示。

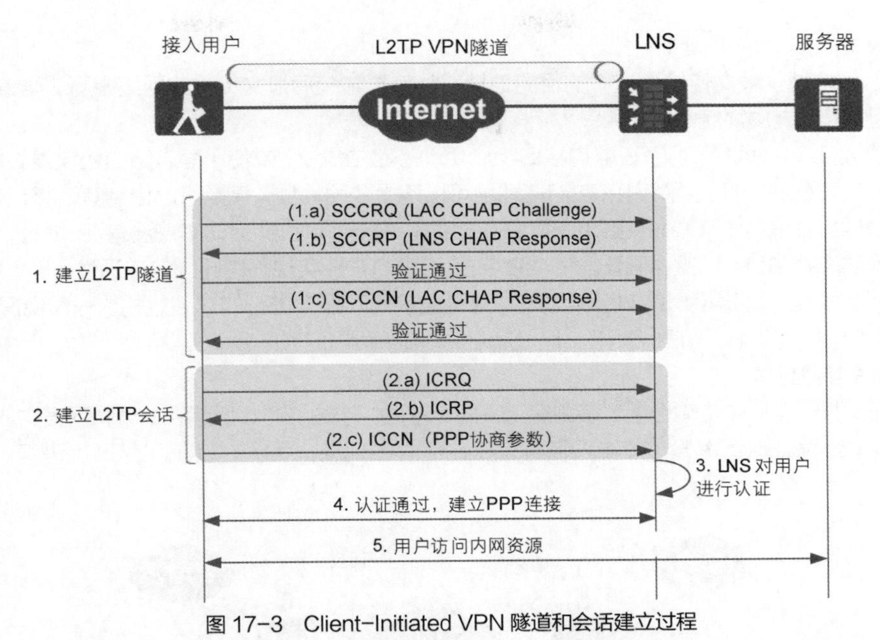

图 17-3　Client-Initiated VPN 隧道和会话建立过程

（1）当接入用户拨号到 LNS 时，首先触发接入用户和 LNS 之间建立 L2TP 隧道。

（2）L2TP 隧道建立成功后，在隧道基础上建立 L2TP 会话。

（3）LNS 对用户进行认证。

（4）用户与 LNS 之间建立 PPP 连接。

（5）用户在 PPP 连接基础上，通过 LNS 访问内网资源。

17.2.4　GRE VPN

GRE（General Routing Encapsulation）是一种三层 VPN 封装技术。GRE 可以对某些网络层协议（如 IPX、Apple Talk、IP 等）的报文进行封装，使封装后的报文能够在另一种网络中（如 IPv4）传输，从而解决了跨越异种网络的报文传输问题。异种报文传输的通道称为隧道（Tunnel）。

Tunnel 是一个虚拟的点对点的连接，可以看成仅支持点对点连接的虚拟接口，这个接口提供了一条通路，使封装的数据报文能够在这个通路上传输，并在一个 Tunnel 的两端分别对数据报进行封装及解封装，如图 17-4 所示。

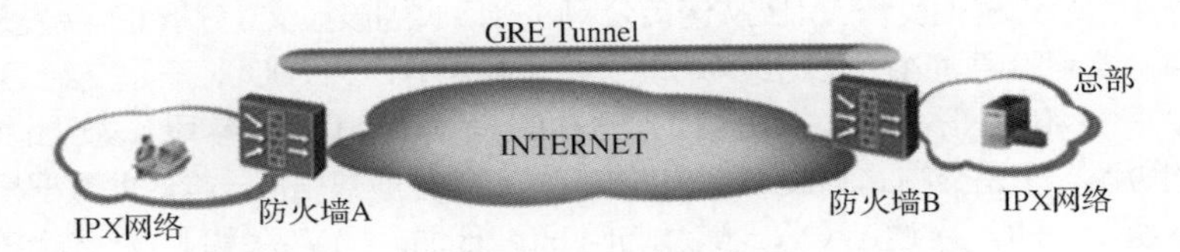

图 17-4　GRE 隧道示意图

1. 隧道接口

隧道接口（Tunnel 接口）是为实现报文的封装而提供的一种点对点类型的虚拟接口，与 Loopback 接口类似，都是一种逻辑接口。经过手工配置，成功建立隧道之后，就可以将隧道接口看成一个物理接口，可以在其上运行动态路由协议或配置静态路由。

隧道接口包含以下元素。

（1）源地址：报文传输协议中的源地址。从负责封装后报文传输的网络来看，隧道的源地址就是实际发送报文的接口 IP 地址。

（2）目的地址：报文传输协议中的目的地址。从负责封装后报文传输的网络来看，隧道本端的目的地址就是隧道目的端的源地址。

（3）隧道接口 IP 地址：为了在隧道接口上启用动态路由协议，或使用静态路由协议发布隧道接口，要为隧道接口分配 IP 地址。隧道接口的 IP 地址可以不是公网地址，甚至可以借用其他接口的 IP 地址以节约 IP 地址。但是当 Tunnel 接口借用 IP 地址时，由于 Tunnel 接口本身没有 IP 地址，无法在此接口上启用动态路由协议，必须配置静态路由或策略路由才能实现路由器间的连通性。

（4）封装类型：隧道接口的封装类型是指该隧道接口对报文进行的封装方式。一般情况下有 4 种封装方式，分别是 GRE、MPLS TE、IPv6-IPv4 和 IPv4-IPv6。

2. 封装与解封装

报文在 GRE 隧道中传输包括封装和解封装两个过程。如图 17-5 所示，如果私网报文从防火墙 A（FW A）向防火墙 B（FW B）传输，则封装在 FW A 上完成；而解封装在 FW B 上进行。

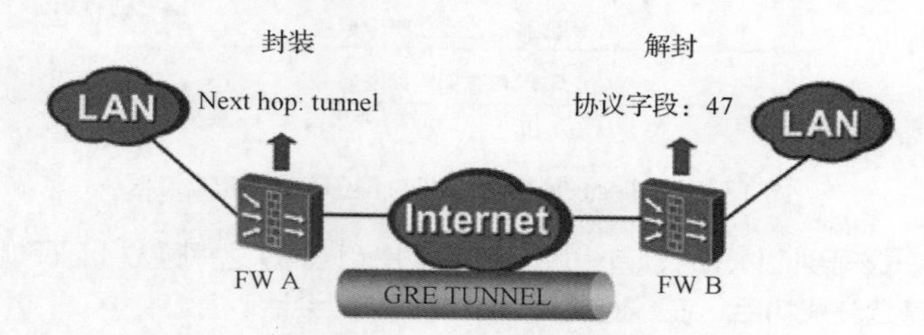

图 17-5　GRE 封装与解封装

FW A 从连接私网的接口接收到私网报文后，首先交由私网上运行的协议模块处理。

私网协议模块检查私网报文头中的目的地址并在私网路由表或转发表中查找出接口，确定如何路由此包。如果发现出接口是 Tunnel 接口，则将此报文发给隧道模块。

隧道模块收到此报文后进行如下处理：

（1）隧道模块根据乘客报文的协议类型和当前 GRE 隧道所配置的 Key 和 Checksum 参数，对报文进行 GRE 封装，即添加 GRE 头。

（2）根据配置信息（传输协议为 IP），给报文加上 IP 头。该 IP 头的源地址就是隧道源地址，IP 头的目的地址就是隧道目的地址。

（3）将该报文交给 IP 模块处理，IP 模块根据该 IP 头目的地址，在公网路由表中查找相应的出接口并发送报文，之后，封装后的报文将在该 IP 公共网络中传输。

解封装过程和封装过程相反。FW B 从连接公网的接口收到该报文，分析 IP 头发现报文的目的地址为本设备，且协议字段值为 47，表示协议为 GRE（参见 RFC1700），于是交给 GRE 模块处理。GRE 模块去掉 IP 头和 GRE 报头，并根据 GRE 头的 Protocol Type 字段，发现此报文的乘客协议为私网上运行的协议，于是交由此协议处理。此协议像对待一般数据报一样对此数据报进行转发。

如图 17-6 所示，PC_A 通过 GRE 隧道访问 PC_B 时，FW_A 和 FW_B 上的报文转发过程如下：

（1）PC_A 访问 PC_B 的原始报文进入 FW_A 后，首先匹配路由表。

（2）根据路由查找结果，FW_A 将报文送到 Tunnel 接口进行 GRE 封装，增加 GRE 头，外层加新 IP 头。

（3）FW_A 根据 GRE 报文的新 IP 头的目的地址（2.2.2.2），再次查找路由表。

（4）FW_A 根据路由查找结果转发报文。

（5）FW_B 收到 GRE 报文后，首先判断这个报文是不是 GRE 报文。封装后的 GRE 报文会有个新的 IP 头，这个新的 IP 头中有个 Protocol 字段，字段中标识了内层协议类型，如果这个 Protocol 字段值是 47，就表示这个报文是 GRE 报文。如果是 GRE 报文，FW_B 则将该报文送到 Tunnel 接口解封装，去掉新的 IP 头、GRE 头，恢复为原始报文；如果不是，则报文按照普通报文进行处理。

（6）FW_B 根据原始报文的目的地址再次查找路由表，然后根据路由匹配结果转发报文。

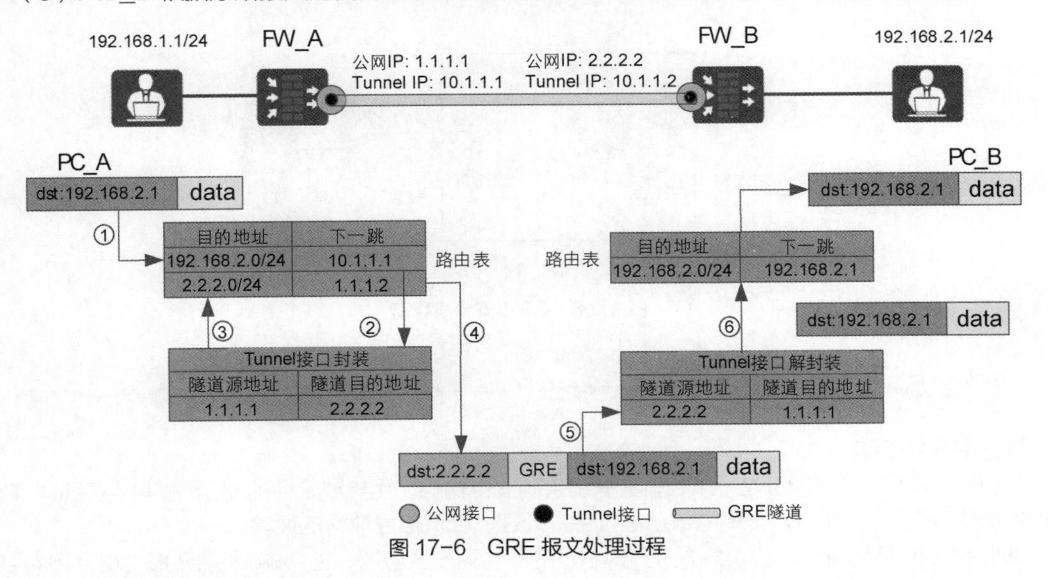

图 17-6　GRE 报文处理过程

3. GRE 安全策略

安全策略（默认情况下，域内安全策略默认动作为“允许”）内容如下。

（1）域间或域内安全策略：用于控制域间或域内的流量，此时的安全策略既有传统包过滤功能，也有对流量进行 IPS、AV、Web 过滤、应用控制等进一步的应用层检测的作用。域间或域内安全策略是包过滤、UTM 应用层检测等多种安全检查同时实施的一体化策略。

（2）应用在接口上的包过滤规则：用于控制接口的流量，就是传统的包过滤功能，基于 IP、MAC 地址等二、三层报文属性直接允许或拒绝报文通过。

GRE 安全策略的配置相对来说较为简单，如图 17-7 所示。

PC_A 发出的原始报文进入 Tunnel 接口这个过程中，报文经过的安全域间是 Trust→DMZ；原始报文被 GRE 封装后，FW_A 在转发这个报文时，报文经过的安全域间是 Local→Untrust。

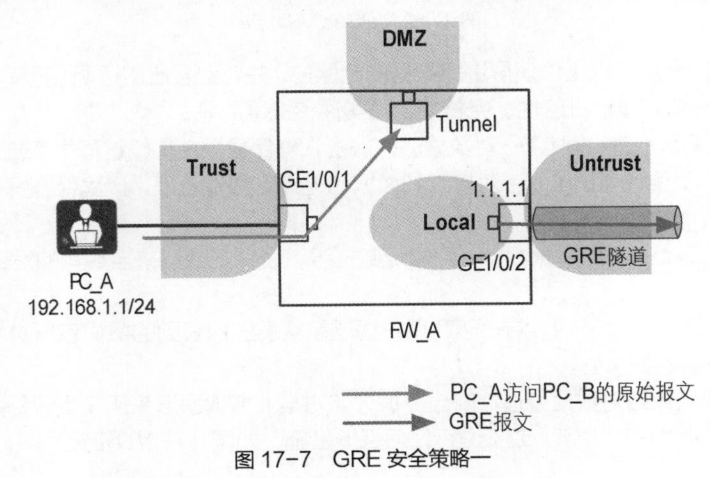

图 17-7　GRE 安全策略一

当报文到达 FW_B 时，FW_B 会进行解封装。在此过程中，报文经过的安全域间是 Untrust→Local；GRE 报文被解封装后，FW_B 在转发原始报文时，报文经过的安全域间是 DMZ→Trust，如图 17-8 所示。

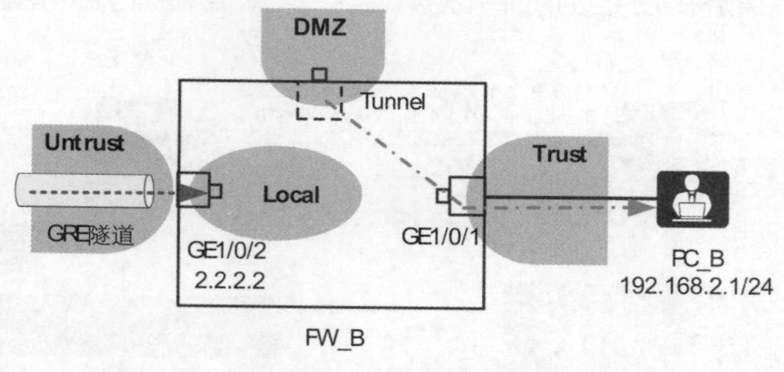

图 17-8　GRE 安全策略二

17.2.5　IPSec VPN

1. IPSec 定义

对于 L2TP VPN 和 GRE VPN，数据都是明文传输的，用户或企业的安全性得不到保证。若在网络中部署 IPSec，便可对传输的数据进行保护处理，降低信息泄露的风险。

IPSec（IP Security）协议族是 IETF 制定的一系列安全协议，它为端到端 IP 报文交互提供了基于密码学的、可互操作的、高质量的安全保护机制。IPSec VPN 是利用 IPSec 隧道建立的网络层 VPN。

IPSec 定义了在网际层使用的安全服务，其功能包括数据加密、对网络单元的访问控制、数据源地址验证、数据完整性检查和防止重放攻击。它为端到端 IP 报文交互提供了基于密码学的、可互操作的、高质量的安全保护机制，如图 17-9 所示。

图 17-9　IPSec VPN 应用

IPSec 支持在 IP 层及以上协议层进行数据安全保护，并对上层应用透明（无需对各个应用程序进行修改）。安全保护措施包括机密性、完整性、真实性和抗重放等。

（1）机密性（Confidentiality）：对数据进行加密，确保数据在传输过程中不被其他人员查看。

（2）完整性（Data integrity）：对接收到数据包进行完整性验证，以确保数据在传输过程中没有被篡改。

（3）真实性（Data authentication）：验证数据源，以保证数据来自真实的发送者（IP 报文头内的源地址）。

（4）抗重放（Anti-replay）：防止恶意用户通过重复发送捕获到的数据包所进行的攻击，即接收方会拒绝旧的或重复的数据包。

IPSec 协议基于策略对数据包进行安全保护，如对某业务数据流采用某类保护措施，而对另一类业务数据流采用其他类保护措施，或不进行任何保护措施，如图 17-10 所示。

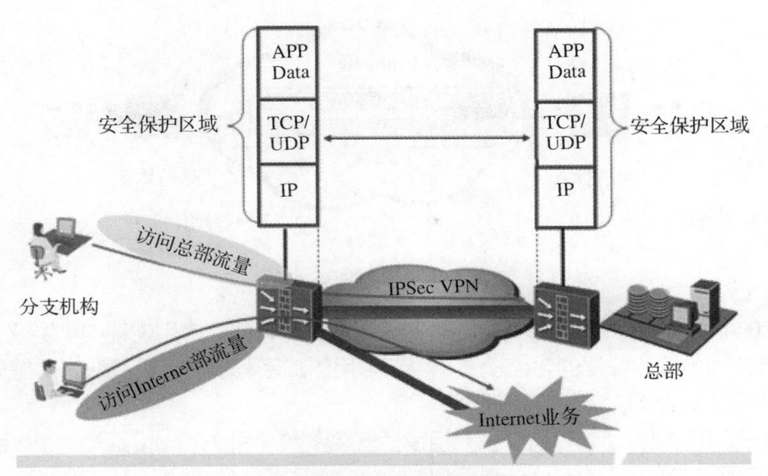

图 17-10 IPSec 安全防护特点

2. IPSec VPN 体系结构简述

IPSec VPN 体系结构主要由 AH（Authentication Header）、ESP（Encapsulation Security Payload）和 IKE（Internet Key Exchange）协议套件组成。IPSec 通过 ESP 来保障 IP 数据传输过程的机密性，使用 AH/ESP 提供数据完整性、数据源验证和抗报文重放功能。ESP 和 AH 定义了协议和载荷头的格式及所提供的服务，但没有定义实现以上能力所需具体转码方式，转码方式包括对数据转换方式，如算法、密钥长度等。为简化 IPSec 的使用和管理，IPSec 还可以通过 IKE 进行自动协商交换密钥、建立和维护安全联盟的服务。

（1）AH 协议

AH 协议是报文头验证协议，主要提供的功能有数据源验证、数据完整性校验和防报文重放功能。然而，AH 并不加密所保护的数据报。

（2）ESP 协议

ESP 协议是封装安全载荷协议。它除提供 AH 协议的所有功能外（但其数据完整性校验不包括 IP 头），还可提供对 IP 报文的加密功能。

（3）IKE 协议

IKE 协议用于自动协商 AH 和 ESP 所使用的密码算法。

IPSec 通过 AH（Authentication Header，验证头）和 ESP（Encapsulating Security Payload，封装安全载荷）两个安全协议实现 IP 报文的安全保护，如图 17-11 所示。

安全协议	ESP				AH			
加密	DES	3DES	AES	SM1/SM4				
验证	MD5	SHA1	SHA2	SM3	MD5	SHA1	SHA2	SM3
密钥交换	IKE（ISAKMP，DH）							

图 17-11 IPSec 安全协议

IPSec 安全传输数据的前提是在 IPSec 对等体（即运行 IPSec 协议的两个端点）之间成功建立安全联盟（Security Association，SA）。SA 是通信的 IPSec 对等体间对某些要素的约定，如图 17-12 所示。

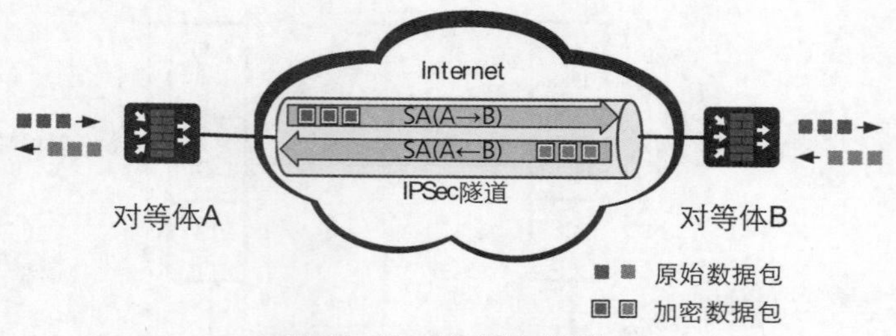

图 17-12　SA 通信对等体

SA 是通信的 IPSec 对等体间对某些要素的约定，如对等体间使用何种安全协议、需要保护的数据流特征、对等体间传输的数据的封装模式、协议采用的加密算法、验证算法，对等体间使用何种密钥交换和 IKE 协议，以及 SA 的生存周期等。

SA 由一个三元组来唯一标识，这个三元组包括安全参数索引（Security Parameter Index，SPI）、目的 IP 地址和使用的安全协议号（AH 或 ESP）。

3. IPSec 封装模式

IPSec 协议有两种封装模式：传输模式和隧道模式。

（1）传输模式（Transport Mode）

传输模式（Transport Mode）是 IPSec 的默认模式，又称端到端（End-to-End）模式，它适用于两台主机之间进行 IPSec 通信。

传输模式下只对 IP 负载进行保护，可能是 TCP/UDP/ICMP 协议，也可能是 AH/ESP 协议。传输模式只为上层协议提供安全保护，在此种模式下，参与通信的双方主机都必须安装 IPSec 协议，而且它不能隐藏主机的 IP 地址。启用 IPSec 传输模式后，IPSec 会在传输层包的前面增加 AH/ESP 头部或同时增加两种头部，构成一个 AH/ESP 数据包，然后添加 IP 头部组成 IP 包。在接收方，首先处理的是 IP，然后再做 IPSec 处理，最后再将载荷数据交给上层协议，如图 17-13 所示。

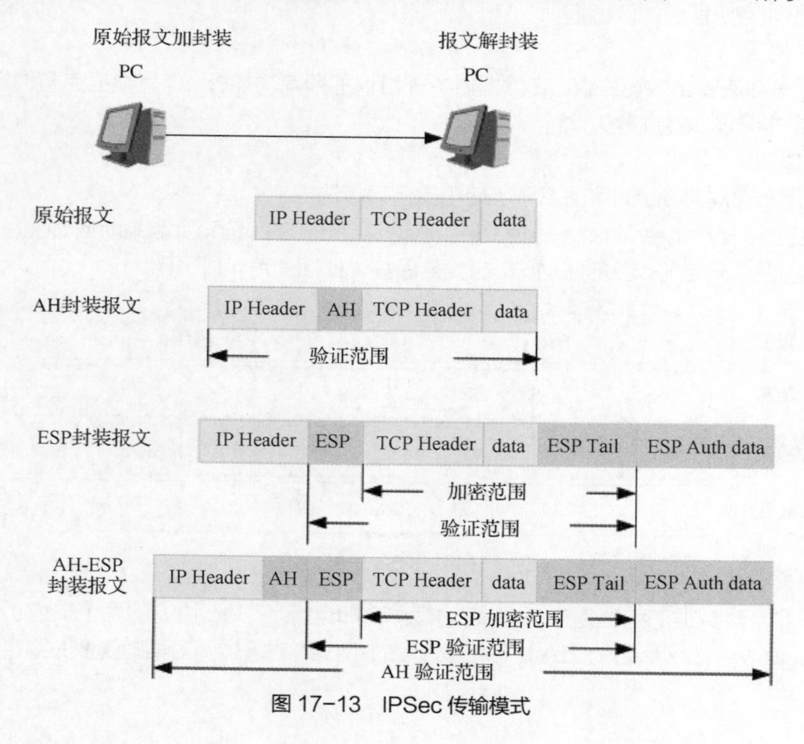

图 17-13　IPSec 传输模式

传输模式不改变报文头，故隧道的源和目的地址必须与 IP 报文头中的源和目的地址一致，所以只适合两台主机或一台主机和一台 VPN 网关之间通信。

（2）隧道模式（Tunnel Mode）

隧道模式（Tunnel Mode）使用在两台网关之间，站点到站点（Site-to-Site）的通信。参与通信的两个网关实际是为了两个以其为边界的网络中的计算机提供安全通信的服务。

隧道模式为整个 IP 包提供保护，为 IP 本身而不只是上层协议提供安全保护。通常情况下只要使用 IPSec 的双方有一方是安全网关，就必须使用隧道模式，隧道模式的一个优点是可以隐藏内部主机和服务器的 IP 地址。大部分 VPN 都使用隧道模式，因为它不仅对整个原始报文加密，还对通信的源地址和目的地址进行部分和全部加密，只需要在安全网关，而不需要在内部主机上安装 VPN 软件，期间所有加密和解密以及协商操作均由前者负责完成。

启用 IPSec 隧道模式后，IPSec 将原始 IP 看作一个整体作为要保护的内容，前面加上 AH/ESP 头部，再加上新 IP 头部组成新 IP 包。隧道模式的数据包有两个 IP 头，内部头由路由器背后的主机创建，是通信终点；外部头由提供 IPSec 的设备（如路由器）创建，是 IPSec 的终点。事实上，IPSec 的传输模式和隧道模式分别类似于其他隧道协议（如 L2TP）的自愿隧道和强制隧道，即一个是由用户实施，另一个由网络设备实施，如图 17-14 所示。

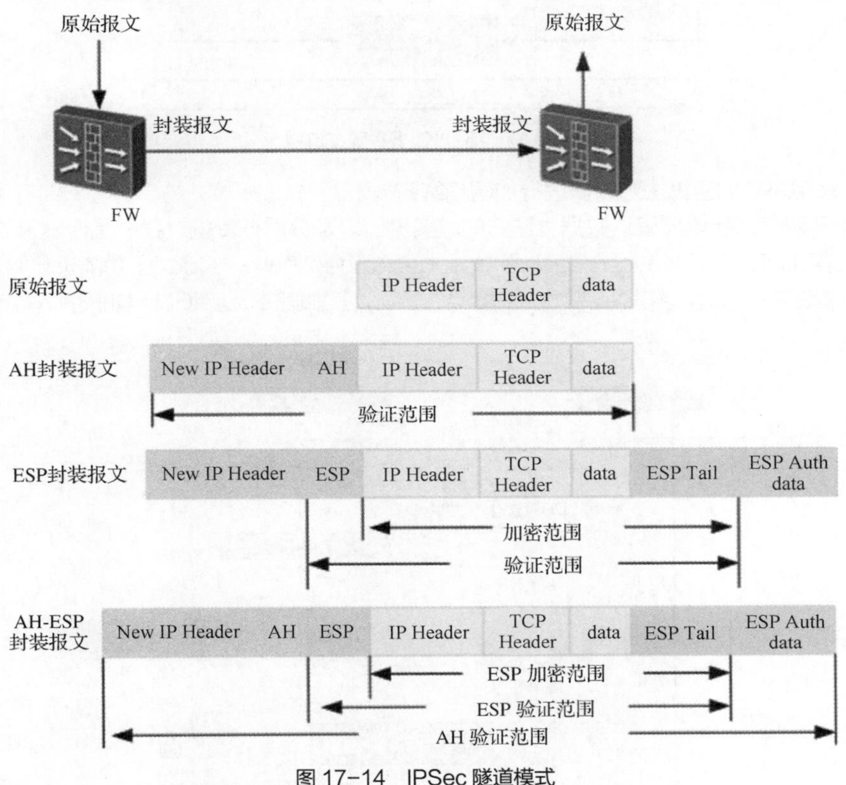

图 17-14　IPSec 隧道模式

用 IPSec 保护一个 IP 包之前，必须先建立一个安全联盟（Security Association，SA）。IPSec 的安全联盟可以通过手工配置的方式建立。但是当网络中节点较多时，手工配置将非常困难，而且难以保证安全性。这时就可以使用 IKE（Internet Key Exchange，Internet 密钥交换）自动进行安全联盟建立与密钥交换的过程。IKE 就用于动态建立 SA，代表 IPSec 对 SA 进行协商。

IKE 协议建立在 Internet 安全联盟和密钥管理协议（ISAKMP）定义的框架上，是基于 UDP 的应用层协议，可为数据加密提供所需的密钥，能够简化 IPSec 的使用和管理，大大简化了 IPSec 的配置和维护工作。

对等体之间建立一个 IKE SA 完成身份验证和密钥信息交换后，在 IKE SA 的保护下，根据配置的 AH/ESP 安全协议等参数协商出一对 IPSec SA。此后，对等体间的数据将在 IPSec 隧道中加密传输。

IKE SA 是为 IPSec SA 服务的，为 IPSec 提供了自动协商密钥、建立 IPSec 安全联盟的服务，如图 17-15 所示。

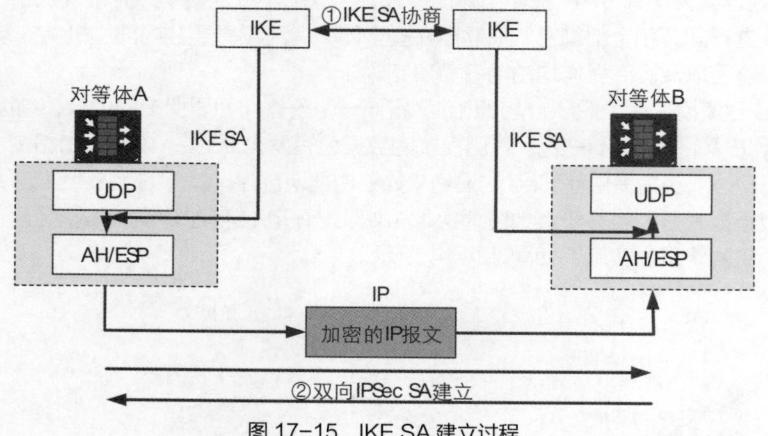

图 17-15　IKE SA 建立过程

IPSec 采用对称加密算法对数据进行加密和解密。

验证指 IP 通信的接收方确认数据发送方的真实身份以及数据在传输过程中是否遭篡改。

IPSec 采用 HMAC（Keyed-Hash Message Authentication Code）功能进行验证，HMAC 功能通过比较数字签名进行数据包完整性和真实性验证，其加解密及验证过程如图 17-16 所示。

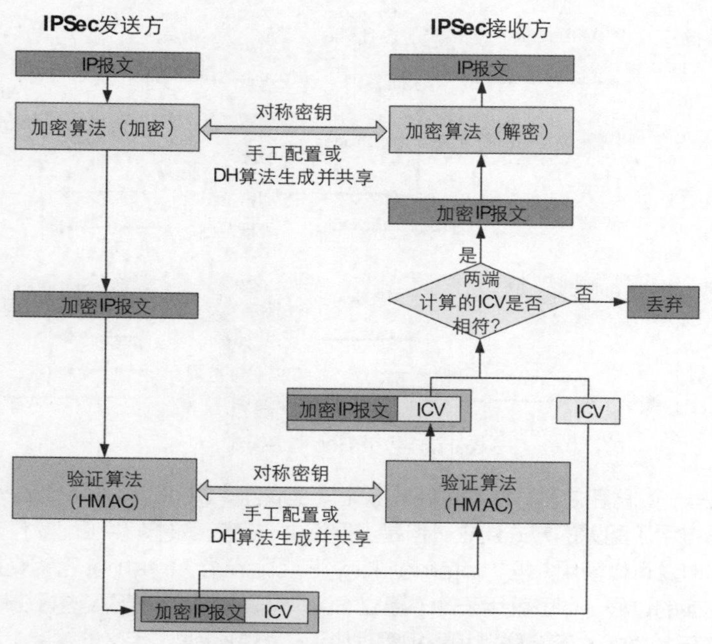

图 17-16　IPSec 加解密及验证过程

17.2.6 SSL VPN

SSL（安全套接层）是一个安全协议，为基于 TCP（Transmission Control Protocol）的应用层协议提供安全连接，SSL 介于 TCP/IP 协议栈第四层和第七层之间。SSL 可以为 HTTP（Hypertext Transfer Protocol）提供安全连接。

SSL 是一种在两台机器之间提供安全通道的协议。它具有保护传输数据以及识别通信机器的功能。

IPSec 可以通过加密实现数据的安全传输，但是 IPSec 的加密和验证功能在一些特殊场景下是存在问题的，如 NAT 穿越场景。而 SSL VPN 因其特有的属性，加密只对应用层生效，且不需要用户安全 VPN 客户端，因而适用范围更广，也更便捷。

SSL 可以为 HTTP 提供安全连接，广泛应用于电子商务、网上银行等领域，为网络上数据的传输提供安全性保证，如图 17-17 所示。

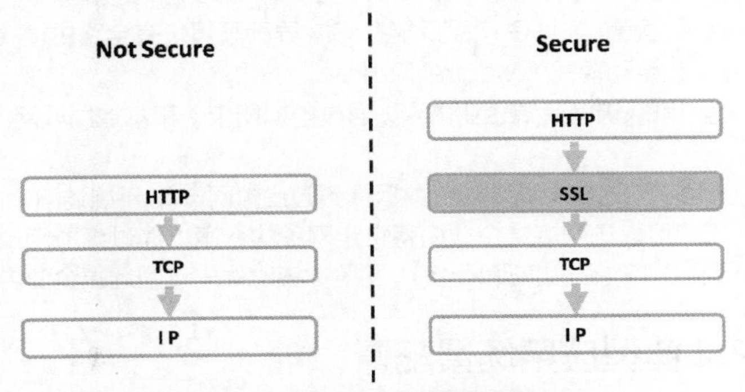

图 17-17 SSL VPN 数据传输示意图

SSL VPN 主要功能有领先的虚拟网关、Web 代理、用户认证、文件共享、端口转发、网络扩展、用户安全控制、完善的日志功能等。

1. Web 代理

Web 代理实现了无客户端的页面访问，充分体现了 SSL VPN 的易用性，是 SSL VPN 区别于其他 VPN 的一个重要功能。它将远端浏览器的页面请求（采用 HTTPS 协议）转发给 Web 服务器，然后将服务器的响应回传给终端用户，提供细致到 URL 的权限控制，即可控制到用户对某一张具体页面的访问。

Web 代理有两种实现方式。

（1）Web-link

Web-link 采用 ActiveX 控件方式，对页面进行转发。

（2）Web 改写

Web 改写方式采用脚本改写方式，将请求所得页面上的链接进行改写，其他网页内容不做修改。

2. 用户认证

虚拟网关对客户端身份的验证，每个虚拟网关都是独立可管理的，可以配置各自的资源、用户、认证方式、访问控制规则以及管理员等。

当企业有多个部门时，可以为每个部门或者用户群体分配不同的虚拟网关，从而形成完全隔离的访问体系。

3. 文件共享

将不同的系统服务器（如支持 SMB 协议的 Windows 系统，支持 NFS 协议的 Linux 系统）的共享资源以网页的形式提供给用户访问。支持 SMB 协议（Windows）和 NFS 协议（Linux）文件协议，文件共享作为文件服务器的代理，使客户可以安全地访问内网文件服务器。

4. 端口转发

端口转发功能主要用于 C/S 等不能使用 Web 技术访问的应用，一般来说可以分为两种，一种是支持静态端口的 TCP 应用，如 Windows 远程桌面、Telnet、SSH（Secure Shell）、VNC、ERP（Enterprise Resource Planning）、SQL（Structured Query Language）Server、iNotes、OWA（Outlook Web Access）、BOSS（Business and Operation Support System）Notes（多个数据库服务器对应一个端口）、POP3（Post Office Protocol 3）、SMTP（Simple Message Transfer Protocol）：25、POP3：110 等。另一种是支持动态端口的 TCP 应用，如 FTP 被动模式、Oracle Manager。

5. 网络扩展

使用网络扩展功能后，远程客户端将获得内网 IP 地址，就像处于内网一样，可以随意访问任意内网资源。同时针对不同的访问方式，具备不同的 Internet 和本地子网访问权限。不同的访问方式（SVN 产品在 Web/CLI 界面都可配置，USG 产品只能在 CLI 界面配置）有全路由模式（Full Tunnel）、分离模式（Split Tunnel）和手动模式（Manual Tunnel）。

（1）分离模式：用户可以访问远端企业内网（通过虚拟网卡）和本地局域网（通过实际网卡），不能访问 Internet。

（2）全路由模式：用户只允许访问远端企业内网（通过虚拟网卡），不能访问 Internet 和本地局域网。

（3）手动模式：用户可以访问远端企业内网特定网段的资源（通过虚拟网卡），对其他 Internet 和本地局域网的访问不受影响（通过实际网卡）。网段冲突时优先访问远端企业内网。

17.3 VPN 典型应用场景配置

17.3.1 Client-Initialized 方式 L2TP 应用场景

1. 组网需求

华安公司建有自己的 VPN 网络，在公司总部的公网出口处，放置了一台 VPN 网关，即 USG 防火墙，为满足出差人员能够与公司内部业务服务器进行通信，要求以通过 L2TP 隧道的方式来实现。

2. 配置拓扑

配置拓扑图如图 17-18 所示。

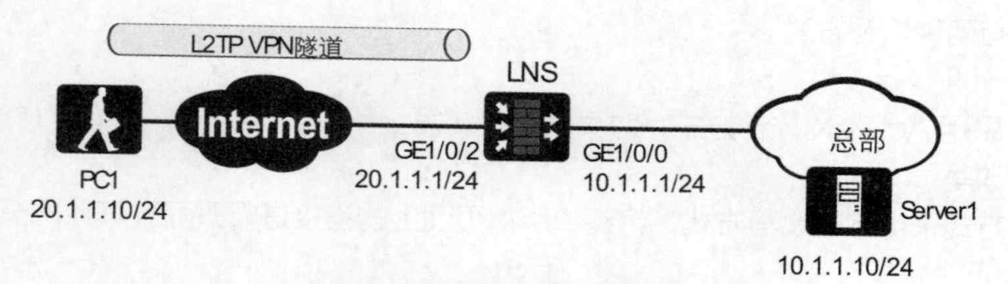

图 17-18　L2TP VPN 配置拓扑

3. 配置思路

Client 端：配置 LNS 服务器 IP→禁用 IPSec 安全协议→配置认证模式→配置是否启用隧道验证功能→配置用户名/密码。Client 侧设置的认证模式和隧道验证密码需要与 LNS 侧保持一致。

LNS 端：基础配置→配置虚拟接口模板→使能 L2TP 功能→配置 L2TP 组→配置 VPDN 组账号→配置域间防火墙安全策略。

配置流程如图 17-19 所示。

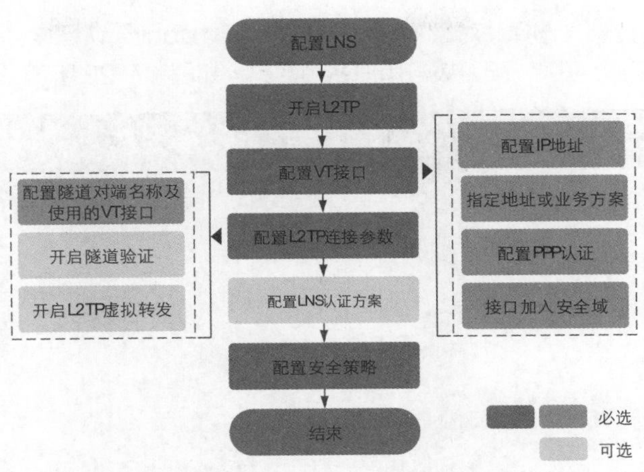

图 17-19　L2TP VPN 配置流程

4. Web 模式下详细配置

（1）开启 L2TP 功能：选择“网络 > L2TP > L2TP”，在“配置 L2TP”中，选中 L2TP 后的“启用”复选框，单击“应用”按钮，如图 17-20 所示。

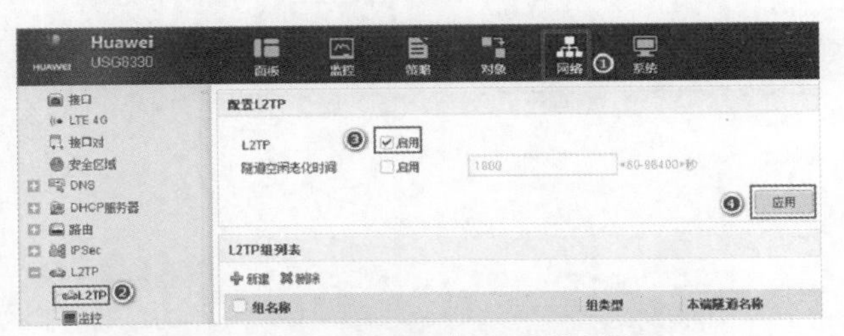

图 17-20　Web 下启用 L2TP VPN

（2）配置 L2TP 参数：在“L2TP 组列表”中，单击“新建”，设置 L2TP 组的参数，如图 17-21 所示。

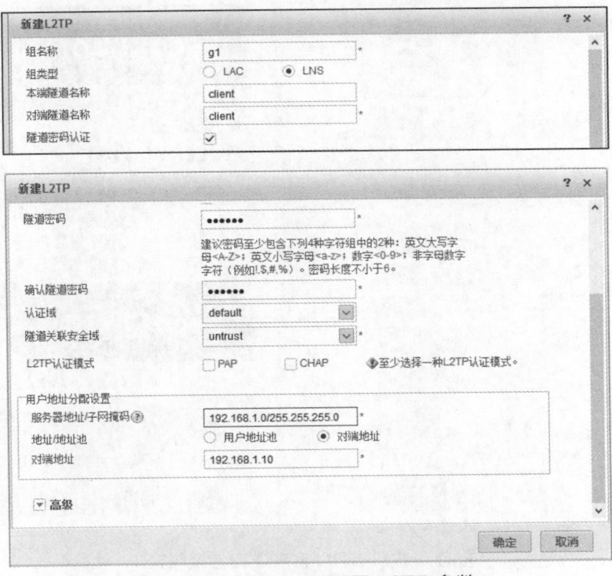

图 17-21　Web 下配置 L2TP 参数

（3）设置拨号用户信息：选择“对象 > 用户”。选中“default”认证域，在“用户管理”中，单击“新建”，并选择“新建用户”，配置拨号用户名和密码，如图 17-22 所示。

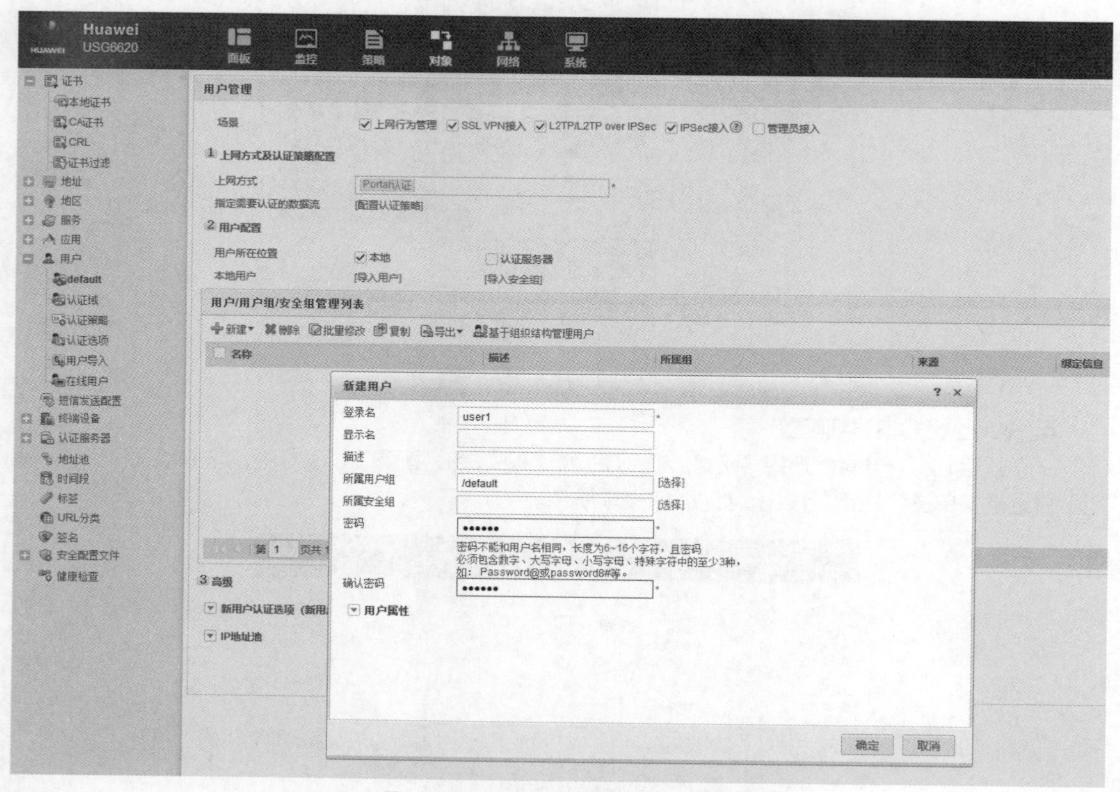

图 17-22 Web 下设置拨号用户信息

（4）VPN 客户端设置及验证，如图 17-23 所示。

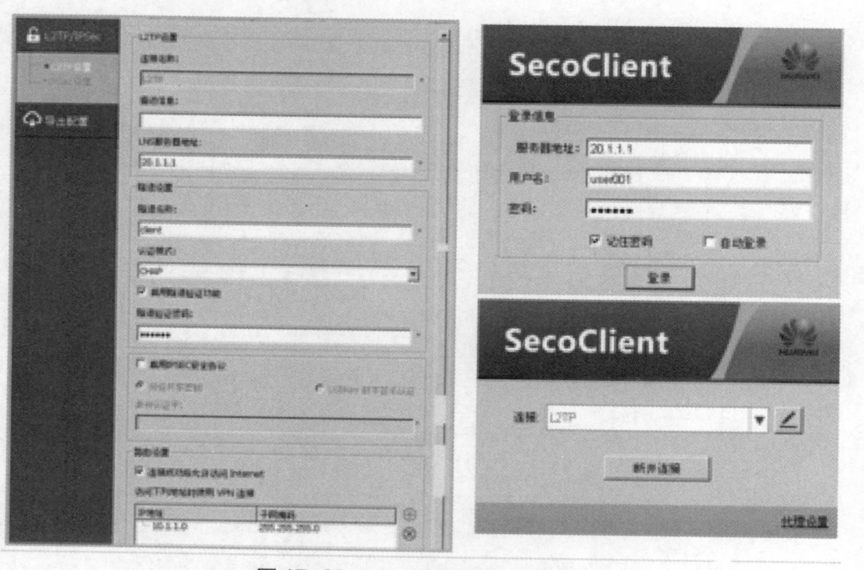

图 17-23 VPN 客户端设置及验证

17.3.2 GRE VPN 应用场景

1. 组网需求

华安公司由于业务的发展，新成立了一个分公司。公司内部之间每天都会有大量的数据访问，为了保证安全并顺利访问，公司领导指示网络部门去落实工作。根据要求，网络部门决定使用 GRE VPN 来实现。

2. 配置拓扑

配置拓扑图如图 17-24 所示。

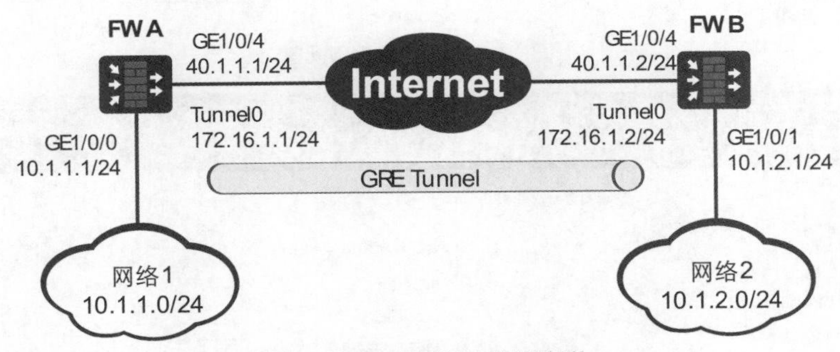

图 17-24 GRE VPN 配置拓扑

3. 配置思路

两端对等配置思路：基础配置→配置 Tunnel 逻辑接口→配置到对端网络内网网段的路由→放开相应的域间规则。

配置流程如图 17-25 所示。

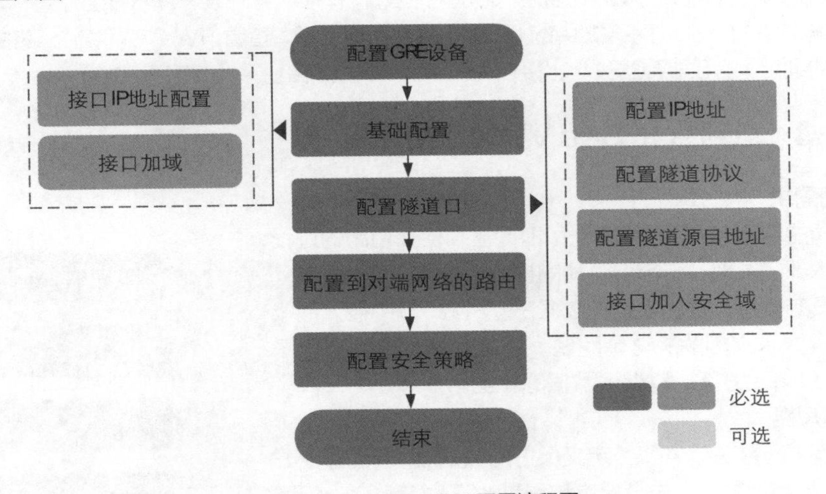

图 17-25 GRE VPN 配置流程图

4. Web 模式下详细配置

（1）GRE 接口配置（FW A）：选择“网络 > GRE > GRE”。单击“新建”，配置 GRE 接口的各项参数，如图 17-26 所示。

（2）GRE 路由配置（FW A）：选择“网络 > 路由 > 静态路由”。单击“新建”，配置到网络 2 的静态路由，如图 17-27 所示。

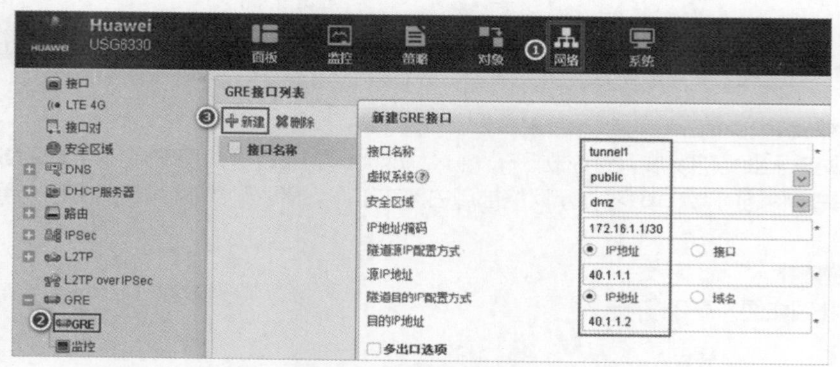

图 17-26　GRE 接口配置

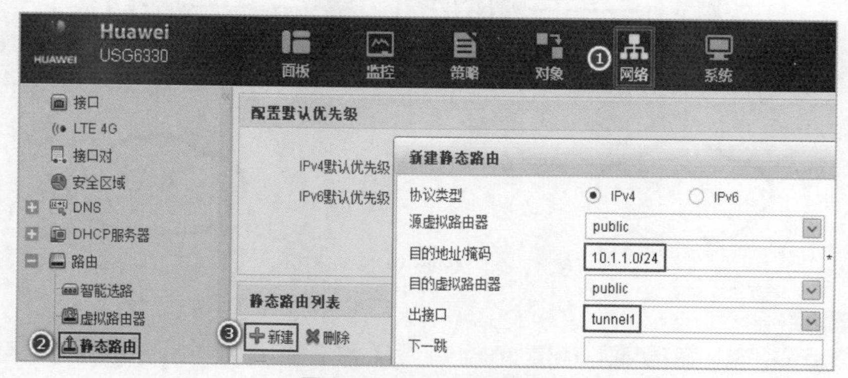

图 17-27　GRE 路由配置

（3）对端防火墙的配置 FW A 相仿，只是地址配置稍有不同，跟 FW B 一致。

（4）网络 1 中的 PC 与网络 2 中的 PC 能够相互 ping 通。查看 FW A“网络 > 路由 > 路由表”可以看到目的地址为 10.1.2.0/24，出接口为 Tunnel1 的路由。

17.3.3　点到点 IPSec VPN 应用场景

1. 组网需求

华安公司的 VPN 已经使用了一段时间了，但在使用的过程中，公司技术部门发现，一部分公司的机密数据在网络上传播。经过技术人员的核查，发现是公司数据在 VPN 传输中被人截取了。公司领导要求立刻解决这个问题，为此，技术部门提出了 IPSec VPN 的解决方案，以保证数据的安全。

2. 配置思路

基础配置→配置高级 ACL（定义保护的数据流）→配置 IKE（第一阶段，内含配置 IKE 安全提议和配置 IKE 对等体）→配置 IPSec 安全提议（第二阶段）→配置 IPSec 安全策略/策略模板（关联前 3 个步骤）→应用 IPSec 安全策略（应用到出接口）→配置私网路由。

配置流程如图 17-28 所示。

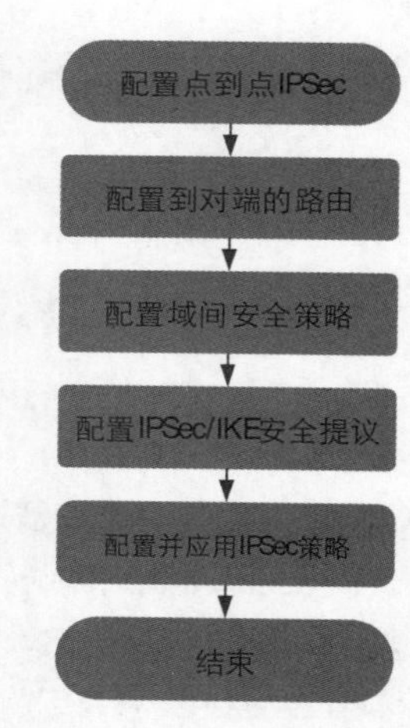

图 17-28　点到点 IPSec VPN 配置流程

3. 配置拓扑

配置拓扑图如图 17-29 所示。

图 17-29 点到点 IPSec VPN 配置拓扑

4. Web 模式下详细配置

（1）路由配置（FW_A）：设置到达对端的路由，下一跳设置为 FW_B 的地址，如图 17-30 所示。

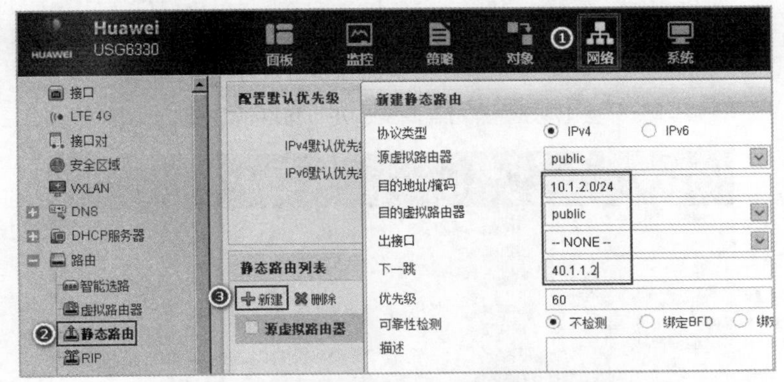

图 17-30 点对点 IPSec VPN 静态路由配置

（2）域间安全策略配置（FW_A）：选择“策略 > 安全策略 > 安全策略”，单击“新建”，安全策略如图 17-31 所示。

IPSec		FW_A	FW_B
允许网络A和网络B互访	ipsec1	方向：trsut > untrust 源地址：10.1.1.0/24 目的地址：10.1.2.0/24 动作：允许	方向：trsut > untrust 源地址：10.1.2.0/24 目的地址：10.1.1.0/24 动作：允许
	ipsec2	方向：untrsut > trust 源地址：10.1.2.0/24 目的地址：10.1.1.0/24 动作：允许	方向：untrsut > trust 源地址：10.1.1.0/24 目的地址：10.1.2.0/24 动作：允许
允许IKE协商报文通过	ipsec3	方向：local > untrust 源地址：40.1.1.1/24 目的地址：40.1.1.2/24 动作：允许	方向：local > untrust 源地址：40.1.1.2/24 目的地址：40.1.1.1/24 动作：允许
	ipsec4	方向：untrust > local 源地址：40.1.1.2/24 目的地址：40.1.1.1/24 动作：允许	方向：untrust > local 源地址：40.1.1.1/24 目的地址：40.1.1.2/24 动作：允许

图 17-31 点对点 IPSec VPN 域间安全策略配置

（3）IPSec 策略参数配置（FW_A）：选择“网络 > IPSec > IPSec”，单击“新建”，选择“场景”为“点到点”，在“基础配置”中设置 IPSec 相关参数，如图 17-32 所示。

（4）加密数据流配置（FW_A）：配置界面的“待加密数据流”中单击“新建”，新建感兴趣的加密流量，如图 17-33 所示。

（5）应用 IPSec 策略（FW_A）：配置结束后单击配置界面最下方的“应用”按钮，保存并应用 IPSec 策略，如图 17-34 所示。

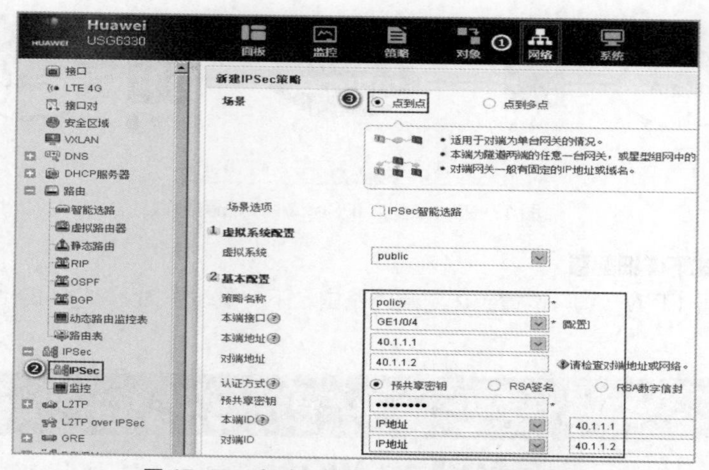

图 17-32　点对点 IPSec VPN 策略参数配置

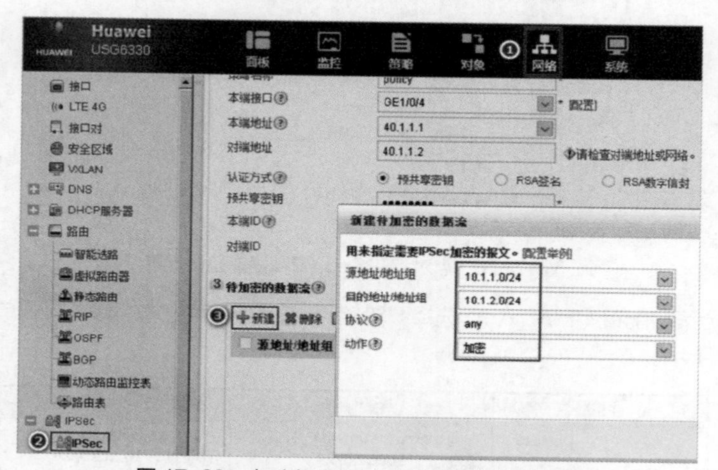

图 17-33　点对点 IPSec VPN 配置加密数据流

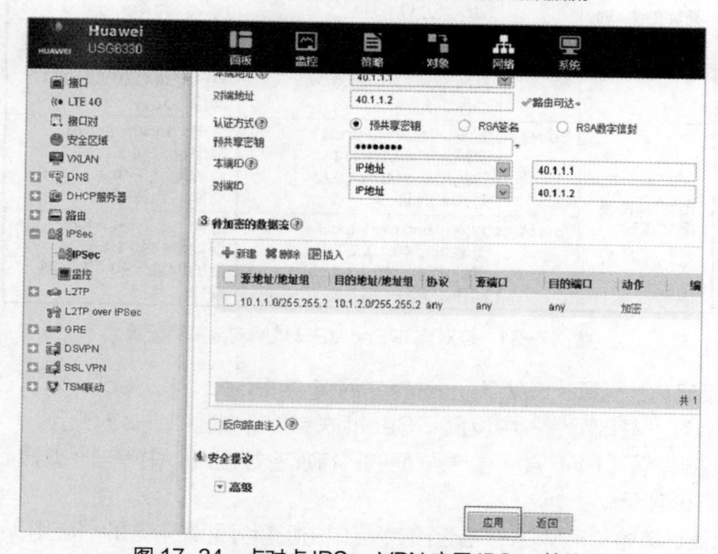

图 17-34　点对点 IPSec VPN 应用 IPSec 策略

（6）对端配置差不多，注意 IP 地址的变化。

本章小结

本章主要讲述了加密技术在 VPN 中的应用，了解了加密技术的应用场合、VPN 的基本概念、GRE 和 L2TP VPN 的工作原理、IPSec VPN 加解密及验证过程，也讲解了不同应用场景中 VPN 的配置流程。

技能拓展

✧ L2TP VPN 隧道建立的过程

L2TP VPN 隧道建立的过程分为以下 3 步：

（1）PPP 建立阶段。

（2）L2TP 隧道建立阶段。

（3）L2TP 会话建立阶段，建立过程如图 17-35 所示。

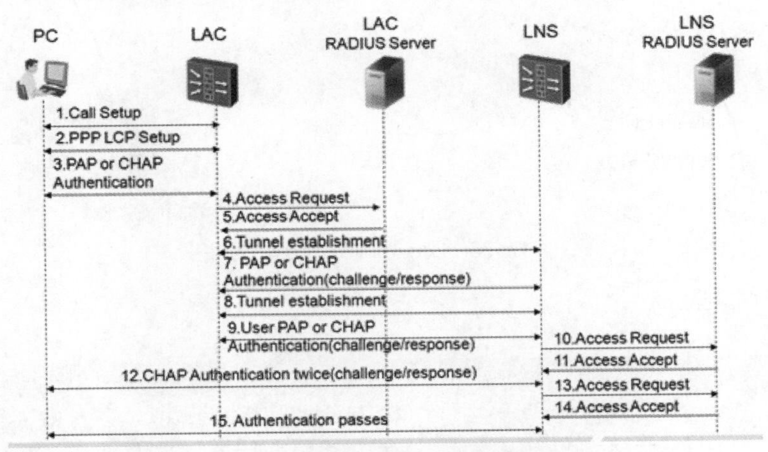

图 17-35　L2TP 会话建立过程

① 用户端 PC 机发起呼叫连接请求。

② PC 机和 LAC 端进行 PPP LCP 协商。

③ LAC 对 PC 提供的用户信息进行 PAP 或 CHAP 认证。

④ LAC 将认证信息（用户名、密码）发送给 RADIUS 服务器进行认证。

⑤ RADIUS 服务器认证该用户，如果认证通过则返回该用户对应的 LNS 地址等相关信息，并且 LAC 准备发起 Tunnel 连接请求。

⑥ LAC 端向指定 LNS 发起 Tunnel 连接请求。

⑦ LAC 端向指定 LNS 发送 CHAP challenge 信息，LNS 回送该 challenge 响应消息 CHAP response，并发送 LNS 侧的 CHAP challenge，LAC 返回该 challenge 的响应消息 CHAP response。需要注意：本阶段验证是对设备进行验证，不是对用户身份的认证。

⑧ 隧道验证通过，开始创建 L2TP 隧道。

⑨ 采用代理验证方式时，LAC 端将用户 CHAP response、response identifier 和 PPP 协商参数传送给 LNS。

⑩ LNS 将接入请求信息发送给 RADIUS 服务器进行认证。

⑪ RADIUS 服务器认证该请求信息，如果认证通过则返回响应信息。

⑫ 若用户在 LNS 侧配置强制本端 CHAP 认证，则 LNS 对用户进行认证，发送 CHAP challenge，用户侧回应 CHAP response。

⑬ LNS 将接入请求信息发送给 RADIUS 服务器进行认证。

⑭ RADIUS 服务器认证该请求信息，如果认证通过则返回响应信息。

⑮ 验证通过，L2TP 成功建立。

✧ Client-Initialized 方式 L2TP

（1）实验拓扑

实验拓扑如图 17-36 所示。

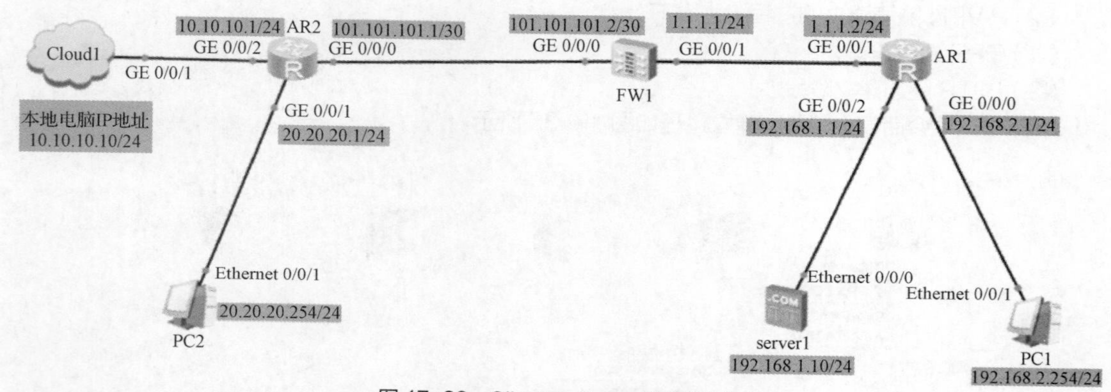

图 17-36　Client-Initialized 配置拓扑

（2）CLI 模式配置

① FW1 配置

```
#
interface Virtual-Template1                    \\新建虚拟接口模板 1
 ppp authentication-mode chap                  \\配置认证方式为 CHAP
 ip address 9.9.9.1 255.255.255.0              \\配置虚拟接口 IP 地址
 remote address pool 1                         \\绑定地址池 1
#
interface GigabitEthernet0/0/0
 ip address 101.101.101.2 255.255.255.252
#
interface GigabitEthernet0/0/1
 ip address 1.1.1.1 255.255.255.0
#
firewall zone trust
 set priority 85
 add interface GigabitEthernet0/0/1
```

```
#
firewall zone untrust
 set priority 5
 add interface GigabitEthernet0/0/0
 add interface Virtual-Template1        \\将虚拟接口加入 Untrust 区域
#
l2tp-group 1                            \\创建 L2TP 组 1
 undo tunnel authentication             \\关闭隧道认证
 allow l2tp virtual-template 1          \\配置 LNS 接受呼叫时所使用的虚拟接口模板
 tunnel name lns                        \\配置 L2TP 隧道本端名称为 lns
#
aaa                                     \\为出差员工配置 L2TP 登录用户名和密码
 local-user admin password cipher admin
                                        \\出差员工的 L2TP 登录用户名 admin，密码 admin
 local-user admin service-type ppp      \\配置服务协议为 PPP
 local-user admin level 15
 ip pool 1 9.9.9.2 9.9.9.10
#
 ip route-static 0.0.0.0 0.0.0.0 101.101.101.1
 ip route-static 10.10.10.0 255.255.255.0 101.101.101.1
 ip route-static 20.20.20.0 255.255.255.0 101.101.101.1
 ip route-static 192.168.0.0 255.255.0.0 1.1.1.2
#
 sysname FW1
#
 l2tp enable     \\开启 L2TP 服务
#
 firewall packet-filter default permit all
#
policy interzone local untrust inbound  \\ 配置 Untrust 和 Local 域间防火墙策略，允许出
差用户与公司总部建立 L2TP 连接
 policy 1
  action permit
  policy destination 9.9.9.0 0.0.0.255
#
policy interzone trust untrust inbound    \\配置 Untrust（Virtual-Template 1 所在
安全区域）和 Trust（内网资源所在安全区域）域间防火墙策略，允许出差用户访问公司内部的资源
 policy 1
  action permit
  policy destination 9.9.9.0 0.0.0.255
#
policy interzone trust untrust outbound
 policy 1
```

```
  action permit
  policy source 192.168.0.0 0.0.255.255
 #
 nat-policy interzone trust untrust outbound
  policy 1
  action source-nat
  policy source 192.168.0.0 0.0.255.255
  easy-ip GigabitEthernet0/0/0
```

② AR1配置

```
sysname AR1
#
dhcp enable
#
ip pool 1
 gateway-list 192.168.2.1
 network 192.168.2.0 mask 255.255.255.0
 dns-list 192.168.1.10
#
interface GigabitEthernet0/0/0
 ip address 192.168.2.1 255.255.255.0
 dhcp select global
#
interface GigabitEthernet0/0/1
 ip address 1.1.1.2 255.255.255.0
#
interface GigabitEthernet0/0/2
 ip address 192.168.1.1 255.255.255.0
#
ip route-static 0.0.0.0 0.0.0.0 1.1.1.1
```

③ AR2配置

```
sysname AR2
dhcp enable
acl number 3001
 rule 1 permit ip source 10.10.10.0 0.0.0.255
 rule 2 permit ip source 20.20.20.0 0.0.0.255
ip pool 1
 gateway-list 20.20.20.1
 network 20.20.20.0 mask 255.255.255.0
 dns-list 192.168.1.10
#
interface GigabitEthernet0/0/0
 ip address 101.101.101.1 255.255.255.252
 nat outbound 3001
```

```
#
interface GigabitEthernet0/0/1
 ip address 20.20.20.1 255.255.255.0
 dhcp select global
#
interface GigabitEthernet0/0/2
 ip address 10.10.10.1 255.255.255.0
#
ip route-static 0.0.0.0 0.0.0.0 101.101.101.2
```

课后习题

1. 密码学的应用主要有（　　）。
   A. 数字信封　　B. 数字签名　　C. 数字证书　　D. 设备本地证书
2. 以下（　　）属于 L2VPN 中所用到的协议。
   A. GRE　　B. PPTP　　C. L2F　　D. L2TP
3. VPN 按协议在 OSI 模型中的位置可以分为（　　）。
   A. L3VPN　　B. L2VPN　　C. SSL VPN　　D. IPSec VPN
4. L2TP VPN 主要有（　　）使用场景。
   A. NAS-Initiated VPN　　B. LAC 自动拨号
   C. Client-Initiated VPN　　D. Client-to-Site VPN
5. IPSec 通过（　　）安全协议来实现 IP 报文的安全保护。
   A. DES　　B. ESP　　C. AH　　D. AES
6. IPSec 安全联盟由（　　）元组来唯一标识。
   A. 安全参数索引 SPI　　B. 源 IP 地址
   C. 使用的安全协议号　　D. 目的 IP 地址
7. IPSec 封装模式有（　　）。
   A. 传输模式　　B. 隧道模式　　C. 加壳模式　　D. 加花模式
8. SSL VPN 主要功能有（　　）。
   A. 用户认证　　B. Web 代理
   C. 文件共享　　D. 端口转换与网络扩展

第 18 章
安全运营与分析基础

18

拓展阅读

知识目标

① 了解安全运营的概念。

② 理解安全运营的内容。

能力目标

掌握安全运营基本内容。

课程导入

在信息时代，安全运营逐渐成为一个热门话题。信息安全事故层出不穷，严重影响了企业的正常运行，迄今为止已对世界各地企业造成了不可估量的损失，而安全运营是全方面保证企业业务持续安全运行的必要条件。本章将介绍安全运营的基本概念，并对安全运营需要具备的条件进行简单介绍。

相关内容

18.1 安全运营

18.1.1 安全运营概念

在企业信息安全建设初期，企业安全工作主要内容是通过购买一系列的安全设备，部署在各个协议层以保证业务日常的稳定运行。而随着安全问题频发，如信息泄露事件、自然灾害等，从业人员逐渐意识到仅仅部署安全设备并不能实现有效的安全运营。安全运营必须是资源、流程和管理的有效结合，才能达到保护企业业务安全持续稳定运行的目的。

18.1.2 安全运营基本要求

安全运营涉及方方面面的要求，图 18-1 所示为安全运营的基本运营条件。

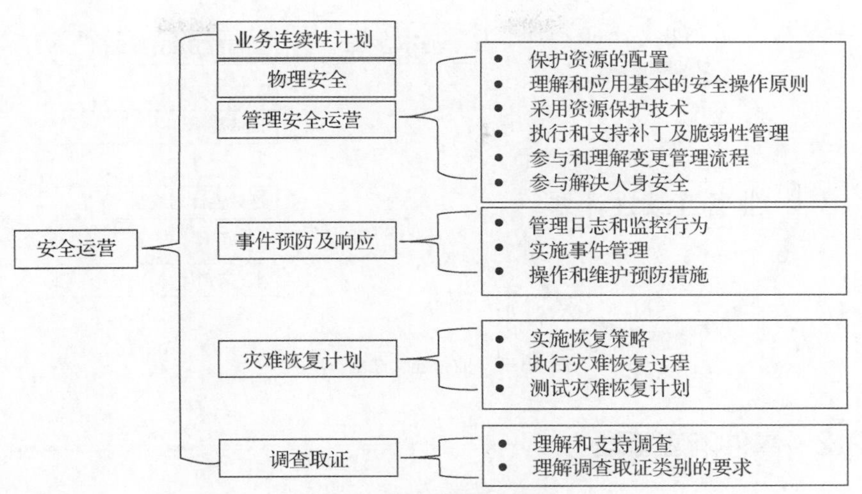

图 18-1 安全运营基本条件

1. 业务连续性计划

业务连续性计划（Business Continuity Planning，BCP）涉及对组织各种过程的风险评估，还有在发生风险的情况下为了使风险对组织的影响降至最低程度而制定的各种计划和策略，用于在出现危急事件时维护业务的连续运作。

2. 物理安全

物理安全的目的是防止受到物理威胁，包括周边安全、内部安全和管理安全运营。

3. 保护资源的配置

管理各项资产的配置，包括物理资产、云资产、虚拟资产及数据资产等，确保各项系统处于一致的安全状态，并在其整个生命周期维护这种状态。

4. 采用资源保护技术

通过介质管理方法和资产管理方法保护资源在整个生命周期中的配置和管理。

5. 理解和应用基本的安全操作原则

在对组织人员进行职责管理和权限管理时需要考虑安全原则。

6. 执行和支持补丁及脆弱性管理

补丁管理能够应用适当的补丁增强系统的安全性，并且漏洞管理有助于验证系统免受已知威胁的干扰。

7. 参与和理解变更管理流程

变更管理有助于减少由未授权变更造成的不可预料的中断，确保变更不会导致中断，如配置变更等。

8. 参与解决人身安全

实施安全控制来增强企业人员安全。

18.2 安全运营内容简述

18.2.1 业务连续性计划

业务连续性计划（Business Continuity Planning，BCP）的目标是在紧急情况下提供快速、沉着和有效的响应，从而增强企业立即从破坏性事件中恢复过来的能力，如图 18-2 所示。

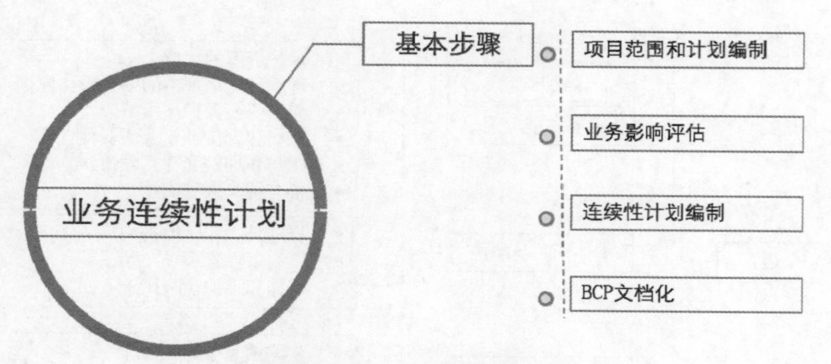

图 18-2　业务连续性基本步骤

18.2.2　事件响应管理

并非所有的威胁事件都能被预防，业务连续性计划提供了处理紧急事件的流程指导，尽快地对威胁事件进行响应，能够尽量减小事件对组织的影响，事件响应管理步骤如图 18-3 所示。

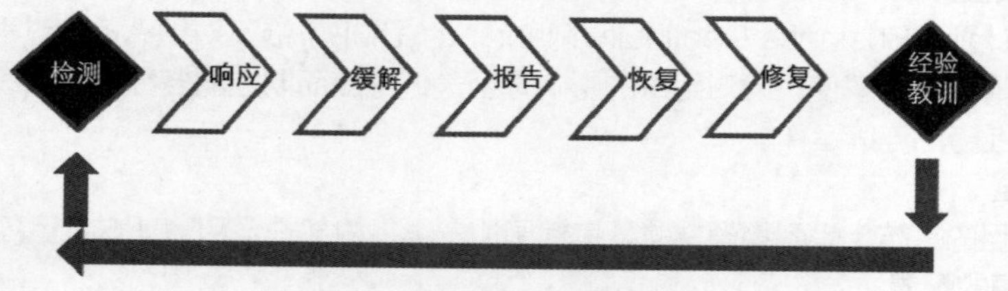

图 18-3　事件响应管理步骤

18.2.3　灾难恢复计划

在灾难事件导致业务中断时，灾难恢复计划开始生效，指导紧急事件响应人员的工作，将业务还原到正常运行的状态。灾难恢复计划如图 18-4 所示。

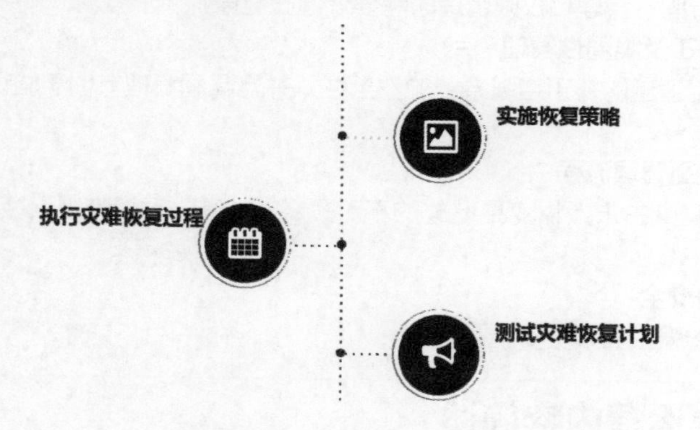

图 18-4　灾难恢复计划过程

18.2.4　调查取证

在采取措施之前，需要确定攻击已经发生，攻击发生之后需要对该安全事件进行调查和收集证据，调查是为了找出发生了什么，以及该事件的损害程度，如图 18-5 所示。

图 18-5　调查取证

本章小结

本章介绍了安全运营的基本概念，并且对安全运营需要具备的条件进行了简单介绍。

技能拓展

✧　业务连续性计划步骤详解

（1）项目范围和计划编制

任何流程或计划的制定都必须依据具体组织实际业务的规模和性质，符合企业文化，并且遵守相关法律，图 18-6 所示是制定计划初期无额定项目范围的具体要求。

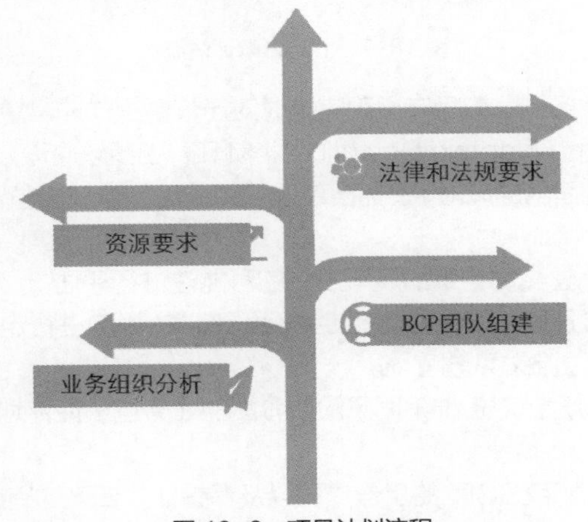

图 18-6　项目计划流程

① 业务组织分析

用于确定参与业务连续性计划编制过程的所有相关部门和人员。分析时需要考虑包括以下关键领域：

a. 提供核心服务业务的运营部门；

b. 支持服务部门，如 IT 部门等这些对运营部门的系统进行维护的部门；

c. 高层行政管理人员以及企业决策者。

② BCP 团队的选择

根据上述业务组织分析，业务连续与运营部门、服务部门以及企业高层都有重要的关系，那么在

BCP 制定和维护的团队中，必须都有这些部门的人员参与，具体包括且不仅限于以下人员：

a. 每个核心业务运营部门的部门代表；

b. 支持部门代表；

c. BCP 所设领域内的具有技术专长的 IT 代表；

d. 了解 BCP 过程的安全代表；

e. 熟悉相关法律的法律代表；

f. 高层管理代表。

③ 资源要求

BCP 开发、测试、培训、维护和实现过程中都需要消耗大量的人力、时间和物资等，这些也是BCP 所需要的资源。

④ 法律和法规要求

国家和地方针对业务连续性都发布了相应的法律法规，这些法律法规在要求企业业务运营连续性标准的同时，也保障了国家经济的生命力。

（2）业务影响评估

业务影响评估（Business Impact Assessment）确定了能够决定组织持续发展的资源，以及对这些资源的威胁，并且还评估每种威胁实际出现的可能性以及出现的威胁对业务的影响。业务影响评估流程如图 18-7 所示。

图 18-7 业务影响评估流程

① 确定优先级：确定业务的优先级在出现灾难时对于恢复操作非常重要，业务优先级可以使用最大允许终端时间（Maximum Tolerable Downtime，MTD）定量分析。

② 风险识别：识别可能面临的风险，包括自然风险和人为风险，在这个阶段仅仅做一个定性分析，为后续的评估做铺垫。

③ 可能性评估：针对上述威胁组织的风险发生的可能性进行评估。

④ 影响评估：根据风险及风险发生的可能性对组织造成的影响进行定向或定量地评估，包括且不仅限于信誉、公共影响及资源流失等影响。

⑤ 资源优先级划分：划分针对各种不同风险所分配的业务连续性计划资源的优先级。

（3）连续性计划编制

上述两个阶段主要用于确定 BCP 的工作过程以及保护业务资产的有限顺序，在连续性计划编制阶段则注重于连续性策略的开发和实现，连续性计划编制流程如图 18-8 所示。

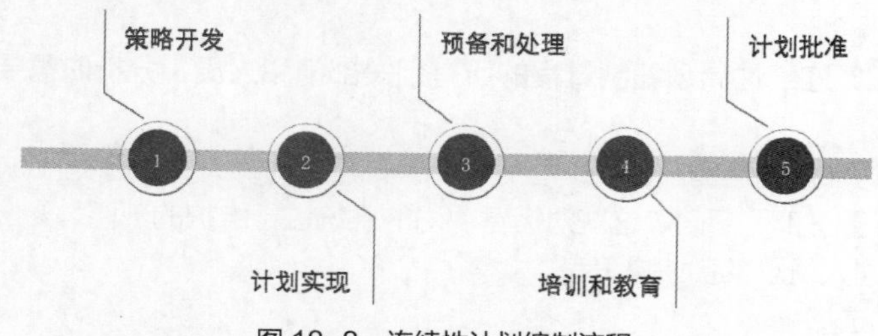

图 18-8 连续性计划编制流程

① 策略开发：根据业务影响评估的结果，决定对每种风险采取的缓解措施。

② 计划实现：利用特定的资源，尽可能地依据策略开发计划，并使之达到预定的目标。

③ 预备和处理：为业务连续性计划方案的制定、维护及实施提供必要的资源以及保护措施，这些资源包括人、建筑物/设备和基础设施。

④ 培训和教育：对参与 BCP 的所有相关人员进行业务连续性计划方案的培训，从而使他们了解其中的任务，在面临紧急事件时能够沉着有序地处理。

⑤ 计划批准：在业务连续性方案设计完成后，需要取得组织高层的批准。

（4）BCP 文档化

将 BCP 文档化有助于在发生紧急事件时，此文档能够对 BCP 人员提供处理威胁事件的指导。同时，该文档记录了修改历史，为后续处理类似事件或者文档修改提供经验借鉴。文档的内容应当包含以下内容：连续性计划的目标、重要性声明、组织职责的声明、紧急程度和时限的声明、风险评估、可接受的风险/风险调解、重大记录计划、响应紧急事件的指导原则、维护、测试和演习。

课后习题

1. 业务连续性计划和灾难恢复计划有什么区别？
2. 业务连续性计划基本步骤有哪些？
3. 灾难恢复计划步骤有哪些？
4. 调查取证的流程是什么？

第 19 章
数据监控与分析

19

拓展阅读

知识目标

① 了解描述数据监控与分析的技术手段。

② 了解描述数据采集的过程。

能力目标

掌握使用威胁定位的技术。

课程导入

数据的收集可以从互联的网络设备中采集，也可以检查提供服务的终端系统。在安全事件发生前，通过数据的监控和分析，主动分析网络的安全风险，加固网络；在安全事件发生后，通过数据的监控和分析，迅速定位安全威胁，为攻击防御与取证提供支持。

相关内容

19.1 数据监控基础知识

19.1.1 主动分析

主动分析：在攻击发生前，对网络的状况进行安全评估，对暴露的问题进行及时的改正，加固网络，提升网络的安全性。

安全评估方法如图 19-1 所示。

1. 安全扫描

充分了解目标系统当前的网络安全漏洞状况，需要利用扫描分析评估工具对目标系统进行扫描，以便发现相关漏洞。

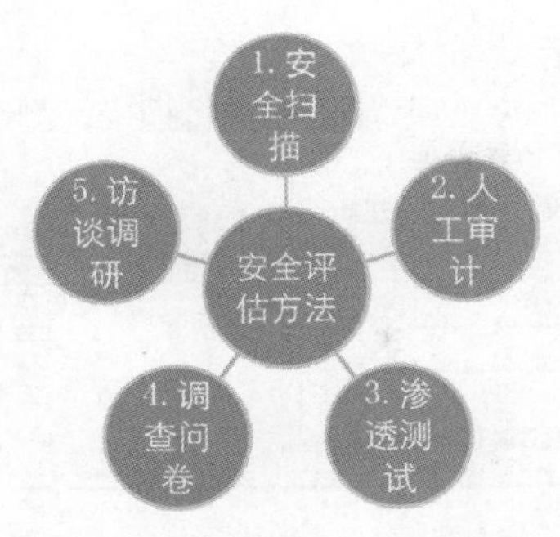

图 19-1　安全评估方法示意图

2. 人工审计

对包括主机系统、业务系统、数据库、网络设备、安全设备等在内的目标系统进行人工检查。

3. 渗透测试

模拟黑客可能使用的攻击技术和漏洞发现技术，对目标系统的安全进行深入的探测，发现系统最脆弱的环节。

4. 调查问卷

对网络系统管理员、安全管理员、技术负责人等进行业务、资产、威胁、脆弱性等方面的检查。

5. 访谈调研

确认问卷调查结果，详细获取管理执行现状并听取用户想法和意见。

19.1.2 安全扫描

标准是规范性文件之一。其定义是为了在一定的范围内获得最佳秩序，经协商一致制定并由公认机构批准，共同使用的和重复使用的一种规范性文件。

工作目标：为了充分了解目标系统当前的网络安全漏洞状况，需要利用扫描分析评估工具对目标系统进行扫描，以便发现相关漏洞。

工作内容：系统开放的端口号、系统中存在的安全漏洞、是否存在弱口令、SQL 注入漏洞、跨站脚本漏洞、工作输出、扫描工具生成结果。

常用的扫描工具如表 19-1 所示。

表 19-1　常用扫描工具

工具类型		工具名称	用途
扫描类型	端口扫描软件	Superscan	功能强大的端口扫描软件： • 通过 Ping 来检验 IP 是否在线； • 检验目标计算机提供的服务类别； • 检验一定范围目标计算机是否在线和端口情况
		Nmap	是 Linux 下的网络扫描和嗅探工具包。基本功能：一是探测一组主机是否在线；其次是扫描主机端口，嗅探所提供的网络服务；还可以推断主机所用的操作系统
	漏洞扫描工具	Sparta	集成于 Kali 内的漏洞扫描工具，能够发现系统中开启的服务以及开放端口，还可以根据字典，暴力破解应用的用户名和密码
	应用扫描	Burp Suite	Burp Suite 是用于渗透 Web 应用程序的集成平台。它包含了许多工具，并为这些工具设计了许多接口，以促进加快攻击应用程序的过程

1. Superscan 工具使用展示

使用 Superscan 对实验环境中的 Web 服务器进行扫描，测试如图 19-2 所示。

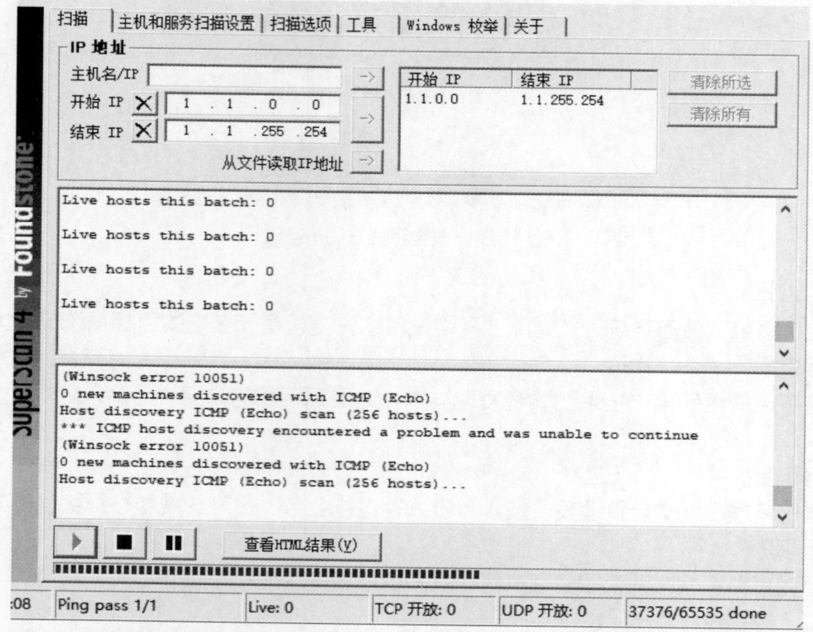

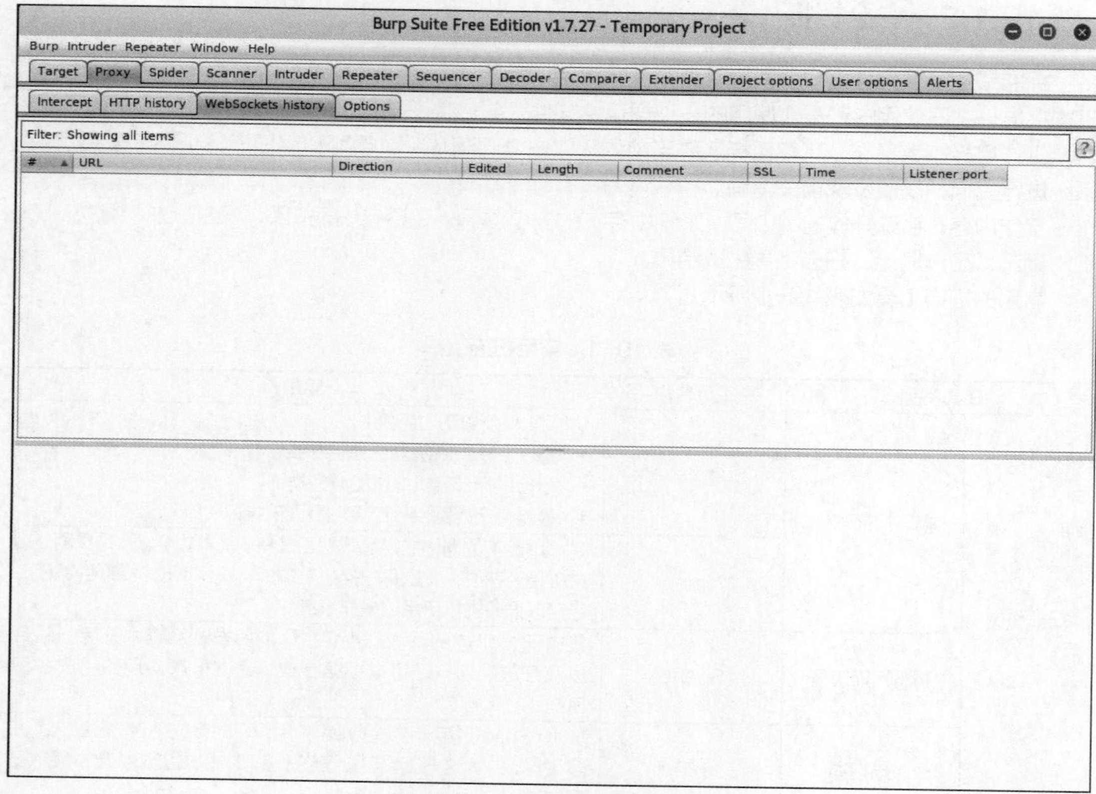

图 19-2　Superscan 工具测试图

查看 Superscan 扫描结果：在 Scan 菜单栏，单击 View HTML Result 查看扫描结果，如图 19-3 所示。

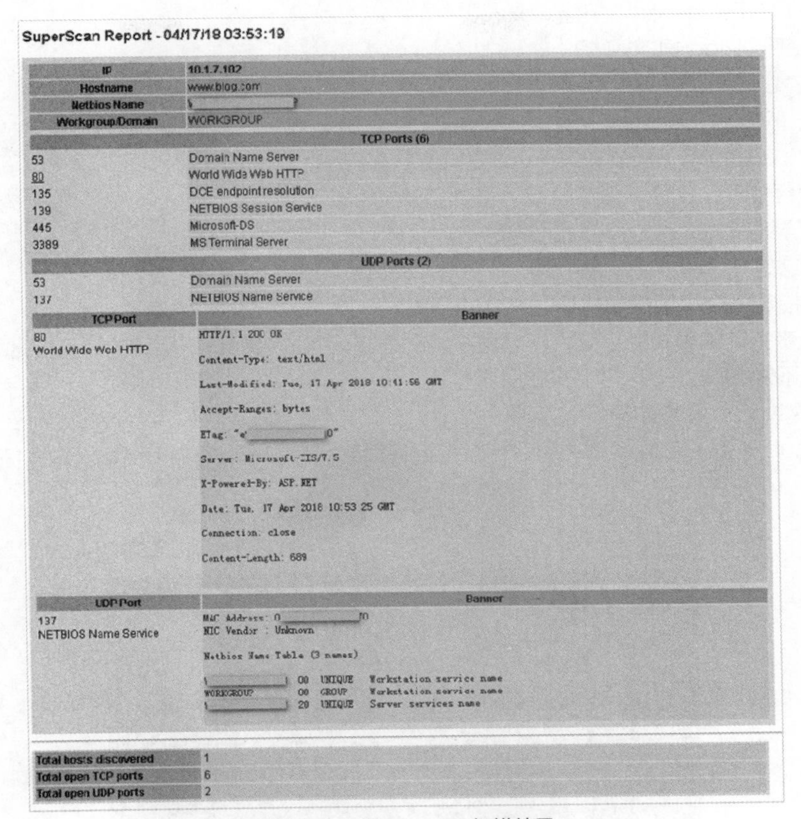

图 19-3　Superscan 扫描结果

2. Nmap 工具使用展示

选择 Application 中的 Information Gathering，单击 nmap，如图 19-4 所示。

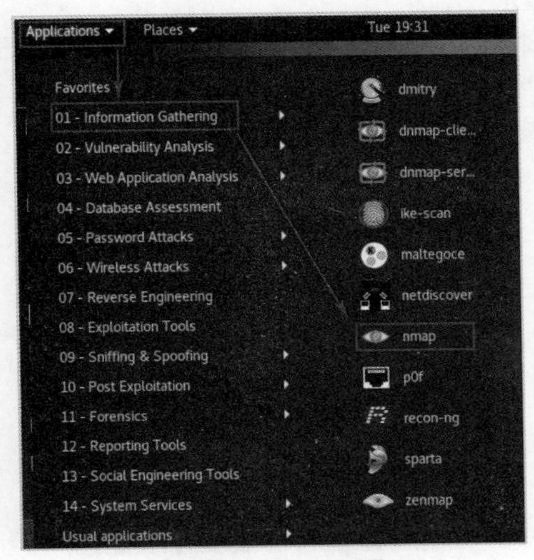

图 19-4　Nmap 工具

（1）Nmap 命令参数规则

nmap [Scan Type(s)] [Options] {target specification}

① –sT：TCP connect()扫描。

② -sn/sP：Ping 扫描。

③ –sU：UDP 扫描。

④ –sR：RPC 扫描。

⑤ -P0：在扫描前不尝试或者 Ping 主机。

⑥ –O：经由 TCP/IP 获取“指纹”来判别主机的 OS 类型。

⑦ –v：详细模式。这是被强烈推荐的选项。

⑧ –h：这是一个快捷的帮助选项。

⑨ –o：指定一个放置扫描结果的文件的参数。

⑩ –D：带有诱骗模式的扫描，在远程主机的连接记录里会记下所指定的诱骗性地址。

⑪ -n：不做 DNS 解析，可增加扫描速度。

（2）查看 Nmap 扫描结果

根据 Nmap 工具的参数规则，对目标系统进行信息收集，图 19-5 所示是对主机开放的 TCP 端口进行扫描。

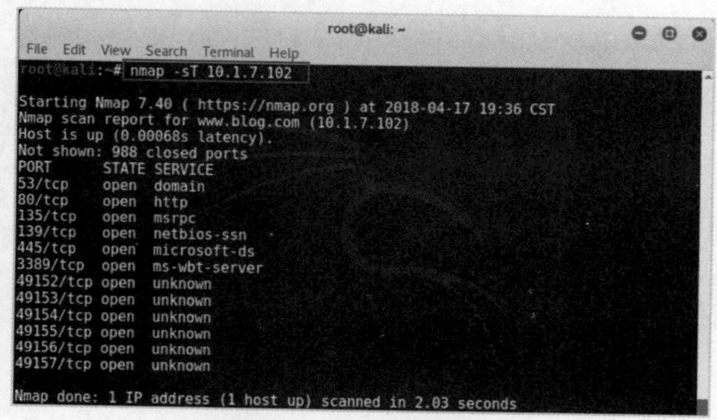

图 19-5 Nmap 扫描结果

3. Sparta 工具使用展示

Sparta 是一款图形界面化的工具，操作比较方便，并且集成了端口扫描的功能和暴力破解的功能。选择 Application 中的 Vulnerability Analysis，单击 sparta，如图 19-6 所示。

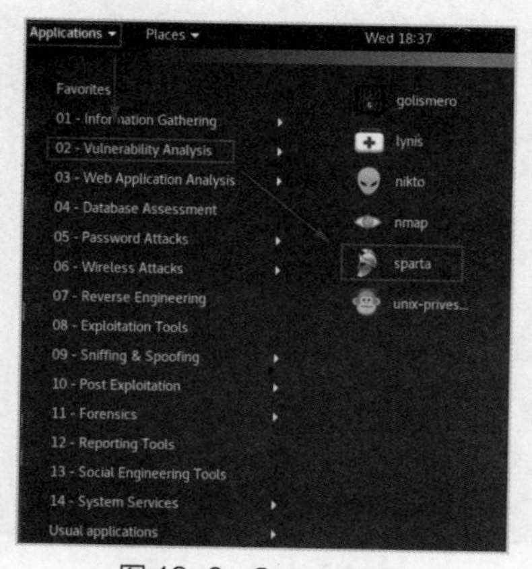

图 19-6 Sparta 工具

查看 Sparta 扫描结果如图 19-7 所示，在操作界面添加要扫描的地址网段或主机地址，进行扫描，图 19-7 展示了目标主机开放的端口及应用，而且可以查看操作系统的信息。

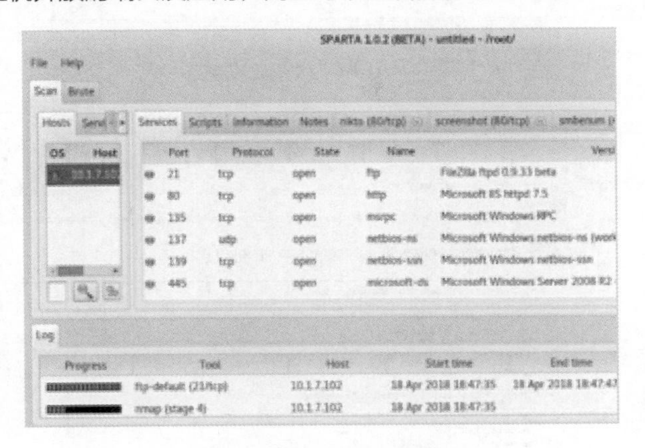

图 19-7　Sparta 扫描结果

4. Burp Suite 使用展示

如图 19-8 所示，Burp Suite 会向应用发送请求并通过 payload 验证漏洞。它对下列的两类漏洞有很好的扫描效果：

（1）客户端的漏洞，如 XSS、HTTP 头注入、操作重定向。

（2）服务端的漏洞，如 SQL 注入、命令行注入、文件遍历。

在使用 Burp Suite 之前，除了要正确配置 Burp Proxy 并设置浏览器代理外，还需要在 Burp Target 的站点地图中保存需要扫描的域和 URL 模块路径。当 Burp Target 的站点地图中存在这些域或 URL 路径时，才能对指定的域或者 URL 进行全扫描或者分支扫描。

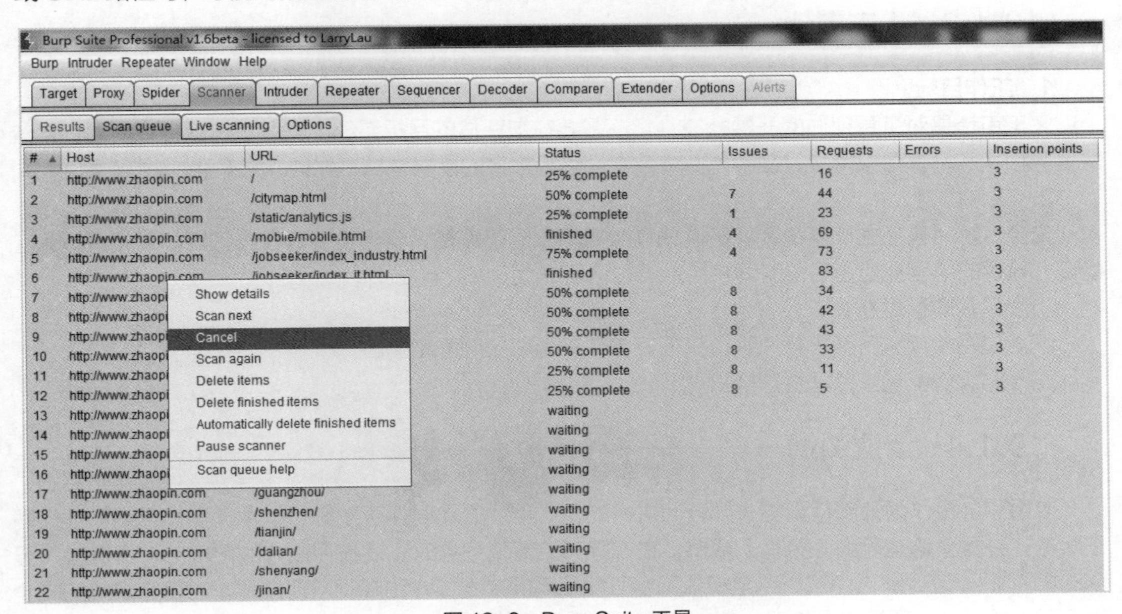

图 19-8　Burp Suite 工具

Burp Suite 扫描结果，在 Results 界面，如图 19-9 所示，自动显示队列中已经扫描完成的漏洞明细。

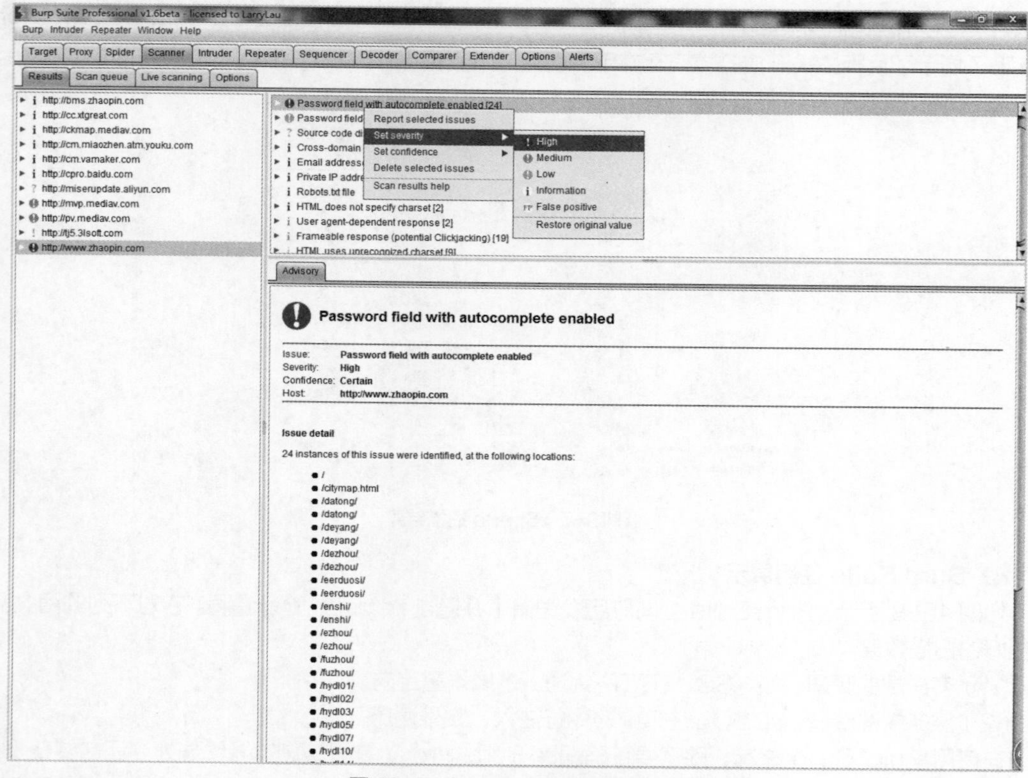

图 19-9 Burp Suite 工具扫描结果

19.1.3 人工审计

1. 工作目标

人工审计是对工具评估的一种补充，它不需要在被评估的目标系统上安装任何软件，对目标系统的运行和状态没有任何影响，在不允许安装软件进行检查的重要主机上显得非常有用。

2. 工作内容

安全专家对包括主机系统、业务系统、数据库、网络设备、安全设备等在内的目标系统进行人工检查。检查的内容视检查目标不同将可能涵盖以下方面：

（1）是否安装最新补丁；

（2）是否使用服务最小化原则，是否开启了不必要的服务和端口；

（3）防火墙配置策略是否正确。

19.1.4 渗透测试

渗透测试是作为外部审查的一部分而进行的。这种测试需要探查系统，以发现操作系统和任何网络服务，并检查这些网络服务有无漏洞。在实际开始评估扫描时，在被评估方的授权下，根据客户要求的重点 IP，进行渗透测试，完全模拟黑客可能使用的攻击技术和漏洞发现技术，对目标系统的安全进行深入探测，发现系统最脆弱的环节。对这些重点 IP 做到尽可能地准确、全面的测试，一旦发现危害性严重的漏洞，及时修补，以免后患。

渗透测试的流程如图 19-10 所示。

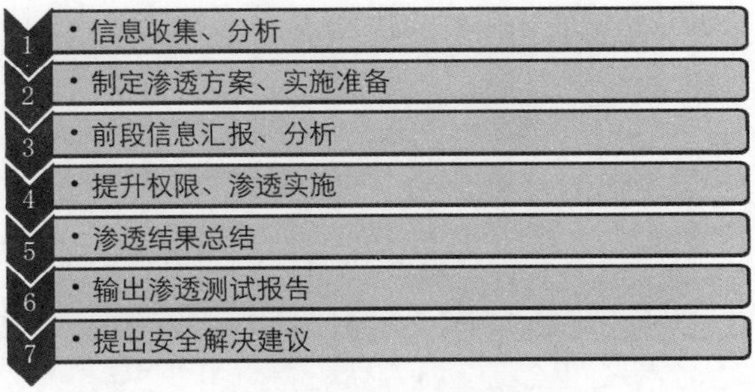

1
• 信息收集、分析
2
• 制定渗透方案、实施准备
3
• 前段信息汇报、分析
4
• 提升权限、渗透实施
5
• 渗透结果总结
6
• 输出渗透测试报告
7
• 提出安全解决建议

图 19-10 渗透测试流程图

19.2 被动采集技术

被动获取：当攻击发生时，及时采集数据，分析攻击使用的方法，以及网络存在的问题，进行及时的补救，减少损失。

数据采集方式如图 19-11 所示。

数据采集
抓包
端口镜像
日志
命令行
抓包软件
网络设备日志
操作系统日志

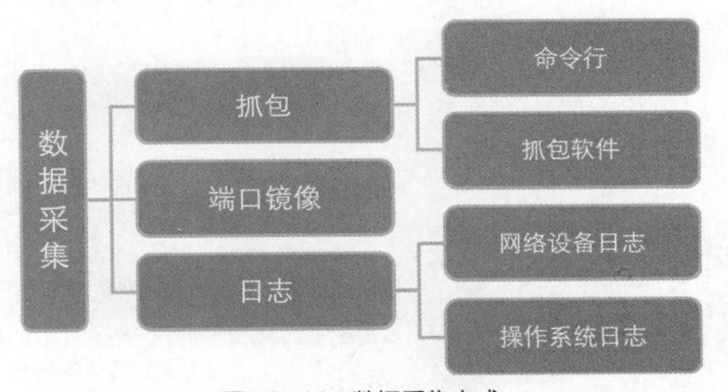

图 19-11 数据采集方式

19.2.1 抓包

（1）命令行：查看 OSPF 邻居建立过程如图 19-12 所示。

```
<Switch> debugging ospf event
Apr 12 2018 12:03:16.370.1-05:00 SW3 RM/6/RMDEBUG:
 FileID: 0x7017802d Line: 1136 Level: 0x20
  OSPF 1: Nbr 10.1.10.34 Rcv HelloReceived State Down -> Init.
Apr 12 2018 12:03:16.380.1-05:00 SW3 RM/6/RMDEBUG:
 FileID: 0x7017802d Line: 1732 Level: 0x20
  OSPF 1: Nbr 10.1.10.34 Rcv 2WayReceived State Init -> 2Way.
Apr 12 2018 12:03:16.390.1-05:00 SW3 RM/6/RMDEBUG:
 FileID: 0x7017802d Line: 1732 Level: 0x20
  OSPF 1: Nbr 10.1.10.34 Rcv AdjOk? State 2Way -> ExStart.
Apr 12 2018 12:03:16.400.1-05:00 SW3 RM/6/RMDEBUG:
 FileID: 0x7017802d Line: 1845 Level: 0x20
  OSPF 1: Nbr 10.1.10.34 Rcv NegotiationDone State ExStart -> Exchange.
Apr 12 2018 12:03:16.410.1-05:00 SW3 RM/6/RMDEBUG:
 FileID: 0x7017802d Line: 1957 Level: 0x20
  OSPF 1: Nbr 10.1.10.34 Rcv ExchangeDone State Exchange -> Loading.
Apr 12 2018 12:03:16.430.1-05:00 SW3 RM/6/RMDEBUG:
 FileID: 0x7017802d Line: 2359 Level: 0x20
  OSPF 1: Nbr 10.1.10.34 Rcv LoadingDone State Loading -> Full.
```

图 19-12 OSPF 邻居建立过程

（2）命令行：查看 OSPF 报文信息具体内容如图 19-13 所示。

```
<Switch> debugging ospf packet
Apr 12 2018 12:05:42.930.2-05:00 SW3 RM/6/RMDEBUG:  Source Address: 10.1.10.34
Apr 12 2018 12:05:42.930.3-05:00 SW3 RM/6/RMDEBUG:  Destination Address:
224.0.0.5
Apr 12 2018 12:05:42.940.1-05:00 SW3 RM/6/RMDEBUG:  Ver# 2, Type: 1 (Hello)
Apr 12 2018 12:05:42.940.2-05:00 SW3 RM/6/RMDEBUG:  Length: 48, Router:
34.34.34.34
Apr 12 2018 12:05:42.940.3-05:00 SW3 RM/6/RMDEBUG:  Area: 0.0.0.0, Chksum:
4dcf
Apr 12 2018 12:05:42.940.4-05:00 SW3 RM/6/RMDEBUG:  AuType: 00
Apr 12 2018 12:05:42.940.5-05:00 SW3 RM/6/RMDEBUG:  Key(ascii): * * * * * * *
*d
Apr 12 2018 12:05:42.940.6-05:00 SW3 RM/6/RMDEBUG:  Net Mask: 255.255.255.0e
Apr 12 2018 12:05:42.940.7-05:00 SW3 RM/6/RMDEBUG:  Hello Int: 10, Option: _E_
Apr 12 2018 12:05:42.940.8-05:00 SW3 RM/6/RMDEBUG:  Rtr Priority: 1, Dead Int:
40
Apr 12 2018 12:05:42.940.9-05:00 SW3 RM/6/RMDEBUG:  DR: 10.1.10.34
Apr 12 2018 12:05:42.940.1-05:00 SW3 RM/6/RMDEBUG:  BDR: 10.1.10.33
Apr 12 2018 12:05:42.940.2-05:00 SW3 RM/6/RMDEBUG:  # Attached Neighbors: 1
Apr 12 2018 12:05:42.940.3-05:00 SW3 RM/6/RMDEBUG:  Neighbor: 33.33.33.33
```

图 19-13　OSPF 报文信息

（3）使用 WireShark 抓包工具，查看 OSPF 邻居建立过程如图 19-14 所示。

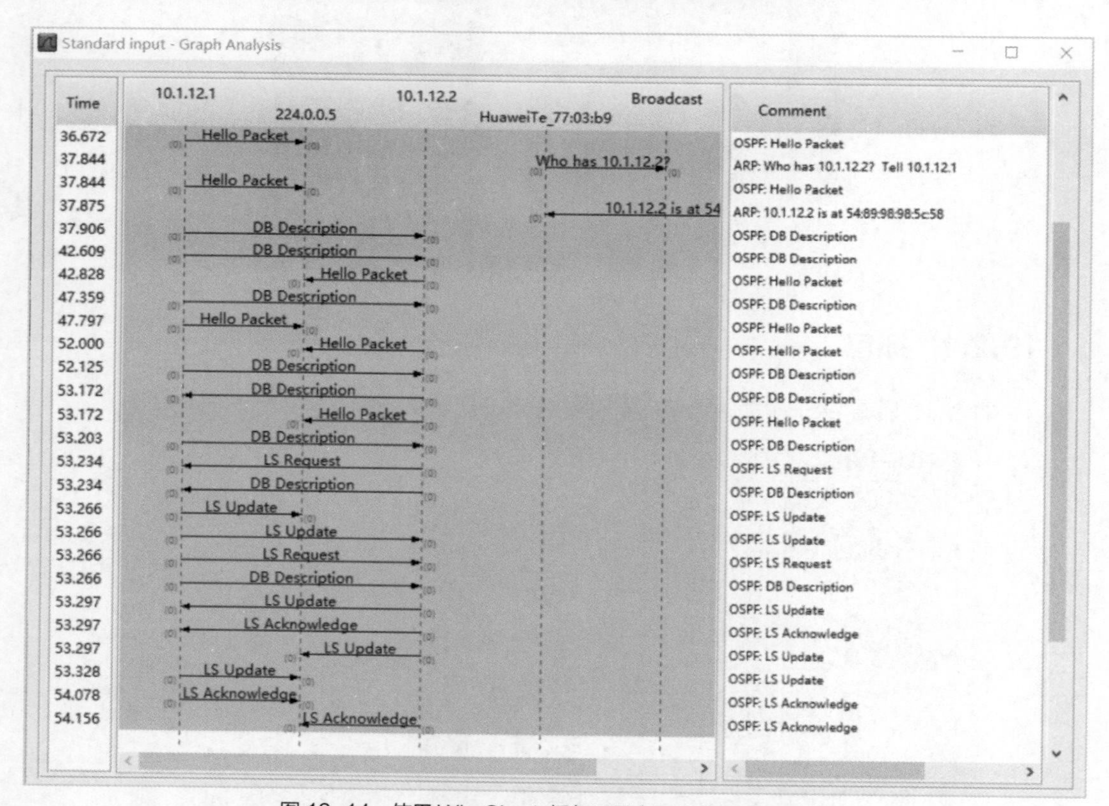

图 19-14　使用 WireShark 抓包工具查看 OSPF 邻居建立

（4）使用 WireShark 抓包工具，查看 OSPF 报文信息具体内容如图 19-15 所示。

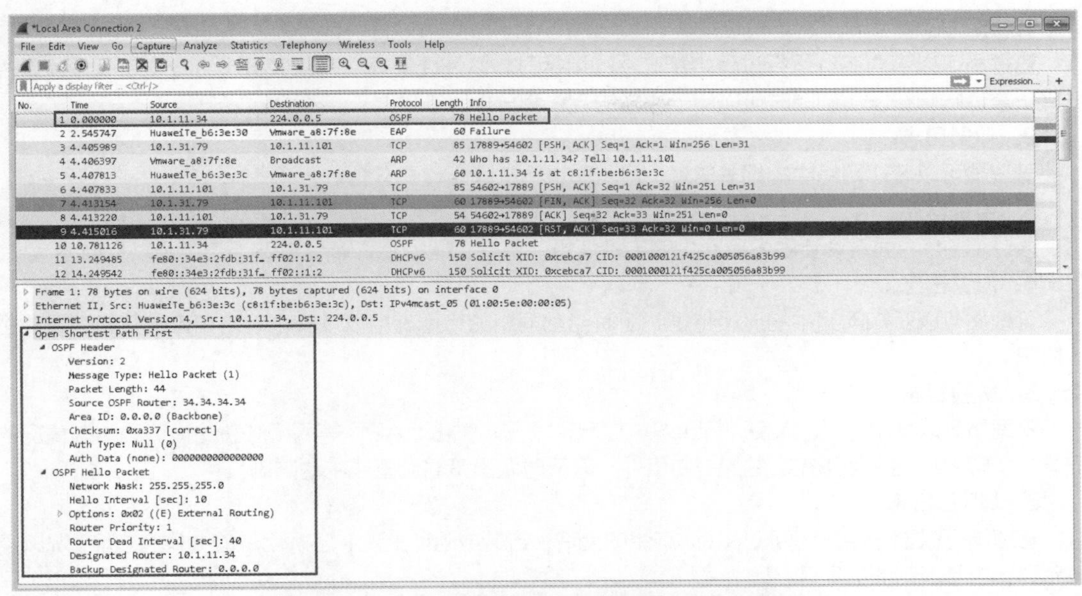

图 19-15 使用 WireShark 抓包工具查看 OSPF 报文信息

19.2.2 端口镜像

端口镜像如图 19-16 所示，是指设备复制从镜像端口流经的报文，并将此报文传送到指定的观察端口进行分析和监控。其中，镜像端口是指被监控的端口，镜像端口收发的报文将被复制一份到与监控设备相连的端口。观察端口是指连接监控设备的端口，用于将镜像端口复制过来的报文发送给监控设备。

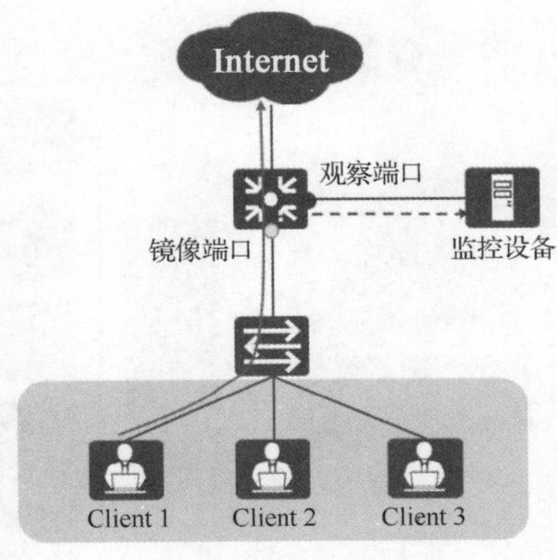

图 19-16 端口镜像

19.2.3 日志

日志存储依赖于硬盘或 SD 卡，当硬盘或 SD 卡不在位时，会对查看日志、导出日志有影响。不同的设备型号，对日志、报表支持情况也不同，请参考华为产品文档。

日志类型可分为以下几种。

1. 系统日志

管理员可以查看系统运行过程中所产生的运行日志以及硬件环境的相关日志记录，了解设备是否一直正常运行，在发生问题时可以用于故障的定位和分析。

2. 业务日志

管理员可以获知网络中的相关信息，可及时进行故障定位和分析。

3. 告警信息

通过 Web 界面直观查看设备产生的告警信息，包括告警级别、产生事件、告警源以及描述信息。

4. 流量日志

管理员可以获知网络中的流量特征，了解当前网络的带宽占用以及安全策略和带宽策略配置的生效情况。

5. 威胁日志

管理员可以查看 AV、入侵、DDoS、僵尸、木马、蠕虫、APT 等网络威胁的检测和防御情况的记录，了解曾经发生和正在发生的威胁事件，以及时做出策略调整或主动防御。

6. URL 日志

管理员可以查看用户访问 URL 时产生的允许、告警或阻断情况，了解用户的 URL 访问情况以及被允许、告警或阻断的原因。

19.3 数据分析

打击计算机网络犯罪的关键，是如何在计算机系统中提取和分析计算机犯罪分子留在计算机中的“痕迹”，使之成为能够追踪并抓获犯罪嫌疑人的重要手段和方法。网络中发生的重要事件都会被记录在日志中，因此，对日志的分析尤为重要。

19.3.1 日志分析要点

日志分析的要点如图 19-17 所示。

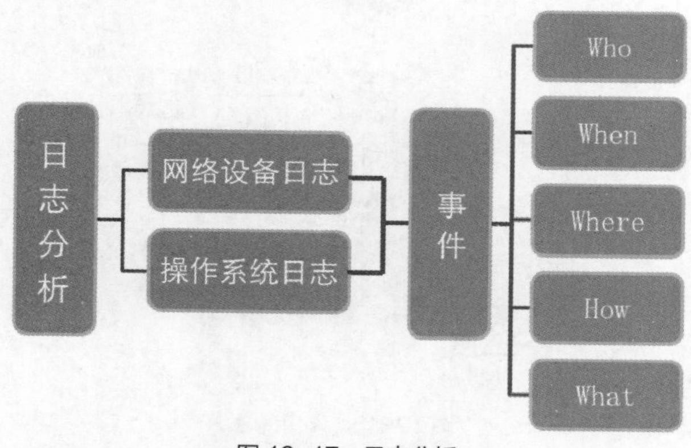

图 19-17 日志分析

（1）Who：是用户还是访客。

（2）When：什么时间。

（3）Where：在什么地点，如位置信息、登录的设备信息、接入的接口信息、访问的服务等。

（4）How：通过什么方式，如通过有线接入、无线接入或者 VPN 接入。

（5）What：做了什么，如进行的操作行为、使用接入设备、访问的资源服务等。

19.3.2 网络设备日志分析

以防火墙为例，可以通过日志，分析攻击行为。如图 19-18 所示，通过“威胁日志”发现存在 IP spoof attack，并可以获得攻击的时间、使用的协议、接收接口等信息。

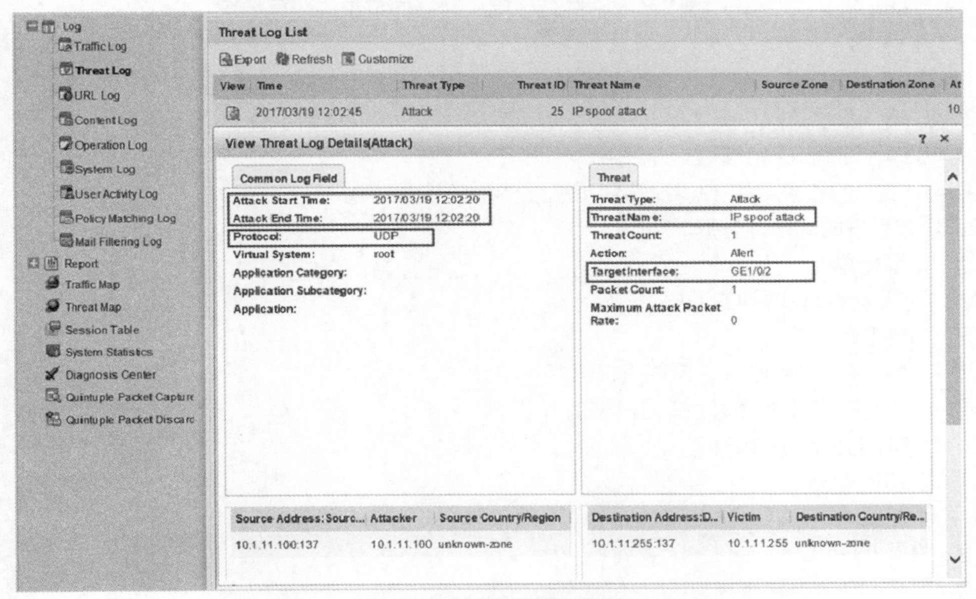

图 19-18　网络设备日志分析

19.3.3 操作系统日志分析

由于日志中记录了操作系统的所有事件，在大量的信息中快速筛选出关键信息尤为重要。Windows 操作系统中可以根据需要筛选关键事件，如图 19-19 所示。

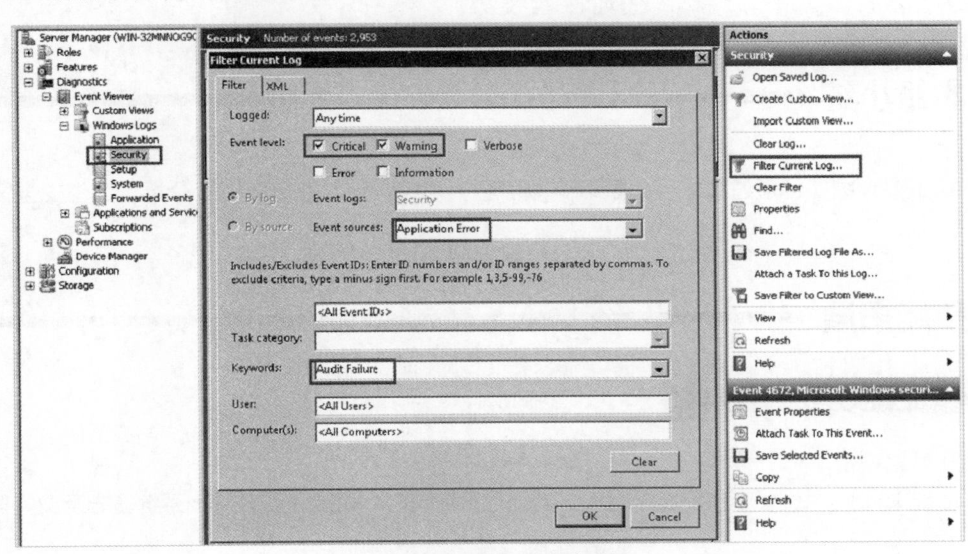

图 19-19　操作系统日志分析

19.3.4 其他场景分析

1. 用户登录与注销事件分析

（1）使用场景

主要判断哪些用户登录过操作系统，并分析用户对操作系统的使用情况。

（2）事件 ID

① 4624：登录成功（安全日志）。

② 4625：登录失败（安全日志）。

③ 4634：注销成功（安全日志）。

④ 4672：使用超级用户（管理员）进行登录（安全日志）。

2. 修改系统时间事件分析

（1）使用场景

查找用户修改系统时间的证据。

（2）事件 ID

① 1：Kernel-General（系统日志）。

② 4616：更改系统时间（安全日志）。

3. 外部设置使用事件分析

（1）使用场景

分析哪些硬件设备何时安装到系统中。

（2）事件 ID

20001/20003：即插即用驱动安装（系统日志）。

4. 分析工具介绍

Log Parser 是微软公司出品的日志分析工具，它功能强大，使用简单，可以分析基于文本的日志文件、XML 文件、CSV 文件，以及操作系统的事件日志、注册表、文件系统、Active Directory。但需要能够熟练地使用 SQL 语言。

Log Parser Lizard 使用图形界面，比较易于使用，甚至不需要记忆烦琐的命令，只需要做好设置，写好基本的 SQL 语句，就可以直观地得到结果。

本章小结

本章主要介绍如何通过技术手段获取有效信息，并针对获取的信息进行分析，定位安全风险与威胁。

技能拓展

✧ 日志分析分类详解

（1）网络设备日志

以 USG6330 为例，支持日志与报表，当硬盘不在位时，仅能查看并导出系统日志及业务日志，如图 19-20 所示。

硬盘不在位

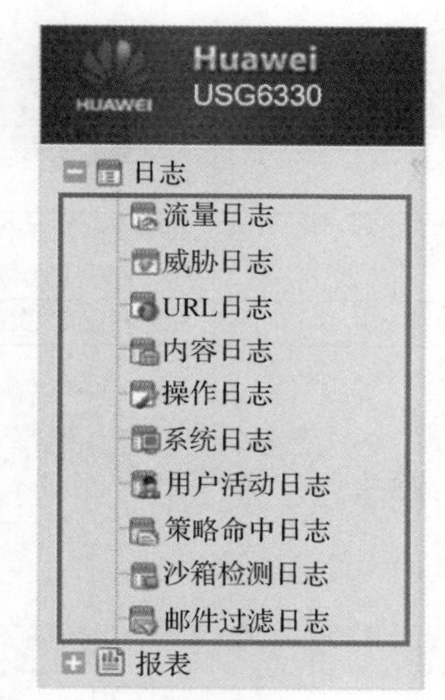

硬盘在位

图 19-20　网络设备日志

① 内容日志

管理员可以查看用户传输文件或数据、收发邮件、访问网站时产生的告警和阻断，了解用户的安全风险行为以及被告警或阻断的原因。

② 操作日志

通过操作日志显示信息，可以查看所有管理员的登录注销、配置设备等操作的记录，了解设备管理的历史，增强设备安全性。

③ 用户活动日志

管理员可以查看用户的在线记录，如登录时间、在线时长/冻结时长、登录时所使用的 IP 地址等信息，了解当前网络中的用户活动情况，发现异常的用户登录或网络访问行为，及时做出应对。

④ 策略命中日志

管理员可以获知流量命中的安全策略，从而确定安全策略配置是否正确及达到理想效果，在发生问题时用于故障定位。

⑤ 沙箱检测日志

管理员可以查看沙箱检测的一系列信息，如被检测文件的文件名称、文件类型、发出的源安全区域、送达的目的安全区域等。通过了解沙箱检测的具体情况，管理员可以对异常情况及时做出应对。

⑥ 邮件过滤日志

管理员可以查看用户收发邮件的协议类型，邮件中包含的附件个数和大小，合法正常的邮件被阻断的原因，进而采取合理的应对措施。

⑦ 审计日志

通过查看审计日志，管理员可以获知用户的 FTP 行为、HTTP 行为、收发邮件的行为、QQ 上下线行为、搜索关键字以及审计策略配置的生效情况等。

（2）防火墙日志

防火墙支持的日志格式如表 19-2 所示。

表 19-2　防火墙日志格式

格式	使用场景
二进制格式	会话日志以二进制格式输出时，占用的网络资源较少，但不能在防火墙上直接查看，需要输出到日志服务器查看

续表

格式	使用场景
Syslog 格式	会话日志、丢包日志以及系统日志以 Syslog 格式输出时，日志的信息以文本格式呈现
Netflow 格式	对于会话日志，防火墙还支持以 Netflow 格式输出到日志服务器进行查看，便于管理员分析网络中的 IP 报文流信息
Dataflow 格式	业务日志以 Dataflow 格式输出，在日志服务器上查看

（3）系统日志

以 USG6000 为例，查看系统日志：选择“监控 > 日志 > 系统日志”，查看防火墙的系统日志信息，如图 19-21 所示。

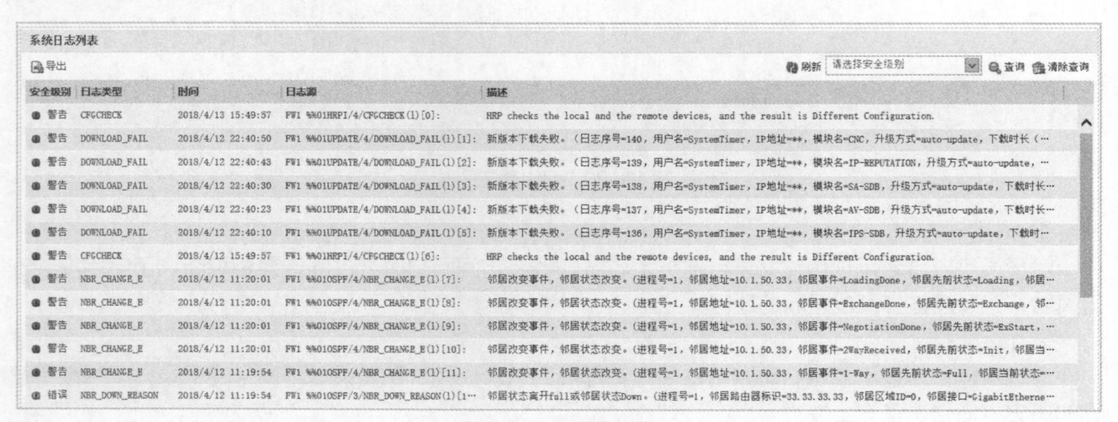

图 19-21　系统日志

（4）业务日志

以 USG6000 为例，查看业务日志：选择“监控 > 日志 > 业务日志”，查看防火墙的业务日志信息，如图 19-22 所示。

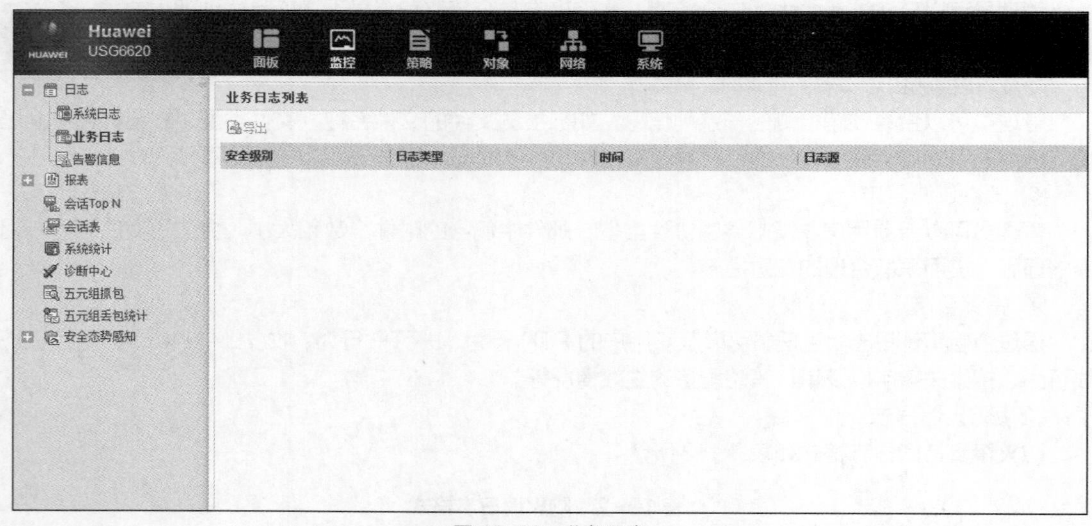

图 19-22　业务日志

（5）Windows 日志

Windows 系统日志类型如表 19-3 所示。

表 19-3　Windows 日志

日志类型	作用	Vista/Windows 7/Windows 8/Windows 10/Server 2008/Server 2012 存储位置
系统日志	记录操作系统组件产生的事件，主要包括驱动程序、系统组件和应用软件的崩溃以及数据	%SystemRoot%\System32\Winevt\Logs\System.evtx
应用程序日志	包含由应用程序或系统程序记录的事件，主要记录程序运行方面的事件	%SystemRoot%\System32\Winevt\Logs\Application.evtx
安全日志	记录系统的安全审计事件，包括各种类型的登录日志、对象访问日志、进程追踪日志、特权作用、账号管理、策略变更、系统事件	%SystemRoot%\System32\Winevt\Logs\Security.evtx

Windows 日志存储位置：以安全日志为例，选择“属性”，查看日志的具体信息，如图 19-23 所示。

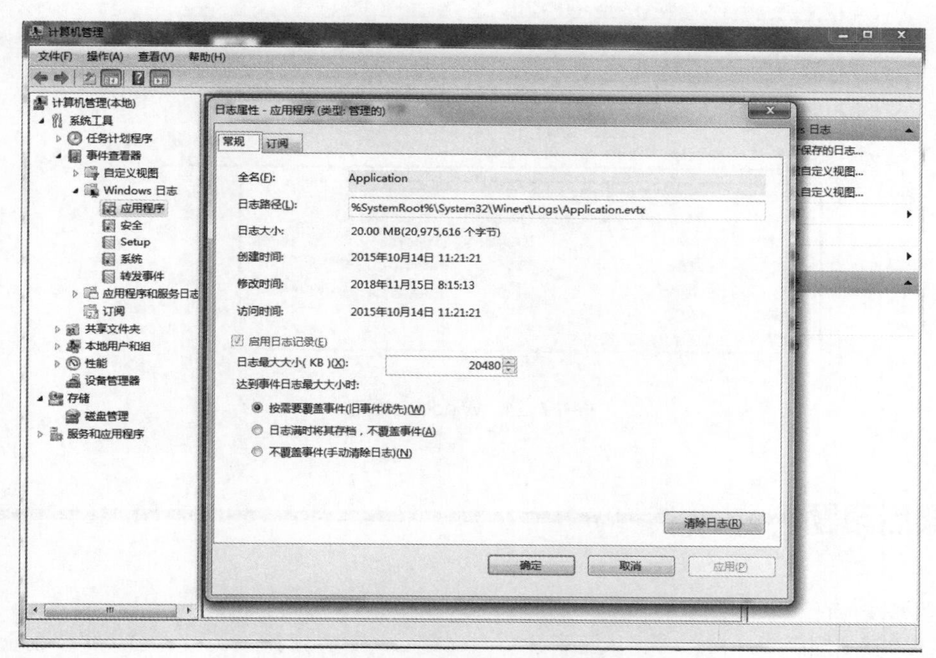

图 19-23　Windows 日志存储

Windows 日志事件类型如表 19-4 所示。

表 19-4　Windows 日志事件类型

事件类型	作用
信息（Information）	应用程序、驱动程序或服务的成功操作的事件
警告（Warning）	不是直接的、主要的，但是会导致将来问题的发生。例如，当磁盘空间不足或未找到打印机时，都会记录一个“警告”事件
错误（Error）	错误事件通常指功能和数据的丢失。例如，如果一个服务不能作为系统引导被加载，那么它会产生一个错误事件
成功审核（Success audit）	成功的审核安全访问尝试，主要是指安全性日志，这里记录着用户登录/注销、对象访问、特权使用、账户管理、策略更改、详细跟踪、目录服务访问、账户登录等事件，例如，所有的成功登录系统都会被记录为“成功审核”事件
失败审核（Failure audit）	失败的审核安全登录尝试，例如，用户试图访问网络驱动器失败，则该尝试会被作为失败审核事件记录下来

Windows 日志由两部分组成：头部字段和描述字段，如图 19-24 所示。

头部字段是内容和格式相对固定，包括来源、记录时间、事件 ID、任务类别和事件结果（成功/失败）等信息。

描述字段的信息会根据具体事件的不同而不同，但是其形式都是一系列组合信息，每个组合信息是一个内容固定的描述信息已及后面的动态信息组成。

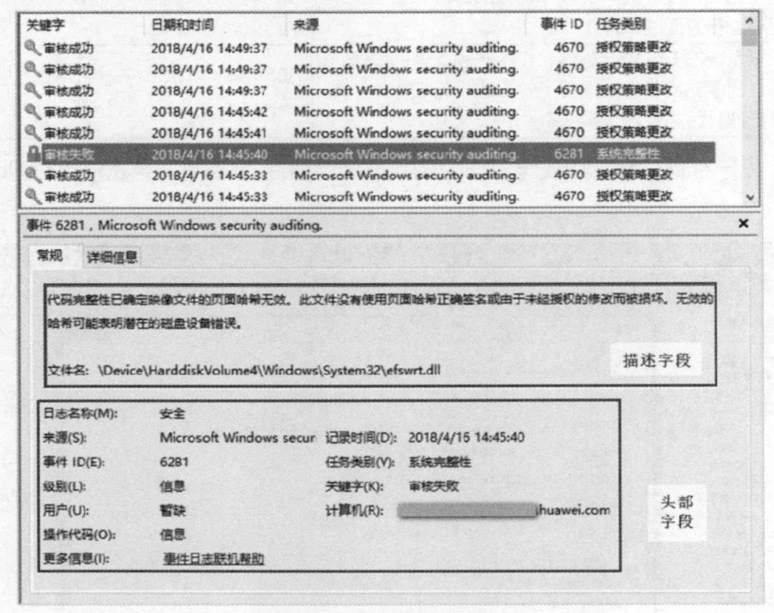

图 19-24　Windows 日志

课后习题

1. 安全评估方法不包括以下（　　）选项。

   A. 安全扫描　　B. 人工审计　　C. 渗透测试　　D. 调查取证

2. Windows 日志分类不包括以下（　　）选项。

   A. 系统日志　　B. 安全日志　　C. 应用程序日志　　D. 业务日志

3. 被动采集技术有哪些？

4. 端口镜像中，镜像端口和观察端口分别指什么？

5. 简述 Windows 日志的组成。

第 20 章
电子取证

20

拓展阅读

知识目标

了解电子取证的过程。

能力目标

① 掌握使用电子取证的相关工具。

② 掌握电子取证的过程。

课程导入

随着信息技术的不断发展，计算机越来越多地参与到人们的工作与生活中。与计算机相关的法庭案例，如电子商务纠纷、计算机犯罪等也不断出现。判定或处置各类纠纷和刑事案件过程中，一种新的证据形式——电子证据，逐渐成为新的诉讼证据之一。电子证据本身和取证过程有别于传统物证和取证方法的特点，对司法和计算机科学领域都提出了新的研究课题。

相关内容

20.1 电子取证概览

20.1.1 计算机犯罪

计算机犯罪指行为人违反国家规定，故意侵入计算机信息系统，或者利用各种技术手段对计算机信息系统的功能及有关数据、应用程序等进行破坏；制作、传播计算机病毒；影响计算机系统正常运行且造成严重后果的行为。

计算机犯罪无外乎以下两种方式：利用计算机存储有关犯罪活动的信息；直接利用计算机作为犯罪工具进行犯罪活动。

20.1.2 电子取证

电子证据（Electronic Evidence）是指在计算机或计算机系统运行过程中产生的，以其记录的内容来证明案件事实的电磁记录物，如图 20-1 所示。

电子证据亦称为数字证据、计算机证据等。

图 20-1 电子证据

20.1.3 电子证据来源

司法实践中常见的电子证据可分为 3 类，如图 20-2 所示。

（1）与现代通信技术有关的电子证据。

（2）与广播技术、电视技术、电影技术等其他现代信息技术有关的电子证据。

（3）与计算机技术或网络技术有关的电子证据。

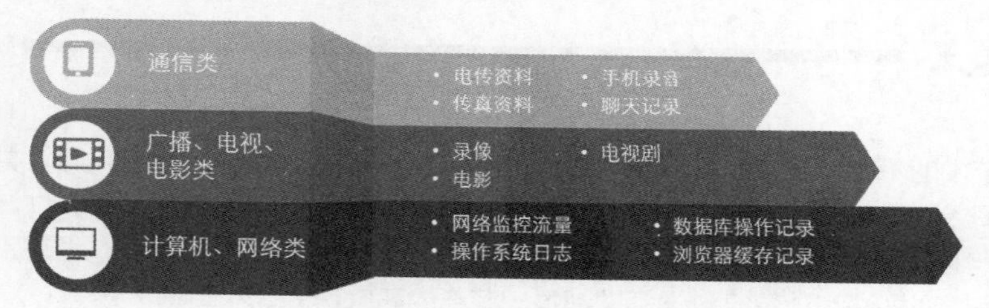

图 20-2 电子证据来源

20.1.4 电子证据特点

电子证据特点如图 20-3 所示。

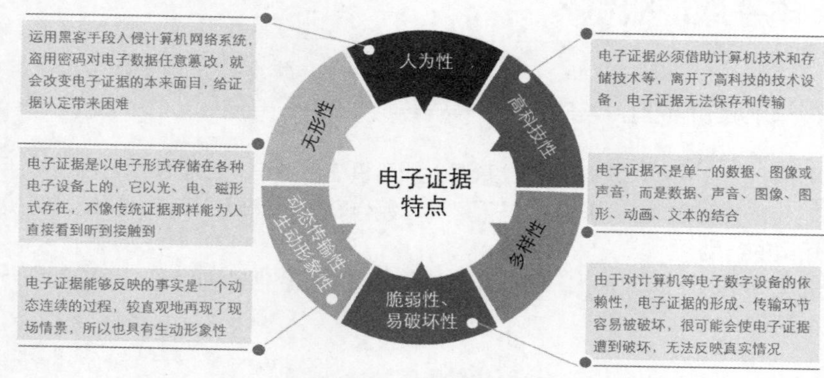

图 20-3 电子证据特点

20.2 电子取证过程

20.2.1 取证原则

取证原则如图 20-4 所示。

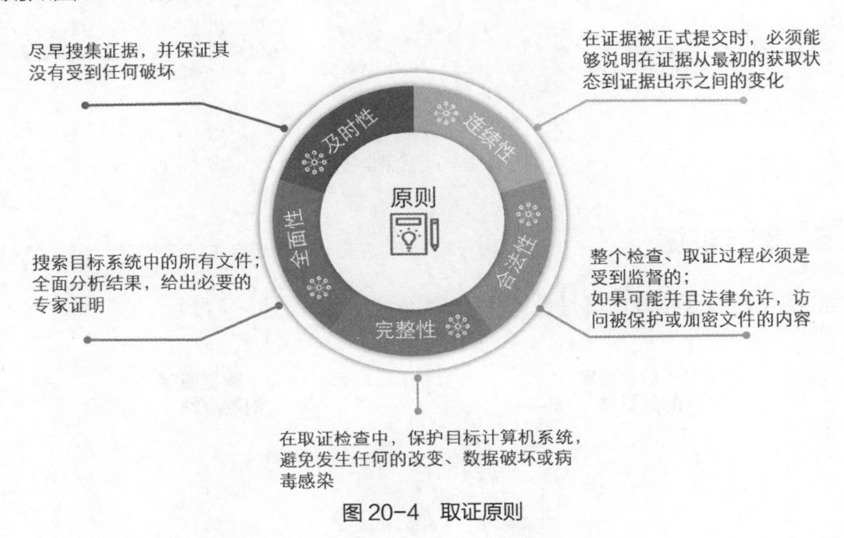

图 20-4　取证原则

20.2.2 保护现场

根据电子证据的特点，在进行计算机取证时，首先要尽早搜集证据，并保证其没有受到任何破坏。取证工作一般按照图 20-5 所示的步骤进行。

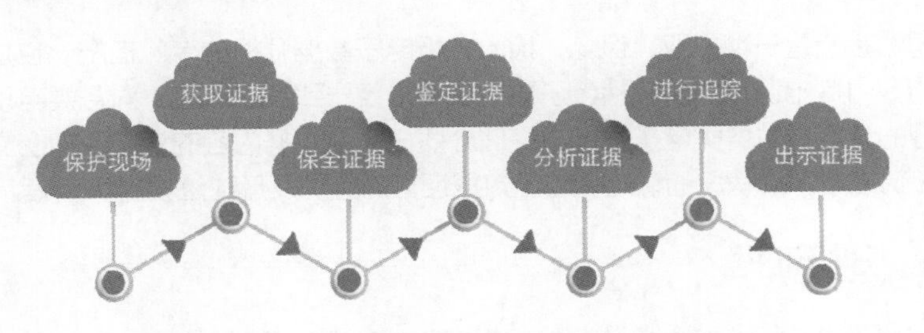

图 20-5　取证工作步骤

20.2.3 获取证据

搜索目标系统中的所有文件。包括现存的正常文件，已经被删除但仍存在于磁盘上（即还没有被新文件覆盖）的文件，隐藏文件，受到密码保护的文件和加密文件。

20.2.4 保全证据

取证过程中避免出现任何更改系统设置、损坏硬件、破坏数据或病毒感染的情况，确保证据出示时仍是初始状态，如图 20-6 所示。

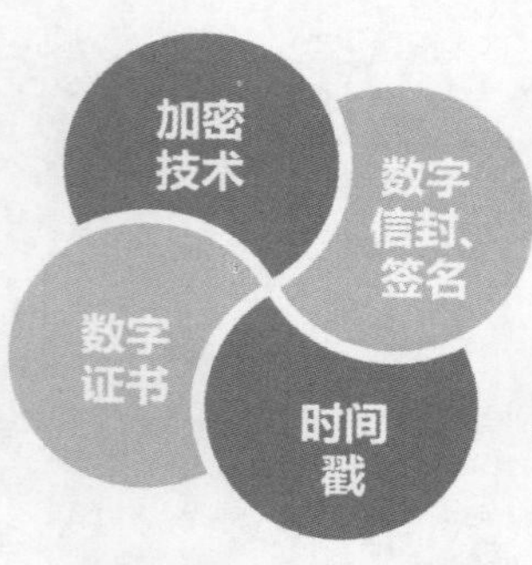

图 20-6　证据保全技术

20.2.5　鉴定证据

解决证据的完整性验证和确定其是否符合可采用标准，如图 20-7 所示。

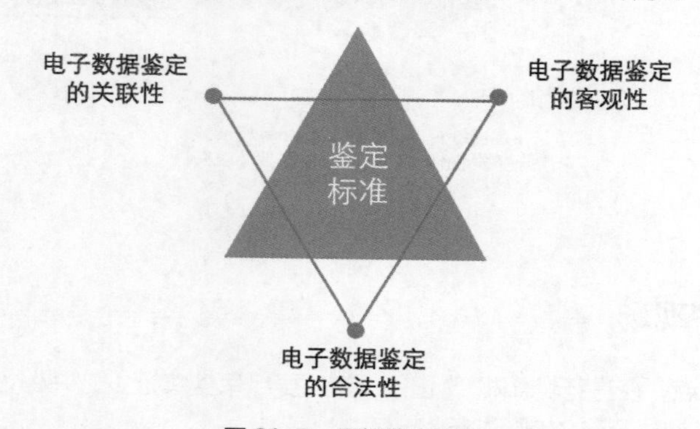

图 20-7　证据鉴定标准

电子数据司法鉴定是一种提取、保全、检验分析电子数据证据的专门措施。也是一种审查和判断电子数据证据的专门措施。它主要包括电子数据证据内容一致性的认定、对各类电子设备或存储介质所存储数据内容的认定、对各类电子设备或存储介质已删除数据内容的认定、加密文件数据内容的认定、计算机程序功能或系统状况的认定、电子数据证据的真伪及形成过程的认定等。

20.2.6　分析证据

证据分析技术：在已经获取的数据流或信息流中寻找、匹配关键词或关键短语，分析事件的关联性，具体包括密码破译、数据解密、文件属性分析、数字摘要分析、日志分析技术、反向工程等。

20.2.7　进行跟踪

随着计算机犯罪技术手段的升级，取证已与入侵检测等网络安全工具相结合，进行动态取证，追踪的目的是找到攻击源，攻击源包括设备来源、软件来源、IP 地址来源等。

（1）取证追踪技术包括日志分析、操作系统日志、防火墙日志、应用软件日志等。

（2）设置陷阱（蜜罐）：可以通过采用相关的设备跟踪捕捉犯罪嫌疑人。

20.2.8 出示证据

将证据标明提取时间、地点、设备、提取人及见证人，然后以可见的形式按照合法的程序提交给司法机关，并提供完整的监督链。

本章小结

本章主要介绍了电子取证的过程，展示了电子取证使用的技术和工具。

技能拓展

（1）硬件取证工具（见图 20-8）

① 硬盘复制机：因为取证过程不允许对硬盘进行直接操作，硬盘复制机能够对硬盘内容做镜像，从而保证不会修改硬盘内的数据。

② 硬盘只读锁：用于阻止硬盘的写入通道，有效地保护存储介质中的数据在获取和分析过程中不会被修改，从而保证数据的完整性。

③ 取证一体机：基于拷贝克隆、读取、销毁于一体的取证设备。

④ 取证塔：具有手机取证分析、手机镜像、机芯片镜像和介质取证等功能。

⑤ 介质修复设备：支持对电子硬盘、机械硬盘、镜像文件、U 盘、TF 卡等各种电子数据存储介质的修复。

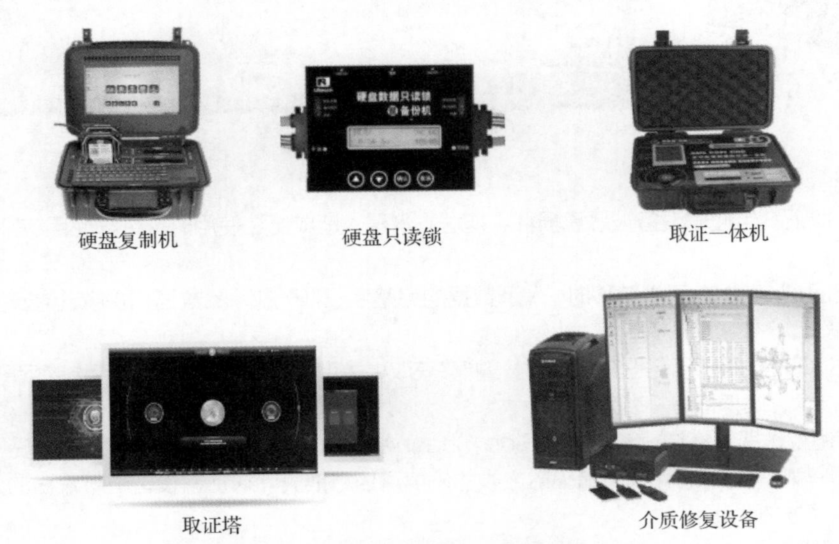

图 20-8　硬件取证工具

（2）软件取证工具

① 图片检查工具：Thumbs Plus 是专门用来帮助个人查看和轻松地浏览计算机上的所有照片，以及编辑的工具。

② 反删除工具：Hetman Uneraser 是一款可以将被删文件或文件夹恢复的软件。

③ CD-ROM 工具：使用 CD-R Diagnostics 可以看到在一般情况下看不到的数据。

④ 文本搜索工具：dtSearch 是一个很好的用于文本搜索的工具，特别是具有搜索 Outlook 的.pst 文件的能力。

⑤ 磁盘擦除工具：这类工具主要用在使用取证分析机器之前，为了确保分析机器的驱动器中不包含残余数据，显然，只是简单的格式化肯定不行。从软盘启动后运行 NTI 公司的 DiskScrub 程序，即可把硬盘上的每一扇区的数据都清除掉。

⑥ 驱动器映像程序：可以满足取证分析，即逐位拷贝以建立整个驱动器的映像的磁盘映像软件，包括 SafeBackSnapBack、Ghost、DD 等。

（3）软件取证工具举例

EnCase 是一个完全集成的基于 Windows 界面的取证应用程序，其功能包括数据浏览、搜索、磁盘浏览、数据预览、建立案例、建立证据文件、保存案例等，如图 20-9 所示。

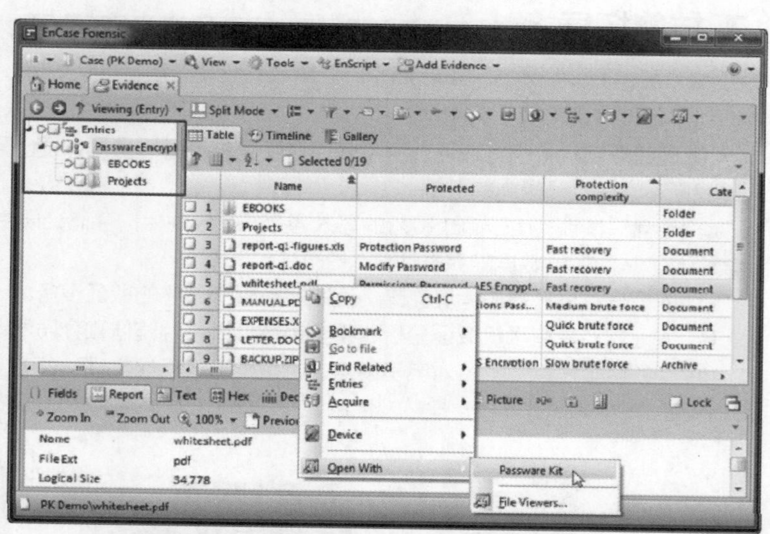

图 20-9　软件取证工具

（4）新型取证技术

① 芯片取证：当通信设备被恶意损坏、掩埋、水浸，造成无法使用时，可以使用芯片取证，提取设备中的信息。

② 云取证：当数据在云端转移时，保证数据的完整性，对于删除的数据，能够定位云服务提供商，恢复云端数据。

③ 物联网取证：当联网设备被入侵时，能够获取相关资料，涉及的技术包括物联网黑盒子技术、分布式 IDS 技术、嗅探取证技术等。

④ 边信道攻击取证：边信道攻击（Side Channel Attack，SAC），是针对加密电子设备在运行过程中的时间消耗、功率消耗或电磁辐射之类的侧信道信息泄露而对加密设备进行攻击的方法。

（5）数据包分析取证

抓包工具及特点如表 20-1 所示。

表 20-1　抓包工具

工具名称	使用环境	特点
Tcpdump	Linux	采集过滤
WireShark	Linux 和 Windows	采集过滤

续表

工具名称	使用环境	特点
Sleuth Kit	Linux	采集过滤，流重组，数据关联
Argus	Linux	采集过滤，日志分析
Sniffers	Linux 和 Windows	网络流量、数据包分析

（6）芯片取证

Joint Test Action Group（联合测试行动组）分析：通过芯片内部的 TAP（Test Access Port，测试访问端口），访问分析处理器的内部寄存器，即使在手机损坏的情况下，也能对芯片进行取证。

图 20-10 所示方框区域为手机芯片，使用分析工具可以对损坏的手机芯片取证，如图 20-11 所示。

图 20-10　损坏的手机

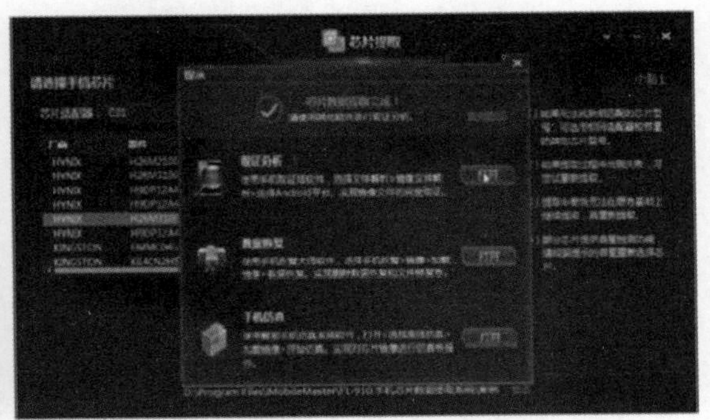

图 20-11　分析工具界面

（7）动态仿真

动态仿真：类似使用模拟器对收集进行仿真，还原聊天记录、群聊讨论等，可以提取聊天软件的文件，分析转发量、影响范围、信息源头等。

图 20-12 所示是使用工具模拟手机的实际运行环境，查看电子红包记录。

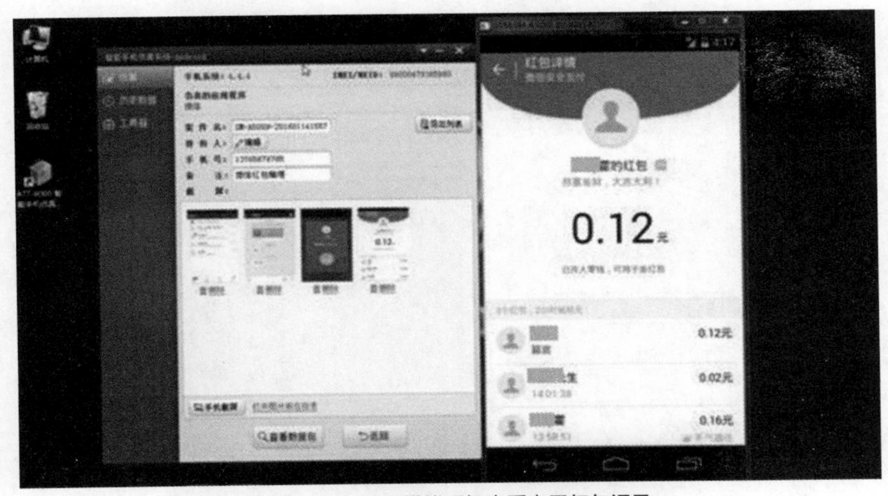

图 20-12　工具模拟手机查看电子红包记录

课后习题

1. 下列（　　）不属于电子证据的特点。
   A．多样性　　B．高科技性　　C．无形性　　D．不易被破坏
2. 下列（　　）不属于电子证据鉴定的原则。
   A．合法原则　　B．独立原则　　C．可靠原则　　D．监督原则
3. 证据鉴定标准有哪些？
4. 证据分析技术有哪些？
5. 电子证据的特点有哪些？

第 21 章 网络安全应急响应

21

拓展阅读

知识目标

① 了解网络安全应急响应的产生背景。

② 了解网络安全应急响应的新趋势。

能力目标

掌握网络安全应急响应的处理流程。

课程导入

物联网、移动互联网、云计算、大数据正蓬勃发展，新兴技术正颠覆传统，带来源源不断的变化。但是网络安全事件层出不穷，让人们对网络安全更加关注。

相关内容

21.1 网络基础设备

21.1.1 网络安全应急响应的产生

1988 年 11 月发生的莫里斯蠕虫病毒事件（Morris Worm Incident）致使当时的互联网络超过 10%的系统不能工作。该案件轰动了全世界，并且在计算机科学界引起了强烈的反响。

为此，1989 年，美国国防部高级研究计划署资助卡内基・梅隆大学建立了世界上第一个计算机紧急响应小组（Computer Emergency Response Team，CERT）及协调中心（CERT/CC）。

此外，中国还成立了一些专业性的应急组织，如国家计算机网络入侵防范中心、国家 863 计划反计算机入侵和防病毒研究中心等。并且许多公司也都展开了网络安全救援相关的收费服务，如图 21-1 所示。

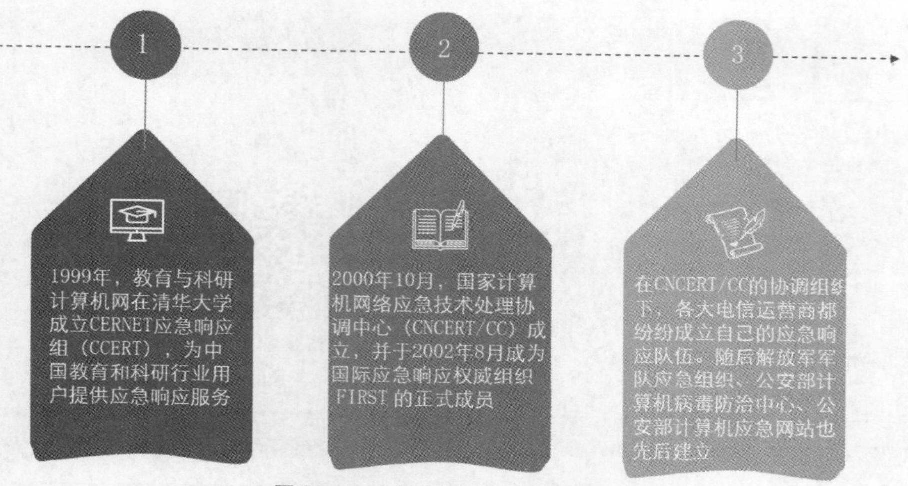

图 21-1　应急响应组织在中国的发展

21.1.2　我国网络安全相关法规标准

《网络安全法》历经三年的酝酿审议并最终发布，建设过程如图 21-2 所示。

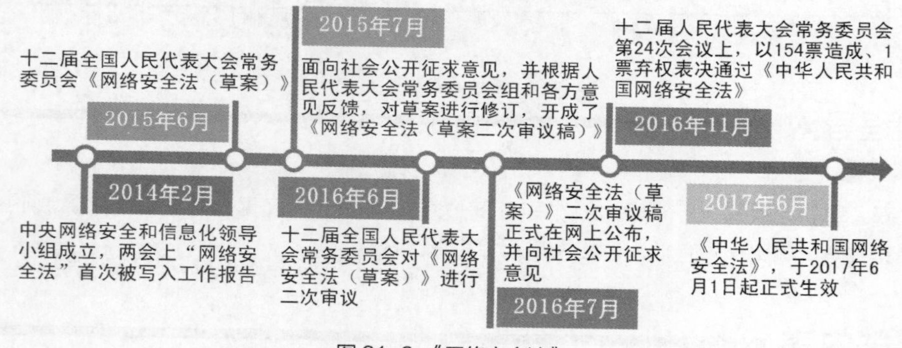

图 21-2 《网络安全法》

21.1.3　网络安全事件分类

《国家网络安全事件应急预案》中对网络安全事件进行了分类，如图 21-3 所示。

图 21-3　网络安全事件分类

21.2 网络安全应急响应

21.2.1 网络安全应急响应

网络安全应急响应是很重要的，现在网络安全事件层出不穷，网络安全应急响应预案能够在网络安全事件发生后，快速、高效地跟踪、处理与防范各类安全事件，确保网络信息安全。就目前的网络安全应急监测体系来说，其应急处理工作如图 21-4 所示。

图 21-4　网络安全应急响应阶段

21.2.2 网络安全应急响应处理流程

网络安全应急响应处理流程如图 21-5 所示。

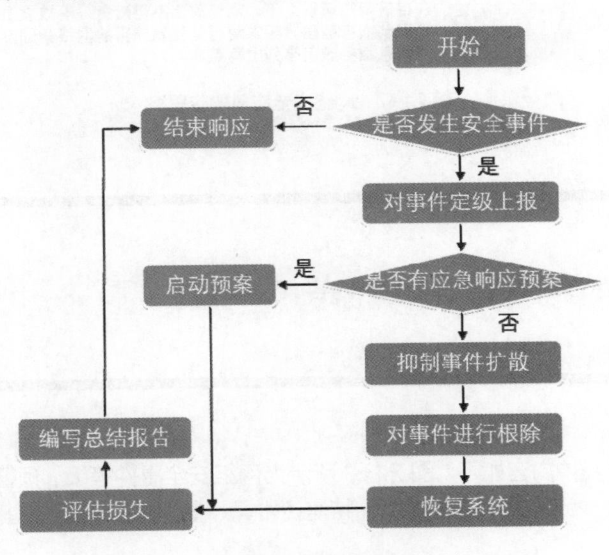

图 21-5　网络安全应急响应处理流程

21.2.3 网络安全法律法规形势

2017 年，各国网络安全法律法规围绕关键基础设施、个人数据安全、网络应急响应等核心制度展开试点，部分国家在自动驾驶安全保障的领域出台了尝试性规定，如图 21-6 所示。

图 21-6　英国与德国网络安全法律法规

21.2.4　网络安全应急响应趋势

2017 年，以 WannaCry 勒索病毒为代表的全球网络攻击仍处于高发态势，突发性事件面前，各国监控预警失效，攻防实力悬殊，应急响应被动。对此，美国、比利时等国调整了应急思路，如图 21-7 所示。

图 21-7　网络安全应急响应思路

本章小结

本章主要介绍了网络安全应急响应的相关内容。

技能拓展

各类网络安全事件具体内容如下。图 21-8 所示为网络安全事件等级、预警等级和应急响应等级。

（1）有害程序事件：计算机病毒、蠕虫、特洛伊木马、僵尸网络、混合型程序攻击、网页内嵌恶意代码等。

（2）网络攻击事件：拒绝服务攻击、后门攻击、漏洞攻击、网络扫描窃听、网络钓鱼、干扰事件等。

（3）信息破坏事件：信息篡改、信息假冒、信息泄露、信息窃取、信息丢失事件等。

（4）信息内容安全事件：通过网络传播法律法规禁止信息，组织非法串联、煽动集会游行或炒作敏感问题并危害国家安全、社会稳定和公众利益的事件。

（5）设备设施故障：软硬件自身故障、外围保障设施故障、人为破坏事故等。

（6）灾害性事件：由自然灾害等其他突发事件导致的网络安全事件。

（7）不能归为以上分类的网络安全事件属于其他事件类型。

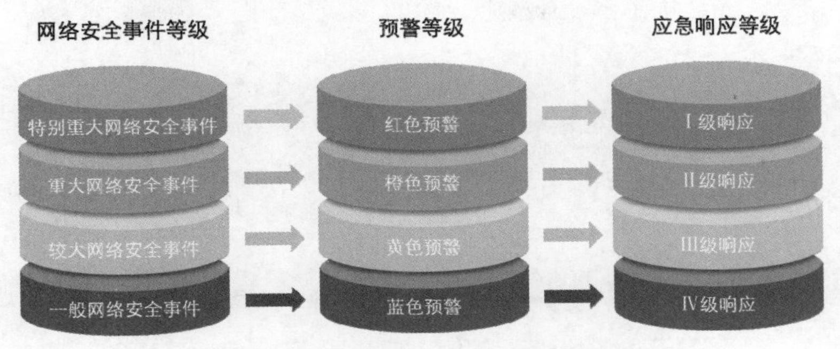

图 21-8　网络安全事件等级、预警等级和应急响应等级

课后习题

1. 下列（　　）不属于 PDRR 网络安全模型。

   A. 防护　　B. 检测　　C. 响应　　D. 管理

2. 下列（　　）不属于网络安全事件中划分的等级。

   A. 重大网络安全事件　　B. 特殊网络安全事件

   C. 一般网络安全事件　　D. 较大网络安全事件

3. 网络安全应急响应阶段有哪些？

4. 网络攻击事件有哪些？

5. 信息破坏事件有哪些？

第 22 章 案例研讨

22

知识目标

① 了解安全设计和安全运营的思路。
② 了解巩固安全运营的操作原理。
③ 理解网络安全设计的原则。

能力目标

① 能够描述网络安全设计的步骤。
② 能够掌握安全运营的操作步骤。

课程导入

经过基础理论知识的学习和基础实验操作的练习，大家对信息安全规范、安全威胁、安全运营等有了一定的了解。接下来将借助具体的案例进行实战训练，把所学的知识消化吸收并运用起来。

相关内容

22.1 信息安全部署操作步骤讨论

背景：小安在某公司负责网络的运维工作，自从国家颁布了《网络安全法》后，公司对于网络安全更加重视，需要小安根据以往的运维经验对现网存在的安全问题进行梳理，但该从哪些方面入手，实现公司的信息安全呢？

1．信息安全操作步骤

小 A 经过分析，认为可以从以下 4 个方面入手，但操作顺序是怎样的呢？

建立规范培养意识→信息安全规划→信息安全部署→信息安全运营。

2．建立规范与培养意识

任务：请大家谈一谈自己所了解的国内外与信息安全相关的法律法规或公司内的信息安全规范。

（1）列举常见的信息安全意识淡薄的行为。

（2）讨论时间：22min。

（3）成果：由小组成员自由回答、补充。

3. 信息安全规划

任务：讨论自己所在公司的信息安全规范侧重的方面有哪些。

（1）公司信息安全设计需要考虑哪些方面？

（2）讨论时间：5min。

（3）成果：由小组成员自由回答、补充。

4. 信息安全部署

任务：讨论自己所在公司的网络设计中有哪些安全的考虑。

（1）讨论时间：5min。

（2）成果：由小组成员自由回答、补充。

5. 信息安全运营

任务：如果发生了信息安全事件，如信息泄露、网络遭受攻击等问题，该如何处理？

（1）讨论时间：5min。

（2）成果：由小组成员自由回答、补充。

22.2 网络安全案例讨论

某公司为保护公司的信息安全，让管理员小 M 对公司的信息安全情况进行分析，并给出具体实施方案。

1. 分组比赛

在案例中，我们会给出具体的信息安全风险作为任务，每个任务需要给出一个合理的解决方案。根据学员人数进行分组，每组成员最终给出一份解决方案，并推选一人对方案进行阐述。

2. 比赛规则

（1）评分标准

① 完成任务时间最短且答案正确者得 5 分，依次向后排序。

② 面对其他队伍提出的问题无法回答或者回答错误，提问队伍每次加 1 分。

③ 比赛累积总分最高者为获胜队伍。

④ 如有同分，则加赛一道抢答题，最终解释权归授课老师所有。

⑤ 最终获胜队伍可以领取奖品一份。

（2）比赛时间

① 每个任务讨论时间：15min。

② 每队代表发言时间：5～10min。

（3）案例场景

经过小 M 的分析发现公司存在以下信息安全风险：

① 员工对于办公账号、密码等信息随意记录在工位的便签上。

② 员工为办公方便，经常将公司的重要文档复制到个人计算机进行办公。

③ 员工为方便上网，在公司内部随意接入 TP-Link 路由器。

④ 员工的办公 PC 上安装了很多即时通信软件和视频软件。

⑤ 公司网络出口虽部署了防火墙，但是默认的安全策略动作为 Permit。

⑥ 公司部署了 Web 服务器用于展示公司的业务，但是经常遭受外网的不明攻击，网络管理员经常措手不及，导致公司主页不能正常访问。

本章小结

安全运营涉及方方面面，从流程规划到网络部署，从人员安排到网络操作与维护，环环相扣。只有每个环节扎实落地，协调一致，才能保证网络的整体安全。

课后习题

如果公司的服务器经常遭受攻击，并且管理员应急不及时导致访问经常中断，这属于公司网络安全运营的范畴。你有没有遇到过类似的事件？这会导致什么问题？如何解决？